U0138964

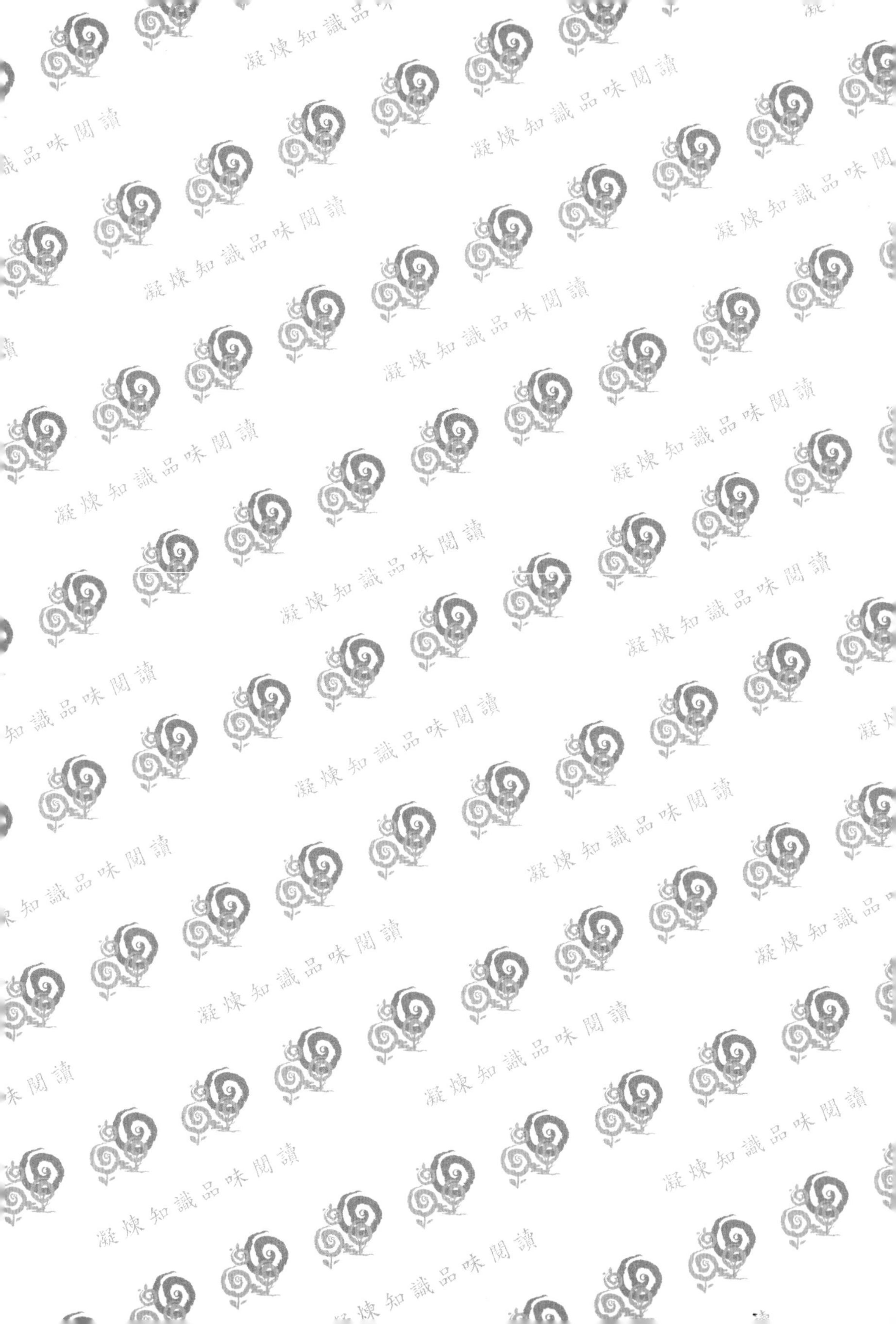

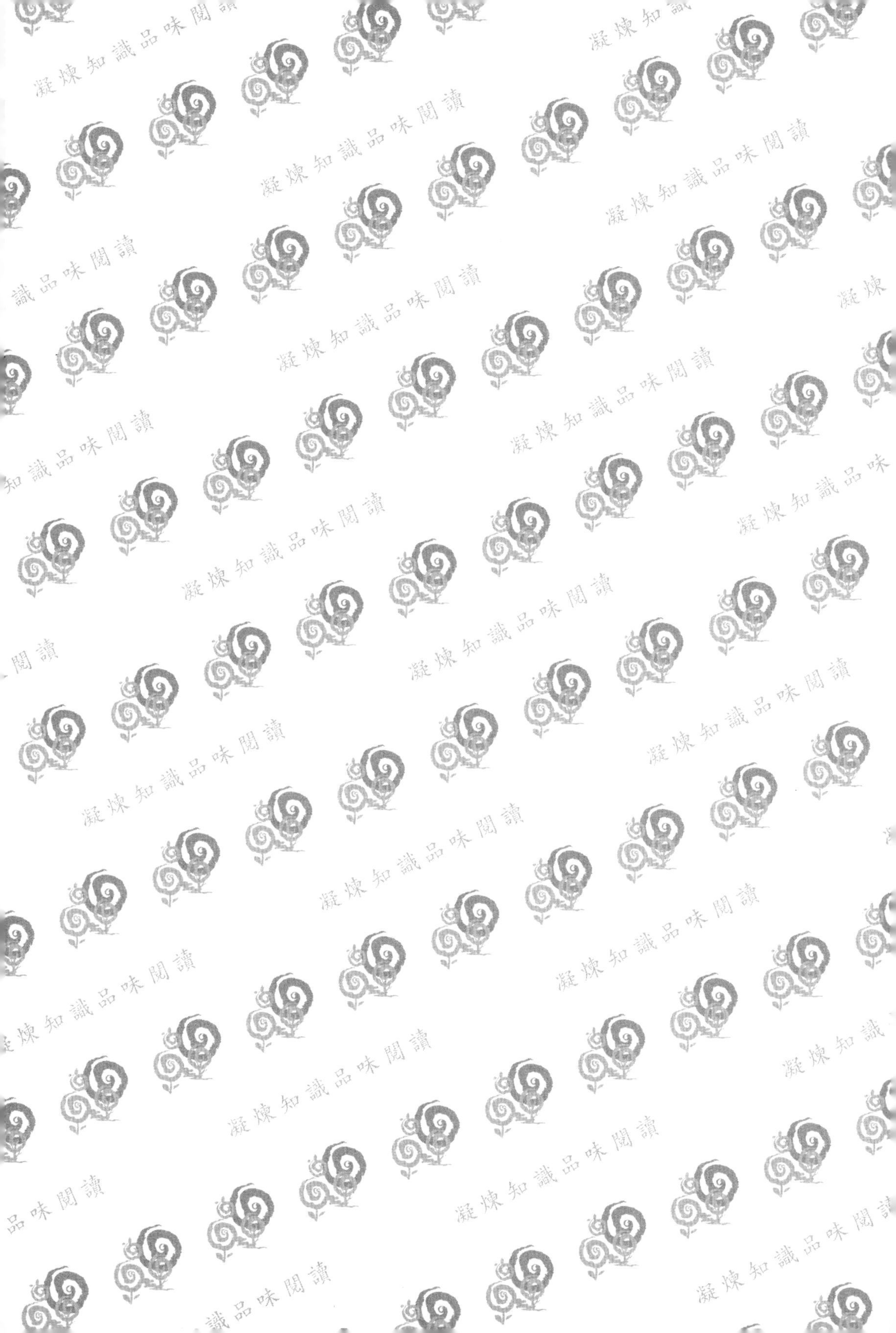

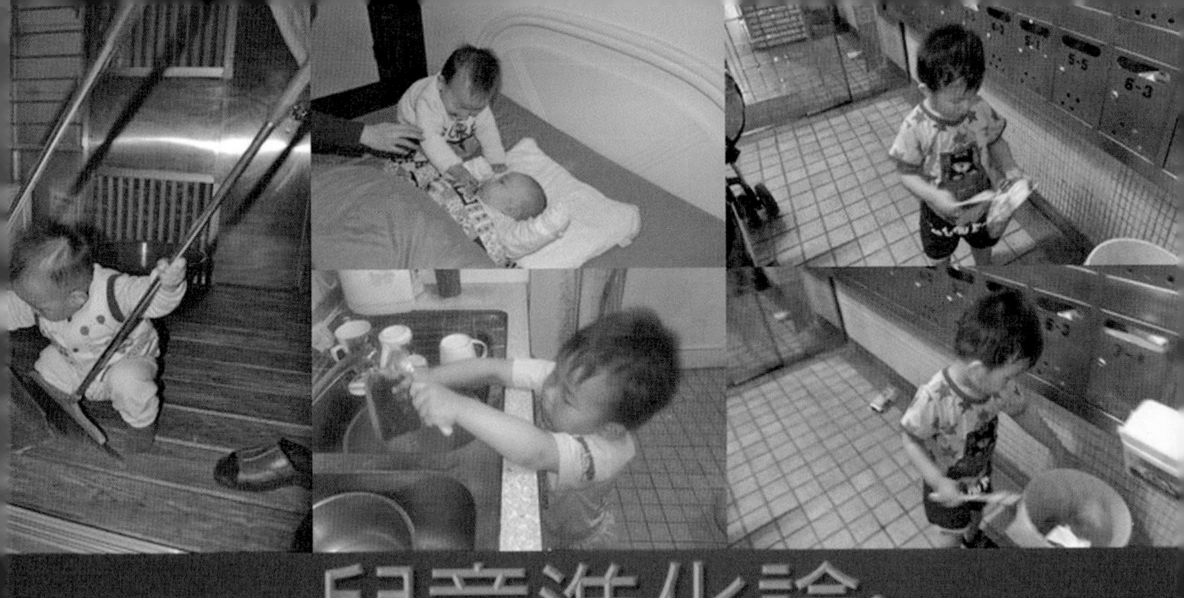

# 兒童進化論：是利他？還是利己？

▲兒童的環境友善行為（方偉達攝）。
▼嬰兒對於環境充滿了好奇心（方偉達攝）。

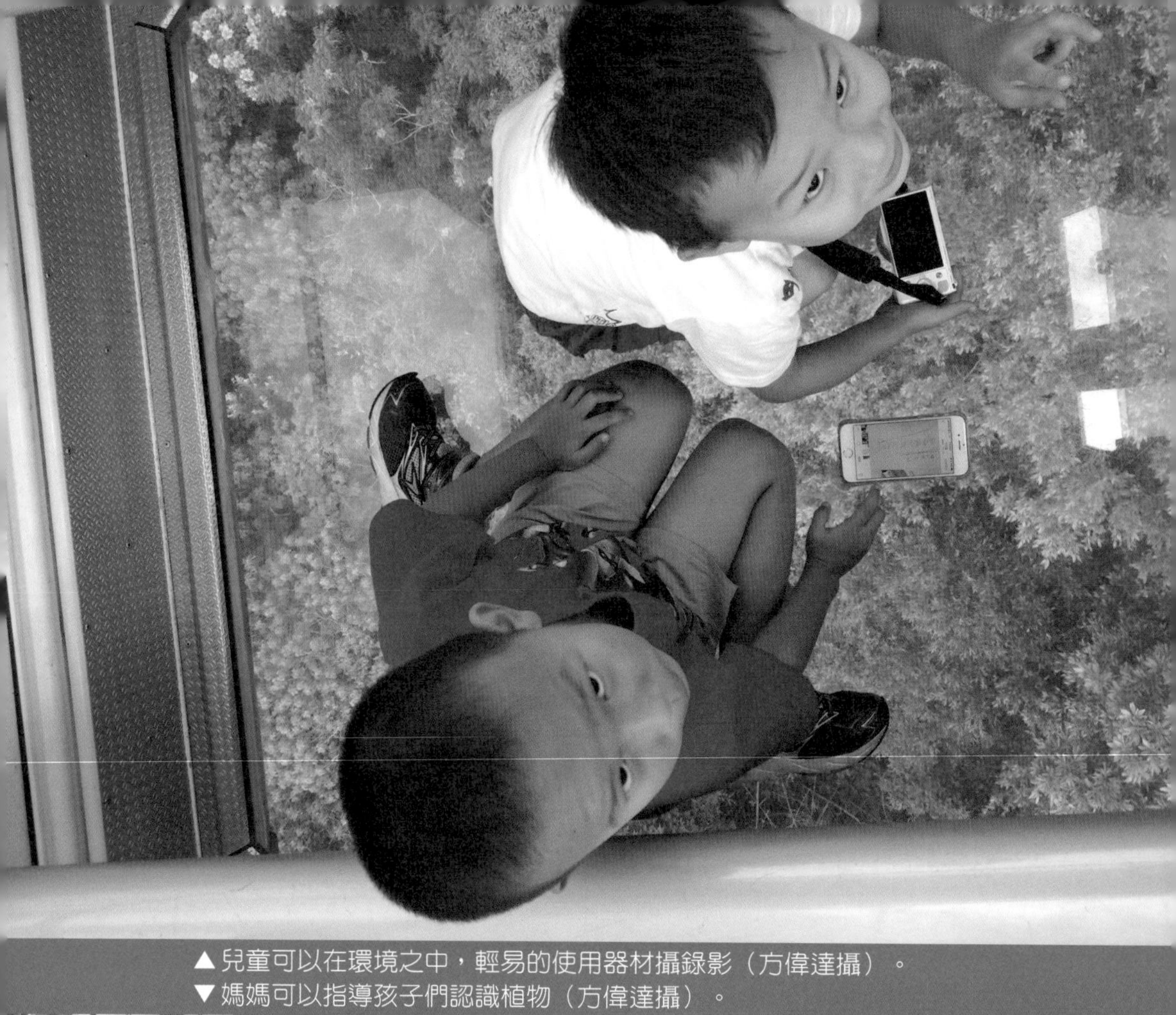

▲兒童可以在環境之中，輕易的使用器材攝錄影（方偉達攝）。
▼媽媽可以指導孩子們認識植物（方偉達攝）。

▲拓印樹皮了解環境（江懿德攝）。

▼台北植物園戶外主題式互動解說（江懿德攝）。

▲在戶外進行環境觀察（江懿德攝）。

▼利用自然素材進行遊戲（江懿德攝）。

▲台灣山坡地過度開發及土石流災害，形成負面的環境教育教材（方偉達攝）。

▼到野外參加活動，要了解參與人數、活動人數、噪音分貝，以及學生活動所帶來的特殊氣味對野生動物的影響（方偉達攝）。

▲戶外活動要注意對於生態資源的壓力，尤其是熱門景點所帶來的人潮，圖為美國加州太浩湖旁的濕地體驗觀察（方偉達攝）。

▼海洋生態教學，要注意不要傷害海洋生物，圖為沖繩殘波岬海洋生物教學（方偉達攝）。

▲國民小學學童透過鳥類圖鑑了解自然生態（方偉達提供）。

▼方偉達（右）2009年3月12日指導駐臺使館官員（左）在臺師大林口校區辦理植樹節的植樹活動（方偉達提供）。

▲環境教育教學中的田間操作（江懿德攝）。
▼關渡自然公園的戶外教學（方偉達攝）。

# 環境教育

## 理論、實務與案例

Environmental Education

方偉達 著

# 序

人類造成的環境破壞是一個全球性的問題，到2050年，全球人口預計將增加為96億人口。人類對於地球的影響，最主要的面向是溫度升高。全球暖化的主要原因，係由於人類活動而產生。自1895年以來，全球不斷的增溫，氣候災害不斷地在世界演出，目前大約70%的災害與氣候有關。在過去10年中，共有24億人受到氣候災害影響。

1995年諾貝爾化學獎得主克魯岑（Paul Crutzen, 1933-）於2000年提出人類世（Anthropocene）的概念（Crutzen and Stoermer, 2000）。他認為人類活動，對於地球的影響，足以形成一個新的地質時代。克魯岑提出工業革命是人類世的開端。有趣的是，人類世的概念提出不久，許多學者認為人類世的開端應該更早，在科學事實基礎上，各持己見。洛夫洛克（James Ephraim Lovelock, 1919-）指出，人類世開始於工業革命。拉迪曼（William Ruddiman, 1943-）認為，人類世應可追溯至8,000年前人類務農開始。當時，人類正值新石器時代，農業及畜牧業取代了狩獵蒐集的生存方式，接著大型的哺乳動物滅絕。此外，人類活動導致大氣中二氧化碳（$CO_2$）濃度增加，到了2019年二氧化碳監測數據超過415 ppm。此外，海洋浮游植物在海洋中大幅下降；從1950年以來，藻類生物量減少了約40%。科學家警告，自人類文明出現以來，曾經生活在地球上的物種之中，50%已經滅絕；多達83%的野生哺乳動物已經消失。由於人口持續增加和過度消費，將導致第六次大規模滅絕事件。

如果，環境問題存在於生態環境；環境保護需要政府、組織，以及個人層面進行推動。當今人類面臨的生態問題，來自於傳統知識、價值觀，以及人類行為倫理的喪失。推動親環境行為（pro-environmental behaviors），既能頌揚自然界的內在價值，又能保護大自然的和神聖性。因此，我們需要通過宣傳、教育，以及行動（advocacy, education, and activism），來解決環境問題。環境教育學習要素，包含了：「自然資源保育」、「環境管理」、「生態原理」、「環境互動與依存關係」、「環境倫理」，以及「永續性」等觀念。環境教育課程目標崇高，在於培養人類的環境覺知與敏感度、環境概念知識、環境價值觀與態度、環境行動技能，以及環境行動經驗。

大專校院環境教育肩負培養國家社會環境保護之棟樑責任，大學培育的永續發展人才，在畢業之後參與各項國家經濟社會的發展工作，皆與環境品質、環境資源，以及永續發展具有密切關係。因此，本書《環境教育》討論了教育課程中有關環境永續發展的啓動機制，希望全國各大學在師資培育中，賡續教育部十二年國民教育的理想，推動《十二年國民基本教育課程綱要總綱》，積極實施「素養導向」教學（literacy-based pedagogy），促進十二年國教「使教室成為知識建構與發展的學習社群，增進議題學習之品質」，活化教育部所推動的戶外教育。

環境教育不是一種「補充教育」，也不是「教室教育」，而是「實質教育」；如何強化環境保護「核心素養」與「實質內涵」，兼具學科的本質和理想，都需要深思熟慮（Strife, 2010；高翠霞等，2018）。本書《環境教育》在培養中小學環境教育人員及師資，推動全民環境保護、人文關懷，以及永續發展的教學素養（pedagogical literacy）。藉由妥善規劃《環境教育》教學內容，配合生活情境進行教學活動之論證，並且搭配環境教育專家巡迴演講座談環境教育的教學方向，以培養《環境教育法》、《勞工安全衛生法》規範的公務人員、中小學（含職業技術學校）環境教育人員、環境安全衛生人員，以及師資培訓，對於環境保護和地方永續發展全盤性思考，誘導環境公民行動，有其深遠之意涵。因此，在建立環境教育推動體系之際，《環境教育》依據教學實施的現況、以及教師和學生反映教學之成效，以為更新或調整課程內容的依據。後續將擴大為幼兒教育、民間企業、民間保育團體，以及全民環境教育論證之基礎，以利推動永續發展之個人生活利基、社會集體行動，以及國家整體發展的參考。

《環境教育》架構於人類世的永續發展，全書共分為十個章節，從環境教育理論談到環境教育的實務分析，本書適用於：㈠全國大專校院環境教育課程之教學用書；㈡全國大專校院研究所博碩士班國家發展、環境教育、環境政策、環境心理、環境社會、環境經濟、環境文化、環境傳播、觀光遊憩、餐旅管理，以及永續發展教育等類型學位論文撰寫之研究用書；㈢環境教育人員的應試、實務、進修，以及培訓課程之參考用書。

本書內容豐富，案例遍及國內外。在第一章中，介紹環境教育緒論，探討環境教育的定義、環境保護的哲學、環境教育的歷史、取徑，以及環境教育的發展。第二章探討環境教育研究方法，包含了環境教育研究內涵，其中區分為歷史研究、量化研究、質性研究，以及「後設認知」分析等取徑。第三章探討環境素養，討論環境教育學習動機，以建構環境素養中的環境覺知與敏感度、環境價值觀與態度、環境行動技能，以及環境行動經驗。第四章討論了環境心理，包含了人類的環境認知、人格特質、社會規範、環境壓力，以及療癒環境。在第五章中的環境典範，討論環境倫理、新環境典範、新生態典範、典範轉移，以及親環境行為。第六章談到環境傳播與學習，進入學習場域、學習教案，發展學習模式，通過環境資訊，以了解環境教育的傳播媒體。從第七章到第九章，討論戶外教育、食農教育，以及休閒教育的內涵、教育動機、障礙、場域，以及實施內容。在第十章永續發展之中，探討永續發展目標、發展對策、環境經濟與人類行為，說明環境、社會與文化之間的關係，以建構環境教育永續發展的未來。

中華民國政府在民國81年於《憲法》增修條文中，增訂「經濟與科學技術發展，應與環境及生態保護兼籌並顧」之條文，顯示政府對環境保護的重視，並回應國人的期盼。民國100年發布《環境教育法》，並且於民國106年通過修正公布。保護環境生態，係為國人的共同想法。推動永續發展，亦是各國政府共同追求的目標。如果說21世紀是永續發展的世紀，臺灣地區地狹人稠、社會和環境發展受限、自然資源條件不豐；如果政府積極推動經濟、社會，以及環境的永續發展，對於國家總體實力的增強，具有三民主義模範的意義。筆者誠摯希望，政府機關、企業界、學校、社團，以及全國民眾共同努力，創造「寧適、永續與祥和」的生活環境，邁向環境保護與經濟發展兼籌並顧的永續世紀。

方偉達

誌於臺北興安華城 2019.8.19-22

韓國順天灣拉姆薩濕地公約東亞中心主辦2019年亞洲濕地大會的旅次中

# CONTENTS
# 目　錄

序

獻詞

卷首語

第一章　環境教育緒論　003

第一節　緒論　004
第二節　環境教育的定義　007
第三節　環境保護的哲學　011
第四節　環境教育的歷史　019
第五節　環境教育的取徑　030
第六節　環境教育的發展　034
小結　041
關鍵字詞　042

第二章　環境教育研究法　045

第一節　環境教育研究什麼？　046
第二節　環境教育歷史研究　062
第三節　環境教育量化研究　072
第四節　環境教育質性研究　078
第五節　環境教育理論提升　084
小結　091
關鍵字詞　092

第三章　環境素養 095
第一節　素養緒論 096
第二節　環境教育學習動機 097
第三節　環境覺知與敏感度 103
第四節　環境價值觀與態度 110
第五節　認知、情意，以及行動技能 123
第六節　環境行動經驗和親環境行為 129
第七節　環境美學素養 137
小結 140
關鍵字詞 141

第四章　環境心理 143
第一節　環境認知 144
第二節　人格特質 151
第三節　社會規範 162
第四節　環境壓力 165
第五節　療癒環境 170
小結 173
關鍵字詞 174

第五章　環境典範 175
第一節　環境倫理 176

第二節　新環境典範　187
第三節　行爲理論典範　195
第四節　典範轉移　206
小結　210
關鍵字詞　211

第六章　環境學習與傳播　213
第一節　學習場域　214
第二節　學習教案　230
第三節　學習模式　241
第四節　資訊傳遞　247
第五節　傳播媒體　256
小結　258
關鍵字詞　259

第七章　戶外教育　263
第一節　戶外教育內涵　264
第二節　戶外教育動機　271
第三節　戶外教育障礙　273
第四節　戶外教育場域　276
第五節　戶外教育實施內容　280
小結　286
關鍵字詞　287

第八章　食農教育 289
第一節　食農教育的問題 290
第二節　食農教育的歷史和契機 296
第三節　食農教育的行動和障礙 301
第四節　食農教育場域和實施內容 325
小結 328
關鍵字詞 328

第九章　休閒教育 331
第一節　休閒教育內涵 332
第二節　休閒遊憩的動機和抉擇 337
第三節　休閒遊憩的類別和心流理論 343
第四節　21世紀幸福快樂的詮釋 348
小結 356
關鍵字詞 357

第十章　永續發展 359
第一節　人類的危機 359
第二節　環境經濟與人類行爲 363
第三節　人類行爲與社會文化 369
第四節　邁向永續發展 371
小結 374
關鍵字詞 375

跋 376

附錄一 《環境教育法》介紹 381
附錄二 環境教育設施場所介紹 383
附錄三 政府單位環境教育課程查詢地點 384
附錄四 永續發展目標（Sustainable Development Goals, SDGs） 386
參考文獻 388

# 獻詞

浙江遂安方氏永錫堂

士永惟文雲，應可年成象。引錫希宏大，光朝肇本基。

啓承時紹祖，忠孝世為師。新安江水長，遂遷域衍遠。

**獻給**

陪伴成長的

竣竣、舜舜

# 卷首語

所有的教育都是環境教育。

All Education is Environmental Education (Orr, 1991:52).

歐爾（David W. Orr, 1944~）是美國歐柏林學院的環境與政治研究教授，美國知名的環保主義者，活躍於環境教育和環境設計之領域。

第一章

# 環境教育緒論

All education is environmental education. By what is included or excluded we teach students that they are part of or apart from the natural world. To teach economics, for example, without reference to the laws of thermodynamics or those of ecology is to teach a fundamentally important ecological lesson: that physics and ecology have nothing to do with the economy. That just happens to be dead wrong. The same is true throughout all of the curriculum (Orr, 1991:52).

所有的教育都是環境教育。我們教導學生他們是自然世界中的一環；還是要教導他們排除自然世界，與自然世界隔離？例如，教經濟學的時候，不參考熱力學定律或是生態學定律，或是不教最基本重要的生態課程；這顯示經濟學，竟然會與物理學和生態學脫節。這根本是大錯特錯的，所有課程都是如此。

——歐爾（David W. Orr, 1944-）。





## 學習焦點

「教育」的概念在蛻變；「環境」的定義，也同時在蛻變。環境教育的目標，究竟是在：「改善環境的教育，還是在改善教育的環境，還是在改善人的教育呢？」本章重點在思索什麼是環境的本體，在詮釋的過程之中，透過認識論（epistemology）了解大自然中物質的本質，並且了解什麼是環境教育。環境教育宗旨在培養具備環境知識、關心問題，有能力解決並主動參與的公民。環境問題必須透過根本原因來解決，環境教育者應改變教育對象的心智，並建立親環境的行爲。隨著「2030年全球教育議程」通過之後，目前聯合國教科文組織運用永續發展目標，強化了「永續發展教育全球行動後續計畫」（GAP 2030）。希望通過户外教育、課堂教育，以及自然中心教育，針對環境教育的重要課程目標和新穎的學習方法。希望以健康心態看待環境問題，通過關心環境保護議題，以學習各種不同學科的內容，並且內化爲具體的環境保護行動。

## 第一節　緒論

教育有非常多的定義，但是針對教育理論，最奇特的就是物理學巨擘愛因斯坦（Albert Einstein, 1879-1955）所提到的教育觀點。他說：「所謂教育，就是當你把你在學校所學的東西，全部忘光之後，所剩下來的東西」。愛因斯坦是開創教育改革的先鋒。因爲19世紀之前的教育，是屬於「記誦學」的教育。中國自南宋以來相傳的三字經，就提出：「口而誦，心而惟；朝於斯，夕於斯」的記誦方式。清朝孫洙（1711-1778）曾說：「熟讀唐詩三百首，不會作詩也會吟。」向來，學生學習就是要越多越好，直到爛熟在胸。

但是，另有一套理論，對於「記誦之學」向來反感。愛因斯坦認爲，眞實的學習，是學習內化（internalization）的學問。明朝王陽明（1472-1529）在《傳習錄》上也說，讀書需要自心本體光明，理解第二，記誦第三。他的朋友問他：「讀書但是記不得，應該要如何呢？」王陽明回答：「只要曉得，如何要記得？要曉得已是落第二義了，只要明得自家本體。若徒要記得，便不曉得；若徒要曉得，便明不得自家的本體。」

也就是說，當人類學到的東西越多，其實他還沒有學到的東西更多。如果是因爲考試需求，爲了應試而強加記憶的短期記憶，都還不是眞實的記憶。等到都忘記了的時候，所內化的記憶，才是眞正學到的事物。所以，教育學習，本來是希望藉由書本進行人類思惟的傳遞；但是，20

世紀經歷了兩次的世界大戰。所有既成的教育方法，不斷的進行革新；記誦，已經不再是教育的本意。《人類大歷史》、《人類大命運》的知名作者、以色列歷史學家哈拉瑞（Yuval Noah Harari, 1976-）在《21世紀的21堂課》認爲，現存教育體系應該用批判性思維、溝通、協作，以及創造力，取代目前過於重視知識性的灌輸（Harari, 2018）。

如果「教育」的概念在蛻變；「環境」的定義，也同時在蛻變。美國歐柏林學院（Oberlin College）環境與政治研究教授歐爾（David W. Orr, 1944-）曾經說：「所有的教育都是環境教育。」（Orr, 1991:52）

我在教授環境教育的時候，常常在第一節課堂上問學生。環境教育是在：「改善環境的教育，還是在改善教育的環境，還是在改善人的教育呢？」在此，我們需要了解人類「自家本體」，從人類原有刻版的思惟，提升思想的高度，運用本體論（ontology）思索什麼是環境的本體，在詮釋的過程之中，透過認識論（epistemology）了解物質的本質，了解什麼是環境。

環境（environment）是指人類能夠感知周遭所處的空間。在空間之中，可以察覺所有的事物，這些事物隨著時間而產生結構和功能的變化。也就是說，所有的事物的眞實本質，都必須處於某種環境之中，就連眞空，也算是一種環境（Baggini and Fosl, 2003）。因此，環境是一種空間下的概念。但是在現象學中，環境融入了時間的概念。奧地利哲學家胡塞爾（Edmund Husserl, 1859-1938）認爲，人類對於環境和人世間的印象，不會因爲時間的遞嬗而逐漸消失，人類因爲大腦的記憶作用，所以對於過世者的印象，因爲貯存在在世者的大腦印象當中。所以過世者的「存在」，所以可以長存於人世間，只要活著的人還回憶他們。這些存在的記憶現象，隨著時間的變化，而逐步的改變了人類對過世者之想像。

所以，對於現象學者來說，「存在」是基於所有的「現象」的自我覺知。因此，存在者所處的環境，是一種生物對於外來刺激的感知介質（perceptual medium）（Crowther and Cumhaill, 2018），包含對於外在刺激所產生本能反應的空間和時間的系統總和。生物對於所處環境所能理解的，包含到流逝的時間感知，以及所處三度空間的距離感知。因此，要認識事物的本質，必須認是事物在「各種環境」下的變化（Baggini and Fosl, 2003），包括了對於時間和空間蛻變之後的理解。

那麼，什麼是「各種環境」呢？對於不同之學科來說，「環境」的內容也不同。自然環境係指生物所在空間周圍的陽光、氣候、土壤、水文，以及其他動植物同處之生態系統。社會環境係指人類生活周遭的社會、心理和文化條件所形成的構成狀態。從環境保護的角度來說，環境係指人類賴以維生的地球。我們思考從不同領域建構「環境」的定義，同時也需要理解法規上對於環境的定義。

我國《環境基本法》在2002年公布，開宗明義在第2條第1項規定：「環境係指影響人類生存與發展之各種天然資源及經過人爲影響之自然因素總稱，包括陽光、空氣、水、土壤、陸地、礦產、森林、野生生物、景觀及遊憩、社會經濟、文化、人文史蹟、自然遺蹟及自然生態系統等。」這個定義，包含了自然環境，以及受到社會、經濟、文化影響的人類生態系統。

從以上「環境」和「教育」的定義討論來看，「環境」和「教育」原來是兩個不同的名詞，或是一個「名詞」和一個「動詞」。這兩個詞，原來都是舶來的翻譯語；也就是說，環境教育（environmental education）這個複合詞出現的時間很晚，不超過一百年。人類開始思惟「環境教育」一詞，最早出現於二次世界大戰之後。1947年出版的《共同體》（Communitas）一書，古德曼兄弟談到城市空間的規劃，他們談到建立城市周圍的綠化帶，以及工業空間的設計方式（Goodman and Goodman, 1947）。古德曼兄弟採用相當烏托邦的模式。例如說，他們認爲：「孩子的環境教育（environmental education）很大一部分來自於技術性質方面；但是在現代的郊區或城市一旦孩子長大了，他們可能甚至不知道爸爸在辦公室做什麼工作。」古德曼兄弟批評的「環境教育」接近於建築環境的「營造教育」，其實和現在所謂環境教育的概念，差距甚遠。

二次世界大戰之際，歐洲和亞洲各國捲入了戰火，戰後美蘇兩國成爲世界強權。在美國，經濟快速復甦，1965年至1970年美國的工業生產以18%的速度增長，同時也帶動了二戰盟邦的經濟。但是，過度重視開發，導致汙染產生。1960年代起，工業發展產生的環境問題層出不窮。綠色農業革命大量採用化肥及農藥的使用，其中DDT等殺蟲劑妨礙了鳥類的生殖能力，降低了生物多樣性。1962年卡森（Rachel Carson, 1907-1964）出版《寂靜的春天》一書指出，濫用殺蟲劑的結果，傷害昆蟲和鳥類的食物鏈體系，影響了自然生態，如果情形再不改變，春天再無鳥鳴，而且這一種毒性物質進入到食物鏈之中，將貽禍人類。卡森認爲，人類應以珍愛生命的眼光來看待周遭的動物。她說：「民衆必須決定是否希望繼續走現在這一條道路，而且只有在充分掌握事實的情況下才能這樣做」（Carson, 1962:30）。1960年代之後，環境保護的口號響徹雲霄，通過環境保護運動的啓迪，逐漸地產生了環境教育在保育中的定義。

## 第二節　環境教育的定義

環境教育（environmental education）這個複合詞出現的時間於公元1947年。那麼，環境教育最早的定義，產生在什麼時候呢？

### 一、環境教育最初的定義

1962年卡森在《寂靜的春天》闡釋了環境保護的重要，希冀通過人類覺醒，向大自然學習生態平衡，進而達到人類與自然和諧共存的目的。1965年3月英國基爾大學（University of Keele）所舉辦的教育研討會中提出「環境教育」，成爲英國首次使用「環境教育」一詞的會議（Palmer, 1998）。會中一致認爲環境教育「應成爲所有公民教育的重要組成部分，不僅因爲他們了解環境的重要性，而且因爲公民具有莫大的教育潛力，協助高科學素養國家（scientifically literate nation）之建立」。會中強調應加強教師參與的基礎教育研究，以能精確地確定最適合現代需要的環境教育之教學方法及內容。因此，英國在1968年召開環境教育委員會議（Council for Environmental Education）。

1969年美國密西根大學自然資源與環境學院教授史戴普（William Stapp, 1929-2001）首先在《環境教育》（Environmental Education）期刊第一期之中，定義環境教育：「環境教育的目的，是培養了解生態環境（biophysical environment）及其相關議題的公民，了解如何協助解決問題，並且積極理解解決問題之途徑。」（Stapp et al., 1969:30-31）。史戴普認爲，環境教育宗旨在培養具備環境知識、關心問題，有能力解決並主動參與的公民。環境問題必須透過根本原因來解決，環境教育者應改變教育對象的心智，並建立親環境的行爲。

史戴普是美國環境教育之父，他協助規劃了第一屆1970年的「地球日」，起草美國《國家環境教育法》（National Environmental Education Act），擔任聯合國教科文組織（United Nations Educational, Scientific and Cultural Organization, UNESCO）環境教育計畫處第一任主任，推動146個國家和地區在1978年於前蘇聯伯利西（Tbilisi）舉行的第一次政府間會議。在1984年，史戴普協助學生調查了從休倫河（Huron River）感染的肝炎病例。學生們發現了問題的原因，並且和當地政府合作尋求解決方案。有鑑於河川調查的重要，他於1989年創立了全球河流環境教育計畫（Global Rivers Environmental Education Network, GREEN），他和美國密西根州安娜堡的小學合作，和當地的小學生進行了多次實地考察，教導學生關於自然環境以及如何與環境進行互動。他關心學術研究，更關心社會服務，帶領大學生推動環境監測計畫，成功復育紅河（Rouge River）。

## 二、環境教育的延伸定義

史戴普等人推動環境教育的定義，基本上立基於美國的實用主義（pragmatism）。他認爲強調環境知識，通過行動力量，可以改變現實。因此，環境教育的實際經驗很重要。實用主義強調解決問題。因此，環境行動優於教條，環境經驗又優於僵化的原則。因此，環境教育成爲了一種研究問題和價值澄清（values clarification）的批判性思惟及創造性思惟

（Harari, 2018；黃宇等，2003），將環境知識解釋爲一種評估現實環境的過程，以科學探索的精神，納入人類所處現實環境之中的行爲標準。

因此，爲了要推動環境保護工作，學術機構需要提供環境教育相關課程，例如說，基礎環境研究、環境科學、環境規劃、環境管理、環境經濟、環境社會、環境文化，以及環境工程等學科，各級學校應該教授環境保護的歷史和環境保護的措施。以上的課程，都算是廣義的環境教育課程。有鑑於「環境教育」是一種跨領域（multi-disciplinary）學科的學習內容（Wals et al., 2014；楊冠政，1992），藉由環境問題評估，以批判性、道德性和創造性的角度進行思考，並且針對於環境問題進行判斷。環境教育培養技能，並且承諾個人推動改善環境的行動，確保正向的環境行爲產生。因此，環境教育包含了「社會、物質、生物」三方面（徐輝、祝懷新，1998:32）的領域，涵括了「自然資源保育」、「環境管理」、「生態原理」、「環境互動與依存關係」、「環境倫理」，以及「永續性」等觀念議題。

我們定義環境教育（Environmental Education）係爲教導人類如何管理自身行爲和生態系統，以達自然環境結構達到良好功能運作的學科。因此，在教育的內容方面，環境教育融入至各科教材中（楊冠政，1997:56），應包含生物學、化學、物理學、生態學、地球科學、大氣科學、數學，以及地理學等學科融於一爐的綜合學科。在教育研究的方法方面，包含了心理學、社會學、文化學、歷史學、人類學、經濟學、政治學、資訊學等應用社會科學。

聯合國教科文組織（UNESCO）及國際自然保育聯盟（International Union for Conservation of Nature, IUCN）於1970年在美國內華達州舉辦的「第一屆國際環境教育學校課程工作會議」，指出：「環境教育不是由任一個單一學科所能完全組合的；而是依據科學、大衆覺知、環境議題，以及教育方式之進展，所共同演化之產物」。聯合國教科文組織（UNESCO）特別指出，環境教育傳授對於自然環境本質的尊重，並且提高公民環境意識（UNESCO, 1970）。因此，該組織特別通過保護環境、消除貧窮，盡量減少不平等，並且保障永續發展，強調了環境教育在保護未來全球社會生活品質（quality of life, QOL）的重要性。

因此，環境教育實施的對象，包含了學校系統內的教育，從小學、中學、職業技術學校（冉聖宏等，1999），以及大學校院和研究所的教育都應該要涵蓋。然而，環境教育也包括傳播環境教育，包括印刷、書本、網站、媒體宣傳等媒介。此外。社會環境教育中的水族館、動物園、公園，以及自然中心，都應該賦予教導公民環境的途徑。

## 三、環境教育的法律定義

我國《環境教育法》第3條指出：「環境教育係指運用教育方法，培育國民了解與環境之倫理關係，增進國民保護環境之知識、技能、態度及價值觀，促使國民重視環境，採取行動，以達永續發展之公民教育過程」。《環境教育法》之介紹，詳如附錄一。

我國法律針對環境教育的定義，係依據過去行政院環境保護署「加強學校環境教育三年實施計畫」的計畫目標進行修正，納入了環境倫理和教育方法。茲舉「加強學校環境教育三年實施計畫」的內容如下。

### (一)計畫目標

1. 透過教育過程，提供獲得保護及改善環境所需的知識、態度、技能及價值觀。
2. 以人文理念和科學方法，致力於自然生態保育及環境資源的合理經營，以培養永續經營的理念。
3. 倡導珍惜資源，確立經濟發展與環境保護互益互存的理念。
4. 推動環境倫理與主動積極的環境行動，以提昇生活環境品質。

### (二)項目

1. 推動校園環境管理計畫。
2. 推行環境教學。
3. 推動環境教育工作。
4. 普設環境教育設施。

5. 獎勵表揚。

6. 國際交流。

㈢預期效益

1. 透過學校師生及家長的參與，共創符合生態原則、安全舒適，且具本土性的校園環境。

2. 完成大專院校、高中（職）、國民中小學環境教育教材的編製及推廣活動。

3. 推動各級學校落實校園環保工作及產生主動積極的環境行動。

## 第三節　環境保護的哲學

第一節我們談到了環境教育的定義，本節我們將談到環境教育立基於環境保護的實用主義（pragmatism）觀點。這種觀點在於闡釋生活環境極其複雜，但是因爲人類理性具備有限性，所以人類行動應該根植於過去人類經驗和環境保護的歷史，改善人類實質環境。

環境保護的哲學源遠流長，具備東西方哲學學說的特質。在農業社會初期，人類運用自然資源，是以儲存食物、耕種收割、飼養家畜的方式，進行自然資源的管理。

馬桂新（2007:23）認爲，中國環境教育可以追溯到2,500年前。西漢司馬遷（145-86 BC）在《史記．五帝本紀》中，紀錄了舜帝在位時設置「虞」官，掌管山林、川澤、草木、鳥獸的保護工作。《逸周書．大聚篇》記載大禹下令：「春三月，山林不登斧，以成草木之長。夏三月，川澤不入網罟，以成魚鱉之長」。夏禹認爲春季實行山禁，禁止砍伐，夏季實行休漁，禁止漁撈。等到周朝的時候，設立地官司徒，掌管山虞、川衡、林衡、澤虞，更加強化保護山林川澤。中國自古帝王對於所處環境的利用，採用是實用主義，開始禁漁和禁伐的禁令，雖然法規禁令原意不是出自於環境保護，而是出自於考慮物產足以提供利用。但是，卻對後世有所啓發。例如，《孟子．梁惠王上》談到：「不違農時，穀不可勝食也；

數罟不入洿池，魚鼈不可勝食也；斧斤以時入山林，材木不可勝用也。穀與魚鼈不可勝食，材木不可勝用，是使民養生喪死無憾也。」

從東方哲學來看，環境保護意識立基於現實主義的物產豐饒，並沒有訴諸於環境道德的保育因素；但是談到西方的環境保護意識，則立基於柏拉圖的理型論（theory of Ideas）。

## 一、「理型論」與「經驗論」

公元前四世紀，古代希臘哲學家認為，自然界是一個生長變化的有機體。柏拉圖（Plato, 429-347 BC）對自然提出了「整體論」的看法。他在《九章集》中，他將宇宙描繪成一個整體。柏拉圖認為自然生態系統中，系統和元素之間存在著相互之間的關係。例如，自然界被造物主設計的每一種生物，在自然界中都有特殊的位置。如果有一種物種消失，會造成系統中的不和諧。柏拉圖認為，人類感官可以見到的事物，並不是眞實的事物，只是一種表相（form），也是完美理型的一種投射。亞里斯多德（Aristotle, 384-322 BC）反對理型論（theory of Ideas），他運用經驗去定義世界，努力去觀察大自然，也蒐集龐大的生物資料。亞里斯多德認為生態系統整體之中的元素，還存在著關鍵性和次要性的差別，一旦失去關鍵性，就會引起整體生態系統的變化；而次要部分的消失，則不會影響整體性。例如，亞里斯多德認為鼠類會造成生態的危害，因此需要靠自然界的力量，例如造物主創造鼠類的天敵，藉以減少鼠類的危害。

到了中世紀，歐洲因為受到宗教的影響，也有類似古代中國，通過森林法規或狩獵法令，在特定的時間禁止狩獵。有些地區因為地理或宗教理由，被規定為聖地，禁止開發而受到保護。中世紀的日本，對於砍樹或收割林產品，也規定出嚴格的法令來禁止上述行為的發生。在美洲，傳統印地安人的觀念中，人類與獵物之間有一種靈性上的關係，這樣的關係會約束他們的狩獵行為，不至於過度地獵捕野生動物。

## 二、「超越論」與「效率論」

在近代，由於基督信仰的自然觀、人道主義思想，以及浪漫主義的自然觀，產生了基於宗教信仰，進行造物主賦予人類「託管大自然」的環保意識。這種意識是因爲人類長久利用自然環境，卻不懂得保護環境，有志之士因而感到憂慮環境逐漸破壞，因而產生的自然資源保護思想。這種保育思想，於是逐漸成爲時代的主流（Marsden, 1997）。

後來，自然資源保育的概念產生於19世紀的美國。但是西方人以征服者之姿進入到新大陸之後，荒野保存（wilderness preservation）和資源保育（resource conservation）成爲自然保育中的課題。1836年愛默生（Ralph Waldo Emerson, 1803-1882）發表《自然》，以超越論（Transcendentalism）強調人類與上帝之間的直接交流，並且探討人性中的神性。1854年梭羅（Henry David Thoreau, 1817-1862）發表《華登湖》，再到了1864年博金斯（George Perkins, 1862-1920）發表《沼澤的人與自然》（Marsh's Man and Nature），我們可以看到19世紀的自然主義者之間的對話故事。其中，主張荒野保存的學者包括：愛默生、梭羅（Emerson, 1979; Thoreau, 1927; 1990）、繆爾（John Muir, 1838-1914）等人；此外，主張資源保育的是以班卓（Gifford Pinchot, 1865-1946）爲代表（Pinchot, 1903）。

主張荒野保育的愛默生、梭羅屬於新英格蘭地區的菁英知識份子，懷抱著新英格蘭清教徒的使命感，對於荒野生態的保護充滿著理想性格。主張自然資源的保育的班卓是以「明智利用」的方式進行物資管理，透過保育生物學、應用生態學和公共經濟學的學習，進行可再生資源的保育利用，永續地達到最高的產量。

但是，班卓的想法接近中國古代孟子（372-289 BC）的想法：「不違農時，穀不可勝食也；數罟不入洿池，魚鱉不可勝食也；斧斤以時入山林，材木不可勝用也；穀與魚鱉不可勝食，材木不可勝用，是使民養生喪死無憾也；養生喪死無憾，王道之始也。」認爲，自然要依據公平效率的利益分配原則，在最長的時間之內爲最多數的人謀求最大的利益

（Pinchot, 1903）。班卓因爲主張生態最大利益，卻被認爲是現實主義者，利基於人類中心主義「開明的自私」觀點之上（楊冠政，2011）。

## 三、「保存論」

20世紀初，繆爾（John Muir, 1838-1914）、米爾斯（Enos Mills, 1870-1922），馬歇爾（Robert Marshall, 1901-1939），以及李奧波（Aldo Leopold, 1887-1948）在發表中談的，主要還是主張需要進行資源保護和棲地保存，而不是著眼於環境保護所注重之環境品質、環境覺知（environmental awareness），以及環境素養（environmental literacy）等當代最關注的議題（Leopold, 1933; 1949; Gottlieb, 1995）。

李奧波因爲撲救鄰居農場上的火災時，因爲心臟病發作，而於1948年過世。他過世之後，1949年李奧波的遺作《沙郡年紀》（A Sand County Almanac）甫一出版，即造成書市的轟動。該書是美國環境運動與現代環境思想的基石，他質疑以犧牲環境爲代價，追求富裕的生活的主流價值（Leopold, 1949），這種思惟爲1970年代的環境覺醒奠定基礎。他質疑以犧牲環境爲代價，追求富裕的生活的主流價值是否得當？這種思惟爲環境覺醒奠定了基礎。到了1970年，美國民衆爭取民權，隨者越戰和冷戰時代的來臨，越來越多的民衆開始擔心輻射影響，化學災害、空氣污染，以及輻射污染，讓社會大衆傾向於環境保護主義；因此，環境教育開始由熱心的民衆支持、推動，以及參與。1970年4月22日，在美國發動的地球日，爲現代環境教育運動開啓了新里程。1971年，全國環境教育協會成立，現稱爲北美環境教育協會（North American Association for Environmental Education, NAAEE），希望提供教師足夠的教學資源，以提高學生的環境素養。

## 四、「生機論」與「殺滅論」

1972年生態學者洛夫洛克（James Lovelock, 1919-）發展了「蓋婭假說」（Gaia hypothesis）（Lovelock, 1972）。蓋婭是希臘神話中大地女神。他認爲地球的生物圈，包括無生命的環境與生物之間，構成了自我調節功能的新的屬性（emergent property）。生物學者馬古利斯（Lynn Margulis, 1938-2011）支持他的假設，認爲這一種協同作用和自我調節的功能，有助於維持地球上的生活條件和生態體系。洛夫洛克說：「蓋婭不是一個有機體」，而是「生物之間相互作用的關係」。

蓋婭假說鼓舞了萬物有靈論的宗教學者和環保主義者。因爲在邁向21世紀之際，人類在環境保護的觀念上，需要賦予強烈意識的環境保護哲學，基本上生態哲學和環境教育的學者，在某種程度上接受了這一種假說。因此，這一種假說的討論，在1990年代邁向高峰，成爲環境問題高度認識的一部分。

科學家討論的主題，包括了生物圈和生物的共同演化，如何影響全球溫度的穩定性。海洋降水和岩石釋出鹽分，如何保持海水的鹽度。植物吸收氧氣，釋出二氧化碳（$CO_2$），如何保持大氣中的含氧量，以及地球表面的海洋、淡水和地下水所構成的循環水圈，如何影響地球宜居環境。然而，生物學者批評，生命體和環境，只是以一種耦合（coupled）的方式發展；他們甚至批評，蓋婭假說只是人類一廂情願的想法。

2009年，古生物學者沃德（Peter Ward, 1949-）提出了「美狄亞假說」（Medea hypothesis）（請見圖1-1）。美狄亞是希臘神話中女巫，殺害了自己的孩子。沃德列舉出在地質時代，地球曾經產生了甲烷中毒和硫化氫引起的生物滅絕，這種有害生物殺滅（biocidal）的影響，和蓋婭假說直接相反（Ward, 2009）。所以，地球在自我演化的過程之中，並沒有達到地球最佳化（Earth optimal），同時也沒有利於生命（favorable for life），或是形成穩態機制（homeostatic mechanism）。

地球系統科學家泰瑞爾認爲，地球充其量可以說形成蓋婭共同演化（Gaia-Coeveolutionary）和蓋婭影響（Influence Gaia）的過程。意思是生命與環境的演化過程中，生物和地球物理和化學環境之間，存在某種聯繫（Tyrrell, 2013）（請見表1-1）。

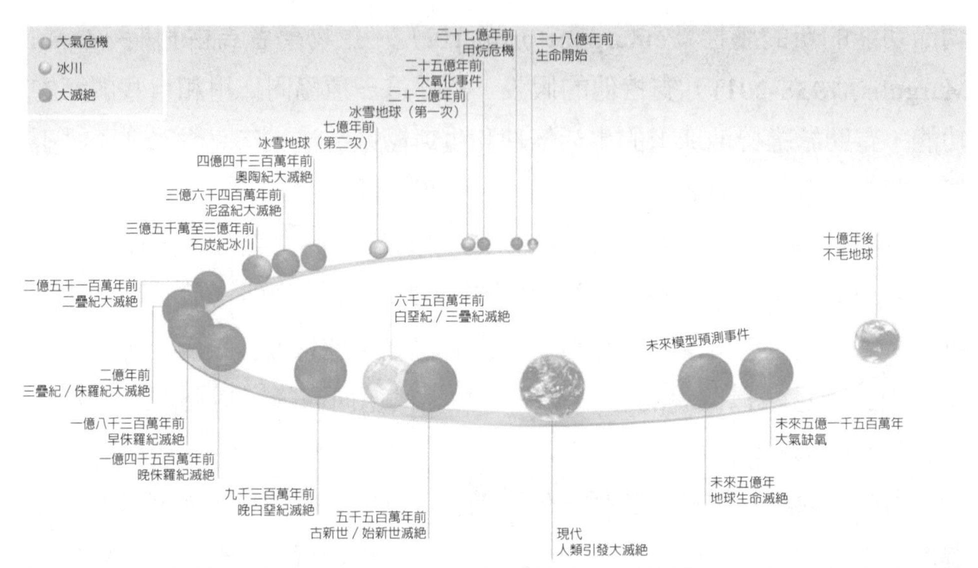


圖1-1　美狄亞假說（Medea hypothesis）說明在地質時代，地球曾經產生了甲烷（$CH_4$）中毒和硫化氫（$H_2S$）引起的生物滅絕（Ward, 2009）。



表1-1　西方環境的哲學

| 年代 | 學者 | 理論 | 概述 |
|---|---|---|---|
| 公元前四世紀 | 柏拉圖（Plato, 429-347BC） | 理型論 | 柏拉圖在《九章集》中，將宇宙描繪成一個整體。 |
| 公元前四世紀 | 亞里斯多德（Aristotle, 384-322 BC） | 經驗論 | 亞里斯多德認為生態系統存在著關鍵性和次要性的差別，一旦失去關鍵性，就會引起整體生態系統的變化。 |
| 1836 | 愛默生（Ralph Waldo Emerson, 1803-1882） | 超越論 | 愛默生發表《自然》，強調人與上帝之間的直接交流，並且探討人性中的神性。 |
| 1903 | 班卓（Gifford Pinchot, 1865-1946） | 效率論 | 班卓主張生態最大利益，被認為是現實主義者。 |
| 1949 | 李奧波（Aldo Leopold, 1887-1948） | 保存論 | 李奧波遺著《沙郡年紀》主張需要進行資源保護和棲地保存。 |
| 1972 | 洛夫洛克（James Lovelock, 1919-） | 生機論 | 洛夫洛克提出蓋婭假說，認為地球的生物圈，包括無生命的環境與生物之間，構成了自我調節功能。 |

| 年代 | 學者 | 理論 | 概述 |
|---|---|---|---|
| 1973 | 奈斯（Arne Næss, 1912-2009） | 根本論 | 蓋婭假說影響了奈斯提倡的深層生態學。深層生態學倡導環境哲學，致力改變現行的經濟政策和自然價值觀。 |
| 2009 | 沃德（Peter Ward, 1949） | 殺滅論 | 沃德提出了美狄亞假說，認為地球在自我演化的過程之中，並沒有達到地球最佳化、利於生命化，也沒有形成穩態機制，甚至產生了殺滅生物的現象。 |

## 五、深層生態學（Deep ecology）

蓋婭假說影響了深層生態學（deep ecology）。深層生態學的提倡者哲學家奈斯（Arne Næss, 1912-2009）倡導環境哲學，討論生物的內在價值，反對班卓所稱生態系統對於人類的工具價值（Pinchot, 1903）。深層生態學依據地球在自我演化的過程關係，認爲大自然充滿了複雜的微妙平衡關係。因此，人類對自然界的干擾，不僅影響了人類生存，同時構成所有生物的威脅。

因此，深層生態學超越了生物學科的本質，運用了社會性觀念架構，通過人類道德、價值和哲學觀點的探索，否定以人類爲中心的環境主義。因此，深層生態學強化了環境、生態和綠色運動的理論基礎，倡導荒野保護、人口控制，以及提倡簡單樸素的生活（Næss, 1973; 1989）。

從上述環境保護的哲學看來，所有的過程都是環境教育。因此，從環境保護過渡到環境教育，是一種教育過程，在這過程中，個人和社會認識自身所處的環境，以及組成環境的生物、物理和社會文化成分之間的交互作用，得到知識、技能和價值觀，並能個別地或集體地解決現在和將來的環境問題。

國立東華大學環境學院教授楊懿如（2007）認爲：「保育不能僅停留在物種層次，還要思考遺傳、生態，以及文化地景」。在環境保護的基本「教育過程」中，「價值澄清」、「知識、態度與技能」、「解決問題」同時也需要具備哲學理念，以奠基本土生物多樣性保育和土地倫理的典範。

因此，環境保護的基礎，在於實施環境教育。環境教育在於建構人類適當的環境知識、技能、態度及參與感等環境素養。因此，環境教育需要提供學生正確的環境知識，而且要發展環境態度和價值觀，培養學生對周遭環境的認知，並且接受自身所處的責任，採取環境行動，以解決環境問題。

聯合國在1982年通過《世界自然憲章》（World Charter for Nature）五條養護原則，指導和判斷人類一切影響自然的行爲，憲章中揭櫫：「人類是自然的一部分，生命有賴於自然系統的功能維持不墜，以保證能源和養料的供應」；「文明起源於自然，自然塑造了人類的文化，一切藝術和科學成就都受到自然的影響，人類與大自然和諧相處，才有最好的機會發揮創造力和得到休息與娛樂。」奈斯在1985-1987兩年之中，不斷發表深層生態學的著作，大聲疾呼改變人類的生活方式。例如，《對深層生態學態度的認同》（1985）、《生態智慧：深層和淺層生態學》（1985）、《深層生態學：物質的自然彷彿具有生命》（1987）、《生態學、聯合體與生活方式：生態知識》（1987）、《膚淺的生態運動與深層長遠的生態運動：一個總結》（1987）。以上的發表，影響了21世紀的環境和生態運動。

深層生態學後來和生態女性主義、社會生態學、生物區域主義等環保運動結合起來，成爲現代西方四種環境主義。然而，現今人類造成的環境問題越來越大。人類所使用的材料及燃料的淨重，在20世紀增加了800%。此外，送回到環境中的廢物也大幅增加。到了2019年，全球人口超過了77億，人類生存足跡，遍及地球表面。人類因爲營養過剩造成的冠狀動脈疾病和中風，占了2019年死亡人數的26%，位居死亡率之首。因爲空氣污染造成的死亡人數，如呼吸道感染、慢性阻塞性肺病，以及肺、氣管和支氣管癌，也占了14%，占了死亡率第二位。經濟成長產生的副作用，形成了環境的代價。到了2050年，人口預估成長到96億。如何限制經濟發展，調和地球利益，莫超過地球成長的界限，成爲環境發展和永續成長的核心主題（Victor, 2010）（請見圖1-2）。

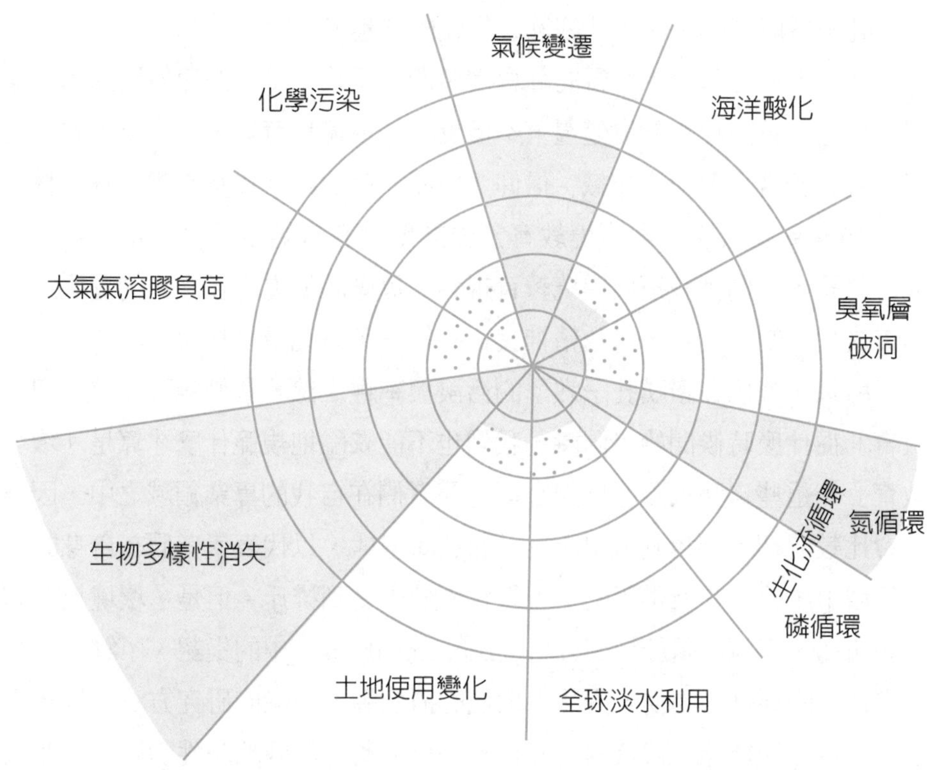


圖1-2　人類發展超過地球成長的界限，成為環境發展和永續成長的核心主題（Rockstrom et al., 2009）。





## 第四節　環境教育的歷史

環境教育的歷史，需要由誰來界定？由何時來界定？環境教育的歷史，只能由環境教育定義之後才來界定嗎？其定義的範疇爲何？如果我們以教育史進行界定，需要釐清人類何時和何處通過系統性的教學和學習，所衍生的發展歷史。從人類文明化的轉變歷程之中，對於自然環境的歌詠，東西方學界都是吟唱不絕。《論語．先進篇》曾談論，春秋時代曾點（546 BC-？）告訴孔子（551-479 BC）說：「莫春者，春服既成。冠者

五、六人，童子六、七人，浴乎沂，風乎舞雩，詠而歸」。曾點的意思是說：「暮春三月，穿上春天的衣服，約上五、六人，帶上六、七個童子，在沂水邊沐浴，在高坡上吹風，一路唱著歌而回。」

孔子當時感嘆地說：「我欣賞曾點的情趣。」

孔子對於在環境中學習的社會價值觀，反映了豐富的戶外活動學習過程。這些教育課程的歷史變遷，不但反映了環境教育歷史，同時反映了當時學者對於當代環境的知識、信仰、技能、價值觀，以及文化涵養。林憲生（2004）在〈文化與環境教育〉強調環境教育應該置於文化視野之中進行討論，我們應該拓展環境教育視界，更應該促進人類文化的覺醒。從物質文化、制度文化，以及精神文化的視角，研究環境教育。

所以，我們在讚嘆孔子教學的活潑與率性之餘，我們無法論述「環境教育」從什麼時候開始；同時，我們也不能狹隘地規範什麼才算是「環境教育」。這些自我設限的框架，都是學者們在自我的專業領域之中，因爲社會比較心理，排斥其他學術流派的意識型態，以代表學者們在自身的教育領域中，確保其所坐落的主流教育價值不受到排斥。但是，環境教育的定義論述，不再於基於框架分析（frame analysis）中的指認、了解，以及界定正確的經驗。因爲，人類將環境的價值觀、環境的研究方法，以及在環境中存活的技能，傳授給下一代，不但奠基於教師理論性的教學，並且強調於學生自身的觀察和學習。這些教學典範產生的學習成果，不見得和教師教學典範相仿。因爲每個人在環境之中，受到教師啓發，所領悟到的知識和道理的時間都不相同，所得到的環保技術和專業素養也有異。

印度佛陀釋迦牟尼（566-486 BC）在教學中拈了一朵花，其他弟子都茫然不知所措，只有迦葉尊者（550-549 BC）和佛陀心心相印，綻顏微笑，傳承了佛陀的「境教」的禪宗一派。唐朝韓愈（768-824）在《師說》一文中就曾經說：「弟子不必不如師，師不必賢於弟子」。他又說：「聞道有先後，術業有專攻」。在環境教育的歷史發展中，我們可以看到類似「拈花微笑」而領悟的例子。這是一種「默會知識」（tacit knowledge），也就是「外視於景，內觀於心」，最後對於感知的一種莫名觸動。

哲學家博藍尼（Michael Polanyi, 1891-1976）在1958年提出了「默會知識」（tacit knowledge）（Polanyi, 1958; 1966）。他說：「我們所理解的，多過於我們所能說的」。如果環境教育超越了「口而誦，心而惟」的內在感知。如果環境教育的知識，無法靠書本的說明傳授，那麼，我們通過環境教育的歷史，討論了環境教育的思想、方法，以及環境行動的發展過程紀錄，需要強調以「孕育而認知」（knowing by indwelling），來重新定向和認識我們原來就知道的故事。也許，這些故事都是在「環境教育」被定義之前發生的；但是對我們來說，都是很重要的故事。我們以近代18世紀以來迄今的環境教育歷史，進行討論。

## 一、18-19世紀的環境教育

環境教育的根源可以追溯到18世紀，當時盧梭（Jean-Jacques Rousseau, 1712-1778）寫的小說《愛彌兒》（Émile），以公民教育的哲學論點，強調了關注兒童自然教育的重要性。他在書中提出了三種教育，認爲教育者需要依據人類的自然本質進行教育，教育的內涵包含了自然教育、事物教育，以及人的教育。

盧梭的教育思想明顯受到柏拉圖、蒙田（Michel de Montaigne, 1533-1592）、洛克（John Locke, 1632-1704）等人的影響，但他開創了自然主義教育的思想傳統，並進一步影響到後世的思想家諸如康德（Immanuel Kant, 1724-1804）、斐斯塔洛齊（Johann Pestalozzi, 1744-1827）、福祿貝爾（Friedrich Fröbel, 1782-1852）、杜威（John Dewey, 1859-1952），以及蒙特梭利（Maria Montessori, 1870-1952）。

19世紀初葉，歐洲「平民教育之父」裴斯泰洛齊自費在瑞士設立貧民學校，他以觀察爲題，進行自然教育。裴斯泰洛齊談論以初階觀察，進行知覺活動，進行講述，然後以測量、繪畫、寫作、數字和計算進行進階學習。

福祿貝爾在1837年的德國東部的巴特布蘭肯堡創辦了第一所「幼兒

園」，採用遊戲和手工勞作作業，推動花壇、菜園、果園的園藝栽培活動。到了1907年，蒙特梭利在羅馬的自宅中開設了「兒童之家」（Casa dei Bambini），她依據「人的天性」（human tendencies），在「準備好的環境」（prepared environment）中設計「土地本位教育」（land-based education）。蒙特梭利教育（Montessori Education）爲了不同階段及不同個性的學生，採用量身定做的教育方式，進行教學活動的教育方法。

在大學階段，瑞士博物學家阿格西（Louis Agassiz, 1807-1873）回應了盧梭的哲學，因爲他鼓勵學生「學習自然，而不是書本」。1847年阿格西應聘哈佛大學，擔任動物學和地質學教授，創建了哈佛大學比較動物學博物館。阿格西相信實驗知識，而非死背書本上的知識。

## 二、20世紀初期的環境教育

西方學者約在1890年推動自然研習，20世紀初葉開始帶領學生進行自然研究。康乃爾大學自然研究系教授康斯托克（Anna B. Comstock, 1854-1930）是自然研究運動的傑出人物。她於1911年撰寫了《自然手冊研究》。她在書中寫著：「探索自然生態可以培養孩子的想像力，而且在觀察的過程中，有著許多精彩和眞實的片段，讓兒童了解文化價值觀」（Comstock, 1986）。康斯托克協助社區領袖、教師和科學家，改變美國兒童的科學教育課程。

當時有感於環境破壞日益嚴重，學者意識到環境的破壞對人類的危害性，在推動全球性的會議中，更加重視環境教育的議題（Marsden, 1997）。環境教育因應美國經濟的大蕭條和沙塵暴，形成了1920年代興起的「保育教育」（Conservation Education）。

保育教育和純粹的自然研究截然不同；學習的歷程注重於嚴格的科學訓練的監測數據，而並不是自然歷史的哲學研究。保育教育形成一種重要的科學管理和規劃工具學門，有助於解決當代的社會、經濟和環境問題。

蘇格蘭地質學家蓋基（Sir Archibald Geikie, 1835-1924）認爲，人類能從自然環境學習到無盡的知識，因此，他將「自然之愛」納入教育目標（Marsden, 1997:11-12）。後來，蘇格蘭植物學者吉登斯爵士（Sir Patrick Geddes, 1854-1933）推動公民地區研究，以批判眼光尋求實際生活環境改善，展開地方城鎮研究課程的方法，奠定了環境規劃的基礎。

## 三、20世紀中葉之後的環境教育

到了第二次世界大戰結束之後，1950年代推動戶外教育。1960年代產生了現代環境運動。爲了保護環境，聯合國成立了許多國際保育組織，例如國際自然保育聯盟（IUCN）。第一任聯合國教科文組織秘書長赫胥黎爵士（Sir Julian Huxley, 1887-1975），希望爲國際自然保育聯盟提供學術性的平台，於是發起一場大會，首次大會在法國巴黎楓丹白露宮召開。因此，主辦國家的法國在1948年便將自然保育和棲地保護，放在政策綱領之中，後來這一場初次使用「環境教育」一詞的會際會議，促成了1949年國際自然保育聯盟（IUCN）組織的成立。

到了1960年代，美國國會立法，要求在中、小學階段必須要學習自然資源保育的知識。1968年，聯合國在巴黎召開生物圈會議，推廣「環境教育」一詞的涵義。到了1969年，密西根大學環境心理學博士斯旺（James A. Swan）剛取得自然資源學院和社會研究所的教職。他在史戴普（William Stapp, 1929-2001）的指導之下，於《教師專業發展期刊》（Phi Delta Kappan）中發表了第一篇關於環境教育的文章，論述了環境教育在關懷自然環境和人爲環境（Swan, 1969）。1969年美國密西根大學自然資源與環境學院教授史戴普首先在《環境教育》期刊（Environmental Education）確認了環境教育的定義（Stapp, 1969）。

1970年代是環境教育發展史上最重要之里程碑。各國政府開始紛紛訂定環境保護法規，全力解決環境保護問題。1970年聯合國教科文組織和自然保育聯盟在美國內華達州卡森市舉辦國際環境教育學校課程工作會議，會議中指出：

「環境教育是認識價值和澄清概念的過程，以培養理解和理解人類、文化、生態環境之間相互關聯所必需擁有的技能和態度。環境教育還需要在環境品質問題的行爲準則，進行自我規範和實踐。」這一場會議制定學校教育的目標，並詳列了各階段的具體內容（UNESCO, 1970）。

1972年聯合國在瑞典斯德哥爾摩召開人類環境會議，會中決議了26條《人類環境宣言》（United Nations Declaration on the Human Environment），其中第19條特別要求：「爲年輕一代及成年人提供教育，以解決環境問題（environmental matters）」。《人類環境宣言》企盼人類開始注意環境的問題，開啓了人類與自然環境良性互動的可能性。宣言中強調：「人類環境包含了自然環境和人爲環境，上述環境對於人類幸福和享受基本人權，甚至生存權本身，都是不可或缺的。」人類開始重視環境生活品質，並且環境保護議題開始獲得關注。

1974年英國召開「學校環境計畫委員會」（Schools' Council's Project Environment）揭示環境教育三種主題，分別爲認識「有關環境的教育」（Education about the Environment）、「在環境中的教育」（Education in or from the Environment）、「爲了環境的教育」（Education for the Environment）（Tibury, 1995; Palmer, 1998），受到全世界所矚目，應用範圍非常廣。

1975年聯合國教科文組織和聯合國環境規劃署（United Nations Environment Programme, UNEP）共同推動國際環境教育計畫（International Environmental Education Programme, IEEP），這個計畫討論如何提高環境意識（environmental awareness），推動環境教育的願景。

1975年聯合國教科文組織在前南斯拉夫貝爾格勒舉辦的國際環境教育工作坊中，提出《貝爾格勒憲章》（Belgrade Charter），憲章強調：「我們需要新的全球倫理。這樣的倫理主張個人與社會的態度行爲，要能與人類在這生物圈中的位置調和一致。這樣的倫理認識，需要敏感地去回應人類與自然之間、人類與人類之間的複雜且不斷改變之關係。」「主張一種個人的全球倫理——並且將這種倫理，反映在他們爲這世界上的人們，而投入改善環境與生命品質之行爲上。」該憲章將環境教育區分爲正規教育（formal education）和非正規教育（non-formal education）（UNEP, 1975）。《貝爾格勒憲章》規範了環境教育內涵與目標，促使世界人類認識並且關切環境及其相關議題，具備適當知識、技術、態度、動機及承諾，致力於解決當今的環境問題。

1976年，聯合國教科文組織發布了環境教育通訊《聯結》（Connect），作爲聯合國教科文組織暨聯合國環境規劃署國際環境教育計畫（IEEP）官方機構的資訊交流管道，以傳播環境教育訊息，建立環境教育機構和個人聯繫網絡。

1977年聯合國教科文組織和聯合國環境規劃署在前蘇聯喬治亞共和國伯利西舉辦跨政府國際環境教育會議（Tbilisi UNESCO-UNEP Intergovernmental Conference），會中決議《伯利西宣言》（Tbilisi Declaration），提出41項環境教育指導方針（Guiding Principles），內容包括環境教育任務、課程教學、推行策略，以及國際合作。《伯利西宣言》提到：「環境教育應從本地的、全國的、地區的和國際的觀點，檢視有關環境的主要議題，使學生了解其他地理區域的環境狀況」；以及「環境教育應該運用各種學習環境和教學方法，並強調實際活動及親身經驗」（UNEP, 1977）。環境教育的根本任務，乃是和倫理的、價值觀的教育，緊密連結。例如其宗旨就談到環境教育需要「提供每個人有機會學習保護與改善環境所需的知識、價值觀、態度、承諾與技術」。至於環境教育的目標，則談到需要「幫助社會團體與個人學習到一套關心環境的價值觀與情感，以及積極參與改善與保護環境的動機」。因此，《伯利西宣言》提出了環境教育包括了覺知、知識、態度、技能、參與等五項目標。

聯合國在1983年成立「世界環境與發展委員會」（World Commission on Environment and Development, WCED），關切環境保護與經濟發展兩個議題，象徵著人類與環境的關係，由僅對自然環境的關懷，擴充到對環境中人類生存與發展的關懷。這個委員會在1987年由主席布倫特蘭（Gro Harlem Brundtland, 1939-）在聯合國大會發表了「我們共同的未來」（Our Common Future）宣言，正式定義了「永續發展」：「永續發展是一發展模式，既能滿足我們現今的需求，同時又不損及後代子孫滿足他們的需求。」她呼籲全球對自然環境與對弱勢族群的認同與關懷。

1990年美國國會通過《國家環境教育法》（The National Environmental Education Act），通過改善環境教育，來解決地球環境問題。

1992年聯合國在巴西里約熱內盧召開地球高峰會（Earth Summit），通過了舉世矚目的《二十一世紀議程》（Agenda 21），把永續發展的理念規劃爲具體的行動方案，強調對未來世代的關懷、對自然環境資源有限性的認知，及對弱勢族群的扶助（UN, 1992）。

## 四、21世紀初葉的環境教育

進入了21世紀，聯合國在2002年再度召集世界各國領袖，選擇南非約翰尼斯堡舉行世界永續發展高峰會，決議邀集夥伴組織，致力於解決保護環境、縮小貧富差距，以及保護人類生命的生態環境。2002年，聯合國大會通過一項決議宣布了「聯合國十年」（UN Decade, 2005-2014）通過了「永續發展教育十年」（UN Decade of Education for Sustainable Development, DESD, 2005-2014）。

到了2005年，聯合國教科文組織正式推動永續發展教育十年，力求動員國際教育資源，創造永續的未來，其中五項原則爲想像更美好的未來、批判性思考和反思、參與決策、夥伴關係，以及系統思考。

通過《二十一世紀議程》（Agenda 21）第40章強調：「教育是途徑」。雖然單靠教育無法實現永續未來；但是，如果沒有教育和學習永續發展，人類將無法實現此一目標。聯合國永續發展教育十年（DESD）的總體目標是將永續發展的原則、價值觀和實踐，納入教育和學習層面。依據永續發展教育鼓勵改變人類行爲，在環境完整性（environmental integrity）、經濟可行性（economic viability），以及滿足當代及後代的公正社會（just society）方面，創造更爲永續之未來。

2012年聯合國又回到巴西里約熱內盧舉行聯合國永續發展大會（Rio+20），以紀念1992年「地球高峰會」舉辦20週年。該會議以綠色經濟為主題，以消除貧窮、促進全球發展為目標，希望藉由建立相關的機制和組織，推動綠色經濟。

到了2014年，聯合國在日本名古屋舉行的「世界永續發展教育大會」上，呼籲將永續發展教育納入主流。聯合國教科文組織啓動了「永續發展教育全球行動計畫」（Global Action Programme on ESD, GAP）。2015年5月，在韓國仁川舉行的「世界教育論壇」上，計劃實施「2030年教育」，計畫通過《2030年教育仁川宣言》，計劃將全民教育和永續發展教育的概念合併，通過全球教育監測報告（Global Education Monitoring Report, GEMR），計畫內容確保包容和公平的優質教育，讓全民終身享有學習機會。

2015年9月聯合國大會決議通過《2030年永續發展議程》，以推動永續發展目標（Sustainable Development Goals, SDGs），共計有17項目標需要達成。國際社會了解除了推動目標四「發展高品質教育」之外，需要通過教育發展其他的永續目標。

如今，隨著國際認可和通過《2030年全球教育議程》（Global Education 2030 Agenda），其目的到了2030年通過永續發展消除貧困。目前聯合國教科文組織運用永續發展目標（SDGs）、《全民教育全球監測報告》（GEMR）和《全民教育地區綜合報告》機制，發展「永續發展教育全球行動後續計畫」（GAP 2030）。因此，全球正規教育工作者和非正規教育工作者正為推動永續發展教育繼續努力。永續發展教育內容涵括人文主義的教育和發展觀，以人權、尊嚴、社會正義、包容、保護、文化、語言和民族多樣性，共同承擔責任和義務，共同努力之中。2019年新加坡南洋理工大學邀請了十五位國際學者，包含了國立臺灣師範大學教授張子超、方偉達等人發表了《新加坡永續發展教育研究宣言》，回應了2030年永續發展教育研究的訴求（請見表1-2）。

表1-2　環境教育會議發展史

| 時間 | 舉辦國家／城市 | 舉辦單位 | 會議名稱 | 會議內容 |
|---|---|---|---|---|
| 1948 | 法國巴黎 | 聯合國教科文組織 | 國際自然保育大會 | 國際會議首度使用「環境教育」一詞，1949年成立「國際自然資源保育聯盟」組織。 |
| 1965 | 英國史丹佛郡 | 凱利大學 | 教育研討會 | 英國首次使用「環境教育」一詞。 |
| 1968 | 法國巴黎 | 聯合國教科文組織 | 生物圈會議 | 讓世界首次對「環境教育」一詞有所認識 |
| 1970 | 美國內華達州卡森市 | 國際自然保育聯盟 | 國際環境教育學校課程工作會議 | 定義環境教育，制定學校教育的目標，並詳列各階段內容。 |
| 1970 | 法國巴黎 | 聯合國教科文組織 | 聯合國教科文組織會議 | 成立聯合國教科文組織環境教育處。 |
| 1972 | 瑞典斯德哥爾摩 | 聯合國 | 人類環境會議 | 召開人類環境會議發表《人類環境宣言》。 |
| 1975 | 法國巴黎 | 聯合國教科文組織、聯合國環境規劃署 | 國際環境教育計畫交流活動 | 創立國際環境教育計畫（IEEP）。 |
| 1975 | 前南斯拉夫貝爾格勒 | 聯合國教科文組織 | 國際環境教育工作坊 | 提出《貝爾格勒憲章》，規範了環境教育內涵與目標，促使世界人類認識並且關切環境及其相關議題，具備適當知識、技術、態度、動機及承諾，致力於解決當今的環境問題。 |
| 1977 | 前蘇聯喬治亞共和國的伯利西 | 聯合國教科文組織 | 跨政府國際環境教育會議 | 提出41項建議的《伯利西宣言》，提供各國推行環境教育完整架構。該宣言提出了環境教育包括了覺知、知識、態度、技能、參與等五項目標。 |
| 1980 | 瑞士格蘭 | 聯合國環境規劃署、國際自然保育聯盟、世界自然基金會 |  | 發表《世界自然保育策略》（World Conservation Strategy）。 |

| 時間 | 舉辦國家／城市 | 舉辦單位 | 會議名稱 | 會議內容 |
|---|---|---|---|---|
| 1982 | 美國紐約 | 聯合國 | 聯合國大會 | 通過《世界自然憲章》（World Charter for Nature），通過五條養護原則，指導和判斷人類一切影響自然的行為，確認國際社會對人類與自然的倫理關係與責任。 |
| 1987 | 美國紐約 | 世界環境與發展委員會 | 聯合國大會 | 發表《我們共同的未來》（Our Common Future），並提出永續發展的理念。 |
| 1992 | 巴西里約熱內盧 | 聯合國環境與發展會議 | 世界永續發展高峰會 | 通過《二十一世紀議程》（Agenda 21），簽署《聯合國氣候變化框架公約》。 |
| 2002 | 南非約翰尼斯堡 | 聯合國環境與發展會議 | 世界永續發展高峰會 | 致力於解決保護環境、縮小貧富差距，以及保護人類生命的生態環境。 |
| 2005 | 法國巴黎 | 聯合國教科文組織 | 聯合國大會決議（2002年） | 推動永續發展教育十年（UN Decade of Education for Sustainable Development, DESD, 2005-2014），力求動員國際教育資源的正規教育系統，創造永續的未來。 |
| 2009 | 德國波昂 | 聯合國教科文組織 | 永續發展教育世界會議：進入聯合國十年的後半段 | 討論聯合國教科文組織世界永續發展教育大會永續發展教育十年（2005-2014），提出《波昂宣言》（Bonn Declaration）。 |
| 2012 | 巴西里約熱內盧 | 聯合國環境與發展會議 | 聯合國永續發展會議 | 消除貧窮、促進全球發展為目標，希望藉由建立相關的機制和組織，推動綠色經濟。 |
| 2014 | 日本名古屋 | 聯合國教科文組織 | 世界永續發展教育大會 | 將永續發展教育納入2015年之後發展議程，啓動了永續發展教育全球行動計畫（GAP），強調五個優先行動領域。 |

| 時間 | 舉辦國家／城市 | 舉辦單位 | 會議名稱 | 會議內容 |
| --- | --- | --- | --- | --- |
| 2015 | 韓國仁川 | 聯合國教科文組織 | 世界教育論壇 | 實施永續發展目標，推動「2030年教育」。 |
| 2019 | 新加坡 | 南洋理工大學 | 新加坡永續發展教育研究宣言工作坊 | 發表《新加坡永續發展教育研究宣言》，回應了2030年永續發展教育研究的訴求。 |

## 第五節　環境教育的取徑

我們從20世紀初期的環境教育進行自然研究，1920年代興起的保育教育（Conservation Education），1970年代推動環境保護教育，2000年代推動永續發展教育（依據聯合國官方中文語言，稱為可持續發展教育）。

本節討論環境教育領域中，存在的各種方法。環境教育和科學教育（Science Education）一樣，是一個跨學科的領域。環境教育提供各種不同的學習策略，這些策略決定於學習資源、學習時間、學習空間、學習課程，以及學生的屬性。這些不同的人事時地物，都會影響教育的各種取徑（approach）。本節簡單地描述了戶外教育、課堂教育，以及自然中心教育，包含了下列七種方法，包含了學校環境教育的校園環境教育、地方本位教育（place-based education）、專案課程（projects curricula）；以及社會環境教育中的自然中心教育（周儒，2011）、動物園和博物館的科學和環境教育（Ardoin et al., 2016; Falk, 2009; Falk and Dierking, 2014; 2018；陳惠美、汪靜明，1992；蔡慧敏，1992）；或是運用環境問題調查、評估和行動（Hsu et al., 2018），以及科學、技術、社會（Science-Technology-Society, STS）的環境教育（Winther et al., 2010）。這些方法中的每一種都針對環境教育的重要課程目標和新穎的學習方法。因此，環境教育工作者應該選擇和應用在特定環境之中最有效的方法。

我們從環境教育探索永續發展教育，了解課程目標在強化環境覺知與環境敏感度、環境知識概念內涵、環境倫理價值觀、環境行動技能，以及環境行動經驗，需要探索價值觀念、探索議題、學習途徑、學習方法如下（Bamberg and Moeser, 2007; Winther et al. 2010; Dillion and Wals, 2014）：

## 一、戶外教育

戶外教育依據地方本位教育（place-based education）、計畫課程（Projects curricula），這些課程例如美國的「專案學習樹」（Project Learning Tree, PLT）、「野外專案」（Project WILD），以及「濕地專案」（Project WET）等課程。此外，可以採用環境問題調查、評估和行動，以及科學、技術、社會（Science-Technology-Society, STS）的環境教育進行探察，其中包含了下列方式（Braus and Wood,1993；Engleson and Yockers, 1994; American Forest, 2007）：

1. 運用感官：讓學習者運用身上的感官，直接用眼、耳、鼻、舌、身體的感知能力，感受春夏秋冬四時環境的活動方式。
2. 實體演練和解釋：藉由實物的範例，運用可以拿到的眞實物體，透過實務做法，將環境中所包含的自然或科學現象，直接採用實務表演的方式進行解釋，讓學習者直接觀察或實際體驗。
3. 調查與實驗：讓學習者透過假設、調查、資料蒐集、實驗、資料彙整、分析、撰寫小論文、簡報等步驟，進行環境問題與環境現象的思考，進行實際探討各種環境現象背後所發生的問題。
4. 景點旅行：讓學習者至各景點，實際參訪森林、高山、海濱、濕地等區域，進行觀摩，獲得第一手的旅遊和觀察體驗。每一次的觀摩和調查，都是有目的性的活動，並且預先讓學習者藉由書本、網路和景點資訊，了解所需要注意的事項，以及景點中需要觀察和注意的重點。
5. 研究問卷和訪談：透過小論文的研究方式，進行問卷發放。通過問卷調查的研究方式，讓學習者獲得相關環境領域的資料，透過不同訪談者的觀感和想法，除了透過量化的研究資料之外，並且進行訪談，了解質性的資料，對於環境議題進行更爲深入的探討。

6. 鄰近地點的戶外觀察：運用地方本位教育（place-based education）的方法，選擇鄰近的地點，進行環境調查或是觀察活動，實際引導學習者在戶外環境學習，並且幫助學習者對於自然環境的探索、體驗，以及認識（Chan, et al., 2018）。
7. 資料蒐集與訪談：針對特殊的環境議題，讓學習者進行資料蒐集，可以對於相關的環境議題或學習領域，進行更爲深入的了解，透過圖書館、網際網路，以及實務所得的印刷或是攝影的資料蒐集，並且訪談特定人物，協助釐清在面對環境問題的時候，可以獲得更重要的資訊。

## 二、課堂教育

環境教育中的課堂教育，包含了校園環境教育，其中可以發展地方本位教育（place-based education）、計畫課程（projects curricula），以及科學、技術、社會（Science-Technology-Society, STS）的環境教育內涵（Winther et al., 2010）。在學習過程中，教師受邀參加專業學習會議（professional learning session），並且充分理解學習者的學習角色，包含了下列方式。

1. 閱讀與書寫：在教室中，由學生透過環境議題與事件的閱讀，閱讀後讓學習者運用書寫的方式，將心中的想法與感受寫下來。如果是較爲年幼的學生，可以透過心智圖中的繪畫方式，進行繪出動作。
2. 個案研究：讓學習者直接針對環境問題或議題，進行資料蒐集和統整，並且討論並評估相關問題所造成的環境影響，並且思考如何面對環境受到破壞的情形（行政院環境保護署，1998；詹允文，2016；靳知勤、胡芳禎，2018）。
3. 價值澄清：讓學習者彼此之間運用價值與道德的衝突關係，進行討論與溝通。在討論之中，透過彼此的討論之後，建立大家都可以接受的結論，協助學習者建立正確的環境態度和價值觀（詹允文，2016；靳知勤、胡芳禎，2018）。

4. 樹狀圖與腦力激盪：藉由腦力激盪或者樹狀圖的發想，協助學習者將不同的關係、情況、想法、以及過程進行連結，以了解事件發生的關係。
5. 辯論：透過辯論活動，讓學習者從不同的面向思考環境的議題，並且學習運用資料蒐集、溝通，以及批判性思考等活動技巧。
6. 小組學習：透過小組學習的歷程，除了可以更有效面對環境議題，進行更深入的探討，更可以讓學習者學習建立團隊默契、自我社會倫理規範，以及認識自我內心深處的想法。
7. 環境布置：透過開學、節慶或是親師懇談會的環境布置活動，讓學習者參與教學空間的營造與布置，除了可以幫助學習者擁有完善的學習空間外，更可以學習判斷整體環境學習中所面對的環境問題。
8. 綜合討論：綜合地理學、數學、自然、健康與衛生、綜合活動中的童軍課程，或者語文學習領域，對於環境問題與議題，進行深入的研究與討論（詹允文，2016）。
9. 活動工作坊：讓學習者透過引導人員的示範與教學，學習操作或者製作某樣需要實際動手做的勞作課程，並且運用實際手工進行操作。演練的過程，包含了農、林、漁、牧等工作體驗與手工藝品創作。
10. 遊戲學習：遊戲學習在層次上是不一樣的。遊戲學習中採取開放式遊戲（open-ended play），遊戲的豐富的教材，就是一種學習的基礎。在模擬式遊戲（modelled-play），運用模擬生物的方式進行學習。在目的式遊戲（purposefully-framed play），運用遊戲進行體驗，採用師生互動方式進行（Cutter-Mackenzie et al., 2014）。
11. 環境行動：運用科學、技術、社會（Science-Technology-Society, STS）的學習方法，讓學習者實際參與各項如生態管理、說服、消費者主義、政治行動與法律行動等實際環境行動，共同為改善環境問題而努力。

## 第六節　環境教育的發展

環境教育的實施方式是採取融入式（infusion）的方法，進行跨學習領域的統整課程，以進行周遭環境之間關係的連結。環境教育專業人士普遍認爲，環境教育應該融入至於每個學年的學校課程中，從幼兒園到高中三年級（K-12）。但是世界各國都發生環境教育的學科整合（integration）並沒有發生。由於在學校的課程中，如何在學科中融入環境教育，需要運用教學材料和教學方法，這也許和各學科的教學類型有關（Simmons, 1989）。如果環境教育的核心，是希望將政府、企業、家庭，以及個人的行爲決策，納入到教育過程之中，但是環境教育從幼兒園到高中三年級（K-12）的發展，需要考慮和經濟發展和社會發展兼籌並顧的環境發展平行趨勢（parallel trend）。

傳統的環境教育的教學模型，係以環境議題爲中心展開。但是這一種教學方式，僅重視知識傳達（蕭人瑄等，2013），既沒有考慮社會情緒學習（social emotional learning）（Frey et al., 2019），同時沒有考量到環境態度的養成，難以培養負責任環境行爲的學生。再者，環境教育過於強調議題分析，讓學生習得無助（learned helpless），對於地球環境的未來發展，產生絕望與無助的感受，無法藉由一種內控的控制觀（locus of control），學習到改變世界的學習動機和毅力。此外，環境教育的情意變項，不容易透過室內課程改變，學生在課堂上容易受挫，不容易學到親環境行爲的眞實意義。如果說過去的教育著重於單向的講述式傳輸，我們應該以健康心態看待環境問題，通過關心環境保護議題，依據教師的「教學內容知識」（pedagogical content knowledge）、「領域知識」（domain knowledge）（Shulman, 1986a,b; 1987a,b），支持學生永續世界觀（sustainability worldview）的理念（請見圖1-3），以共同學習的方式，強化各種不同學科的內容，並且內化爲具體的環境保護行動。

所謂教學內容知識（或譯爲學科教學知識）（pedagogical content knowledge），教學內容知識包括了教師對特定學科內容的理解，教師對

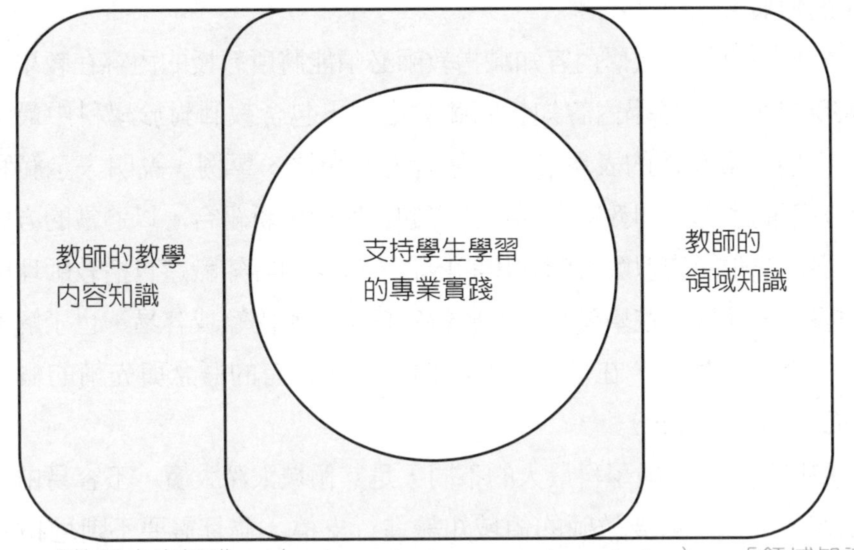


圖1-3　「教學內容知識」（pedagogical content knowledge）、「領域知識」（domain knowledge）和課程內容之間的關係（Shulman, 1986a,b; 1987a,b）。

特定學科內容表徵的掌握和運用，以及教師對於學習和學習者的理解。教學內容知識的成份包括學科知識和一般教學知識的內涵，並且超越了教材知識本身（周健、霍秉坤，2012）。教學內容知識係由美國教育心理學者蘇爾曼（Lee Shulman, 1938-）所提出，他認爲學科教學知識超越了學科專門知識的範圍，是屬於教學層次的學科專門知識。蘇爾曼指出教師的知識可分成三大類，即教學知識（pedagogical knowledge）、學科內容知識（subject matter knowledge）和教學內容知識（pedagogical content knowledge）（Shulman, 1986a,b; 1987a,b）。教學知識強調的是教學的原理、方法、策略。學科內容知識強調的是教師對其學科領域之事實、概念和原理本身及其組織方式之知識的理解。此外，教學內容知識強調的是教學時，教師知道如何運用系統性的陳述其學科內容知識，透過最有效的教學法讓學生容易理解學科內容，並且教師能夠了解學生對於該學科內容的先前概念、學習困難的原因，以及補救教學的策略。因此，教學內容知識係爲一種綜合性的知識，是教師在整合各種知識之後，能夠純熟運用於教學中的知識。

蘇爾曼說：「教學內容知識指教師必須能將所教授的內容在教學中具體表現出來。在教學內容知識的範疇之中，包含教師對於學科中最常教授的主題、最有效的表現形式、最有力的類比、舉例、說明、示範和闡述等方面的了解。即教師在學科特殊的課題中重新組合，以適當的方式表現，促使學生能夠理解有關教學的內容。教學內容知識還包括教師理解有什麼因素，讓學生在學習時，對於特定概念感到困難或容易，也了解不同年齡、背景的學生，在學習這些課題時，所持有的概念與先備的概念」（Shulman, 1986b:9）。

環境教育和一般學科最大的不同，是其領域太深太廣，不容易由教師所掌控。因此，需要教師的領域知識進行支撐，並且需要不斷地拓展領域。所謂領域知識（domain knowledge）是適用於特定主題，運用專業理解該主題的能力和資訊。領域知識通常用於描述特定領域專家的知識。在許多情況之下，領域知識是高度特定，且具備專用技術的細節。因此，環境教育領域知識（domain knowledge），就是人類和環境領域累積長久互動之後，依據人類經驗得到的環境學理、論述，以及環境學的特定知識。擁有環境領域知識的人們，通常會被認為是該領域的專家。因為環境教育知識領域的本質是相互連結的。因此，只要了解其知識內涵，便能夠擁有環境教育領域的認知。（請見圖1-4）

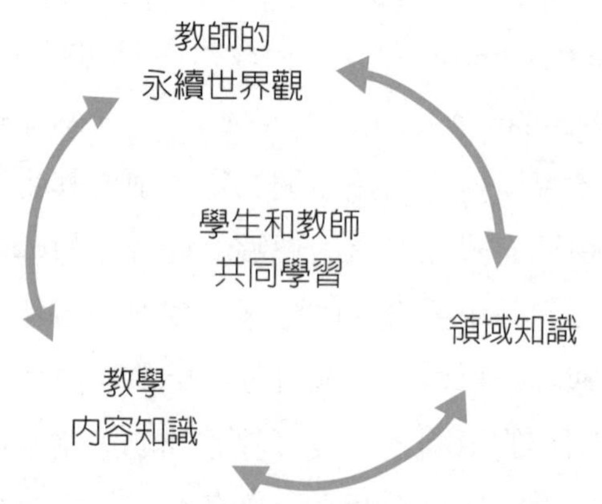


圖1-4　教學內容知識和永續世界觀之間的互惠關係（Shulman, 1987a,b）。

由於環境教育專家具備了「教學內容知識」（pedagogical content knowledge）和「領域知識」（domain knowledge）。因此，專業領域者覺得「放煙火式」的環境教育運動或是活動，不過是政治人物在選舉之前的伎倆，不該是環境推廣活動的現實。所有的教育，應該是帶狀，或是更深沉的活動之學習履歷和過程。環境教育係爲可長可久的歷程，環境教育的經典活動，貼近生活情境，以教育的角度出發，都能夠進入到人本的典藏。環境教育從知識性的傳播，到行動意涵的發抒，所以，本書藉由案例進行分析，以提供更多K-12年級教師們的參考。我們同時希望教育傳播達到聯合國教科文組織所提倡的，學生要達到社會情緒學習（social emotional learning），進入到眞實的情境，將成果貢獻社會，以改變整個社會。

我國在1970年代以前，只有「環境衛生」，而沒有「環境保護」。一直到了1982年以後，環境教育的觀念才逐漸在國內推動。1987年行政院環境保護署成立，在綜合計畫處下設教育宣導科，後來改稱環境教育科，才有專責的單位負責環境教育。從2001年以來，臺灣已經將環境教育納入教育部管轄的學校系統之中，從國民學校1年級到9年級都列入環境教育的範疇。到了2014年11月，依據十二年課程綱要新課程改革的結果，環境教育再次納入了國家課程架構，並擴展到高中三年級（12年級），例如綜合型高級中等學校規劃「環境科學概論」。環境教育、人權教育、性別平等教育，以及海洋教育納入四個優先處理的教育問題。依據2014年《十二年國教課程綱要總綱》「實施要點」規定，各領域課程設計應適切融入性別平等、人權、環境、海洋、品德、生命、法治、科技、資訊、能源、安全、防災、家庭教育、生涯規劃、多元文化、閱讀素養、戶外教育、國際教育、原住民族教育等19項議題。從2014年的改革通過五年時間完成，並於2019年開始實施。因此，正規環境教育採取「小論文」專題式方法，由議題發掘出發，並且採取分組互動式的社會情緒學習（social emotional learning），運用環境教育場域進行課程模組教學，並且由學習者和教師共同進行評估。

因此，環境教育需要區分下列的不同層面。通過視環境爲自然一部分

—給予尊重；視環境爲資源一部分—適應管理；視環境爲問題一部分—提供解決；視環境爲居住環境一部分—理解與規劃；視環境爲生物圈一部分—理解生命共同體的意義；視環境爲社區方案的一部分—參與社區環境活動。因此，從21世紀的環境教育進行分析，可以了解環境教育具備了傳統和新興的趨勢（Sauvé, 2005）。（請見表1-3）

表1-3 環境教育的趨勢

| 傳統環境教育 | 新興環境教育 |
|---|---|
| 1. 自然主義者的潮流（Naturalist Current）<br>2. 環保主義者／資源主義者的潮流（Conservationist/Resourcist Current）<br>3. 問題解決的潮流（Problem-Solving Current）<br>4. 系統的潮流（Systemic Current）<br>5. 科學的潮流（Scientific Current）<br>6. 人文／型態的潮流（Humanist/Mesological Current）<br>7. 以價値為中心的潮流（Value-centered Current） | 8. 整體的潮流（Holistic Current）<br>9. 生物區域主義者的潮流（Bioregionalist Current）<br>10. 實踐的潮流（Praxic Current）<br>11. 社會關鍵的潮流（Socially Critical Current）<br>12. 女權主義者的潮流（Feminist Current）<br>13. 民族誌的潮流（Ethnographic Current）<br>14. 生態教育的潮流（Eco-Education Current）<br>15. 永續發展／永續性潮流（Sustainable Development/Sustainability Current） |

（引用自：Sauvé, 2005）

依據融入式環境教育的構想，傳達環境和教育的概念、目標、方法，以及策略。依據教師所處不同的文化、社會背景，探索環境教育的深度領域。所以依據問題的批判性分析方法，重視學習的過程而非結果，了解環境、社會和經濟問題的侷限性，並且教學內容可以和眞實世界進行連結。

環境教育不僅僅是提供工具、技術，但是應該要培養學生的環境素養。所以，環境教育的教學，除了要教授知識，並且需要啓發學生的社會責任。所以環境教育需要提出價值觀念，強化課程中永續發展的思惟，最主要的核心在於聯合國教科文組織所界定「永續發展教育」中的根本價值，進行下列議題的探索。

## 一、價值觀念

㈠尊重全世界所有人類的尊嚴和人權，承諾對所有人的社會和經濟公正。

㈡尊重後代人類的人權，承諾代際間的（intergenerational）責任（Kaplan et al., 2005; Liu and Kaplan, 2006）。

㈢尊重和關心大社區生活的多樣性，包括保護與恢復地球生態系統。

㈣尊重文化多樣性，承諾在地方和全球建設寬容、非暴力、和平文化等方面的內容。

## 二、探索議題

從環境教育探索永續發展教育，需要關注全球性的環境問題：

㈠環境面向：環境面向教育需要包括關注自然資源（水、能源、農業、林業、礦業、空氣、廢棄物處理、毒性化學物質處理，以及生物多樣性）、氣候變遷、農村發展、永續城市、防災、減災等減緩和調適的問題，目的在於強化對資源和自然環境脆弱的認識，強化人類活動和決策對環境負面影響的理解，將環境因素納為制定社會經濟政策必須考慮之因素。

㈡經濟面向：經濟面向教育需要關注於消除貧困，強化企業和大學的社會責任、強化市場經濟效能等問題，其目的在於認識經濟成長的侷限和潛力，以及經濟成長對於社會、環境、文化的影響，從環境、文化和社會公正面上，正確評估個人和社會的消費行為，是否符合永續發展的目標。

㈢社會面向：社會面向教育需要包括關注人權、和平與人類安全、自由、性別平等、文化多樣性與跨文化理解，以及著重社會健康和個人健康，強化政府管理和人民治理等問題。其目的在於了解社會制度和環境變化發展中的作用，以及強化民主參與典範和制度。民主參與制度提供了發表意見、衝突調適、政府分權、凝聚共識，以及解決分歧的機會。此外，需要強化社會中的文化評估，進行社會、環境、經濟與永續發展相互聯繫的文化基礎。也就是說，永續發展強調通過文化而相互聯繫，在永續發展的教育過程中，特別需要關注文化和民族的多樣性，各族群相互包容、尊重和理解，以塑造平等尊嚴的價值觀念。

從以上論述可以知道，從環境教育探索永續發展教育，探討議題可以是一種重疊圓模型，這是一種交會系統（intersecting system）（請見圖1-5）。這個模型承認經濟、環境和社會因素的交叉狀態。根據我們的研究，我們重新調整圓圈的大小，以顯示其中一個因素比另外兩個因素更具有優勢。在經濟學者眼中，經濟勝過社會，社會勝過環境，這種模型意味經濟可以獨立於社會和環境而存在。因此，我們運用下一個更準確的圖1-6嵌套系統模型來進行說明。

圖1-6，是一種嵌套依賴模型（nested-dependencies model）（UN, 1992; Purvis et al., 2019）。因爲人類不能自外於環境而生存。人類沒有



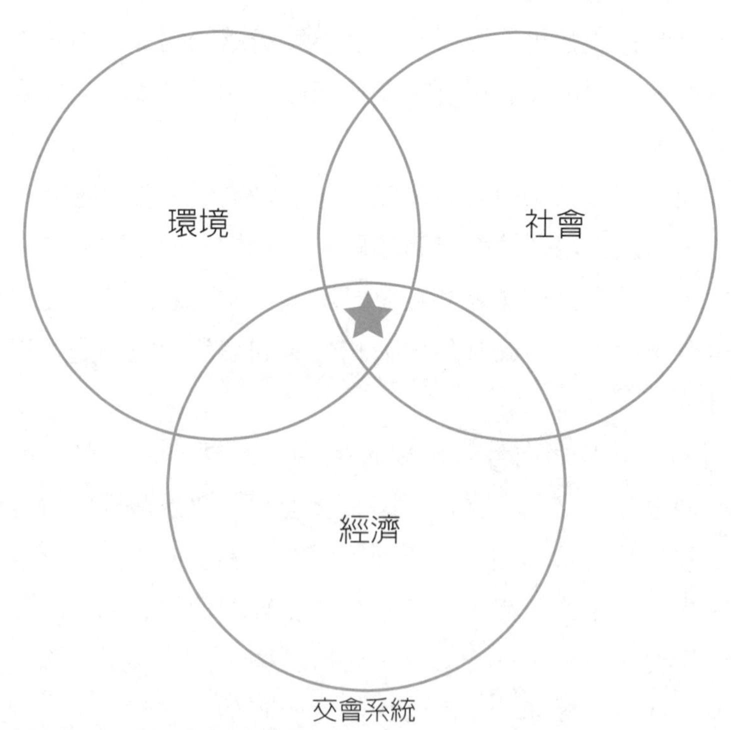


圖1-5　環境面向、經濟面向、社會面向的交會系統（UN, 1992; Purvis et al., 2019）。

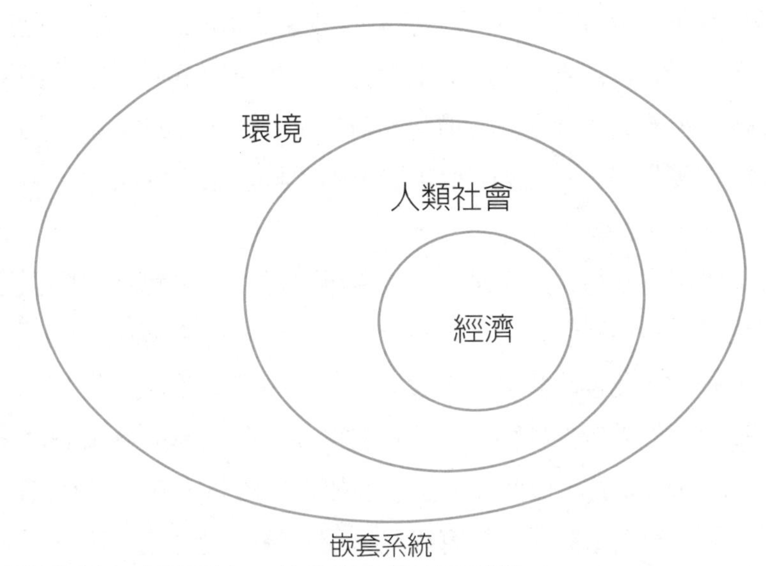


圖1-6　環境面向、經濟面向、社會面向的嵌套系統（UN, 1992; Purvis et al., 2019）。

環境，如同魚類沒有水而難以生存。如果我們詢問海上漁民，漁業的過漁是一種環境災難、社會災難還是經濟災難。漁民會說，以上皆是。因此，嵌套依賴模型反映了這種共同依存的現實。也就是說，人類社會是環境的孕育物（wholly-owned subsidiary）。當經濟社會之中，沒有食物、清潔的水、新鮮的空氣、肥沃的土壤，以及其他自然資源，我們就「人間蒸發了」（cooked）。

## 小結

環境教育（Environmental Education, EE）在21世紀已經和永續發展教育（Education for Sustainable Development, ESD），同樣被世人認爲是重新建構生態責任公民（ecologically responsible citizens）的鎖鑰。總體而言，環境教育（EE）的目的，培養了解生物物理環境及其相關議題的公民，了解如何協助解決問題，並且積極理解解決問題之途徑（Stapp et al., 1969；林素華，2013）。到了現代，更爲了人類提供更廣泛的服務、強化欣賞人類周遭的多元文化和環境系統，確保人類社會之永續發展。國立臺灣大學地理環境資源學系名譽教授王鑫（2003）曾說：「鄉土是學習的開始，要立足台灣，才能放眼世界。」本書的事證，從本土環境，討論域外環境，希望讀者從社會環境的轉型正義中無言的「環境變遷」，到原住民的環境保護，產生自我的環境救贖觀（Fang et al., 2016；王鑫，2003；吳豪人，2019）。

在本書撰寫之初，我總是在心中告訴自己：「環境和生態是極弱勢，也只有我們這些不計名利的環境學者，會幫無言的環境講話了。」

有鑒於當今社會消費主義，環境、社會、經濟三方面都產生了不平等的現象。我們從教育系統內，強化創意共享，以共享社會想像力（shared social imagination）。依據融入式環境教育的構想，傳達環境和教育的概念。所以，本章列舉的環境教育概念、實施過程、教育政策，通過教學、研究和實務，我們實現了環境教育在各種領域的可行性。環境教育不僅僅是提供工具、技術，但是應該要培養學習者的環境素養。所以，環境教育的教學，除了要教授知識，並且需要啓發學生的社會責任。本章提出理論和實踐架構，從多重角度和定位，論述研究和實踐的架構。根據教師所處不同的文化、社會背景，探索環境教育的深度領域。所以我們依據問題的批判性分析方法，重視學習的過程，而非結果。



## 關鍵字詞

二十一世紀議程（Agenda 21）
貝爾格勒憲章（Belgrade Charter）
深層生態學（deep ecology）
生態責任公民（ecologically responsible citizens）
有關環境的教育（Education about the Environment）
在環境中的教育（Education in or from the Environment）
取徑（approach）
保育教育（Conservation Education）
領域知識（domain knowledge）
經濟可行性（economic viability）
為了環境的教育（Education for the Environment）
永續發展教育（Education for Sustainable Development, ESD）
環境覺知（environmental awareness）

環境教育（Environmental Education, EE）
環境完整性（environmental integrity）
認識論（epistemology）
蓋婭假說（Gaia hypothesis）
2030年全球教育議程（Global Education 2030 Agenda）
全球河流環境教育計畫（Global Rivers Environmental Education Network, GREEN）
融入式（infusion）
內化（internalization）
公正社會（just society）
美狄亞假說（Medea hypothesis）
嵌套依賴模型（nested-dependencies model）
本體論（ontology）
我們共同的未來（Our Common Future）
教學內容知識（pedagogical content knowledge）
感知介質（perceptual medium）
專業學習會議（professional learning session）
專案學習樹（Project Learning Tree, PLT）
野外專案（Project WILD）
生活品質（quality of life, QOL）
科學、技術、社會（Science-Technology-Society, STS）
環境素養（environmental literacy）
正規教育（formal education）
永續發展教育全球行動計畫（Global Action Programme on ESD, GAP）
全球教育監測報告（Global Education Monitoring Report, GEMR）
穩態機制（homeostatic mechanism）
代際間的（intergenerational）
交會系統（intersecting system）
習得無助（learned helpless）
北美環境教育協會（North American Association for Environmental Education, NAAEE）
非正規教育（non-formal education）
開放式遊戲（open-ended play）
平行趨勢（parallel trend）
教學知識（pedagogical knowledge）
地方本位教育（place-based education）
計畫課程（projects curricula）
濕地專案（Project WET）
目的式遊戲（purposefully-framed play）
資源保育（resource conservation）
共享社會想像力（shared social imagination）
內容知識（subject matter knowledge）
永續發展目標（Sustainable Development Goals, SDGs）
默會知識（tacit knowledge）
永續發展教育十年（UN Decade of

社會情緒學習（social emotional learning）
永續發展（sustainable development）
永續性潮流（Sustainability Current）
理型論（theory of Ideas）
價值澄清（values clarification）
世界自然憲章（World Charter for Nature）
Education for Sustainable Development, DESD, 2005-2014）
荒野保存（wilderness preservation）
世界自然保育策略（World Conservation Strategy）

# 第二章 環境教育研究法

Environmental education is the process of recognizing values and clarifying concepts in order to develop skills and attitudes necessary to understand and appreciate the interrelatedness among man, his culture and his biophysical surroundings. Environmental education also entails practice in decision-making and self-formulating of a code of behavior about issues concerning environmental quality.

環境教育是認識價值和澄清概念的過程，以培養理解和理解人類、文化、生態環境之間相互關聯所必需擁有的技能和態度。環境教育還需要在環境品質問題的行爲準則，進行自我規範和實踐。

——第一屆國際環境教育學校課程工作會議《內華達宣言》（International Working Meeting on Environmental Education in the School Curriculum, 1970）（UNESCO, 1970）

## 學習焦點

研究方法是指研究的計畫、策略、手段、工具、步驟以及過程的總和。本章通過了解環境教育的「研究」本質，界定研究範疇，通過系統化的調查過程，藉由理解過去的事實，通過實查、實驗和驗證方法，發現新的事實，來增加或修改當代的環境知識。經過環境教育歷史研究探討，進入環境教育量化研究、環境教育質性研究，我們藉由本章提升環境教育理論的思考層次，運用布侖

（Benjamin S. Bloom）學習方法、杭格佛（Harold R. Hungerford）學習方法，以及ABC情緒理論學習之比較，理解環境教育後設學習的價值，強化我們對於事物認知的超然性，以客觀的立場來看待事物，並且對於人類環境行爲，具有更爲普遍與成熟的看法。

## 第一節　環境教育研究什麼？

在第一章中，我們提到環境教育者必須提出新的知識和技術，以滿足不斷變化的社會、經濟和文化方面的需求，同時也要確保能夠通過社區需求和利益團體的共識，強化以環境知識服務社群的基礎。因此，環境教育面臨的這些挑戰，通常需要要求我們重新審查在研究和培訓環境教育專業人員和教育工作者的方式，是否和這個社會脫節？是否符合現代環境的要求？是否可以運用方法獲得環境資訊，正確地傳達給社會大衆？因此，在界定環境教育的目標方面，我們應該要努力建立環境教育的專業機制，以強化環境教育的標準（Hudson, 2001）。

所以，在基礎學習方面，需要通過了解環境教育的「研究」是什麼？當我們界定好研究的範疇之後，通過系統化的調查過程，藉由理解過去的事實，依據實查、實驗和驗證方法，發現新的事實，來增加或修改當代的環境知識（方偉達，2018）。因此，我們需要透過社會科學的調查方法，了解環境中的人事、組織、材料，以分析所有年齡層在環境中學習的情況，採用這些資料納入基礎廣泛的環境教育研究工作之中，以滿足不同年齡層的教育研究的需求。

作爲科學家和教育工作者，我們有機會和責任來拓展環境教育的資源基礎。因爲，針對環境的公共教育（public education），將會對未來的生活產生正面和積極的影響。所以，依據永續發展的概念來說，如果我們和後代子孫要享有大自然遺產的益處，我們必需要認眞看待環境教育。在面對日益繁瑣和複雜的21世紀之中，環境問題越來越難以理解和進行評估，但是如何解決環境問題，更是治絲益棼；更多社會爭議現象紛紛擾擾呈現在「眾聲喧嘩」之嘈雜聲浪之中（Bakhtin, 1981; 1994; Guez, 2010），也不是僅僅通過合理的科學推理，進行理性的解釋和分析，就可以解決環境問題。

此外，對於環境問題的運作方式，人類往往針對於經濟發展，採取了非永續性的資源開採方式進行處理。我們的環境品質，往往成爲了政治既得利益者在公共議程中的犧牲品。因此，目前我們的挑戰，在於如何通過可以理解的方式，用簡單易懂的教育的方法，表達現代環境問題的複雜性，同時確保環境科學在解釋和評估環境問題中準確有效；並且在解決環境問題的方法中，得到大多數權益關係人（stakeholder）和權益持有人（rightsholder）的合意，發揮有效的溝通價值。

因此，在環境的研究中，除了要建立科學性的文獻回顧，列舉需要解決的問題，提出我們新的創見，闡釋具體實際的步驟，以及了解各種方案是否合理可行。最重要的是，我們觀察環境，是從社會中發生的事實進行觀察，不是靠著理論推估，也不是靠著臆測而來。環境教育的研究，當然要有理論爲依據，需要依據實務分析進行佐證，並且進行歸納綜合整理。

所以，在進行研究法的梳理，需要強調下列事項（Estabrooks, 2001）：

## 一、運用工具性研究（instrumental research utilization）

工具性研究意味著運用具體的研究成果，並且將這些成果轉化爲環境教育的材料。

## 二、運用概念性研究（conceptual research utilization）

如果說，研究可能會改變一個人思考，但是不一定改變一個人的行動。在這一種情況之下，需要將研究知會決策者，讓決策者深思，爲何環境教育沒有效果。

### 三、運用象徵性研究（symbolic research utilization）

通常環境教育研究很抽象。這是一種具有說服力，或是以政策工具來合法的範圍之中，規定人類的環境行爲。因此，需要透過政策說服的程序，啓發決策者。

所以環境教育的研究，第一、需要強調研究議題重要性方面，包含博士論文和碩士論文在研究和撰寫階段，需要考慮累積研究的進一步價值。此外，我們需要開發國內外新的議題，留心國際學界討論的重要議題。第二、環境教育研究需要深入分析爭論點。爲了進行邏輯辯證，我們需要提出初步的分析架構，反覆的思量，展現對於研究對象的掌控能力。第三、在研究中，研究目標應該需要儘量具體化，避免過於空泛的描述；此外，在研究績效方面，則需要強調學術研究成果的品質、個人重要貢獻、人才的培育，以及研究團隊在學術社群之建立與服務等經驗（Estabrooks, 2001）。

從上述學者的論述中，我們了解到環境教育是一種「從實務發展理論」的教育活動。當實質環境指涉到人類在自身以外的事物之時，需要界定何謂環境。我們可以考慮採用腦力激盪的方式進行討論。再者，環境教育強調專業團隊與地方民衆之間的緊密合作，進行面對面的溝通。因此，這些地方參與被認定爲比書面的文件係爲更爲有效的活動。此外，針對自然環境，環境教育主張適度的規劃，依據新穎的構想進行環境保護的推動。在教育過程中，持續改進教學技巧，並且鼓勵靈活地面對環境快速地變化，以因應教學環境之發展。因此，不管是個人和環境之間的互動也好，個人是否愛護環境也好。我們必須掌握到人類受惠於環境的「初心」。

《大方廣佛華嚴經》卷第十七：「三世一切諸如來，靡不護念初發心」。《大方廣佛華嚴經》卷第十九：「如菩薩初心，不與後心俱」。後人將初心歸納，說明了「不忘初心，方得始終；初心易得，始終難守」。所以在環境教育過程中，難免感到寂寞，因爲這是一項寂寞的工作。做任何有益環境保護的工作，最難的是貴在堅持，希冀努力溝通、不屈不撓；

忍受煎熬，能戰百勝。

所以在團隊教育之中，需要建立良好的溝通和協作的開發課程團隊。在課程開發的初步階段，當學習者的需求無法完全蒐集之際，需要在課程回饋之基礎上，有耐性地逐步檢討和調整課程之需求，以上之考慮，專注於事實求眞的實務過程。研究貴在獨立，貴在發抒人之不敢言，不曾言。因此，在研究的過程之中，即使遭到冷落和孤立，也不要爲任何困境改變自己對於研究之專注，更不應放棄初衷。在理論的建構過程之中，需要考慮設計想法的思考陣痛期，除了需要詳加觀察、分析、討論和不斷之自我批判之外，還需要透過個人絕佳的洞察能力，運用理論原型之修改，進行環境教育實務工作相互勾稽契合，以達到永續發展的目標。詳細流程，請見圖2-1。

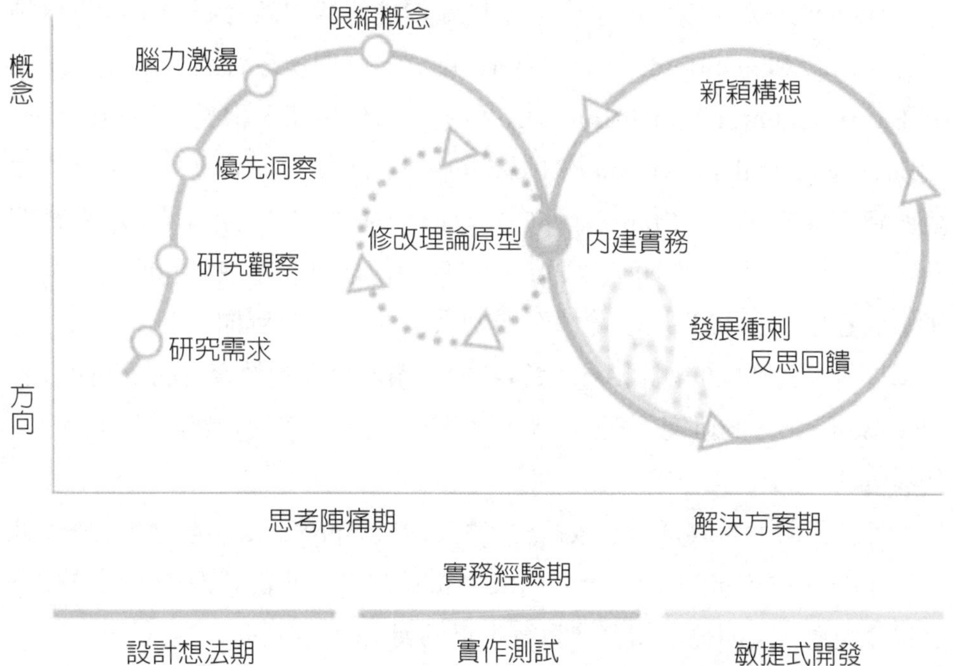


圖2-1　創新的研究法。引用自http://i3.waitematadhb.govt.nz/about/research-innovation/

當我們談到環境教育研究的時候，我們想到需要破題。也就是，環境教育研究，到底是什麼？環境教育研究的使命，是促進對於環境教育和永續發展教育的研究和學術理解。在國際環境教育學術期刊中，通過發表同行評審的研究來實現此一目標，這些國際的研究來自於全球各地的在環境教育中，擁有許多卓越的教育思想和實踐學派。因此，如何將環境教育和永續發展教育的哲學、實踐經驗，或是政府政策之原創性調查進行梳理，以創造高品質的創新論文，相當重要。

## 一、國際期刊

環境教育的研究，在國際上主要是由Taylor & Francis出版集團所出版的《環境教育期刊》（The Journal of Environmental Education, JEE）和《環境教育研究》（Environmental Education Research, EER）爲主。

1969年，美國威斯康辛麥迪遜校區環境傳播與教育研究中心主任施費德（Clay Schoenfeld, 1918-1996）創立了《環境教育期刊》（Journal of Environmental Education, JEE）。在創刊初期，稱爲《環境教育》（Environmental Education）（1969-1971），第一期刊登了史戴普的環境教育定義的文章（Stapp, 1969:30-31）。1971年改名爲《環境教育期刊》（JEE）。這一本期刊致力於環境保護傳播研究和發展的期刊，突出了媒體在吸引大衆關注環境情況的契機。《環境教育期刊》（JEE）是一個以研究爲導向的期刊，其宗旨在於爲環境與永續教育（sustainability education, SE）的研究、理論，以及實踐，提供批判性和建設性論述的期刊環境。

英國巴斯大學教育學系教授史考特（William Scott）是《環境教育研究》（Environmental Education Research, EER）的創刊編輯，他曾經擔任聯合國教科文組織永續發展教育十年協調小組的英國國家委員會主席，也曾擔任英國全國環境教育協會的主席。《環境教育研究》於1995年創刊，這一本期刊主要讀者，是以在教育研究、環境研究，以及相關的跨學科領域工作的人士。

《環境教育研究》（Environmental Education Research, EER）和《環境教育期刊》（The Journal of Environmental Education, JEE）這兩本期刊，目前都是環境教育研究的典範。爲了國際讀者提供環境教育理論、研究方法論，以及環境教育方法的觀點。其宗旨在提高環境教育（EE）和永續教育（SE）領域的研究和實踐取徑。因此，相關研究都在鼓勵文章的方法論問題，以及對於現有理論對話的挑戰。新的文章對於理論與實踐，都進行深入的聯繫，強化了跨越學科界限的概念性工作。兩本期刊都歡迎讀者回應刊登的論文，從而吸引推動環境與永續教育研究理論和實踐的想法。

在研究論文方面，JEE刊登環境教育經驗和理論分析的文章，包括關於環境或永續相關教育的批判性、概念性，或是政策分析文章，其中包含了文獻綜述和計畫評估。其中刊登的文章屬於跨學科的研究，並涉及從幼兒期到高等教育，以及任何教育部門從正規（formal）、非正規（non-formal），到非正式（informal）教育的研究。

在EER中，引用次數最多，閱讀次數最多的論文，往往是文獻綜述方面的論文，或是創新實證和理論研究，以及對於環境教育和永續發展教育的關鍵概念和方法進行分析的論文。EER的使命和目標相當宏大，在投稿期刊，就是產生一種學術對話，EER期刊編輯委員會希望鼓勵作者在進行文章定位和衍生論證之時，多參考EER和同源領域的學術文獻，例如JEE。我們檢視EER和JEE，所有研究文章對於問題的陳述，依據國際文獻爲基礎佐證。實證性文章包括了對於研究方法、研究結果之批判性分析和討論的描述。在文章的結論與建議之中，針對於教育政策和教育實踐，提出針貶之道。所以依據JEE及EER期刊論文內容，我們可以了解環境教育和永續發展教育研究內容很廣，包含了教育政策、哲學、理論、歷史觀點等相關的批判性文章和分析，並且在量化分析中遵循統計分析方法。此外，在質性分析中，同樣依據信度（reliability）和效度（validity）的分析方法，進行驗證。在計畫評估類型的文章中，展現了該領域的創新進展，說明目標，記錄了背景、過程、結果，並且轉移研究的成果。這些成果，依據論點的一致性和實證性，可以拓展到其他教育和文化背景。本書閱讀了JEE及EER研究論文（research articles）及論述（essays），進行仔細地檢視、翻譯，以及參採引用在本書之中。

## 二、國內期刊

以上我們談論的是國際期刊，在華人世界，以環境教育研究爲主的期刊不多。其中以中華民國環境教育學會出版的期刊《環境教育研究》在中文領域中，屬於該期刊的一種典範。這一本期刊創刊於2003年，出版下列的文章。包含了評論，評論涵蓋多種格式，包括教育論述、環境哲學論著，主要內容包括：

㈠研究論文（research articles）：學理探討之研究報告。
㈡學術評論（review articles）：關於環境教育研究與實務的專題學術評論。
㈢論述（essays and analyses）：有關環境教育的歷史發展、理念、實務、或哲學觀等的論述。

在《環境教育研究》所界定的「環境教育」，非常廣泛。從教育體系的觀點而言，涵蓋「正規」與「非正規」的環境教育。教育的議題可涵蓋各種與環境相關的學科領域，例如：環境倫理、環境哲學、環境社會學、環境心理學、環境解說、環境傳播、環境經濟學、環境規劃設計與管理、環境科學與工程、觀光休閒與遊憩、自然資源管理、地理學、文化與歷史、永續發展、公共衛生、食品與農業等，從多元角度提出環境教育政策、課程規劃或教與學的理論與實踐。本書參考了《環境教育研究》研究論文（research articles）及論述（essays and analyses），進行仔細地閱讀及參採引用。

## 三、環境教育的研究

從以上的論述中，我們可以看到國際環境教育發展，如同學者帕爾默（Joy Palmer）以一棵樹來比喻環境教育內涵與發展方向。他認爲21世紀的環境教育，是採用樹的根基，比喻爲形成影響（formative influences）。帕爾默認爲在課程中，需要安排基礎內涵，在這個基礎之上，讓學生產生對於環境的了解、技能和價值觀，並且培養能力，以力行愛護環境的行爲。我們也借用學者研究，進行分析（Tibury, 1995; Palmer, 1998）。

### (一)環境教育的主題

1974年英國實施的環境方案（Project Environment），提到了三個主題。這三個主題分別表示有關環境的教育（education about the environment）、在環境中的教育（education in / from the environment），爲了環境的教育（education for the environment）（Tibury, 1995; Palmer, 1998）。然而，一位稱職的學校老師，如何讓學生在環境教育的養成過程中，以懷疑、好奇和探索的精神，運用不同的假設情境下進行生態調查，而老師則以循循善誘的方式，解決學生想要達成的目標？讓學生以批判性思考法（critical thinking）和創造性思惟，綜合過去的經驗和正在進行的課程學習內容，以教育及研究養成的過程，進行戶外教學項目呢？目前在教育及研究的教學養成的過程中，主要是透過指導主義、建構主義和解構主義，進行下列三個方向之討論：

#### 1. 有關環境的教育（education about the environment）

環境教育是在教導學生有關環境的知識，讓學生了解環境相關的概念，同時讓學生進行議題批判。這種教育的方式需要透過覺知（awareness）、知識建構，產生批判能力。因此，環境教育是要尋求發現環境研究領域的本質，進而產生研究的感覺。這種目標取徑是一種認知（cognitive），可以在教師的指導之下，蒐集有關環境的資訊（林采薇、靳知勤、2018），因此教育有關環境是一種指導主義下的環境教育。

#### 2. 在環境中的教育（education in / from the environment）

環境教育的場域非常重要。因此，在環境中的教育強調戶外教育。教師教導學生使用自然環境進行學習；大自然就是一種教室的概念。以人類自身所處的環境作爲教學媒介（medium），可以用來進行探討

（inquiring）和發現，藉以加強學習過程。在學習過程之中，從融入環境，到覺知環境。從環境中研究和解決問題，運用個人經驗發展覺知。這是一種對於教學現場的建構，從環境中透過第一手經驗，建構對於環境的認識，以產生覺知效果。

3. 爲了環境的教育（education for the environment）

在這個階段，我們產生了環境是因，人類是果；或是人類是因，環境是果的經驗。從解構方法，教師可以鼓勵學生研究個人和環境之間的關係。透過環境議題的篩選和討論，了解環境汙染產生的原因，並且鼓勵學生融入到他們對於環境的責任感（responsibility）和行動（action）。

4. 整合式環境教育（Education about, in, and for the environment）

環境教育的重點，還是需要進行整合。因爲多數的教育過程，從知識（knowledge）到能力（competence）建構，充滿了鴻溝。也就是說，圖2-2的虛線部分，都是所謂的連結斷裂，無法藉由教育產生正向循環回饋的目標。也就是說，環境教育的立意甚高，但是在學生接受了環境教育之授，是否能夠產生對於環境的倫理價值，培養正確的知識、建構環境改善的能力、融入對於環境的責任感，產生行動力量，從而產生更強的環境覺知。這是一種整合式環境教育（education about, in, and for the environment）的終極理想。我們從圖2-2可以看到整合式環境教育的學習和研究，可以培養出行動導向，產生解決問題的技能知識，形成正確的環境態度和價值觀，進而形成負責任的環境行爲。因此，整合式環境教育就是要發展學生的環境態度、價值、道德倫理，要教育學生朝向愛護環境、親近環境，以及保護環境的方向發展。

## ㈡環境教育的主張

環境教育強調自我學習（self-learning），在學術上以自我導向學習（self-directed learning），簡稱「自導式學習」，進入學習場域，依據學習方法、學習情境的互動，進行深入的自由選擇學習（free-choice learning）（Falk et al., 2009；Falk, 2017）。學習者通過自主學習

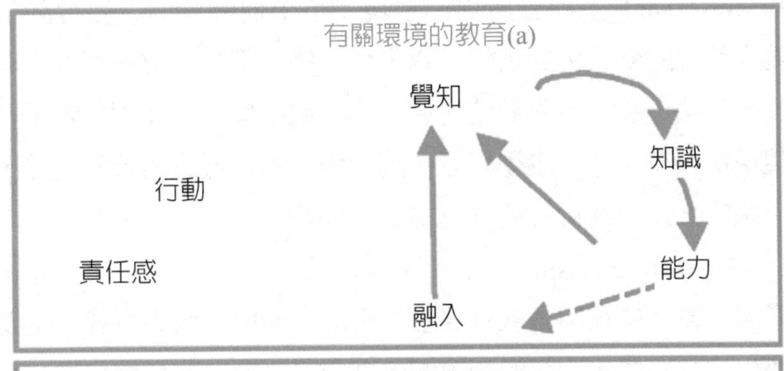


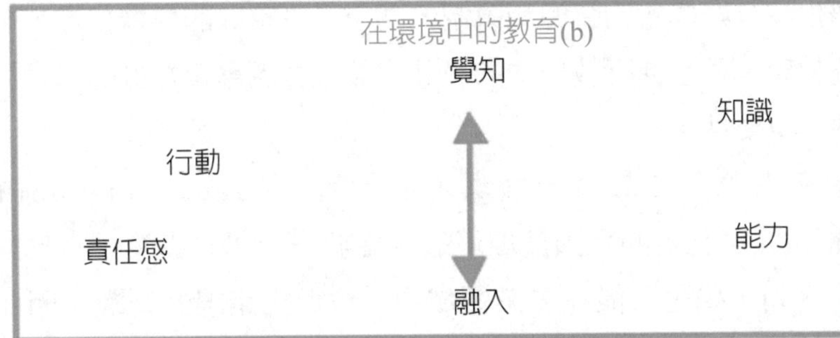


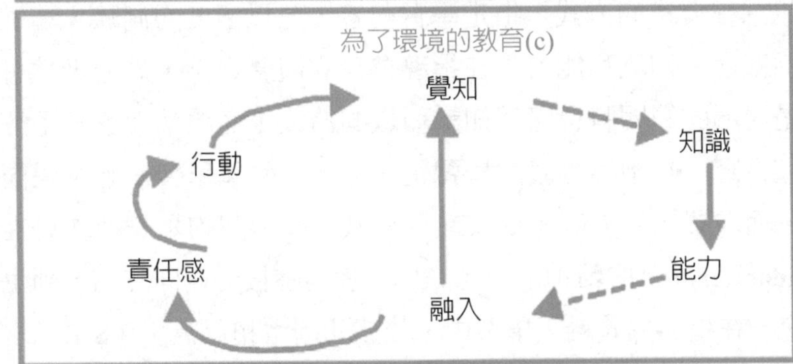


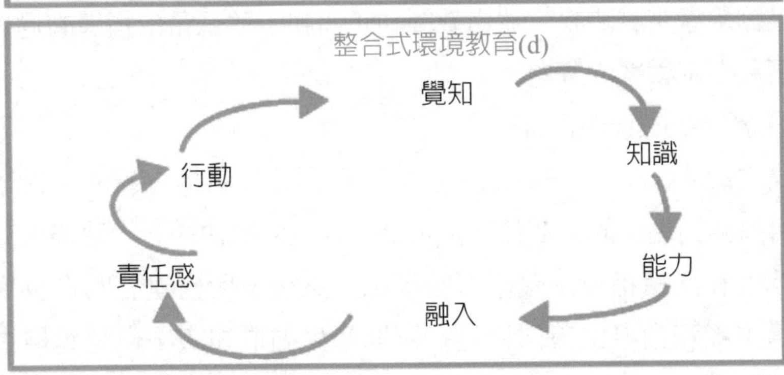


圖2-2　環境教育的重點（Tilbury, 1995）。

（autodidacticism），對於所處的環境，自由地設計個人教育計畫。然而，因爲人都有好惡易勞的惰性，以上所說的，都是一種理想性的社會環境教育的學習法；那麼，對於幼兒園、小學到中學，以及大學階段，要如何在正規環境教育之下，讓學習者了解環境，如何透過知識與經驗，了解環境的資源呢？以下進行說明（方偉達，2010）。

1. 指導主義（Instructivism）

「指導主義」是在環境教育課程學習的初期所主張的方式。主要是以教師爲學生建立好學習的資源和限制，爲學生設定好的學習目標，了解什麼是環境教育，並且進行教學法的設計，並且強調專業知識的學習，在課程目標中的重要性。

「指導主義」在教授有關環境的教育（education about the environment），強調的是因爲環境教育屬於一種學科專業。一旦誤解專業知識的內涵，學生可能在專業領域中，會做出錯誤的判斷；因此，教師必需以課程要求的方式，指定學習內容，並以適度的測驗，鑑別學者學習到的觀念、知識和能力。在指導主義的觀念之下，溝通仍然可以發生，但是溝通的範圍將會隨著知識領域的擴大，而讓學者逐步了解自身的能力和視野。在指導主義的學習基礎之下，強調學習是師生雙向的契約學習，而非單向的教師施展其教學權威。學習契約是一種在自主學習（autodidacticism）的精神下，容許學習者自主接受雙向契約，師生互相接受約定。在指導主義融入學習中，依據「刺激和反應」（S-R）之間的聯繫，鼓勵學者嘗試錯誤，並由教師糾正錯誤，並且藉由指導的過程進行錯誤學習和正確答案的解題。

2. 建構主義（Constructivism）

建構主義（constructivism）也可以翻譯成「結構主義」，最早提出的學者可追溯到瑞士的皮亞傑（Jean Piaget, 1896-1980）。建構主義的學習，是學者在累積指導主義學習基礎工夫之後，所應建立的自主學習理論。建構主義和指導主義同樣是在幫助學生擷取知識，但是建構主義採取的是開放式（open-ended）的學習方法，指導主義採取的是解題式的學習方法，其教育的理念不同。建構主義者認爲，環境教育的學習方式，趨近於在大自然中，學生可以「自導式學習」（self-directed learning），從環境的行動裡建立知識（周儒等（譯），2003:64）。因此，對於大自然生態知識的學習，是一種在環境中的教育（education in / from the environment），針對環境情境進行體驗和了解。

建構主義是由認知主義衍生出來的哲學理念，採用「非客觀主義」的哲學立場。建構主義認爲，知識產生的能力，需要透過實際的場域。所謂環境教育場域的生態環境，雖然是客觀存在的；但是人類對於生態的理解和賦予生態的意義，都是個人所決定的。所以，人類以自身的經驗來構建「環境」的概念。

因此，建構主義者認爲，人類爲自己選擇，並且爲這些選擇負責。這一種賦與人類更大的自由，但是也必須接受更大的責任的思惟，接近於存在主義者的思考模式。存在主義（existentialism）認爲，人類存在的意義，無法經由理性思考而得到答案的。因此，我們從「非客觀主義」的哲學思考中，了解環境中的學習（learning in / from the environment）是個人的、獨立自主的，以及主觀經驗所學到的自我體悟，這些都不是教師所能夠教會的。

建構主義鼓勵學習者透過「親自及直接參與環境生態」的方法，在生態體驗中積極地試驗、體驗及採取進一步的行動，完成教育的學習過程。環境教育中的知識，是由「觀察自然中學習」，而非依賴教師在課堂上教導學者「應該」及「不應該」做什麼。因此，建構主義希望學者面對理論和實務衝突時實際介入（involvement），形成對於生存環境中的責任感，並且自行去尋求解決辦法。

### 3. 解構主義（Deconstructism）

解構主義是在課程進階及成長教育之中，所主張學習的一種批判方式。解構主義是由法國哲學家德悉達（Jacques Derrida, 1930-2004）所創立的批評學派。我們觀察有關環境的教育（education about the environment），只進行教導什麼是環境，無法產生環境行動，只是一種能知不能行的狀態。此外，在環境中的教育（education in / from the environment）是融入到大自然的情境之中，對於自然連結（nature connectedness）產生效應，但是是否因此可以產生知識和行動，學者依然存疑（Tibury, 1995）。依據德希達的看法，我們需要閱讀研究。解讀上述各種衝突發生的「二元對立」的不同觀點，從這些觀點中尋找衝突的原因。當處理經典敘述結構時，最好進行文本（context）解讀。例如，從任何環境教育論述的解構（deconstruction）中，都需要某類原型的建構（construction）的存在。

然而，即使是建構的過程非常完美，意思是我們在研究中看到對於大自然強而有力的自然連結，甚至達到了天人合一的美妙感覺。但是從批評者的眼光來看，還是有不足的地方，這些不足需要由解構性批判得以進行。在此，我們引用古代莊子（369-286 BC）的《齊物論》，他說：「天下莫大於秋毫之末，而太山爲小；莫壽乎殤子，而彭祖爲夭」；「天地與我並生，而萬物與我爲一」。也就是說，在物我兩忘之下，所謂環境之中，以莊子的解構方式來看，所有的大小沒有絕對的標準；所有時間的長短，也沒有絕對的標準。從莊子對於自然環境時間和空間的解構方法之下，針對「環境教育」教材和教法的解構過程中，教室中的「指導主義」和在環境中的「建構主義」，一直是處於對立和緊張的關係。

「指導主義」被形容成「死記硬背的工夫，而且生態知識是明確的，也是不容學生置疑的」；然而，在環境中學習的「建構主義」，被形容成「教師和學生都不知要幹什麼，只關照到學生在學習知識時的心理活動，不熱衷測驗學生是否眞正了解及記誦環境中所需的知識」。

解構主義者在討論「環境教育」的教學模式中，以引導質疑、建構批判性思想和理論，使個別學生針對爭議性的環境議題，提出進一步調查和研究，並且產生更多的問題。然而，解構主義者有時候發現太多的問題，空有批判能力，又無法參與實際的環境改善工作。在失意激憤的狀態之下，教師和學生只能像是網路酸民（hater）一樣在網站中書空咄咄，形成鄉民式凡事批判的犬儒主義（Cynicism），只是針對社會失望和不滿在網路上進行謾罵諷刺（troll），甚至以網路霸凌（cyberbullying），只會指責別人不懂環保，但是自身缺乏所有對於環境改善的能力，亦無法融入到主流的實際社會之中。因此，我們需要的是第四種主義，也就是環境教育的整合主義。

#### 4. 整合主義（Synthetic Corporatism）

第四種主義談到的是整合式環境教育（education about, in, and for the environment）的整合主義。因爲上述三種教育方式，對於環境、經濟和社會的不公義，不會進行積極對抗，甚至還會縱容現況。即使進行批判，也僅止於匿名批評，不敢公開進行建設性的環境教育理論和實務貢獻。

因此，從西方學術的本體論，談到對於環境的認識論，我們需要的是一種整合主義。因爲，「自然」不是一種絕對條件，而是一種相對價值。在解構主義的二元對立架構中，學者批評解構主義雖然可以用來進行學術批判，但是難以理解其眞實的定義，而且經常屬於政治批評。因此，我們需要以更嚴謹的學術和實務基礎，探索環境中眞實的複雜互動模式。

學者在投入「解構主義」研究時，應該學習法國哲學家德悉達對世界的關懷和反省技巧，透過自我反思與團體評鑑，藉由批判性思考，由虛擬情境轉變爲現實環境的擴大體認，透過反思與鏡照，才能改善自我成見與觀念，以行動強化地球公民的責任。近年來，由於對永續發展的重視，伴隨著永續發展教育的推動，產生教育研究典範的轉移，從純粹經驗的典範（empirical paradigm）轉向眞實世界中生態的典範（ecological paradigm），並且從實證論（positivism）轉向批判論（critical theory）和詮釋論（hermeneutics），因此環境教育的內涵日益增大。也就是說，需要以更多的社會實證、論述、批判、詮釋、對話，以及社會參與，因應時代的變化趨勢。（請見表2-1）

### (三)環境教育的研究方向

#### 1. 環境教育政策

環境教育係以「地球唯一、環境正義、世代福祉、永續發展」爲理

表2-1　環境教育及研究養成的理論過程

| 主張 | 主題 | 學習架構 | 學習過程 |
| --- | --- | --- | --- |
| 指導主義 | 有關環境的教育（education about the environment） | 導師必以課程要求的方式，指定學習內容，並以適度的測驗，鑑別學生學習到的觀念、知識和行為能力。 | 運用學習中「刺激和反應」（S-R）之間的聯繫，鼓勵學生嘗試錯誤，並由導師糾正錯誤。 |
| 建構主義 | 在環境中的教育（education in / from the environment） | 採取學生開放式及自導式的學習方式，透過親自及直接參與生態學習的方法，去完成戶外環境中的學習過程。 | 讓觀察的經驗意義化，並與其他知識配合形成新的概念及行動策略。面對理論和實務衝突時實際介入，並且由學生自行去尋求解決辦法。 |
| 解構主義 | 為了環境的教育（education for the environment） | 導師引導質疑、建構批判性思想和理論，使個別學生針對爭議性話題，提出進一步調查和研究，並且產生更多的問題。 | 以閱讀理解文本中的「絃外之音」，並解讀各種衝突發生的「二元對立」的觀點，從這些觀點中尋找衝突的原因。 |
| 整合主義 | 整合式環境教育（education about, in, and for the environment） | 近年來，由於對永續發展的重視，伴隨著永續發展教育的推動，產生教育研究典範的轉移，從純粹經驗的典範，轉向真實世界中生態的典範，並且從實證論轉向批判論和詮釋論，因此環境教育的內涵日益增大。 | 透過自我反思與團體評鑑，藉由批判性思考，由虛擬情境轉變為現實環境的擴大體認，透過反思與鏡照，才能改善自我成見與觀念，以行動強化地球公民的責任。 |

（修改自：方偉達，2010）

念；所以，如何提升全民環境素養，實踐負責任環境行爲，爲國家環境政策和環境治理重要的發展方向。目前我國國家環境教育綱領，爲環境教育政策之依歸，係由行政院環境保護署（環保署）擬訂，會商教育部等單位，報行政院核定。

2. 學校環境教育

學校環境教育係爲通過學校系統（從幼兒園、小學、國中、高中到大學本科、研究所），以教室和戶外環境，通過教師爲中心講授環境教育課程，強化國民在學階段奠立環境相關的知識、態度、技能與價值觀等的基本環境素養。

3. 企業環境教育

公司行號、產業界及政府投資企業爲增進企業社會責任，減少環境污染，推動生產者產品使用完畢後之回收，再生或有效利用，提倡工作假期的環境保護工作，提升員工環境素養的培訓與教育過程。

4. 環境科學教育

爲通過全民環境科學素養，強化環境化學、生態學、地質學、地理學、保育生物學、資源技術、環境工程、環境心理、環境政治、環境社會、環境文化、環境經濟，以及環境微生物等跨領域的科學學習活動。環境科學教育包含影響人類、有機體，以及無機體等相互影響之綜合學科內涵。

5. 社會環境教育

社會環境教育係爲一種在社會中傳播環境知識和技能的過程，在傳播過程中，在博物館、社教中心、環境教育設施場所等學習場域學習環境知識，通過生態旅遊、社區導覽，以及參訪活動強化社區居民環境素養內涵。

6. 環境哲學

環境哲學是哲學的一種分支，環境哲學探討自然環境價值、人類尊嚴、動物福利，以及人與自然界交互運用的關係。環境哲學包括環境倫理、環境道德，以及永續發展的意義。環境哲學研究地球資源、人類損耗、環境保護，以及哲學實踐的土地倫理內涵。

7. 環境解說

環境解說適用於非正規環境教育，透過環境戶外場域的策略，並學習戶外生態基礎的解說規劃與執行活動，以生態旅遊、生態導覽，以及戶外教育方法進行知識溝通，強化人類和自然環境互動的機會，用以啓發學習者對於環境生態的知識、態度與活動技能的提升。

8. 環境傳播

環境傳播是透過傳播媒體進行傳遞環境科學與環保知識、方法、思惟的內容，培養全民環境素養的傳播活動。環境傳播傳達環境事件的現狀和問題，以及透過媒體載具所產生的文字、聲音、圖像、動畫、影像等多媒體形式的創作過程，產生環境保護的意義建構。環境傳播探討環境議題的符號、話語，以及情境關係。透過書籍、影音、傳播媒體、社會網路平台的環境資訊傳播，引起閱聽者對於環境知識的興趣，並且從媒體報導的事件，體會社會環境事件。

## 第二節　環境教育歷史研究

環境教育的歷史研究，可以追溯到正規教育（formal education）和教育研究（educational research）領域的出現（Gough, 2012）。如果我們研究環境教育的歷史，可以採用課程史（curriculum history）或是人物譜系（genealogy）的研究。

一般來說，環境教育的歷史研究，是一種檔案研究。檔案研究首先要尋找檔案中的客觀知識，可以在圖書館、文獻資料館，以及電腦網路搜尋中，找到和主題相關的題材。如何透過檔案檢索系統，探索檔案的體系脈絡，成爲思考檔案研究時關鍵的因素。在檔案中，我們了解環境教育係爲地球環境遭到威脅，透過聯合國等單位舉辦國際會議，動員科學家思考如何拯救地球，免遭沉淪之禍。所以，環境教育的歷史，闡釋了人類爲求生存發展的努力過程，從歷史的軌跡中，研究人類集體行爲的改變，甚至運用了「結構主義方法」、「後結構主義方法」（poststructuralist approaches），進行的史料研究。

上述這些會議的過程很長，1972年的聯合國人類環境會議（United Nations Conference on the Human Environment）中主張「教育的重要性」。會議中指出「針對環境問題的教育和培訓，對於環境政策的長期成功非常重要，因爲教育是推動文明和負責任人口（enlightened and responsible population），以及確保人力資源的唯一手段的實際行動計畫需要」。從1977年聯合國教科文組織和聯合國環境規劃署在伯利西舉辦跨政府國際環境教育會議（Tbilisi UNESCO-UNEP Intergovernmental Conference），在會議中所討論的《伯利西宣言》，讓環境教育領域正式化（Knapp, 1995）。1992年6月在巴西的里約熱內盧舉行地球高峰會（Earth Summit），又稱爲聯合國環境與發展會議，爲《二十一世紀議程》中的全球行動計畫提供了關於促進教育、民衆意識和培訓的基本原則。然而，在環境與發展會議中，環境教育著重於促進永續發展和提高人民解決環境與發展問題的能力，後來環境教育被稱爲「永續發展教育」。2009年在德國波昂，討論聯合國教科文組織世界永續發展教育大會永續發展教育十年（2005-2014），提出《波昂宣言》（Bonn Declaration）。《波昂宣言》描述了永續發展教育，並規定了正規（formal）、非正規（non-formal）、非正式（informal）、職業（vocational）和教師教育（teacher education）的行動。

在國外，環境教育和永續發展教育的發展歷程不同。有些學者認爲「環境教育」被「永續發展教育」稀釋化，印第安納大學（Indiana University Bloomington）公衛學院教授卡納普（Doug Knapp）研究從環境教育到永續發展教育這一個名稱的蛻變過程，他論述此一過程被環境教育學者認爲「不符合環境教育穩定的最佳利益」（Knapp, 1995:9）。但是整體來說，因爲環境教育拓展到經濟和社會領域，環境教育得以在世界上更深化了推動效果。2002年聯合國在南非約翰尼斯堡舉行永續發展高峰會議，列入聯合國2005年-2014年「永續發展教育十年」及其相關活動，讓永續發展教育得以在近年來迅速推動。歐洲研究環境教育的學者將環境教育研究納入永續發展教育的一環。如果我們以上述的歷史分析方法進行推論，可以了解到環境教育的萌芽和茁壯，源自於1960年代。

## 一、環境教育的興起

環境教育的領域源於1960年代，由於地球環境日益惡化，威脅人類的發展。在1960年代科學家越來越關注環境日益增加的科學問題和生態問題，以及民眾對這些問題的認識需要。這些問題包含了土地、空氣和水的污染日益嚴重。此外，世界人口成長和自然資源的持續枯竭。1972年聯合國《人類環境宣言》（United Nations Declaration on the Human Environment）中闡釋：

「我們在世界許多地區看到越來越多的人爲（man-made）傷害的證據；水、空氣、土壤和生物中的污染危險，造成對生物圈生態平衡的重大不利的干擾（disturbances），破壞和消耗不可替代的資源（irreplaceable resources），產生人類聚落中人爲環境之嚴重缺陷（gross deficiencies）」。

如果教育居於環境改善的首位，教育研究可以激發對人類面臨環境問題時思考和討論的有效途徑（Carson, 1962）。美國學者卡森（Rachel Carson, 1907-1964）、哈丁（Garrett J. Hardin, 1915-2003）、埃利希（Paul R. Ehrlich, 1932-）等人大聲疾呼，希望將教育納入環境議程（environmental agenda）。然而，環境教育不僅僅是社會議題，而是教育問題。此外，科學教育與環境教育之間的關係是隱含的（implicit）。有鑑於環境問題的嚴重性，1970年代的學者希望以科學和技術，解決環境問題。但是少數的科學家認爲，僅僅是光靠自然科學和技術是不夠的。因爲通過環境化學、生態學、地質學、地理學、保育生物學、資源技術、環境工程，亦無法解決紛紛擾擾的環境危害問題。人類生態學者博伊登（Stephen Boyden）在1970年說（Boyden, 1970:18）：

「通過進一步的科學研究，以解決我們所有問題的建議，不僅僅是愚蠢的，而且實際上是危險的。」他又說：「我們時代的環境變遷源自於文化和自然過程之間相互劇烈的激化作用。這些作用既不能留給自然科學家解決的問題，也不能作爲文化現象學者可以解決的問題。因此，人類社會各部門應該發揮作用，某些關鍵族群，也可以參與這些特殊的責任。」

## 二、環境教育領域建構

如果說，1970年代西方國家對於環境教育開始重視，自1970年代起學校教育將生態和環境的內容運用融入式教學，納入各級學校的教育課程。1968年聯合國教科文組織生物圈會議，以及1970年的澳大利亞科學院會議，都建議學校納入環境教育。在第一章中，我們曾經提到1969年美國密西根大學教授史戴普（William Stapp, 1929-2001）在《環境教育》（Environmental Education）期刊定義環境教育，以有效地教育人們關於人類和環境的關係。史戴普強調環境教育有四個目標（Stapp et al., 1969:31）：

㈠清楚地認識到人類係是由人類、文化和生態環境（Boyden, 1970:18）。生態環境（biophysical environment）是組成系統中不可分割的一部分，而且人類有能力改變這個系統的相互關係。

㈡廣泛了解自然和人爲的生物物理環境及其在當代社會中的作用。

㈢基本了解人類面臨的生態環境問題，如何解決這些問題，以及公民和政府爲解決問題需要努力之責任。

㈣關心生物物理環境品質的態度，這將激勵公民參與生態環境問題之解決。

史戴普等人認爲，這種教育方法不同於保育教育（Boyden, 1970:18）。保育教育（conservation education）基本上關注於自然資源，而非關注於社區環境及其相關問題。因此，環境教育除了關注於自然環境，並且關心工作環境，以及人類福祉（well-being）的問題（Stapp et al., 1969:30）。1970年史戴普受邀參加澳大利亞科學院會議，提出了課程開發模式。這個模式強調課程開發程序、行政策略，而不是專業哲學分析。史戴普的實驗方向，主導了環境教育的實用發展。

對環境教育的定義和目標構成了該領域其他一些概念的基礎。例如，1970年9月，聯合國教科文組織（UNESCO）及國際自然保育聯盟（IUCN）於1970年在美國內華達州舉辦的「第一屆國際環境教育學校課程工作會議」，接受了環境教育的定義如下（UNESCO, 1970）：

環境教育是認識價值（recognizing values）和澄清概念（clarifying concepts）的過程，以培養理解和理解人類、文化、生態環境之間相互關聯所必需擁有的技能和態度（skills and attitudes）。環境教育還需要在環境品質問題的行爲準則（code of behavior），進行自我規範（self-formulating）和實踐。

## 三、環境教育宣言的意識形態

上述的環境教育的定義類型，採用了人類（man）、生態系統，以及生態學原理等術語。而且，科學教育引進了環境教育的場域。環境科學教育，通常以生態概念的形式，納入了學校課程。但是，眞正的環境教育學習，並未被教育部門視爲教育的優先事項，因爲在西方，環境教育受到科學家、環境保護主義者，以及學者的重視，但是並沒有受到政府單位所重視。

另外，環境教育的宣言的起草者都是男性，雖然環境教育是架構在新穎的觀念之上，但是在落筆的時候，沒有注意到性別的平等問題。舉例來說，1975年是國際婦女年，聯合國發布了非性別歧視寫作指南，希望在國際宣言中，儘量用兩性平權的方式處理書寫。例如，儘量用中性的人們（people），取代男人（man）對於宣言的描述。但是，1977年聯合國教科文組織和聯合國環境規劃署在前蘇聯伯利西舉辦跨政府國際環境教育會議所發布的《伯利西宣言》，對於環境教育的陳述中使用的語言，都是有性別歧視的。因爲《伯利西宣言》，用了男人（man）和他（he），排除了女人（woman）和她（she）。因爲英文在西方的語言用法中，具有性別意識，如果要強化兩性，應該要用中性的人們（people）或是他們（they）。

雖然有些女性可能認爲人類的男性活動，是環境惡化的主要因素。但是，重要的是所有人類都應該受到環境教育聲明所規範。滿有趣的是我們檢視1975年聯合國教科文組織在前南斯拉夫貝爾格勒舉辦的國際環境教育工作坊中，提出《貝爾格勒憲章》（Belgrade Charter），在會議之中使用了非性別歧視語言。《貝爾格勒憲章》沒有採用男人（man）和他（he），意思是男人（man）和他（he）都沒有出現在聲明之中。可是，1977年的《伯利西宣言》中重新出現了人（man）和他（he）這些性別術語，其中《伯利西宣言》的開宗明義就說：「在過去的幾十年裡，人類（man）通過他的（his）力量改造他的環境，加速了自然平衡的變化」。如果我們檢視西方文化，由於現代主義科學將男人（man）和自然分開，並且將女人一詞和自然聯繫。在《伯利西宣言》中，男性科學家採用話語的性別霸權，不自覺地滲透到他們的認識論之中。這是1970年代宣言的普遍問題，他們沒有想像到非男性的觀點，此外這些科學家的認識論和現代主義科學一致，過於強調知識的普遍性、一致性，以及單一性，沒有考慮到知識的特殊性、多元性，以及複雜性。

## 四、環境教育的實踐力量

在環境教育的歷史論證當中，環境教育的實踐力量需要透過實證研究，進行循證實踐（evidence-based practice）。在科學教育之中，實證研究就是需要實驗組和對照組，以干預（intervention）的做法，進行證據推論。但是，環境教育不是知識的教育，而是實踐的教育。也就是說，實踐的教育需要行為改變，但是這一種行為改變，是出自於內心眞誠的變化，而不是在教室型的實驗室中，可以操弄的短期計畫。因此，環境教育的實驗限制，其研究成果遭到了相當多的批評。近年來，環境教育研究，主要以「實證主義」、「後實證主義」、「結構主義」，或是以「詮釋學」和「批判理論」進行論述。

法蘭克福學派哈伯馬斯（Jürgen Habermas, 1929-）曾經批判啓蒙運動以來工具理性（instrumental rationality）的問題。他在知識論上的主張，認為人類知識可以分成三種類型（Habermas, 1971）：

㈠經驗：分析的科學研究：包含了技術的認知旨趣（knowledge interest）。

㈡歷史：解釋學的科學研究：包含了實踐的認知旨趣。

㈢具有批判傾向的科學（critically oriented）的研究：包含了解放的認知旨趣。

國立中山大學教授劉淑秋和講座教授林煥祥認為，對技術科學（techno-science）主張至上的大學生，往往並不關心環境（Liu and Lin, 2018）。因此，如果環境教育是一種工具性研究的利用（instrumental research utilization），意思是透過人為的操弄和干預，可以改變一個人的思考方式，這就是實證；但是改變一個人思考方式，但是不一定會改變一個人的行動實踐。因此，我們需要採用概念研究（conceptual research），這就是以哈伯馬斯的「詮釋學」和「批判理論」進行研究。概念研究需要運用到社會實踐的力量，其目的希望確認社會情境中實踐與情境脈絡（context）之間的關係。在社會實踐中，研究者強調是改變的承諾。這一種承諾有兩種形式：一種是活動（activity），另外一種是探究（inquiry）。也就是說，社會實踐通常在人類發展的背景下應用，涉及知識生產（knowledge production）以及理論分析，這些知識都是經過實踐之後，所產生的知識。所以，如何從物質世界，運用研究產生意義，需要經過研究的程序。也就是說，我們要以研究做為一種具有說服力的工具，需要時間和成本。我們的研究，如何隨著時間的推移而繼續成長，需要透過長期觀察，提出行為意圖假設，並且可以正確地衡量他人的反應。在社會實踐中，環境素養（environmental literacy）視為人類成長的關鍵因素（詳如本書第三章），我們以人類世界的物質、意義，以及程序說明產生環境素養的實踐因素。以上的研究，都必須確認在「本體論／認識論／方法論」方面，都各有不同的假設，建構出來的世界觀，也不一樣。（請見圖2-3）

## 五、反思環境教育

如果說，環境教育的實踐力量在於行動研究。行動研究是一種集體行動下的自我批判。透過探究了解實踐者在社會情境之下如何處理事務，其目的在於改善全民公共利益，產生社會正義，並且了解實踐

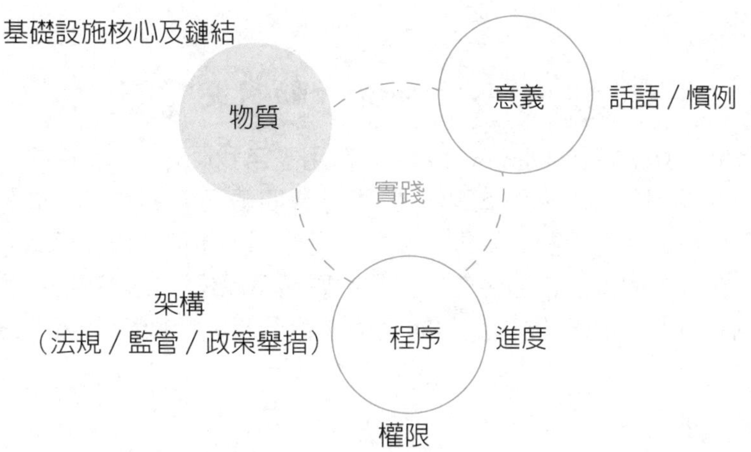

圖2-3　社會實踐的元素（Darnton et al., 2011:51）

的意義（Kemmis and McTaggart, 1982）。澳洲查爾斯特大學（Charles Sturt University）教育學院榮譽教授金米斯（Stephen Kemmis, 1946-）的觀念來自於勒溫（Kurt Lewin 1890-1947），他採用了自我反思（self-reflective）螺旋設計，將行動研究進行螺旋推演，將計畫、行動、觀察、反思分成四個元素，並且將計畫的延伸，繼續採用計畫、行動、觀察、反思進行修正。在金米斯的規劃中，根據行動研究螺旋循環的歷程概念，設計極爲詳細的研究指引與實驗設計參考手冊（Kemmis and McTaggart, 1982）。金米斯的計畫、行動、觀察、反思，透過修訂改進計畫，產生再行動之螺旋模式，形成國內環境教育場域推動環境教育的發展特色。（請見圖2-4）

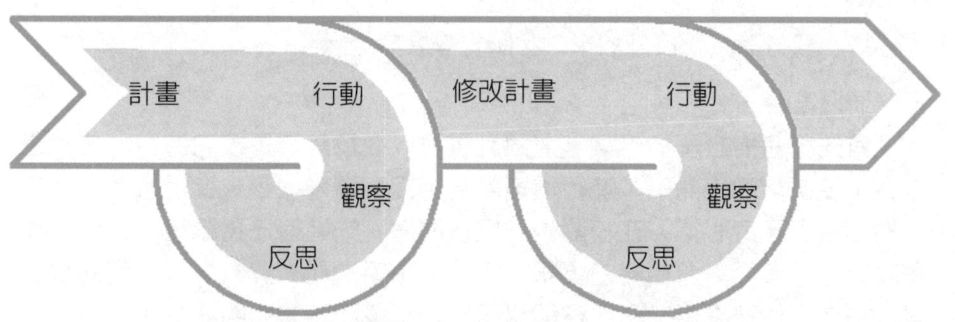

圖2-4　研究指引與實驗設計的元素（Kemmis and McTaggart, 1982）

個案分析

## 臺灣1990年代環境行動研究實例

金米斯（Stephen Kemmis, 1946-）採用了自我反思（self-reflective）螺旋設計，將計畫、行動、觀察、反思分成四個元素，並且將計畫的延伸，繼續採用計畫、行動、觀察、反思進行修正。所以，依據行政院環境保護署計畫，如何推動校園生態保護和社區環境保護，我們舉出下列全國環保小署長「小小環境規劃師」的案例進行分析（行政院環境保護署，1998）。

### 一、計畫依據

為推動學校環境教育，加強環保教育向下紮根工作，1990年行政院環境保護署開始舉辦全國兒童環境保護會議，並於1991年擴大舉辦，更名為「全國環保小署長會議」。該會議從1991年至1997年，共計有4,500名國民小學學童參加會議活動。所以，如何透過環保小署長活動，關注環境問題。當校園環境發生問題，或在實施環境教育的過程當中，遭遇問題之時，如何保護環境。例如：「校園的水池嚴重優養化，變成蚊蟲的孳生源，如何處理呢？」

### 二、參考方法（行政院環境保護署，1997:1-2）

㈠歐美國家

環境規劃方法、規劃理論、公民參與、個案研究、圓桌會議討論、電腦輔助繪圖、報告發表會、全球學生環境觀測計畫（The Global Learning and Observations to Benefit the Environment, GLOBE Program）。

㈡日本

造町計畫、舒適環境地圖的繪製、戶外參訪等。

㈢我國

鄉土教材教法、校外教學、全國科學展覽等。

### 三、研擬策略

首先思考構想解決方案。這個計畫可以從校外或是校內進行。如果是校外，從街坊鄰里開始，進行環境調查，繪製環境地圖，進行城鄉問題的探討，發表研究心得。在校園碰到環境問題，先進行任務編組，利用各種科學方法蒐集與議題相關的資訊，包括：專家訪問、資料詳查。首先我們可以先進行任務編組，利用各種科學方法蒐集和議題相關的資訊，包括：

專家訪問、資料查詢、現場探勘、問卷調查等方式，在資料進行蒐集之後，進行初步彙整，然後以各種民主程序進行辯論、討論，以及決策，決定出最佳的議題解決方式，以作為後續行動準繩，或提供給行政單位作參考。

## 四、採取行動

依據上述所擬定之解決策略，進行採取行動，也就是：「我們如何設法動手來解決」？因此，在1997年全國小小環境規劃師的計畫推動之下，透過學校老師輔導、大專學生社團輔導，影響社區媽媽及全體社區居民，進行推動。

## 五、反省思考

藉由「評估」，以解決策略的實際執行成果，並且反省思考成果。本計畫推動之初，1997年美國科羅拉多大學建築規劃學院教授郝立克曾經稱讚本計畫是「史無前例的國家環境教育計畫」（行政院環境保護署，1997:4），並且對於計畫中從鄰里街坊（neighborhood）開始，充滿了興趣，因為美國的規劃，都是從市鎮（town and city）和社區（community）開始。

## 六、政府行動

㈠為評鑑各縣市環保小署長推動環境保護之績效，行政院環境保護署選拔第一屆（1996年）全國績優環保小署長，並安排至總統府晉見總統李登輝（1923-）及錄製電視節目。1997年推動「小小環境規劃師」活動，運用計畫、行動、觀察、反思四個元素，因應社會環境變遷及環境教育實際需要，由環保署舉辦之「全國環保小署長會議」及各縣市舉辦之「環保小局長會議」以實際推動環境保護工作為教育重點，符合「生活環境總體改造」的理念，討論舉辦形式。依據環保署和教育部編纂「86年度全國績優環保小署長實錄」《環保小種子》（行政院環境保護署，1998），環保小署長尋找地方環境議題，利用各種科學方法蒐集相關的資訊，在資料進行蒐集之後，繪製環境地圖，撰寫小論文，推動地方環境改善，包含土城工業區的河川研究、新豐鄉海岸保護研究、台中市南區環境保護研究、校園噪音分貝器的研究、山內國小周遭環境研究、大興路街道規劃研究等作品，共計有79份小小環境規劃師報告，成果豐碩。

㈡教育改革經過20餘年，教育部推動十二年國民教育，將素養導向教育，列為環境教育的重點，以「小論文」取代填鴨式的教育。何昕家等（2019）認為，學校教育與社區發展合作推動教育部規劃的「偏鄉國民中小學特色遊學」，建議以跨域文化、深根脈絡、生態土地，以及社區觀點，提出學校與社區合作觀點。環境教育經歷一個世代的教育改革，從鄰里街坊（neighborhood）教育推廣到跨域文化之整合，形成了嶄新的局面。從父母輩的環境教育，經過學理和實踐的奮鬥，產生了下一代的環境教育。

## 第三節　環境教育量化研究

環境教育量化研究，主要以「實證主義」爲主，在研究之中，重視蒐集證據，進行資料分析，運用效度與信度來強化數據的可靠性，並且以變項操作、控制變項，進行統計分析，用以描述所要探討的人事地物等現象。



### 一、問卷及測驗的編製及量測

量表和問卷和在編製架構上的差異，包含了量表需要理論的依據，問卷則只要符合主題就可以了。因此，量表的編製都是根據學者所提出來的理論來決定其編製的內容。研究者在編製問卷時，依據下列三個步驟進行：確定主題、蒐集資料、編製題目。編製問卷者在蒐集資料之後，將各項資料整理並編擬題目。題目分爲人口統計變項和問卷題目。從人口統計變項了解參與環境教育活動人員的年齡、性別、婚姻、職業、學歷、收入等基本資料，問卷的主要內容包括有參與環境教育活動的原因、參加的次數、時間、經費、及參加的方式。爲了強化問卷／量表的效度，建議找三位環境教育學者專家幫忙審查問卷，討論問卷／量表題目是否需要增修，或是調整文字說明。在問卷調查中，舉例來說，態度測量最常見的形式是李克特（Likert）五點量表。

## 二、環境教育實驗研究法

實驗法（experimental approaches）是可以重複的，不同的實驗者在前提一致，操作步驟一致的情況下，能夠得到相同的結果。通常實驗最終以實驗報告的形式發表。由於實驗需要經費支持，在降低實驗失敗的機率，以及降低實驗成本的考量之下，量化實驗要將實驗對象分割成小現象；此外，因爲實相（reality）無法被實驗者認知，需要切割成一個一個的實驗加以分析。在量化實驗研究中，包含了環境教育科學實驗，其方法說明如下（方偉達，2017; 2018）：

㈠主題的觀察和形成（Observations and formation of the topic）：研究者在思考感到興趣的環境教育主題之後，進行該項主題的研究。上述的主題領域，不應該隨性挑選，應該基於本身有興趣的議題進行，因爲在選擇之後，還要需要閱讀大量文獻，以完全理解目前這個領域所有的文獻爲何，以減少對於相關文獻的理解差距。所以，應該謹愼挑選主題，將該主題的知識進行聯結。

㈡形成假設（Forming of hypothesis）：指定兩個或多個變量之間的假設關係，以茲測試，並且進行預測。

㈢概念定義（Conceptual definition）：進行概念的描述，並且和其他概念產生關聯性。

㈣操作型定義（Operational definition）：進行定義參數變量，以及如何在研究中測量及進行評估參數。

㈤蒐集資料（Gathering of data）：包括確定母體空間大小，其中母體參數（parameter）爲統計測量數，爲未知。選擇樣本空間進行參數抽樣分配（sampling distribution），採用特定的研究儀器，從這些樣本蒐集資訊。用於進行資訊數據採集的儀器，必須安全可靠。

㈥資料分析（Analysis of data）：分析數據，並且透過解釋，以彙整結論。

㈦資料詮釋（Data interpretation）：運用表格、圖形，或是照片來表示，然後進行文字描述。

(八)測試及修改假設（Test, revising of hypothesis）。

(九)進行結論，必要時可以重覆操作（Conclusion, reiteration if necessary）。

承上所述，「科學教育」實證研究需要建立實驗組和對照組，以干預（intervention）的做法，進行證據推論。但是，「環境教育」不是一種知識性的教育，而是實踐性的教育。也就是說，環境教育很難在教室型的實驗室中，經過短期計畫進行心理實驗，得到我們想要的答案。因此，環境教育的「實驗成果」，需要細心檢視「實證」的結果，小心求證。

## 三、環境教育準實驗研究法

社會科學要採取「實驗研究」非常困難；因此，絕大多數的研究屬於「準實驗研究」（quasi-experimental design）。當研究者無法在教育情境中，以隨機取樣方法，分派研究對象，並且嚴格控制實驗情境時，比較理想的實驗設計是使用「準實驗設計」。舉例來說，環境教育研究者如果新編了「環境教育教材」，要了解這份教材是否優於傳統的「環境教育」教材。研究者無法從國民小學中隨機抽取受試者，並隨機分派爲實驗組和控制組。但是向學校接洽的時候，以原來班級做爲實驗的對象，研究者就須採用準實驗研究法。因此，「準實驗研究」設計的原則，就是「不等組前後測設計」。實驗組和控制組的分類如下：

(一)實驗組：前測（在實驗之前進行量測）、試驗（實驗教學，或是進行實驗「環境教育教材」新式教學）、後測（在實驗之後進行量測）、延宕測（在實驗之後三個月進行量測）。

(二)對照組：前測（在實驗之前進行量測）、試驗（不進行實驗教學，或是進行實驗「環境教育教材」傳統教學）、後測（在實驗之後進行量測）、延宕測（在實驗之後三個月進行量測）。

以上的準實驗設計，雖然無法像是眞正實驗設計一樣，控制所有影響實驗內在效度的因素，但卻可以控制其中多數的因素，並且可以避免環境教育的實驗情境過於人工化，所導致的實驗缺失。在教育研究中，最常採用的準實驗設計有四種：1.不相等控制組設計；2.相等時間樣本設計；

3.對抗平衡設計；4.時間序列設計。

## 四、信度、效度分析

### ㈠信度

信度（reliability）分析的目的，主要在於分析施測結果的一致性。信度是指根據測驗工具（問卷／量表）所得到的結果的一致性或穩定性，反映受測特徵眞實程度的一種指標，信度分析的方法主要有以下四種方式：

1. 重測信度法：重測信度法是採用相同的問卷，針對同一組參與者，間隔一定時間重複施測，以計算兩次施測結果的相關係數。因爲重測信度法需要針對同一樣本試測兩次，因爲問卷調查容易受到事件、活動，以及受測者的影響，而且間隔時間長短也有一定限制，因此在實施中有一定之困難。
2. 複本信度法：複本信度法是讓同一組參與者一次塡答兩份問卷複本，計算兩種複本的相關係數。複本信度希望兩種複本除表述方法不同之外，在內容、格式、難度和對應題項的方向等方面要完全一致，而在實際調查中，調查問卷達到這種要求，因此採用這種方法比較少。
3. 折半信度法：折半信度法是將調查項目分爲兩部分，計算兩部分得分的相關係數，進而估計整個量表的信度。折半信度用於態度、意見式問卷的信度分析。進行折半信度分析時，如果量表中含有反向的題項，應先將反向的題項的得分進行逆向處理，以保證各題項得分方向的一致性，然後將全部題項按奇數或是偶數，分成儘可能相等的兩部分，計算二者的相關係數，最後求出整個量表的信度係數。
4. $\alpha$信度係數法：Cronbach $\alpha$信度係數是目前最常使用的信度係數，$\alpha$係數是量表中各題項得分間的一致性，屬於內在一致性係數。這種方法適用於環境教育態度、意見式問卷（或是量表）的信度分析。

### ㈡內容效度（Content validity）

內容效度指的是測驗題目對有關內容取樣之適當性，也就是說指的是某個測量值測量出來之後，是否可以代表一個事件所有的部分內容。內容效度測量愈高，越能測量環境教育教材內容，以及越能測量教學目標是否和原來計畫相符。內容效度驗證的內容，需要針對施測的內容進行詳細的邏輯分析，所以又稱爲邏輯效度（logical validity）。

### ㈢效標關聯效度（Criterion-related validity）

如果我們研究環境態度和行爲之間的關係，效標關聯效度就是在檢驗測量分數和實際態度和行爲之間效力的關係，因爲效標效度需要有實際證據，所以又叫實證效度。

### ㈣建構效度（Construct validity）

建構效度指的是量測結果，亦稱爲構念效度，可以和理論的概念相符的程度。這一種效度主要以測量某一種環境心理的理論的建構程度，又稱爲理論的概念效度。

### ㈤難度

問卷的難度指的是問項的難易程度。一般針對知識、能力測驗來講，可以說明考題的難易程度，但是針對於環境教育動機、態度和人格特質這些傾向的施測來說，難度指的是否回答這個題目的比率高低。

### ㈥鑑別度

鑑別度是指試題，主要是環境知識題，是否可以區別參與者能力高低的程度，採取內部一致性的方式，將參與者依據總分高低排列序，取最高分的前25%爲高分組，取最低分的後25%爲低分組，然後求出高分組與低分組在在每一個試題的答對率，以PH及PL表示，以D = (PH-PL)表示試題的鑑別度指數（item discrimination index）。D值介於−1.00到+1.00之間，D值愈大，表示鑑別度愈大；D值愈小，表示鑑別度愈小；D值爲0，表示沒有鑑別度。

## 五、事後回溯研究法

事後回溯研究法（ex post facto research）以事後探究變項，找出可能之關係或效應。事後回溯研究法和實驗研究法比較，這二種研究方法都是要找尋自變項與依變項二者之間之關係。但是事後回溯研究之自變項要事先確定，才進行蒐集資料，探索與被觀察變項之間的關係。通常使用統計紀錄、個人文件、大衆傳播之報導進行分析。因此，事後回溯研究（ex post facto research）又稱解釋觀察研究（explanatory observational studies），或因果比較研究（causal comparative research）。

## 六、相關性研究

相關性研究的定義爲，兩個（或以上）事物之間的關係，共同改變的數值。而統計上相關性，則指兩組事物之間的關係程度，或是變項之間共同出現，且相互作用的關係。統計方法中，可以使用皮爾遜相關技術計算變項之間關係的強度和方向，我們採用相關係數表示。正相關（positive correlation）與負相關（reverse causation），分別代表當某數值增加時，與其相關的值若也跟著增加或者相向減少的情況。

## 七、資料分析、解釋及應用、研究結果之呈現

在研究中，我們會訂定研究假設，資料分析主要是應用統計方法，計算數據之間存在的關係，並繪製出統計圖說，藉以解釋資料中的內涵意義。資料分析解釋數據中最有用的部分之後，透過研究結果的呈現，將研究結果的應用進行研究結果的價值轉化，以進行環境教育推廣。

## 八、德懷術專家研究法

此外，量化方式除了要訂定假設進行收斂；當然也可以用其他客觀的方法，處理環境指標的建構，例如採用「德懷術專家研究法」進行建構。「德懷術研究法」又稱爲德爾菲法（Delphi method），是一種結構化的決策支持技術，在資訊蒐集過程中，通過專家們的獨立之主觀判斷，以建構相對客觀的意見和建議，所以專家的組成效度特別重要。「德懷術研究法」以專家們彼此不會面的方式，一直調查到意見收斂爲止。

## 第四節　環境教育質性研究

環境教育的質性研究，可以應用在跨學科的環境社會科學領域（方偉達，2017; 2018）。質性研究係一種多重現實的探究和建構過程。質性研究方式有非常多種，迄今仍有嶄新的方法，不斷被研究及發掘。質性研究工具主要係由研究者本身，透過研究區域，進行研究對象在地的長期觀察。質性研究需要進行訪談，了解參與研究者的日常生活型態，分析其所處的社會文化環境，以及這些環境對其思想和行爲的影響。

因此，環境教育質性研究的主要目的，是針對在一定的環境之下，了解研究對象的個人經驗、自身意義建構，以及針對整體的情境脈絡進行「解釋性理解」。研究者通過自己的親身體驗，對被研究對象的生活故事和意義建構作出詮釋。除此之外，研究者需要對自己是否因爲資料限制的關係，產生研究偏見，需要經常進行研究反思。在實際研究過程中，研究者是社會現實的拼湊者，如果僅在一定時空發生的事情，進行拼湊，產生的結果會導致偏見。因此，質性研究結果主觀成分很大，僅適用於特定的情境和條件，不能推論到研究地區和研究樣本以外的範圍。也就是說，質性研究的重點是理解特定社會情境下的社會和環境事件，而不是對與該事件類似的情形進行推論。在環境教育研究中，質性研究常用訪談法（interview）、觀察法、扎根理論、行動研究（action research）、民族誌、內容分析進行研究（方偉達，2018）。

當然，以上的方法都不是獨立的；意思是，在扎根理論研究中，也會用到訪談法、觀察法和其他的方法，質性研究的方法豐富多元，而且相互影響，交替不竭。

### 一、訪談法（interview）

質性研究中的訪談是一個對話的過程，對受訪者提出問題，並引導出對於研究、提出的問題有意義的訊息。訪談是一種研究性交談，是研究者透過口頭談話的方式從被研究者那裏蒐集第一手資料的一種研究方式（陳向明，2002）。訪談法通常是受過訓練的研究員所執行，對受訪者提出問題，進行一連串的交互詰答的方式。在現象學或民族誌研究中，訪談通常用於從受訪者以自己的角度，揭示生活中心的意義。由於社會科學研究涉及人的想法與意念，因此訪談成爲社會科學研究中一個十分常見且有用的研究方式。以下爲訪談法常用的方式。

### ㈠非結構式訪談（Non-structured interview）

沒有提出預先確定的訪談綱要，以便盡可能保持開放和順應受訪者性質之優先事項。在訪談中，研究者採取「順其自然」的方式。

### ㈡結構式訪談（Structured interview）

這種方法的目的是確保每次訪談都可以以相同的順序，呈現相同的問題。這使得訪談的資料可以輕易並可靠地彙整，並且可以在不同受訪者之間，或不同調查日期之間進行比較。

### ㈢半結構式訪談（Semi-structured interview）

有別於結構式訪談有一套嚴謹、制式的訪談大綱，不允許受訪者輕易轉移焦點；半結構式的訪談是開放的，雖仍有初步訪綱，但允許在面試過程中提出新的問題及想法。

### ㈣焦點團體（Focus group）訪談

這是一種質性研究形式，可以分爲環境專家訪談法及焦點團體臨床晤談法。焦點團體訪談係爲一個群體的人們被問及他們對某事或是某物的看法、觀點，或是態度等。焦點團體訪談時，參與者可以自由的彼此交談或詢問問題。在此過程中，研究人員要記錄參與者在談話中所提及的重點。此外，研究人員應仔細選擇焦點團體訪談成員，以獲得較有效的回應。焦點團體訪談有許多個別訪談所沒有的優勢，因此可以在研究上發揮一些比較特殊的作用。其中包括：1.「訪談」本身就作爲研究的對象；2.對研究問題進行集體性探究；3.以集體的方式建構知識（陳向明，2002）。

## 二、觀察法

觀察法可以是量化研究，也可以是質性研究。觀察法是一種通過觀察人物、事件，或在自然環境，並記錄其特徵來蒐集數據的方法。觀察是人類的感覺器官感知事物的一種過程，亦是人類的大腦積極思惟的過程。在質性研究中，觀察不只是對於事物的感知，而且取決於觀察的視角。觀察可以是質性研究相當直接的一種研究方法，人類即是研究工具，對於被研究的對象進行第一手的探究。觀察者所選擇的研究問題、個人的經歷和假設，與所觀察事物之間的關係等，都會影響到觀察的實施和結果。因此，觀察法又可以分爲：

### ㈠參與式觀察（Participant observation）

研究者成爲被觀察之文化或其背景的參與者。研究者須要成爲被觀察情境、組織，以及文化脈絡的一部分，以便取得成功的觀察。研究者欲使用參與觀察法，必須在研究初期，即取得觀察對象的同意，才能進入場域進行觀察。研究者是資料蒐集與分析的主要工具。因此，研究者必須取得被觀察者的信任，參與觀察期間更必須與被觀察者維持友好關係。更重要的是，研究者對於所處的環境必須能夠領會和反思，才能取得豐富的研究資料，所蒐集的資料才得以回應研究問題。

### ㈡直接觀察（Direct observation）

研究者必須儘量不要引人注意，以免偏差影響觀察之結果。善用科技是很好的一個辦法，像是針對訪談者直接錄影和錄音，但是要徵得訪談者的同意。

### ㈢間接觀察（Indirect observation）

觀察個體之間的相互作用，像是過程或行爲的結果，例如：觀察學生在學校自助餐廳留下的廚餘，以確定他們是否在用餐時，做到適度取量的良好用餐習慣。

## 三、扎根理論（Grounded theory）

扎根理論是社會科學中的一種系統性的方法論，透過有條理的數據收集和分析來構建理論（Martin and Turner, 1986）。扎根理論可以說是一種研究方法，或者是可以詮釋爲一種質性研究的風格（Strauss, 1987）。研究者在研究開始之前，並沒有理論或是假設，而是直接從原始資料中歸納出概念和命題，然後上升到理論的地步。因此，扎根理論是與「假設-演繹」（hypothetico-deductive）法相反，扎根理論是以歸納的方式進行研究。使用扎根理論進行研究的一開始，可能在研究者心目中會先有問題意識，或是只有所蒐集來的初步質性資料。隨著研究人員檢視收集的數據，在反覆思考理念之後，概念或元素將逐漸變得清晰，並且用編碼（code）將這些概念或元素進行分類，然而這些編碼是從質性資料中萃取出來的。隨著越來越多的資料蒐集和重新檢視，編碼可以先將概念進行整理，然後再進行分類。因此，扎根理論與傳統的研究模式有很大的不同，傳統的研究模式選擇現有的理論框架，然後只蒐集數據來說明理論是否適用於研究中的現象（Allan, 2003）。

扎根理論爲了防止理論停滯不前，以產生新的理論。爲將研究領域之觀察展現出來，基於理論創新的根源，以其爲理論發展奠定完善的科學基礎。因此，扎根理論這種方法能產生新的理論，並且從數據中得到假設和概念、類別，以及命題。概念在扎根理論中爲分析資料的基本單位；類別則是比概念更高的層次，也比概念抽象，是發展理論的基礎；命題是類別和概念，或是概念與概念之間的類化，可說是來自於基本的假設，只不過命題偏重於概念之間的關係，而假設則是偏重於測量資料彼此之間的關係。扎根理論包含五個階段（方偉達，2018）：

㈠研究設計階段：包括文獻探討即選定研究樣本。

㈡資料蒐集階段：發展蒐集資料的方法，以及進入田野。

㈢資料編排階段：依時間年代發生先後順序的事件排列。

㈣資料分析階段：採用開放式編碼，將資料轉化爲概念、類別和命題，以及撰寫資料備忘錄。

㈤資料比較階段：將最初建立的理論與現有文獻進行比較，找出相同或相異之處，作爲修正最初建立理論的依據。

不斷變化是眞實的社會生活中，一個恆久不變的特徵。我們需要對於變化的具體方向，以及社會互動的過程進行探究。因此，扎根理論特別強調從行動中產生理論，從行動者的角度建構理論。扎根理論的理論必須是來自資料，並與資料之間有緊密的聯繫。扎根理論在社會科學研究理論的發展中扮演著非常重要的角色，各種層次的理論對深入理解社會現象，都是不可或缺的（Glaser, 1978）。

## 四、行動研究（Action research）

行動研究可以是解決眼前問題的研究，也可以是由團隊的成員或是與其他人共同合作以領導實踐社群，並反思問題解決過程，以作爲改善問題、解決問題，或是處理問題的一種方式（Stringer, 2013）。行動研究是以實踐社群的理論基礎之下，共同展開研究與參與工作，即是「研究者本身是參與者，亦是研究者」。行動研究的重點是在探討群體解決問題的過程，以及解決問題的方式，並且反思解決問題的過程。行動研究是以螺旋的過程蒐集數據，以確立目標與行動，並且介入問題，以評估目標及了解最後結果。行動研究策略的目的是解決特定問題，並爲有效實踐歷程制定指南（Denscombe, 2010）。

行動研究通常涉及透過現有的組織，積極參與以及改變現況，同時進行研究。行動研究可以於大型組織或機構進行，由專業研究人員協助或指導，意旨在於改進他們所處環境的策略、實務，以及知識。研究設計者、權益關係人，以及研究人員彼此間互相合作，提出新的行動方案，以幫助他們的群體改善其工作或是實務內容。行動研究是一種互動式的調查過程，可以平衡合作環境中所實施的解決行動，以及數據導向的合作分析或研究，以了解可能導致個人和組織改變的根本原因。舉例來說，「行動研究」可以是教師一人領導一個班級（行動研究重心在學生），或是幾位教師人領導一個學年，或數個班級同學的行動研究（教師及學生同爲行動研究的重心），也可以是教師們組成一行動研究團隊（行動研究重心在教師）。

在分析方面，行動研究通過超越外部抽樣變量，創造了反思性知識，藉以挑戰傳統社會科學。在過程之中，主動依據一個步驟接著一個步驟地將理論概念化，進行資料蒐集，可以了解在結構中發生的即時變化。因此行動研究是不斷發現問題、解決問題，接著又發現新的問題，持續產生迴圈的過程。

「環境教育行動研究教學」對學生的環境教育認知之影響，與傳統教學法其實相差無幾；但是環境行動課程經過計畫、行動、檢討、反省，以及再行動過程，對於學生的環境態度及行爲影響，則有顯著的功效。因此，知識的增加是一個行動接著一個行動的連續體（continuum），需要從這個角度當作出發點。因此，我們質疑社會科學的知識，係爲如何發展眞正明智的行動；而不只是發展關於行動的反思而已。研究人員僅僅溝通知識是不足的，在行動研究中，調查結果暗藏意涵。我們需要學習如何使用行動研究發現，在不同的實踐和概念背景下，進行科學共識之提升。因此，參與行動研究是實踐者對於該實踐的一種以問題爲基礎的調查形式，因此，這是一種實證過程。而行動研究最終的目的，是要創造以及分享社會科學知識。

### 五、民族誌

民族誌知識的產生，基本上依賴兩種文化經驗的對照。民族誌方法論強調研究者必須「刻意的無知」，在田野的過程研究者不只透過「問」的方式取得研究資訊，更是要生活在當下，以自身的感官，包括視覺、味覺、聽覺、觸覺等多重感官，作爲蒐集研究資料的管道。同時，研究者在研究過程中必須時刻自省，必須充分意識到自身的文化背景、研究者身分等對於被研究者的影響。另外，採用民族誌作爲研究方法，資料的取得是研究者與被研究者間互動產生的，雙方或多方的互動過程，研究者必須能夠發掘事件或行動所隱含的社會意義、文化價值。總之，民族誌的研究方法代表研究者進入被研究者的日常生活世界，試圖理解被研究者所處的世界，翻轉過去被研究者被動的角色，讓被研究者的「在地觀點」得以被聽見或看見。

從過去至今，民族誌的研究取徑不斷的豐富化。過去民族誌強調觀察社群中人與人間的互動，例如以民族誌的環境個案研究法來說，可以用環保抗爭事件之重要生命經驗爲例，進行分析。例如，分析1990年代的濱南工業區、關西工業區、新竹客雅溪口綠牡蠣事件；2000年代的RCA事件、麥寮工業區、2010年代的國光石化、大埔工業區拆遷等，都是環境事件民族誌研究很好的題材，可以深刻描寫田野現場的環境以及人們之間互動的細節。此外，晚近的人類學研究，更將非人物種（nonhuman beings）加入田野的書寫中，發展出多物種民族誌，強調社會的組成不只有人類，還有許多非人類的參與，像是貓狗、昆蟲、細菌、機器等（例如：*Insectopedia*、*The Mushroom at the End of the World*），即是這類多物種民族誌的作品（Raffles, 2010; Tsing, 2015）。

### 六、內容分析（Content analysis）

內容分析是研究文件、檔案，或是通訊信件的研究方法，研究素材可能包含各種格式，像是圖片、錄音檔、文字檔、文本，或是影像。內容分析的一大好處是，它是一個非侵入式的方式，可以自然地研究從在於檔案中特定時間及特定地點之社會現象。內容分析的實作和概念會因爲不同學科而有差異，不過都涉及系統地閱讀或觀察文本內容，並且在有意義或有趣的文件、檔案內容上進行編碼。藉由系統地編碼一系列的文本內容，研究者可以利用量化方法分析大數據內容的趨勢，或使用質性方法分析文本內涵。





## 第五節 環境教育理論提升

環境教育係由實務方面的技術知識，藉由強化教育、學習環境的方法，透過不斷地參與和認知活動，進行環境問題解決，以強化人類社會的發展。本節我們討論環境教育理論擴充和實踐、達爾文式科學整合，以及學習方法的比較。

### 一、理論擴充與實踐

環境教育的理論提升，與其說是線性自上而下方法（linear 'top-down' approaches）的技術轉移（transfer of technology），不如說是參與式由下而上方法（participatory ‘bottom-up’ approaches）（Black, 2000）。在教育的過程之中，透過雙邊建議諮詢（one-to-one advice）或資訊交流，並且依據環境教育正規教育，運用組織化的教育和培訓方法，進行上述正規教育、非正規教育，以及非正式教育的活動。（請見圖2-5）

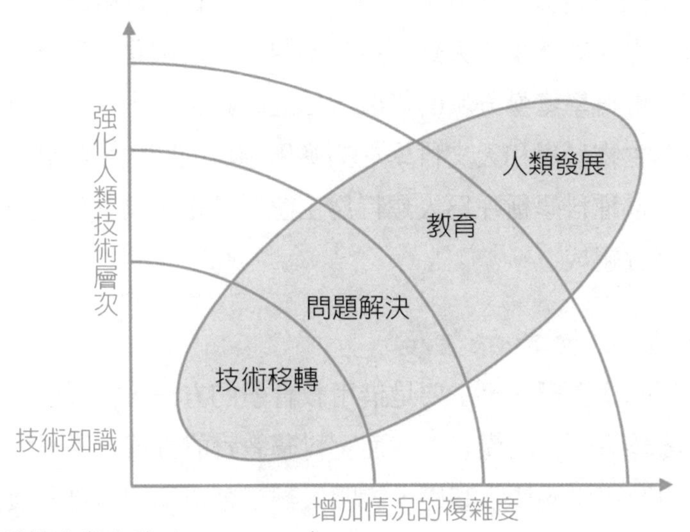


圖2-5　理論擴充與實踐（Black, 2000）。

因此，我們的結論是，環境教育藉由單一模型的教學策略並不可行。儘管我們對於上述線性技術移轉模型提出了批評，但是我們仍然需要依據可靠的科學資訊，藉由積極參與研究和開發過程，從環境教育學者專家到第一線的現場教師，通過雙邊的資訊交流，呈現教育發展趨勢。在學生方面，透過正規教育和計畫培訓，提升知識、態度和行爲模式。此外，嶄新的學習技術，將促進某些形式的教育方法、培訓課程，以及資訊交流，藉由推廣策略加以彌補應用之不足。

## 二、環境學科的整合

我們知道環境教育學科跨越傳統的學科界限，特別是在自然科學和社會科學之間，從環境科學、自然科學、人文學科之間，充滿著糾結紛擾的關係，但是我們仍然需要耐心進行更進一步的整合。從圖2-6進行分析，我們可以運用達爾文生態學，進行環境教育的演化學和生態學科的科學整合。在圖2-6(a)中，環境思想家通常認爲自然科學和人文學科是完全脫節的，環境科學、自然科學，以及人文學科之間重疊不大，甚至僅限於環境和生物醫學科學方法論上有少部分的重疊。然而，現今處在紛至沓來的多重社會關係下的學科領域，我們從圖2-6(b)中，觀察新興跨學科領域，如保育生物學、生態經濟學、人類行爲生態學，以及演化心理學，我們知道自然科學和社會科學壁壘分明的障礙，已經在銷融之中。跨領域的學者，正在協助整合生物科學和人文科學之間應用領域的關係。我們正需要一種嶄新的科學，這種科學稱呼爲人類行爲生態學或是達爾文生態學，來完成這種綜合的學說組成。

## 三、環境教育學科的整合

環境教育的學習模式，主要是借用教育學的方法，進行環境的認知、感應，以及改善人類行爲模式。然而，科學教育的養成，是以大腦科學、生命科學，以及宇宙科學爲基礎，說明人類學習科學的本質和價值，探討哲學終極思惟中「人類是什麼？」、「我爲什麼在這裡？」、「宇宙的終極目標是什麼？」三大問題；然而，環境教育涉及到人類行爲的養成，接上了地球的「地氣」，從虛無縹緲的哲學探究，落實到人間凡世的現實思考。

「環境教育」和人類認知改善、陶冶心性，形成態度的關係是什麼？我們通過「環境學習」，改善人類對於環境的價值觀和責任感，環境學習眞的可以達到效果嗎？自1950年代以來，教育學者透過學習理論，思考以上的問題；這些問題需要通過教育心理學的探討。我們藉由圖2-7的說明，了解到美國學界中影響全世界相當廣泛的三大學習理論，對於以上論點的看法，其中包含了布倫式學習方法、杭格佛式學習方法，以及ABC情緒理論學習方法。

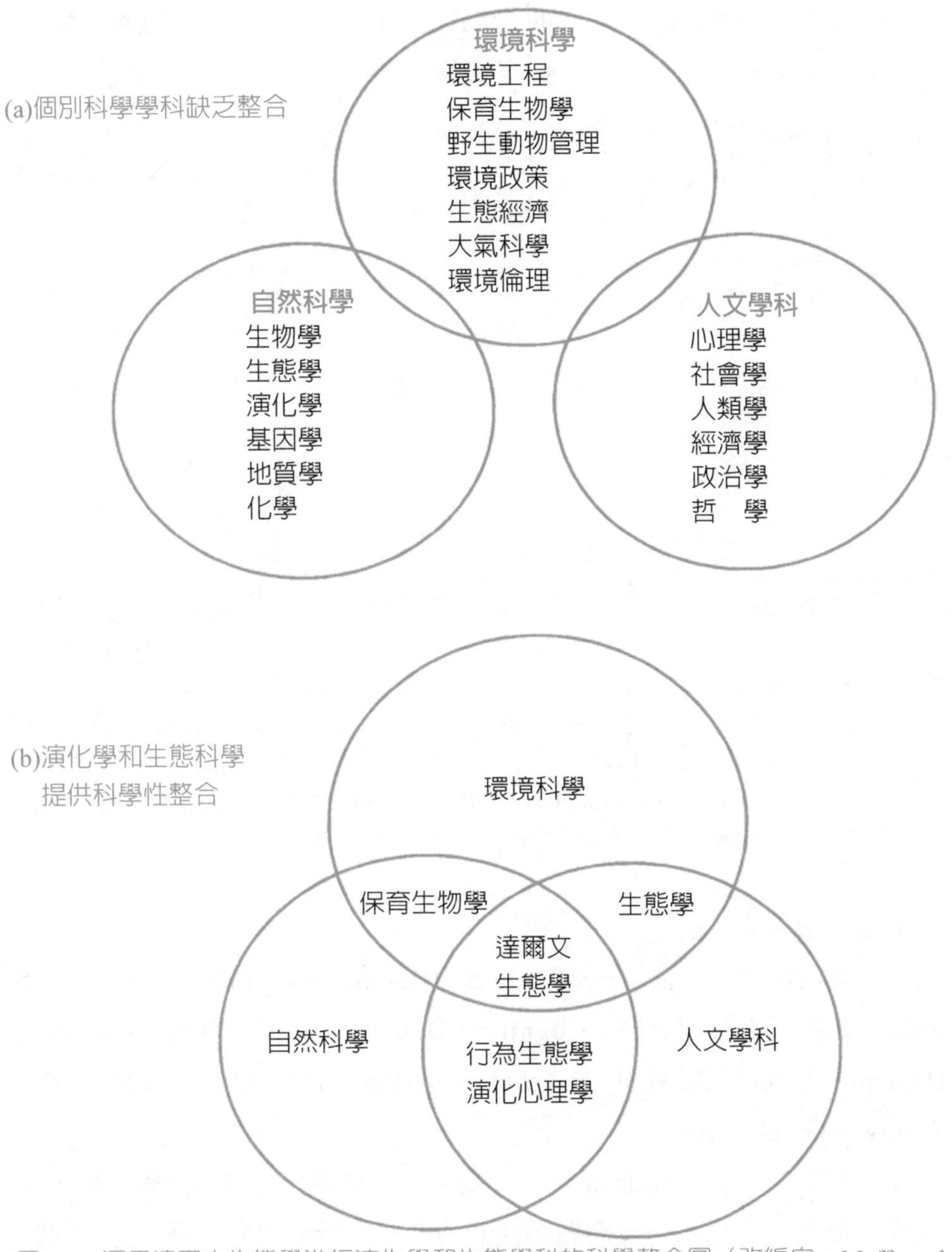


圖2-6　運用達爾文生態學進行演化學和生態學科的科學整合圖（改編自：Meffe and Carroll, 1994; Penn, 2003）。

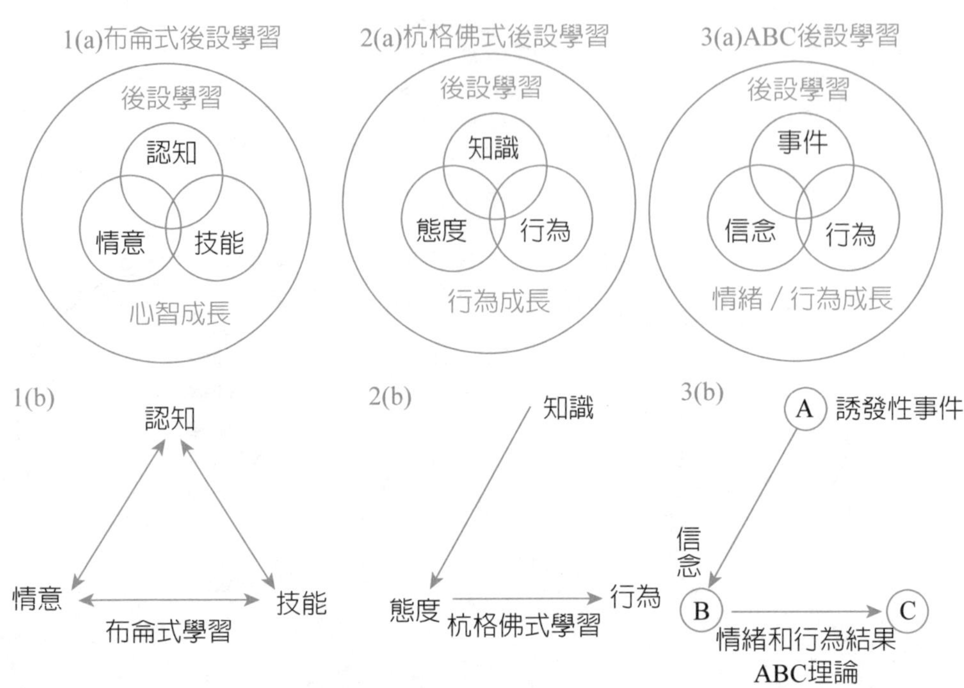


圖2-7 運用布倫式學習方法、杭格佛式學習方法，以及ABC情緒理論學習之比較。1(a)：布倫式後設學習；1(b)：布倫式學習（改編自：Bloom et al., 1956; Krathwohl et al., 1964）。2(a)：杭格佛式後設學習；2(b)：杭格佛式學習（改編自：Hungerford and Volk, 1990）。3(a)：ABC後設情緒理論學習；3(b)：ABC情緒理論學習（改編自：Ellis, 1957; 1962）。





## ㈠布倫式學習方法

美國教育學者布倫（Benjamin S. Bloom, 1913-1999）將教育目標分成三大領域：認知層面（Cognitive Domain）、情意層面（Affective Domain），以及技能層面（Psychomotor Domain）（Bloom et al., 1956; Krathwohl et al., 1964）。

1. 認知層面（Cognitive Domain）：認知型的知識，主要是針對知識、概念、原則、應用，以及問題解決能力的學習所需要的知識。認知的特徵係爲知識的獲得與應用。
2. 情意層面（Affective Domain）：情意主要是指對外界刺激所產生的肯定或否定的心理反應，例如：愛好、討厭等情緒反應，進而影響在行爲上所採取的意向。

3. 技能層面（Psychomotor Domain）：動作技巧是一種學習產生的能力，在這個基礎之上產生的行爲結果表現，爲身體動作是否精確表達。因此，在教學目標讓學習者透過知識或技能的學習之後，產生應有之行爲反應。

### ㈡杭格佛式學習方法

美國環境教育學者及南伊利諾大學（Southern Illinois University）教授杭格佛（Harold R. Hungerford, 1928-）將環境教育目標分成三大領域：知識、態度，以及行爲（Hungerford and Volk, 1990）。他非常注重環境教育課程規劃，認爲「知識」影響到「態度」，「態度」影響到「行爲」理論，換言之，即相信環境教育最終可以影響到人類環境友善的行爲，提升人類環境素養。因此，當人類具有知識、態度和技能之後，能參與各項環境問題之解決活動。

1. 知識（Knowledge）：知識可以協助我們針對我們想要了解事物對象之相關訊息，建立對象和環境之間的關係，這個關係需要透過認知模式（schema）來了解事物。
2. 態度（Attitude）：態度係爲一種心理和神經的預備狀態，指個人對某一對象所持有的評斷狀況，這是一種經由經驗組織起來的看法。當個人的態度透過深思熟慮的決策過程，進而透過心理反應，影響行爲意圖。
3. 行爲（Behavior）：人類行爲係指在適應不斷變化的複雜環境中，人類所產生自發性或是被動性的舉止行動，或是對於所處環境與其他生物體或無機體之間互動的身體反應。

### ㈢ABC情緒理論學習方法

ABC情緒理論（ABC Theory of Emotion）是由美國心理學家埃利斯（Albert Ellis, 1913-2007）創建的（Ellis, 1957; 1962）。A就是認爲誘發事件（activating event）的第一個英文字母；B是信念（belief）的第一個英文字母；C是引發情緒和行爲後果（consequence）的第一個英文字母。

1. A誘發事件（Activating event）：誘發事件A（activating event）產生的間接原因C，而引起C的直接原因則是個體對誘發事件A的認知和評價而產生的信念B（belief的第一個英文字母）。
2. B信念（Belief）：人類的情緒和行爲（C：後果）不是直接由生活事件所決定的（A：誘發事件），而是由這些事件的認知處理和評估方式決定的。也就是說，因爲經由此一事件的個體對其不正確的認知，所產生的錯誤（B信念）所直接引起。
3. C引發情緒和行爲後果（Consequence）：人類的消極情緒和行爲障礙結果（C），不是由於某一誘發性事件（A）直接引發的。

誘發性事件（activating event）、信念（belief）、情緒和行爲的結果（consequence）情緒是伴隨人們的思惟而產生的，情緒上或心理上的困擾是由於不合理的、不合邏輯思惟所造成。ABC情緒理論模型背後的基本思想是外部事件（A）不會引起情緒（C）；但信念（B），特別是錯誤信念，也稱爲非理性信念所產生不良情緒之結果（C）。埃利斯在1955年發展了理性情緒行爲療法，成爲認知行爲治療（cognitive behavioral therapy）的一環。人類會因爲情緒問題，產生不好的行爲。此外，憤怒會讓人無法做出清楚的分析，因爲情緒記憶在不同的未來之間進行選擇，而不是理性所產生的行爲（Sapolsky, 2017）。

最初，埃利斯認爲他的理論和宗教信仰不相容，或者至少與絕對的宗教信仰不相容，儘管他已經接受某些類型的宗教信仰和他的理論是相容的（Ellis, 2000）。具體而言，根據埃利斯的觀點，對於愛上帝的信仰可以導致積極的心理健康結果；而對憤怒上帝的信仰，會導致消極的心理健康結果，顯示了埃利斯關於ABC情緒理論模型的思想的演變，特別是與宗教的關係。

依據上述三個模型，我們可以繪出三個國外著名模型，其中在布命式學習方法、杭格佛式學習方法，以及ABC情緒理論學習方法中，都是三元模式（圖2-7），三種都有異曲同工之妙。

如果我們以人類擁有生物學和社會學的傾向性來說，人類在有限理性的合理思惟和無理性的不合理思惟之中擺盪。人類在恐懼和慌亂的情緒之下，都會產生出不合理的思惟模式。也就是說，我們除了要理解ABC情緒理論模型對於杭格佛式模型「知識」影響到「態度」，「態度」影響到「行為」理論之衝擊之外，我們改編以上的三元模型，認為將後設（meta）的行為模式來看，三元模型中對於人類行為動機的切割，似乎我們對於事物認知的「絕對認知」，應該要更為超然。建議環境教育者（environmental educator）應以客觀的立場來看待事物，並且對於人類環境行為，具有更為普遍與成熟的看法（Ellis, 2000; Hug, 1977）。

所以，我們評估人類環境行為，統合認知功能運作過程，透過學習表徵人類智慧系統扮演之中介角色，覺察「後設認知」，理解環境保護意義的形成過程，並加以指導，改編了三種模型的「後設學習模式」。

我們從「後設認知」的學習模式中，了解個人對於自身的認知歷程，能夠進行自我掌握、監控、評鑑、支配等，以符合自我意志的管理，同時能針對目標自我調整，以達成駕馭不合理的思惟模式。也就是說，環境教育通過了心性成長，產生成熟的心智，透過情緒成長，冶煉出成熟了個人特質和「負責任的環境行為」模式，進行「友善大地」的付出和理念昇華。因此，本章希望環境教育的研究，在研究意義的形成過程中，能對環境教育進行理論校正及調整，以達成解決人類環境問題的眞實目的。

## 小結

我們從《內華達宣言》中，了解到環境教育是體認價值、澄清觀念，以發展技能與態度，以理解、欣賞，以及感謝個人與文化及環境之互動關係。以及我們了解到如何進入場域進行實踐，以利於知曉良好的環境態度、技能、關懷、決策、行為準則之產生方式。因此，環境教育研究就是專注於態度、技能、關懷、決策、行為準則研究方法之探討。我們可以從不同層面進行探討，包含方法論、研究方法，或是研究方式，以及討論出具體的環境改善技術和教育技巧。因此，在環境教育研究問題的形成方式，包括：理解如何思考與學習環境的覺察力，以及透過後設認知的能力，培養環境敏感度，以能體會更高層次之思惟能力。因此，對於研究的發展，我們需要成功判斷自己認知歷程是否增長，以能判斷改變行爲的能力是否強化。再者，研究者和研究題材之間的關係，非常重要。我們關心研究成果的良窳，針對研究事物本質掌握得當，此外，通過研究者和研究題材之間的互動，進行深入細緻的體驗，進而解釋闡明文獻，解決文獻中所存在的爭議，激發思考，並且啓動變革，這是環境教育研究者和從業者（practitioner）都需要認識到的嶄新挑戰。

## 關鍵字詞

ABC情緒理論（ABC Theory of Emotion）
誘發事件（activating event）
自主學習（autodidacticism）
因果比較研究（causal comparative research）
認知層面（Cognitive Domain）
概念研究（conceptual research）
建構主義（Constructivism）
內容效度（content validity）
效標關聯效度（criterion-related validity）
批判性思考法（critical thinking）
犬儒主義（Cynicism）
解構主義（Deconstructism）
直接觀察（direct observation）
經驗的典範（empirical paradigm）
環境教育者（environmental educator）
永續教育（sustainability education）
效度（validity）
行動研究（action research）
情意層面（Affective Domain）
生態環境（biophysical environment）
認知行為治療（cognitive behavioral therapy）
概念定義（conceptual definition）
建構效度（construct validity）
內容分析（content analysis）
文本（context）
批判論（critical theory）
課程史（curriculum history）
資料詮釋（data interpretation）
德爾菲法（Delphi method）
生態的典範（ecological paradigm）
環境議程（environmental agenda）
環境素養（environmental literacy）
實驗法（experimental approaches）

存在主義（existentialism）
解釋觀察研究（explanatory observational studies）
焦點團體（focus group）
自由選擇學習（free-choice learning）
扎根理論（Grounded theory）
假設-演繹（hypothetico-deductive）
指導主義（Instructivism）
認知旨趣（knowledge interest）
邏輯效度（logical validity）
自然連結（nature connectedness）
非結構式訪談（non-structured interview）
操作型定義（operational definition）
技能（Psychomotor Domain）
後結構主義方法（poststructuralist approaches）
準實驗研究（quasi-experimental design）
權益持有人（rightsholder）
模式（schema）
自我學習（self-learning）
權益關係人（stakeholder）
事後回溯研究法（ex post facto research）
正規教育（formal education）
人物譜系（genealogy）
詮釋論（hermeneutics）
間接觀察（indirect observation）
訪談法（interview）
知識生產（knowledge production）
後設（meta）
非人物種（nonhuman beings）
雙邊建議諮詢（one-to-one advice）
參與式觀察（participant observation）
實證論（positivism）
公共教育（public education）
信度（reliability）
抽樣分配（sampling distribution）
自導式學習（self-directed learning）
半結構式訪談（semi-structured interview）
結構式訪談（structured interview）
整合主義（Synthetic Corporatism）
福祉（well-being）

# 第三章
# 環境素養

Environmental education is aimed at producing a citizenry that is knowledgeable concerning the biophysical environment and its associated problems, aware of how to help these problems, and motivated to work toward their solution (Stapp et al., 1969).

環境教育是在培養了解生態環境及其相關議題的公民，了解如何協助解決問題，並且積極理解解決問題之途徑。

——史戴普（William Stapp, 1929-2001）。

## 學習焦點

隨著全球化的污染與環境問題日趨嚴重，環境相關的議題逐漸受到重視，我國自2010年6月公告環境教育法，並於2011年6月開始實施後，環境教育更成爲全民都該落實的基本課程。我們都知道環境教育的基本精神在於「教育過程」、「價值澄清」、「知識、態度與技能」、「解決問題」等幾項特質，簡單來說，環境教育的成效在於最後我們是否可以提升全民的環境素養，付出環境行動，以解決環境問題。本章探討了環境教育學習動機、環境覺知與敏感度、環境價值觀與態度、環境行動經驗和親環境行爲，並且希望透過環境美學素養，產生全體國民正確的認知、情意，以及行動技能。環境素養的養成，不是一朝一夕所能達成；而是需要披星戴月，經過數代的辛勤努力，形成一股愛護環境、疼惜鄉土的集體意識，才能畢其功於一役。這些環境意識，透過教育的管道，累積學習效果，產生親環境行爲，將形成沛之莫能禦的集體社會力量。

## 第一節　素養緒論

環境教育的最終目標，是在保護環境、提升生活品質，朝向永續發展目標邁進。因此，需要透過教育過程，進行個人覺察，以增進個人及公民環境行動，邁向永續社會。國際自然保育聯盟（IUCN）在1976年出版的《環境教育手冊》（Handbook of Environmental Education with International Case Studies）中引用環境教育專家賽洛斯基（Jan Cerovsky, 1930-2017）對於環境教育的界定中認爲：「環境教育是認知價值與澄清概念的過程，藉以發展了解和讚賞界於人類、文化和其生物、物理環境之間相互關係，所必須擁有的技能和態度」。賽洛斯基曾經擔任世界自然保育聯盟教育委員會（現爲教育和傳播委員會）前副主席，自然保育聯盟前副主席，捷克植物學家和自然保育主義者，他認爲「環境教育也需要應用在環境品質問題的決策，以及自我定位的行爲規範」。因此，環境教育是一種由內而外的自省功夫，需要發自於內心進行決定。這是一種自由意志（free will）的自由決定，而非被強迫要求才做的教育工作。緣是之故，本章探索環境素養（environmental literacy），定義環境素養是個人「環境價值」，以及「解決環境問題的能力」的養成過程。

「素養」來自英文「識字」（literacy）一詞，狹義的意義係指會識字和書寫之人，廣義的意義則包含了個人受教的狀況及普通技能。英文「素養」一詞，並未牽涉到道德或價值判斷，但是「環境素養」（environmental literacy）一詞，則擁有價值判斷和環境倫理的意義。「環境素養」由俄亥俄州立大學教授羅斯（Charles E. Roth, 1934-）創始於1968年（Roth, 1968），羅斯教授環境科學，有20本著作，他身兼麻薩諸塞州奧杜邦社團教育執行長多年，羅斯得過不少獎，包括美國環保署頒發的環保有功獎。「環境素養」後由杭格佛和佩頓進行定義詮釋（Hungerford and Peyton, 1976）。杭格佛等人採用羅斯之名詞。認爲環境素養包括認知的知識（cognitive knowledge）、認知的過程（cognitive process），以及情意（affective）三部分。環境素養是指一個人在環境相關知識、態度、技能等環境教育內涵中，具有相當的內化及外顯之表現能力。1977年聯合國教科文組織（UNESCO）在前蘇聯的伯利西（Tbilisi）召開舉辦跨政府國際環境教育會議，提出「環境素養」的五項特質，包含：(1)對整體環境覺知及敏感度；(2)對環境問題了解並具有經驗；(3)具備價值觀及關懷環境的情感；(4)具有辨認和解決環境問題的技能；以及(5)參與各階層解決環境問題。1985年杭格佛等人創立環境素養模型（Environmental Literacy Model），認爲具有負責的環境行爲的公民也就是具環境素養的公民（Hungerford and Tomera, 1985）。該模型以布倫等在分類學中認知、情意、技能爲核心（Bloom et al., 1956），屬於認知領域的有「（環境）問題的知識」、「生態學概念（認識）」，以及「環境敏感度」。屬於情意領域的有「態度」、「價值觀」、「信念」與「控制觀」；屬於技能領域的則爲採取「環境行動策略（技能）」，以上八個變項存在相互連繫之關係。此後，環境素養統合了認知（知識）」、情意（態度）」，以及技能（行爲）」領域。1990 年，聯合國訂爲「環境素養年」（Environmental Literacy Year），呼籲將「人類環境素養」，強化基礎的知識、技能，以及學習動機，以強化永續發展。

在國人強調永續發展與世代正義之際，對於環境的正確態度、控制觀、個人責任感，產生強烈的環境友善行爲意圖，其中涉及到環境教育學習動機、環境覺知與敏感度、環境價值觀與態度、環境行動技能、環境行動經驗，以及環境美學素養，成爲近年來重要的研究課題。本章藉由態度、個人責任感，產生行爲意圖的假設，精準確認及了解個人心理層面的環境價值觀、環境關懷，以理解如何產生環境責任感和環境友善行爲，爲本章需要了解的內涵。

## 第二節　環境教育學習動機

環境教育需要透過教育的過程，將環境的概念、技能、態度、倫理及價值觀讓全民了解資源永續利用，維護環境品質，以及達到生態平衡的教育。近年來，因爲全球環境受到人類發展的威脅，環境承載量（carrying capacity）有限，超越地球之負荷量，人類將不能永續生存。從人類自發性的體悟來說，因爲環境受到威脅，導致人類感到對於生活環境的窘迫，產生了解決環境問題的意識動機。

從學理來說，我們擁有了內在的動機，產生了學習環境課題的動機，這就是學習動機。學習動機（learning motivation）係爲推動活動，學習滿足知識需求的內部狀態，也是人類行爲的直接原因和內部動力。因此，環境教育的學習動機，主要由內部的驅動力和外部誘因兩個基本因素所構成。這些因素，受到「自我歷程」的驅使，成爲人類不斷求知上進的一種動力。史丹佛心理學系教授班杜拉（Albert Bandura, 1925-）致力於探討「自我歷程」，研究個人目標、自我評價、自我表現能力信念的思考歷程，將人看成是自己的「代理人」，也就是我們能夠影響自身的發展，且不單只分析個體，他同時也強調社會的影響，例如社會經濟狀況如何影響人類對於自己能夠改變事物的信念。

1950年代班杜拉以「社會學習」（social learning）認知到人類學習動機，源於「行爲／學習論」，他開始將注意力從實驗室的動物轉向人類行爲，他在社會學習論認爲人類的學習係爲個人與社會環境持續交互作用的歷程。因此，人類的行爲大都經由學習過程而來；個體自出生之後，就無時無刻、不知不覺中學習他人的行爲。隨著年齡和經驗的增長，在外在環境因素的催促力之下，人類行動、思想、感覺日趨成熟，終於變成爲家庭及社會所接受的社會人。從圖3-1來看，這一連串的學習活動，所涉及的刺激反應，都是社會性的，所以被稱爲社會學習，而這種學習又是個人習得社會行爲的主要途徑。後來，班杜拉之後研究者逐漸改採「社會認知」這個名稱，主要是強調兩個重要特徵：人類思考歷程應該在性格分析中扮演核心角色；其次，思考歷程必須在社會脈絡中發生，也就是人類透過人際互動了解自己與週遭環境的關係。

在國內外學者的行爲研究中，小學生的環境保護行爲最好，中學生其次，大學生到成人之後，愈來愈差（梁世武等，2013）。在大學生之

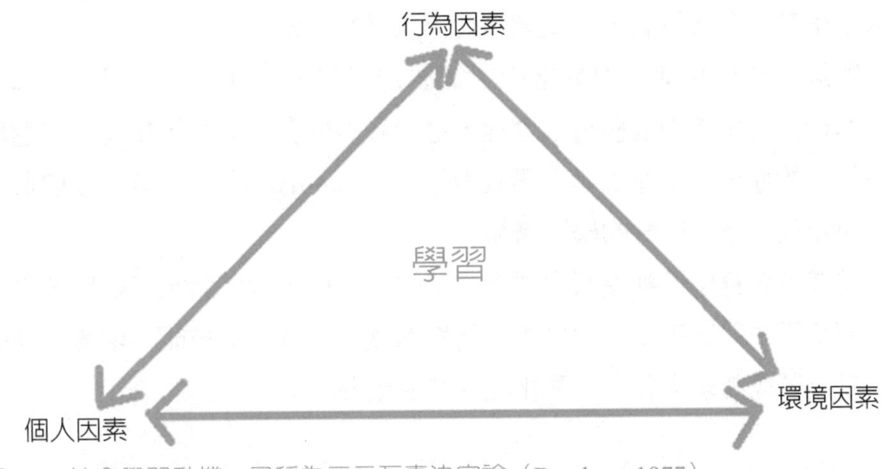

圖3-1　社會學習動機，又稱為三元互惠決定論（Bandura, 1977）。

中，大學參加社團女生的環保行爲，比大學不參加社團男生的環保行爲要好（Liang et al., 2018）。此外，在公務人員的研究中，中央機關公務人員的環保行爲，比地方公務人員要好。地方公務人員，對於環境危機沒有感覺，也沒有責任感；這些因素與公務人員的年齡與資歷相關（Fang et al., 2019）。這些研究所代表的含義，不是人類環保知識擁有的多少，而是在學習到環境知識之後，但是遇到情境不同時，個人環境行爲經不起考驗，導致環境行爲反而越來越不友善。因此，環境教育和其他教育一樣，都屬於生活教育的一環。如何教導學習者擁有環境素養，比教學習者記誦來得更重要。

因此，在教學模式方面，環境教育需要採用融入式的教學方式，並且從動機理論，從覺知、知識、態度，以及行動技能強化教學模式。此外，環境教育需要透過教學策略，以學生爲教學中心，強調學生主動學習，強化其動機與生活之連結感，透過學生實際的環境行動經驗，以建立教師和學生之交互決定關係（Bandura, 1977）。意思是，學生成就教師在教學上的成就感。也就是說，以學生爲主體的學習方法，教師需要採用分析學習行爲的成因進行評量。運用學習行爲、學生性格，以及學習環境三者之間互爲因果的關係，練習班杜拉所稱的「社會認知論」。如果我們針對學生成長的發展觀點來看，學生獲得知識及技巧的方法，需要透過學生自身的觀察學習、自我控制，以及調節個人行爲及情緒。

所以，在學習動機理論當中，需要透過學生自身觀察學習，引起仿效，進行被觀察者的楷模仿效歷程，透過觀察學習的過程，學習到普遍親環境行爲的原則。當學習者學習而且習得（acquisition）之後，我們可以獲得複雜環境友善行爲的學習楷模。

當環境教育學習動機藉由教育方法強化之後，我們開始了解環境素養中的環境覺知與敏感度、環境價值觀與態度、環境行動技能、環境行動經驗，以及環境美學素養，以強化環境整體素養。

## 環境素養中相近名詞

在環境素養中，我們經常可以看到相近的名詞，包含了態度（attitude）、覺知（awareness）、關懷（concern）、意識（consciousness）、情緒（emotion）、感知（perception），以及情感（sentiments）等，以下是這些名詞的介紹。

### 一、態度（Attitude）

態度是個人對於他人、事物，或是情境的感覺或是產生行為意圖的方式，也是一種思考或感受的既定方式。態度基本上包括心態（mindset）、觀點（viewpoint）、信念（beliefs）、規範（norms）、情意面向（affective dimension），以及慾求面向（conative dimension）。我們在邏輯上假設認知和情感態度之間存在正相關。例如，以環境科學來說，如果人類認知酸性沉積（acid deposition）會破壞森林環境，但是如果人類自身對於森林遭受破壞並不關心，即使在課本中學到酸性沉降（acid deposition）的知識，並不會關心森林的命運。也就是說，環境知識不會形成環境態度，因為態度涉及情感（emotional）評價因素，即使是理性的認知，也不一定會導致積極的環境態度。在環境態度中，區分為積極態度（positive attitude）、否定態度（negative attitude），以及中立態度（neutral attitude）。

#### ㈠積極態度（Positive attitude）

對於環境變遷，採取積極的態度有兩種成分。一種思考環境的變化所帶來的威脅，積極取得防禦模式，以進行調適作用。另外一種積極的態度，強調心態的健康，不管自然環境有多麼惡劣，都需要以正面的心態面對環境的挑戰，以解決環境問題。

㈡否定態度（Negative attitude）

對於環境變遷，採取否定的態度有兩種成分。一種是完全否定，採取鴕鳥心態，面對氣候變遷的環境議題。此外，另外一種心態屬於消極的態度，都是我們應該避免的。對於環境變化，一般來說，人們會消極逃避，否定氣候變遷所帶來的挑戰，他們無法擺脫困境，尋找可以解決問題的方法，也沒有辦法解決環境問題。

㈢中立態度（Neutral attitude）

對於環境變化抱持中立態度（Neutral attitude），是另外一種常見的態度。毫無疑問的，保持中立的態度的人們，也不會懷抱任何的希望，解決環境問題。人類經常傾向忽視生活環境中的問題，並且保持著「船到橋頭自然直」的苟且居安的心態。他們等待其他人解決他們所面臨的環境問題。他們對於生活環境改善，並不關心，毫不考慮複雜的生命現象，也沒有絲毫感情關懷他人。他們心性慵懶，從不覺得有必要改變自己；因為他們認為，可以採用簡單自我的生活方式過活。

## 二、覺知（Awareness）

覺知（Awareness）是一種意識，也是對於周遭事物的感知、感覺，或是意識到事件、物體，或是以感官模式可以察覺的狀態或能力。在這種意識水準中，感知經驗透過觀察者確認，而不必加以暗示理解。更廣泛地說，覺知是了解某件事物的狀態或品質（state or quality）。環境覺知（environmental awareness）通常用於公共環境知識，或針對於環境社會或政治問題的理解程度。環境覺知是環保運動中，是否市民大眾願意投入參與環境運動，或是是否同意共同倡導環境保護的同義詞。

## 三、關懷（Concern）

關懷（Concern）又翻譯為關切，涉及社會大眾關心環境保護的成果，或是關心影響或涉及環境公共事務或是利益。環境關懷（environmental concern）在於引起社會大眾對於環境的關注程度。因此，環境關懷係為針對人類意識到環境問題，並且願意支持解決這些問題的程度，或者是指人類為了解決這些問題，而願意做出個人努力的程度。

## 四、意識（Consciousness）

意識是人類覺察自身存在的一種狀態，這一種狀態可以延伸到察覺人類知覺中，識別外部對象，或是體察自身思惟的潛在直覺（underlying intuition）。意識擁有感知（sentience）、主觀性（subjectivity），以及體驗或感覺能力（the ability to experience or to feel）的特徵。因此，環境意識是指人類身處環境之中，身體係由心靈產生的執行的控制系統，所產生的自我擁有身軀等存在於大自然之中的感覺。

## 五、情緒（Emotion）

情緒是指人類對於生理和心理主觀產生認知經驗的精神狀態，係由與思想、情感、行為反應，以及一定程度的愉悅或不悅等相關的身體和心理狀況所產生。情緒是一種多重感覺，和心情（mood）、氣質（temperament）、性格（personality）、性情（disposition），以及動機（motivation）交錯，產生的一種心理和生理狀態。情緒包含喜、怒、哀、驚、恐、愛、嫉妒、慚愧、羞恥、自豪等。以上的情緒表現涉及到外界的情緒刺激（emotional stimuli），由人類認知過程，所產生主觀過程中具有意識的體驗，其中涉及生理、文化，以及情境（contexts）因素，藉由身體動作表達情緒的反應。

## 六、感知（Perception）

感知（Perception）感知又稱為識覺、知覺，係由環境刺激於感官時，大腦對外界環境的整體訊息的看法和解釋，這些解釋不僅是通過外界訊號的接收之後，大腦產生的知覺，而且還受到接受者的學習、記憶、期望，以及注意力的影響，所產生的構建資訊。感知（perception）和感動（sensation）的定義不同，感知反映的是由對象的屬性及關係構成的整體感；但是感動用於有意識的主觀情緒體驗。對於物理世界的感知（perception），並不一定導致接收者之間的普遍反應（見情緒（emotion）），但是取決於一個人處理情況的傾向（tendency）。所以說，處理情況如何，和接收者過去的經歷有關。感覺（feelings）也被稱為意識狀態（state of consciousness），例如由情緒（emotions）、情感（sentiments），或是慾望（desires）引起的狀態。

## 七、情感（Sentiments）

情感是一種情緒和感覺的綜合表徵。情感分析（sentiment analysis）用於生物識別技術來系統地研究情感狀態和主觀資訊。情感分析廣泛應用於顧客評論、問卷調查、社交媒體等語調等文本分析。

## 第三節　環境覺知與敏感度

環境教育的課程目標，在提升環境覺知與環境敏感度，那麼，什麼是環境覺知和敏感度（environmental awareness and sensitivity）呢？所謂環境覺知和敏感度，是經由感官覺知能力的訓練，例如說，強化觀察、分類、排序、空間關係、測量、推論、預測、分析與詮釋，培養學生對各種環境破壞及污染的覺知，與對自然環境與人爲環境美的欣賞與敏感程度。本節我們說明環境覺知和環境敏感度的內涵。

### 一、環境覺知（Environmental awareness）

所謂的環境覺知，在個人透過對於整體環境及環境問題的認識之後，了解我們環境的脆弱性（fragility），以及保護環境的重要性。那麼，爲什麼要關心環境覺知？這和我們關心的生活環境，又有什麼聯繫？對於經常接觸大自然的人們來說，環境連結（environmental connection）像是輕鬆地在樹林裡散步，或是在校園中嬉戲一樣地容易。但是對於從小居住在城市中的人們來說，找到生活在大自然的機會可能並不容易。如果我們從小沒有接觸過大自然，和自然界取得溝通和聯繫，產生自然界的感知，可能相當困難。

在環境教育史中，環境覺知在20世紀的下半葉開始爲世人重視。環境教育學者認爲強化戶外遊戲，對幼兒健康發展的健康很重要。人類因爲對於植物，動物，或是昆蟲的興趣，因爲幼兒的高度好奇心而加強了環境的認識。幼兒傾向於在自然中尋找昆蟲，在自然界成長，發展神經網絡的可塑性，強化幼兒的環境保護意識。在戶外玩耍的孩子，在自然界中感覺更加地舒服，因爲他們不認爲自己與大自然是隔離的，同時孩子的環境行爲表現更好（Fang et al., 2017b）。

隨著幼兒年齡的成長，人類形成了對於全世界運作方式的具體認識，開始形成了一種「心態」（mindset）。我們從幼年的感覺化，更加理性化；並且發展我們對於這個世界的種種定義，並且產生了限制了我們的固定觀念。我們有意識決定什麼是眞實的，我們的注意力也有意選擇環境訊號，並且過濾掉我們不關心的部分。環境覺知的產生，是因爲我們意識到環境中的種種資訊。

對於生活環境的認識，仰賴人類的經驗。實際上，當人類靠近環境時，感覺與周圍的生物有關。當人類能夠感受自然界和自己的生活交織在一起的時候。我們可以說人類產生環境覺知，是爲了尋找正確的親和感（right affinities）。也許這一種和自然界聯繫的親和感，強化了大腦感知中的神經網絡系統。人類希望了解大自然，獲得更多的安全感，也需要和環境溝通，以培養環境保護意識。

當人類居住環境之中，對於周遭生活產生滿意感覺，會更加關心環境。也許是關心家庭植物，或是關心飼養的寵物；或是爲了生活空間，創造了屋頂庭園。我們爲生活中的一些植物騰出空間，用於種植可食地景、增加生活情趣，或是只是觀察植物的生長，獲得簡單的快樂。我們可能會種植或購買新鮮的香草植物當作義大利食物的佐料。我們在中學的時候，會到戶外露營和遠足，或是和家人在近郊散步，體驗農村的生活。

從經驗上，生活決定了自然中的陶冶成分；然而從理智上來說，學校的課程學習地球科學、物理學、生物學、地理學，以及景觀庭園和自然資源保育的書籍。這些都是對於環境經驗的理論說明，最後我們憑藉更多的生活經驗，依據環境行動，採取補救措施來實踐永續農業，修復社區的生態系統，並且思考如何保護脆弱的生態環境。上述的作爲，是爲了要弭平斯諾（Charles Percy Snow, 1905-1980）對於自然科學和社會科學之間產生鴻溝的不滿（Snow, 1959/2001）。他談到兩種文化，提到科學家與文化知識分子（literary intellectuals）之間的鴻溝感到悲痛。

在1959年，斯諾發表了一篇名爲《兩種文化》（The Two Cultures）的演講，引發了廣泛而激烈的辯論。接著他以《兩種文化》（The Two Cultures）和《科學革命》（Scientific Revolution），探討現代社會中的兩種文化科學與人文（the sciences and the humanities）之間的溝通產生崩潰，係爲世界發生問題的主要障礙。特別是，斯諾認爲全球的教育品質正在下降。他寫了：

「很多次我出席聚會的人，按照傳統文化的標準，他們被認爲受過高等教育，並且有相當的熱情表達了他們對科學文盲（illiteracy of scientists）的懷疑。有一兩次我受到挑釁，我問過他們，請問公司有多少人可以描述熱力學第二定律（Second Law of Thermodynamics）。回應很冷，也是消極的。」

「然而，我在問一些與科學相當的東西：你讀過莎士比亞的作品嗎？」「我現在相信，如果我問過一個更簡單的問題。比如說，你的意思是藉由質量（mass），還是加速度（acceleration），這與科學中等同（scientific equivalent）地說，你能讀懂嗎？不超過十分之一的受過高等教育的人，會覺得我說的是同一種語言。」

斯諾嘲諷政界的領導人物：「當現代物理學的大廈不斷增高時，西方世界中大部分最聰明的人對物理學的洞察，也正如他們新石器時代的祖先一樣」。

自1959年開砲以來，斯諾的講座，特別是譴責英國的教育體系，因爲維多利亞時代以犧牲科學教育爲代價，過度獎勵人文學科（特別是拉丁語和希臘語）。他認爲，在實踐中，這些被剝奪權利的英國精英（尤其是政治、行政，以及工業界）爲管理現代科學世界進行了充分的準備。斯諾認爲，相較之下德國和美國的學校，都試圖在推動自然科學和人文學科中，以平等的方式，爲公民社會的思考方式進行準備，更棒的科學教學方法，使這些國家的統治者能夠在科學時代，能夠更有效地進行競爭。後來斯諾對於「兩種文化」（The Two Cultures）的討論傾向於關注英國學校教育和社會階層系統中，進行了解國家競爭系統之間的差異。

如果斯諾當初擔心的爲物理基本學科的理解，那麼現代政治人物對於全球氣候變遷的理解，例如美國總統川普（Donald Trump, 1946-）認知偏誤（cognitive bias）的言論，可能就像是現代版的兩種文化中科學與人文（the sciences and the humanities）之間的溝通，產生崩潰的現象。美國第四十五任總統川普（Donald Trump, 1946-）曾經在2019年7月10日推進美國腎臟健康（Advancing American Kidney Health）活動上，再度語出驚人。他說：「腎臟在心臟中有一個很特別的位置」，讓所有在場的學者和白宮幕僚差一點崩潰。這是美國健康科學教育，同時也是環境教育的徹底失敗。以我們以川普這位總統大亨爲例，說明環境的認知偏誤（cognitive bias）。

個案分析

## 環境認知偏誤（cognitive bias）

第四十五任美國總統川普（Donald Trump, 1946-）相信美國擁有「清潔的氣候」（clean climate），他在2019年6月5日聯合國世界環境日，告訴早安英國（ITV's Good Morning Britain）的記者摩根（Piers Morgan），川普說他和查爾斯王子曾經在90分鐘的談話中，川普向查爾斯王子炫耀說：「美國現在處於最乾淨的氣候，擁有最好與最乾淨的水」。在同一個月，2019年6月29日，歐陸的法國有如地獄，法國南部加爾省小鎮加拉爾蓋萊蒙蒂厄（Gallargues-le-Montueux）氣溫曾經高達45.9℃，突破歷史高溫紀錄。

川普在為美國環境修改清潔衛生法案（a clean bill of health）時，可能忽略了美國恣意浪費能源，可能造成南部法國高溫的共業效應。這也是一種蝴蝶效應（butterfly effect）。在動態氣候系統中，如果剛開始微小變化，將能帶動整體氣候系統長期的連鎖反應現象。以下我們談到川普忽略了美國和全球環境中重要的細節。

### 一、溫室氣體排放

美國是世界上第二大溫室氣體排放國，在10多年前被中國大陸超越。然而，依據人均計算，美國卻遠遠超過中國，儘管美國仍然低於人口稀少，且生產化石燃料產業的中東國家。雖然美國碳排放量一直在下降，部分原因是因為由煤炭發電轉向由天然氣發電，但是氣候追蹤報告（Climate Tracker）估計美國將無法達到美國第四十四任總統歐巴馬（Barack Obama, 1961-）設定的碳減排目標，到了2025年將排放量減少26%至2005年的水準。

### 二、水力壓裂（Fracking）

由於水力壓裂技術，美國現在是世界上最大的天然氣生產國之一，現在大約一半的石油來於採用高壓水力壓裂的技術，以摻入化學物質的水（壓裂液）灌入頁岩層，進行液壓碎裂釋放出微小的化石泡沫，以釋放天然氣。這種方法產生的污染物，包括了重金屬、化學物質，以及不明的顆粒物。在進行水力壓裂工程的時候，釋出了甲烷，也是氣候產生暖化的重要原因。一旦經過氣體釋出之後，這些有毒物質將影響人類的生存。影響人類大腦範圍的問題，將從人類的記憶力、學習力，以及孕婦產生畸形胎兒的智商缺陷到行為問題不一而足。

### 三、化石燃料勘探

因為美國現有的常態石油儲備，以及通過水力壓裂，擴大石油和天然氣的產出，美國化石燃料行業正在尋求新的能源的來源。那就是探勘阿拉斯加荒野的石油。在阿拉斯加野生動物保護區進行鑽探，是川普政府的一項關鍵政策。

### 四、燃油效率標準

川普政府已經放寬了對於汽車和貨車燃油效率的規定。這些措施已經不如許多其他國家那麼嚴格。反對者擔心這將增加溫室氣體排放和空氣污染。

### 五、國際合作

川普總統退出2015年巴黎氣候協議，直到下次總統大選之後，才能合法生效。然而，在考慮撤出協議，已經可以看到這種嚴重的影響。

### 六、氣候否認（Climate denial）

根據YouGov與衛報合作進行的民意調查，川普聲稱氣候變化是一項「中國的惡作劇」（Chinese hoax）。美國民眾對於氣候變遷的接受率最低，可能就不足為奇了。儘管如此，將近60%的美國民眾，仍然同意氣候變化的科學，並且支持採取行動，以避免最嚴重的後果。

### 七、水

儘管川普向摩根（Piers Morgan）宣稱「我們想要最好的水，最乾淨的水。水是晶瑩剔透的，但必須清澈透明。」但是他最近對於水的行動一直試圖推翻美國《清潔水法》（Clean Water Act）的規定。他宣布計畫取消或削弱聯邦法規，這些法規都是在保護數百萬英畝的濕地和數千英里的河流免受殺蟲劑流失和其他污染物的影響。

### 八、空氣

根據減少發電廠溫室氣體排放的歐巴馬時代的措施，川普政府威脅要增加空氣污染，他反對美國環境保護署的計畫，這和中國及印度形成鮮明對比。亞洲國家正試圖通過對發電廠和其他行業可以生產的產品，進行更嚴格的限制來清除空氣污染。

從以上個案分析，我們了解環境相關問題，才能促進對於環境的敏感度，培養正確的環境倫理和價值觀。環境覺知是環境教育的根本，讓學生具有環境覺知的教學能力，內容包括：

㈠感官覺知能力的訓練（觀察、分類、排序、空間關係、測量、推論、預測、分析與詮釋）。
㈡自然環境與人爲美的欣賞與敏感度。
㈢各種環境破壞及污染的覺知。
㈣覺知環境的變遷（包含了自然環境與人文社會環境）。
㈤覺知人類行爲對自然與人文社會環境造成的衝擊。
㈥覺知人類與環境、自然資源與社會文化都息息相關。
㈦覺知人類應負起的相關環境責任。
㈧覺知人類社會的正常運行是來自於自然資源的供給。

## 二、環境敏感度（Environmental sensitivity）



環境敏感度（Environmental sensitivity）是人類或其他生物對於環境產生同理性感受程度。所謂敏感（sensitivity），係指人類身體或是心靈接觸到環境容易產生生理和心理感知的一種反應。在環境敏感度的量測當中，如果是從生態和社會環境中感知，進行刺激感受的處理方式，稱爲「感覺程序敏感度」（Sensory-Processing Sensitivity, SPS）。如果「感覺程序敏感度」很強的人，因爲感知資訊傳遞到大腦處理時發生的情況，容易對於環境微妙的刺激特別敏感，產生過度刺激的狀態，容易暫停檢查環境的變化；並且在經歷環境變化之後，修改對於環境的認知。所以人類處於環境敏感狀態的時候，會因爲環境敏感因素，產生過度反應的狀態。

### ㈠定向敏感度（Orienting sensitivity）

定向敏感度也稱爲「認知敏感性」（cognitive sensitivity）。定向敏感度包括感知和思想周圍環境的變化，靈敏者能夠意識到來自周圍環境的刺激，例如說，較低強度（low intensity）的環境變化，或是察覺他人的情緒刺激（emotional stimuli），或者是由於自身的聯想，產生與周圍環境無關的自發性想法（spontaneous idea）。這些關係都是來自於感覺和意識。相對於不敏感的人來說，定向敏感度較強的人類，可以感知細微的環境因子，並且觸發聯想及反應。

### ㈡化學敏感度（Chemical sensitivity）

化學敏感度（Chemical sensitivity）包括多種化學敏感性。當人類對於日常環境中的物質或現象敏感，其可以接受的水準遠低於一般人可以接受的水準時，就會發生環境敏感性。這些化學元素包含了食品、油漆、寵物、植物、燃料、黴菌、殺蟲劑、洗滌劑、化石產品、電磁輻射、香煙煙霧、香味產品，以及清潔產品，都可以引發過敏反應。

### ㈢美學敏感度（Aesthetic sensitivity）

美學敏感度又稱爲「審美敏感性」，人類針對於外在環境，產生的情感反應或是整體印象的模式，用於判斷美感品味。美學概念的重要性，很難進行討論；因爲美學敏感度是一種非語言性的表露，只可意會，不可言傳。因此，人類對於美感品味，會有不同的觀點。此外，人類藝術品味係爲天生傾向，甚至形諸於個人看到藝術建築、景觀，或是作品中的價值，這些價值難以用價格進行評估。

從以上定向敏感度（orienting sensitivity）、化學敏感度（chemical sensitivity），以及美學敏感度（aesthetic sensitivity）來看，環境敏感度強調個人對於情感的歸屬感，以及對於環境的關懷和尊重。當人類對於地方環境擁有情感關注，會針對當地產生關心的感覺。也就是說，因爲環境產生了不良的影響，例如說環境污染、災害及人爲開發對於生物棲息環境產生破壞，影響了物種生活和繁衍，人類將會自發性產生環境友善行爲。

科羅拉多大學環境心理學榮譽教授刹拉（Louise Chawla, 1949-）認爲，環境敏感度和環境覺知，都是人類採取負責任的環境行動的原因（Chawla, 1998）。當人類擁有環境敏感意識，人類社會對於環境保障要求更高，希望政府針對於環境問題，進行更多的補救措施。因此，提高人類環境覺知和敏感度，係為人類妥善參與環境管理（environmental steward）和創造更美好未來的途徑。通過環境教育喚起人類尊重大自然的責任和義務，了解生態環境的脆弱性，人類開始解決環境受到威脅的問題。同時透過討論和溝通，讓更多的人們對於環境產生共識，同時也為未來灌輸希望，以鼓舞人心。（請見圖3-2）

圖3-2　在環境行為量表研究，也需要考慮到環境知識和環境態度的量表，統稱為環境素養（environmental literacy）研究（Hungerford and Volk, 1990; Liu et al., 2015；梁世武等，2013）。

## 第四節　環境價值觀與態度

在環境素養中，環境價值觀和環境議題的決策態度，也是構成環境態度的重要的一環。在環境哲學的領域，價值（value）是一種倫理觀念，是由社會群體共享的觀念、制度、法律，以及符號形成的信念。如果我們談到環境價值觀（environmental value），那是一種對於在人類意識之下的心靈狀態，針對環境這一種自然生態和人類文化交織之下的產物，所形成個人和社會中衡量判斷環境與行爲的標準。

## 一、環境價值觀（Environmental value）

環境價值觀是人類對於環境的存在的價值判斷標準。環境價值在西方哲學中賦予了環境倫理的內在價值爭論，以及環境道德的判斷；因爲，環境倫理學不是要探索內在價值（intrinsic values）的有效性，而是需要觀察我們擁有的所有價值觀，這種價值觀衍生出價值生態學（ecology of values）的領域。到了近代，人類文明匯集了哲學、經濟學、政治學、社會學、地理學、人類學、生態學，以及其他學科的貢獻，這些學科涉及人類和其他物種的過去、現在，以及對於未來環境的責任感。在這個過程中，環境價值觀的澄清，實際上通過基本學科的驗證，處理環境轉換爲貨幣（currency），以及公共問責（public accountability）基本原則之間的關係。因此，環境價值觀隨著社會經濟的發展，建立了新的「人與地的關係」。

耶魯大學社會生態學名譽教授柯勒（Stephen R. Kellert），在其著作《生命的價值》（The Value of Life：Biological Diversity and Human Society）一書中，從社會生態學的角度切入，探索生物多樣性對人類社會的實際重要性。他將自然界及野生動植物對人類重要的價值，分爲十種基本類型，用以評量人類對於生態環境所持的普遍存在之態度（Kellert, 1996）。柯勒認爲，人類不是自然界存在的惟一生物，判別自然不能僅僅以人類的需要爲基準，同時應當考慮自然界發展的規律，這些規律不一定以人類發展爲依歸，但是這些規律對於生態環境系統的穩定生存和發展，有著極關緊要的關係有鑑於生命的價值的重要。然而，人類決策依據經濟或社會環境的考量，產生了許多嚴重的環境影響，例如大量通勤人口產生的空氣污染，城市建築環境的惡化，以及環境不公平的問題。有鑑於此，柯勒發展了十種基本生命價值觀，他將這些價值觀描述爲基於生物學（biologically based）的價值觀，採用人類固有價值傾向（inherent human tendencies），並且依據人類文化、學習和經驗的的影響，進行調整。柯勒運用20年的原創研究，認爲人類如何通過性別、年齡、種族、職業，以及所在不同的地理位置中，評估這些價值觀中的自然差異？在生態環境中的人類活動，如何影響物種之間的價值觀的變化？如何展現不同文化政策和生態管理中的意義？柯勒主張生物多樣性的保護，和人類福祉有著根本密切的聯繫。他闡明了生物多樣性對於人類社會文化和生態心理學中的重要性， 舉其十大主張如下：

### ㈠審美的價值（Aesthetic value）

自然具有審美價值，因爲自然之美無所不在，如朝輝夕陰、山巒峰月、霞光烽火、林木蓊鬱、湖光山色、秋水長天、波濤洶湧、呦呦鹿鳴、鹿鳴嗷嗷、落霞孤鶩，都是大自然豐富奧妙的美學經驗。從環境美學中遙望山川大地，經過審美觀照，望見自然中的一景一物，強烈感受大自然的美感，領略大自然強烈的悸動，產生喜悅和敬畏之心。



### ㈡支配的價值（Dominionistic value）



人類自古以來，就希望支配大自然。人類運用自然，掌握和控制動物的物種多樣性，出自於自然營生的價值觀。人類希望「人定勝天」，擁有自然界的主宰權利，係由《聖經》賦予人類的主控權，例如《聖經．創世紀》中曾說：「我們要照著我們的形象，按著我們的樣式造人；使他們管理海裡的魚、空中的鳥、地上的牲畜，以及全地，和地上所有爬行的生物。」其中的「支配管理」（Dominion）一詞存在爭議，很多聖經學者認爲《聖經》眞意，是要人類照顧地球及其上衆生，認爲上帝擁有所謂人類對衆生的照顧義務。因此，因爲支配產生照顧的種種挑戰，使人類在面對生物多樣性日益減少的現代社會，需要跳脫以「人定勝天」的人造方法，支配和管理大自然的狹隘價值觀。

### ㈢生態科學的價值（Ecologistic-scientific value）

科學與生態學的觀點都是以自然界的生態結構、功能，以及時間序列爲主的觀察，生態科學在更大的整體環境中，揭示人類和物種的位置。生態基礎價值係為物種之間相互依存的關係。如果我們以更周全的態度來觀察大自然，考慮物種之間的關係。那麼，我們將能夠超越科學觀點的認知，從人類的觀點，進步到生態的觀點，重視有機體和生態體系的群體和諧發展。

### ㈣人性的價值（Humanistic value）

價值觀取決於我們生活的文化和經驗。人類文化保存了人性的價值觀，包含了公平與正義，同情與慈善，義務與權利，以及保護物種生存和人類福祉等價值。人類因為相處產生感情、同理心，以及相互依偎、相知相惜之感應。在進行環境價值觀的選擇之時，我們會考慮更多的經濟或社會環境之舒適度和便利性，這也是人性的一環。

### ㈤道德的價值（Moralistic value）

價值係為以行為為基礎的道德規範。人類對自然界產生精神聯繫，實際上是和倫理責任有關，也就是宗教、哲學、藝術所說的道德情操。道德的價值觀彰顯了群體中的忠誠感和隸屬感。但是人類面臨環境倫理的時候，通常不願意採取昂貴的行動，而是採取便利、快捷、省事，以及自私的行動。即使環境保護是良善的事業，但是面臨許多對於個人有利的事業在搶奪私人的時間、精力和資源，讓自私的人類無法面對環境進行有效的貢獻。因此，保護生態的行動因為有堅定的道德主張為後盾，需要進行犧牲人類的便利，而產生積極性的意義。這種新的道德行為理論說明了如果個人因為不依照自己的利益行事，而讓環境變得更糟，個人也不會因此得到利益時，更需要鼓勵大家付諸道德良知，倡導利他主義，進一步選擇採取有效的行動。

### ㈥自然主義的價值（Naturalistic value）

價值來自於估值（valuing），而價值始稱為我們是否關心大自然的態度。人類對於大自然的尊重來自於關心大自然。自然主義的價值觀，即是將人類對於大自然感情加諸在動植物上。因此，在欣賞大自然的時候，人類因為直接接觸經驗大自然，享有視覺、聽覺、嗅覺、味覺，以及觸覺五種感官的感知滿足。

### ㈦否定論的價值（Negativistic value）

自然界引發人類開發者的厭惡、恐懼、憎恨等負面情緒。因為經濟和社會條件發展，可能導致大量人類忽視自然，並且損害其環境價值。另一方面，缺乏對環境影響的了解，否定自然的價值，導致環境產生累積負面問題，進而產生破壞環境的行為。

### ㈧精神的價值（Spiritual value）

大自然的精神價值，係為人類體驗到與自然的精神聯繫之處。莊子的《齊物論》點出一種「自得其樂」的觀念，也是「齊物」的境界，人與萬物沒有差等、貴賤。他以大自然的精神力量，說明了：「天地與我並生，而萬物與我為一」的物我兩忘的精神階段。人類關係的基本結構，最終係以人類進化過程中對自然界的適應為最終目標。從大自然的主觀意識之中，建立我與世界相通的一體的精神領域，正是對於一切生態的認知、判斷，以及評價的根本，都是以自然與靈性精神信仰為基礎。

### ㈨象徵的價值（Symbolic value）

自然界中的符號的象徵意涵，衍生出體驗中的隱喻符號。也許我們採用這種簡單的符號，經常認為是理所當然。但是自然界中的象徵意義相當微妙。我們可以從隱藏在自然界中的符號，找到更為深層的意義。但是我們必須花時間找尋，並且承諾接受大自然的象徵資訊。當我們借用自然界的萬物，表達思想和情感之時，也就是我們在內心中，將自然當作象徵意義的轉化和昇華。

### ㈩實用主義的價值（Utilitarian value）

人類從生物界取得有形的實質利益，這些價值觀的基礎似乎是人類的生物實用的本質。這些價值觀受到人類學習和經驗的影響，如果不是通過與自然的聯繫而發展，則可能會損害人類永續發展目標。因此，人類應當承認並尊重環境的這種自然實用價值，並且轉變一些不利於環境的傳統價值觀念，例如認為環境資源是「取之不盡，用之不竭」錯誤觀念。（請見表3-1）

表3-1　柯勒（Stephen R. Kellert）《生命的價值》中的十大生態價值

| 價值 | 英語原意 | 定義 |
|---|---|---|
| 審美的價值 | Aesthetic | 欣賞自然魅力和自然美感。 |
| 支配的價值 | Dominionistic | 主導（mastery）、物理控制（physical control）、自然支配（dominance of nature）。 |
| 生態科學的價值 | Ecologistic-scientific | 欣賞自然界中結構、功能和關係。 |
| 人性的價值 | Humanistic | 對自然界的強烈情感依附和愛戀。 |
| 道德的價值 | Moralistic | 以土地倫理原則關懷自然。 |
| 自然主義的價值 | Naturalistic | 享受沉浸在大自然之中。 |
| 否定論的價值 | Negativistic | 恐懼、厭惡（aversion），以及自然的異化（alienation）。 |
| 精神的價值 | Spiritual | 超越的情懷；對自然的崇敬。 |
| 象徵的價值 | Symbolic | 依據人類語言和思想，對自然的象徵啓示。 |
| 實用主義的價值 | Utilitarian | 從實際利用和對自然的物質運用之中獲得利益。 |

（Kellert, 1996）

## 二、環境態度

環境態度（environmental attitudes, EA）被定義爲一種心理傾向，表現出來是一種對自然環境一定程度的偏好，或是一種不滿的評價反應。環境態度是一種人類潛在的構念，因此，我們無法直接觀察。我們只能從人類的反應中，推斷環境態度的好惡。針對環境態度的調查，我們還可以使用直接自我報告方法（self-report methods）進行量測，或是用隱藏式測量技術，例如觀察法進行測量。

### (一)環境態度量表（Environmental Attitude Scales）

目前有許多測量的量表，可用於測量環境態度。較爲廣泛使用者如：生態量表（Maloney and Ward, 1973; Maloney et al., 1975）、環境關懷量表（Weigel and Weigel, 1978），以及新環境典範量表（Dunlap and Van Liere, 1978; Dunlap et al., 2000）。

環境態度（Environmental attitude, EA）常被認爲和環境關懷是一樣的。本節採用環境態度，係因環境關懷被視爲是更爲廣泛的心理層面。本書在第五章中將探討新環境典範量表，環境態度是藉由關心或不關心等一階成分（one-order constituent）來測量。此外，環境態度採取多元成分的觀念，在許多研究中被採用。在本單元中，我們先介紹表3-2二極量表。

表3-2　「主流典範」和「環境典範」二極量表（Bipolar Scale, Cotgrove, 1982）

| | 主流典範 | 環境典範 |
|---|---|---|
| 核心價值 | 物質（經濟成長） | 非物質（自我實現） |
| | 自然資源的實質價值 | 自然環境的內在價值 |
| | 控制自然 | 與自然和諧 |
| 經濟 | 市場力量 | 公共利益 |
| | 風險與報酬 | 安全 |
| | 成就報酬 | 需求收入 |
| | 階級差異 | 平等主義 |
| | 個人自助型 | 團體／社會準備型 |
| 政治 | 權威式結構（專家影響力） | 參與式結構（包含市民與勞工） |
| | 等級制度的 | 非等級制度的 |
| | 法律與秩序 | 自由解放 |
| 社會 | 中央集權 | 去中央集權 |
| | 大規模 | 小規模 |
| | 組識的 | 公共的 |
| | 秩序化 | 靈活的 |
| 自然 | 豐富的儲藏 | 地球的資源有限 |
| | 與自然敵對／中立 | 親近自然 |
| | 可控制的環境 | 脆弱的自然平衡 |
| 知識 | 科學與科技的信賴 | 科學的限制 |
| | 方法的合理性（Rationality of mean） | 目標的合理性（Rationality of ends） |
| | 分離：事實／價值、想法／感覺 | 綜合：事實／價值、想法／感覺 |

（Bipolar Scale, Cotgrove, 1982）

1982年寇特格夫提出環境態度的等級結構，由兩個二階因子組成二極量表組成（Bipolar Scale）（Cotgrove, 1982），包含「主流社會典範」（Dominant Social Paradigm, DSP）和「新環境典範」（New Environmental Paradigm, NEP）。主流社會典範係由「人類特殊主義典範」（Human Exceptionalism Paradigm, HEP）所衍生，是指從工業革命以來，在科技與經濟迅速發展時，人類對自然環境和社會環境所持有的共同的價値、信念、與知識所組合而成的一種態度（張子超，1995; 2013）。這一種典範，強調物質和經濟成長，主張控制自然，強調人類對自然資源控制以促進經濟發展。社會學學者唐拉普（Riley Dunlap）認知到了「人類特殊主義典範」的限制，提出新環境典範，認爲環境典範之中，需要考慮與自然和諧的非物質自我實現。在此，寇特格夫簡化了「主流社會典範」和「新環境典範」，成爲「主流典範」和「環境典範」，形成了二極量表。

有關「主流社會典範」和「新環境典範」，本書第五章有詳細的介紹。

㈡環境態度的二元對立

從以上的量表來看，環境態度的維度有很多方法。寇特格夫提出環境態度的等級結構，由兩個二階因子組成二極量表組成（Bipolar Scale, Cotgrove, 1982）。後來，懷思門和波格納提出環境態度的等級結構，由兩個二階因子組成（Wiseman and Bogner, 2003）：保護（preservation）和利用（utilization）。此外，他們又採用關懷（concern）和冷漠（apathy）這兩種二階因子進行對立假設。保護係以生物爲中心的面向，反映了對環境的保護。具有這種環境態度的個人，優先考慮在其原始狀態下保護自然。這些人經常熱衷於保護自然免受任何人類濫用或改變。利用（utilization）是一種人類中心主義的面向，反映了自然資源的利用。具有這種環境保護態度的個人認爲，人類使用和改造自然資源，是正確和適當的抉擇。

威斯康辛大學環境社會學榮譽教授赫伯萊（Thomas Heberlein,

1945-）認爲，價值觀和態度，是針對某一事物的嚮往程度、重要性評估，或是正確與否的看法。因此，解決環境問題，需要科學地了解社會大衆的態度，尤其是要了解他們的態度是站在天秤的哪一端。在2012年出版的《環境態度領航》（Navigating Environmental Attitudes）一書中，赫伯萊試圖解釋人類的態度，人類如何改變態度，並且影響行爲（Heberlein, 2012）。赫伯萊在該書中說：「解決環境問題，需要的是科學的知識與客觀的態度；」「態度是什麼？他既沒有質量，也不能用金錢來買賣，更不能用任何事物來給予衡量。」他認爲推動環境保護，不是試圖改變社會大衆的態度；而是需要設計解決方案來強化環保政策。

赫伯萊通過追蹤著名環保主義者李奧波（Aldo Leopold, 1887-1948）的態度，來闡述這些觀點。故事是這樣的，李奧波在其經典著作《沙郡年紀》（A Sand County Almanac）（Leopold, 1949）中提到一位環保人士的故事，李奧波從使用獵槍獵狼，到保護狼群的過程，中間經過相當漫長的歲月。他從對狼群的認知改變，進而影響到保護狼的態度，直到最後態度轉變之後，進而改變保護行爲。雖然李奧波改變對野性狼群的看法，因而轉變態度去保護狼群，但是在州政府最後的法案決議中，他卻是選擇沒有廢除獵狼的法案。從對於狼群的刻版印象，到透過整個故事可以發現，他認爲人類態度對照於人類行爲，就像湍急河流中的岩石一樣，態度通常位於水平面之下的礁石。我們很難觀察到人類的態度，甚至「江山易改，本性難移」，我們更難移動或是改變人類的態度。

過去社會心理學家與環境經濟學家爭論，環境態度是否和保育行爲有關（李永展，1991）。然而，影響態度的因素很多，社會觀、宗教觀、社會規範、媒體傳播、生長環境，以及自身產生的刻板印象等，加上環境態度又是個無法具體化呈現的心理因素，種種錯綜複雜的糾結情境因素，讓我們不得不去思考，人類態度的存在內涵到底是什麼？

因此，我們需要將理論和實務結合起來，理解爲什麼在解決環境問題中，了解態度非常重要。通過自然與社會科學的實踐，我們可以從錯誤的假設中覺醒，努力促進有效的環境保護行動。

耶魯大學社會生態學名譽教授柯勒（Stephen R. Kellert），在其著作《生命的價值》一書中，同時探討西方國家人民對待環境態度的二元論。柯勒描述的人文主義和道德價值觀類型，涉及與自然的聯繫與利他主義（Altruism）。柯勒認為宗教成為西方國家人民在日常生活中，形成環境態度的基礎（Kellert, 1996）。聖經將人類視為至高無上的創造，基督教的教義是以上帝的形象創造人類的宗教，形塑了環境倫理。這一種環境倫理將自然，甚至所有創造物，都看作是人與環境之間的不同，而不是將人類看作為自然的一部分。另一方面，世界上其他古代宗教和傳統習俗，將自然視為我們的守護者，將人類視為自然的一部分。這些古老的宗教主要是要將生活的哲學，也就是生命和生活在地球上的智慧，這些原則源於將人類視為自然的一部分。古老宗教賦予人類自然權力，但是也規定了人類對於自然的義務，甚至是環境的價值觀和態度。因此，在西方世界觀中被認為是泛神論的印度教和美國本土的薩滿宗教，賦予了自然界神聖的品質，將自然界的每一個元素定義為「神」。

柯勒（Stephen R. Kellert）認為，猶太-基督教和其他以人類為中心的宗教相信一個單一的，全能的上帝，他以他的形象造人，並給予統治地球的恩典。然而，「二元論」（Dualism）的對立架構，是指人類和自然的解離，也就是人類不屬於自然的一環，是超越自然之外的存在；這一種二元論認為世界由兩種力量統治：善與惡。善是精神，是靈魂；而惡是物質，是肉體。這兩種力量對抗著，共同支配世界。這一種思想自古由瑣羅亞斯德（Zoroaster, ？-583 BC）所創，屬於西方理論定義下的二元論，對於後世猶太教、基督教，以及伊斯蘭教影響深遠。在基督教中，人類的靈與肉體的感受高度結合，其中人的「魂」附屬於「靈」，通過魂的對於靈的影響，將肉體的感受，反應在「靈」的改變。

柯勒批判了善惡對立的二元論，他認為分裂主義和還原論，都是因為長久以來的二元對立產生的問題，例如，理性（rational）與情緒（emotional）的對立；存在（presence）與缺少（absence）的對立；男性與女性對立；這些對立原則都受到嚴重的質疑。二元論長期以來，受到男性／女性、文明／野蠻、白種人／有色人種的二分，爲西方文明的霸權主義提供了藉口，成爲西方文明一個群體統治另一個群體的方便結構。雖然《生命的價值》一書的主題是環境，但是如果我們探討人類與自然界屬於對立的二元架構，尤其是和社會達爾文主義結合，「優勝劣敗、適者生存」，則二元論一直是其他類型統治背後的基礎，將化約成不公平的統治結構，例如男性／女性、文明／野蠻、白種人／有色人種、入侵者／原住民、教徒／異教徒、有錢人／窮人等二元論之支配群體的劃分。

西方二元論具備對於他者（others）刻板印象（stereotype）的特徵，並用於證明排除「異教徒」的合理性。歷史學家懷特（Lynn T. White Jr., 1907-1987）認爲，人類的生態危機的歷史根源，歸因於濫用這種人類統治所產生的對自然的現代剝削。他認爲信仰也產生了二元論，即人類與自然的分離（White, 1967）。這一種二元論，導致偏差的態度和價值判斷，甚至由於心理上的刻版印象，排斥其他群體爲「原始」、「落伍」、「不文明」對應「現代」、「先進」、「文明」等歧誤性的二元觀。



個案分析

## 東方二元論的探討

在中國，傳統思想中二元對立並不明顯。道教認為存在陰陽二元，但並不是絕對的對立關係。老子（c. 571/601-c.471 BC）《道德經》第四十二章：「道生一、一生二、二生三、三生萬物」，老子又說：「萬物負陰而抱陽，沖氣以為和」。傳統東方思想，陰和陽代表的事物和精神互相轉化調和，生出萬有。

佛教反對二元論，稱之為「一邊論」，倡導中道。釋迦牟尼佛（Gautama Sakyamuni Buddha, c. 563/480-c. 483/400 BC）在佛教當中更進一步否定了二元論，認為萬物「非一非二」，是衆生各自所緣所受，生出感官，都是相對的概念，人類不過是執著其所有，萬事萬物並沒有真正的對立，並以盲人摸象譬喻來說明人類執著於世間諸象的偏執。《般若波羅蜜多心經》中，釋迦牟尼佛告訴舍利子：「色不異空，空不異色，色即是空，空即是色」，否定了二元論。《華嚴經》說：「破一微塵，出大千經卷」。佛教對於自己的身體以及世界，都可以放下。不再追求享受，隨緣而不攀緣，順境不起高興，逆境不起痛苦，一切均可放下。印度教吠檀多學派（Vedanta）在《奧義書》（Upanisad）和《薄伽梵歌》（Bhagavad Gita），認為「梵」（Brahman）是無限、無所不在、永恆不滅的精神實體，不可用言語來表達，超越人類感覺經驗的永恆存在。印度教有二元論、不二論、勝二元論的不同學說，但也不是西方的二元論。

這些東方學說，因為不容易理解，也不容易界定科學的對立假說，玄而又玄，也不容易用言語解說。如果古人將真理說的玄而又玄，例如元朝耶律楚材（1190-1244）《琴道喻五十韻以勉忘憂進道》說：「知是聖人道，安得形言詮！」則是對於言語和文字的一種歧視。又如《花月痕》第十五回：「采秋說道：人之相知，貴相知心，落了言詮，已非上乘。」宋朝的嚴羽在《滄浪詩話．詩辨》也說：「不涉理路，不落言荃者，上也。」

「歷來禪宗不落語言文字，名為禪宗；如果一落言詮，就是教下。」這是古人對於真理傳播的保留，也是一種敝帚自珍的虛妄。呂澂在《中國佛學源流略講》第六講說：「真諦本身是無相，談不上什麼區別，但真諦之說為真諦，仍需要言詮。」（呂澂，1985）。如果聖人言語，不可言傳，神神秘秘，造成了東方學術成為「神話」般不明所以，造成的莫名的詭辯和真理的失傳，才是一種對於後代子孫遺棄的「下乘」做法。

### ㈢ 環境態度的調整和轉換

從以上敘述來說，環境態度是藉由感性（sensibility）和理性（rationality）二者進行交互思惟、感知，以及辯證之後的觀點。所謂的感性，是指人類經由感官進行體悟，對於事件產生感覺、好惡的情緒反應。如果這些經驗，僅通過主觀認知，產生情緒反應，都是感性經驗。所謂理性，是人類運用理智的方法，進行思辯的能力。這一種能力，相對於感性的概念，指人類在審慎推理之後，進行抽象思惟的決策觀點。這種思考方式稱爲理性思惟。

從理性主義的觀點來說，環境教育應該是「理性的教育」。如果我們從黑格爾（Georg W. F. Hegel, 1770-1831）的《邏輯學》來看。我們在第一章談到「環境的存在」和「環境的本質」，到了第二章到第五章，都是採用概念論在談論環境心理的「概念體系」。概念體系是抽象的，本來就不好理解，也不是環境科學家感興趣的。如果從康德（Immanuel Kant, 1724-1804）《純粹理性批判》的觀點，他們都想要透過「獨立於經驗」以外，而得出知識。甚至在純粹邏輯中，得到與時間無關的理性本質。

當然，超脫於環境的環境教育，就是一種理性思辨，所達到的效果，是一種「計量性、無感情」的教育。也就是衍生成爲一種沒有人性的機器時鐘的準確效果。

然而，教育不是在「教導眞理」；眞正的「環境眞理」，也不是單純透過教師和學生單向傳輸的教育，可以達到眞正的完全領悟眞理的學習境界。從休謨（David Hume, 1711-1776）的經驗論（empiricism）來說，環境教育其實和經驗論息息相關。經驗論是希望透過現代科學方法，從證據中建立理論，而不是透過單純的邏輯推理得到答案，也不能夠從康德所說的「獨立於經驗」以外求得答案。我們應該要探討休謨《人類理解論》一書中所談的，運用理性（rationality）追求智性「觀念的連結」（relation of Ideas），這一種做法是要下演繹的功夫的。此外，「實際的眞相」（matters of fact）要靠實證，這是對於大自然的觀察、歸納，以及理解才能夠達到。我們不知道在我們有生之年，是否會學到了宇宙一統「自然一致原則」（uniformity of nature）。這當然是科學家的目標，但是不是教育家的目標。因爲，環境教育除了要學習抽象理性的邏輯概念與數學，並且需要儘可能以感性的了解，查察現實世界，通過對於世界的感知，了解世界的變化。

所以，環境教育的特殊性，在於矛盾對立之後的統一性。我們了解自身對於「環境、經濟，以及社會」具有剪不斷、理還亂的個人態度，這種自身內心掙扎的自我鬥爭，剛好是自我成長的開始。當經濟發展和環境保護產生鬥爭，當人類利益侵略物種利益；當人類左腦理性思惟和右腦感性思惟產生紛擾，我們就要和自己的情感產生鬥爭，而不是和他人產生鬥爭。和自己鬥爭，是在求取自我成長；和他人鬥爭、社會鬥爭、國家鬥爭，只會產生永遠無法統一的紛亂性。

俗話說：「天下本無事，庸人自擾之。」就是這一種道理。印度教吠檀多學派哲學家商羯羅（Sankara, 686-718）認爲將自己的主觀思惟，也就是說用「我」強加在眞理之上，形成一種人世間的幻覺，同時產生了痛苦。

休謨曾經談到，人類通常會假設現在的「我」，和五年前的「我」一樣。但是，人的態度會轉變。「我」一直在流轉；「我」，也不是一種固定的形式。在尋尋覓覓的自省過程中，刹那間，突然驚覺發覺了宋朝詞人辛棄疾（1140-1207）在〈青玉案·東風夜放花千樹〉一詞中說：「衆裡尋他千百度，驀然回首，那人卻在燈火闌珊處。」

如果，衆裡尋他，就是在追求一輩子的自我價值。但是，驀然回首，自我不假他求，而是就在近處。

休謨認爲，人類從來都是在流動中，突然感覺到自我，而那一種自我，是由許多不同的感覺累積而成的一個集合體。「驀然回首，感覺自己都是在快速的流轉速度中，遞嬗和綿延。」

也就是說，態度總是在變化，長期態度的變化過程，透過思想改變，同時感覺也改變了。隨著長時間培養的習慣，也變化了思考方式，產生了新的想法。當我們了解了一切都有遞嬗，一切都有綿延。無須執著僵化的環境態度，而是需要與時俱進，產生「靈與肉」、「理性／感性」、「演繹／歸納」、「理想／現實」、「邏輯／實證」、「平和／情緒」的調整和轉換。沒有絕對，沒有一統，只有落英繽紛，只有燦爛芳華，也只有俄國文學批評理論家巴赫金（Mikhail Bakhtin, 1895-1975）「衆聲喧嘩」（heteroglossia），可以完整地呈現環境中多樣性的角色對話（Bakhtin, 1981; 1994; Guez, 2010）。

## 第五節　認知、情意，以及行動技能

我們在前三節中，談到了環境教育學習動機、環境覺知與敏感度，以及環境價值觀與態度，以上都是內隱（implicit）性質的環境驅力，但在認知行為學派興起後，外顯（explicit）性的學習，成為環境教育的主流。環境教育在於有意識地將問題解決，並且積極進行努力，學習技能，產生清楚的學習過程。布倫（Benjamin Bloom, 1913-1999），在教育的內隱階段，描述了「認知領域」（Cognitive Domain）和「情意領域」（Affective Domain）的教育，克拉斯沃爾（David R. Krathwohl, 1921-2016）和布倫在1964年發布「情意領域」的描述時，其實在2001年克拉斯沃爾進行了修訂。從布倫和克拉斯沃爾進行學習三個主要領域進行課程建構，從認知思考，到情意感受，到技能（身體／動覺）活動，都有關聯性的分類。根據布倫等人1956年的著作《教育目標認知分類認知領域手冊》，將認知領域分成六個層次（Bloom et al., 1956）。到了1964年，情意的領域《教育目標認知分類情意領域手冊》開始進行分類（Krathwohl et al. 1964）。但是技能領域直到1970年代，才被完全描述。以下敘述認知、情意，以及技能的內容：



## 一、認知領域（Cognitive Domain）

1. 知識（Knowledge）：包含了記憶、認識，能回憶重要名詞、事實、方法、規準、原理，以及原則等。
2. 理解（Comprehension）：針對於重要名詞、概念之意義可以掌握，並且能轉譯、解釋。
3. 應用（Application）：可以將所學到的抽象知識，包括知識概念、方法、步驟、原則，以及通則等，實際應用於特殊或具體的情境之中。例如，學到資源回收，便可以知道資源分類的方法。
4. 分析（Analysis）：可以用以溝通的訊息。其中包含成分、元素、關係、組織原理，並且加以分析解釋，使他人更能理解其中涵義，並且可以進一步說明這些訊息的組織原則，以及傳達的效果。
5. 綜合（Synthesis）：指能夠將學習到的零碎知識綜合起來，構成自我完整的知識體系，或是可以呈現其中的關係。
6. 評鑑（價）（Evaluation）：可以將學習之後，對所學到的知識或方法，依據個人的觀點給予價值判斷。例如，評價自備餐具，或是自備水壺的優缺點。

## 二、情意領域（Affective Domain）

1. 接受（Receiving）：在學習時，或學習之後對其所從事的學習活動，自願接受，並且給予注意的心態。接受包含了覺知情境的存在、主動接受的意願，以及有意識地加以注意。
2. 反應（Responding）：主動地參與學習的活動，並且從參與的活動，或是工作之中得到滿足。例如在資源回收之中，可以默默地從事工作，這些反應包含了自願性反應和滿足的反應。
3. 評價（Valuing）：指對於在環境教育之中所學的內容，在態度和信念中，表達正面的肯定。這些內容包含了價值接受、價值肯定，以及價值之實踐。
4. 組織（Organizing）：對於學習的內容進行概念化之後，納入個人的人格特質之中，成爲個人的價值觀。形成價值概念化，並且組成個人的價值系統。
5. 內化／價值描述（Characterizing by value set）：綜合個人對所學習的內涵，經過接受、反應、評價、組織等內化過程之後，所獲得的知識或觀念形成個人品格，這是環境教育品格形成態度的最終實踐。

## 三、技能領域（Psychomotor Domain）

認知和情意的內涵經過討論之後，1970年代才有技能領域的討論，其中包括了範疇界定的討論（Dave, 1970; Harrow, 1972; Simpson, 1972）。哈洛（Anita Harrow）在1972年提出技能領域（Psychomotor Domain）的內涵，內容如下。

1. 反射運動：反射運動涉及脊柱運動、肌肉收縮。
2. 基礎動作：基礎運動包含了步行、跑步、跳躍、推動、拉動，以及操縱相關的技能、動作，或是行爲。人類簡單基礎動作，是形成複雜行動的組合部分。

3. 感知能力：知覺能力涉及身體的機能，包含了視覺、聽覺、觸覺，或是肌肉協調能力等相關的技能。這些技能會從環境中獲得資訊，並進行反應。

4. 肢體行動：肢體行動和耐力、靈活性、敏捷性、力量、反應時間有關。

(五) 熟練動作：在遊戲、體育、舞蹈、表演，或是藝術中學習的技能和動作。

(六) 非話語傳播：通過姿勢、手勢、臉部表情，進行創造性肢體表達動作。這些動作在於了解大腦如何透過學習，經過身體運動，強化記憶，有助於協助體現式學習（embodied learning）的正面記憶。（請見圖3-3）

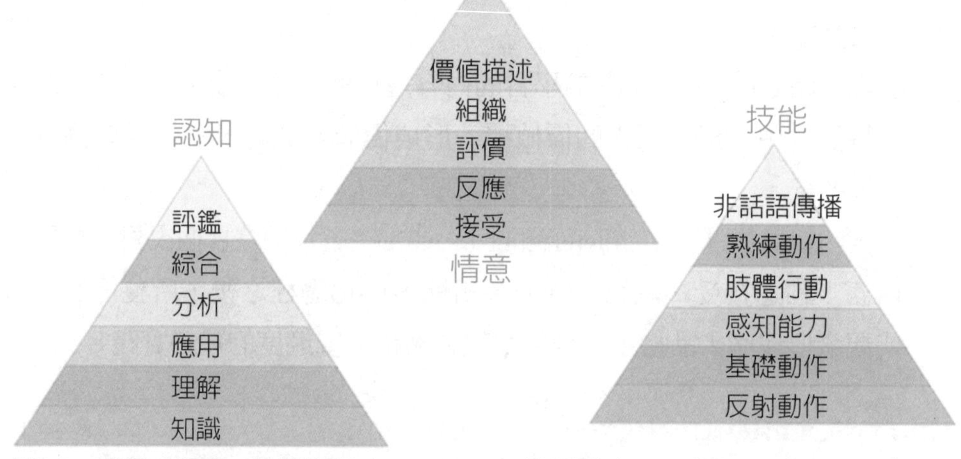


圖3-3 認知、情意、動作技能（motor skill）的內容（Bloom et al., 1956; Krathwohl et al., 1964; Harrow, 1972）。

## 四、修正認知領域（Cognitive Domain）

在2001年，布侖的學生安德森（Lorin W. Anderson, 1945-）和克拉斯沃爾 進行認知領域（Cognitive Domain）修訂。原有版本中，從簡單到最複雜的功能的列表，排序爲知識、理解、應用、分析、綜合、評鑑。在2001年版本中，步驟更改爲動詞，並依據回憶、理解、應用、分析、評估、創造，進行排列（Anderson et al., 2001）。其中知識與學習和保留（retention）有關，其餘五者和學習移轉（transfer）有關：

1. 回憶（Remember）：從長期記憶中提取相關的知識。
2. 理解（Understand）：從學習訊息之中創造意義。建立所學新的知識，並且與舊的經驗進行連結。
3. 應用（Apply）：經過使用程序和步驟，執行作業或解決問題，並且和程序知識緊密結合。
4. 分析（Analyze）：牽涉分解材料成爲局部材料，指出局部之間和整體結構的關聯性
5. 評估（Evaluate）：根據規則（criteria）和標準（standards）進行判斷。
6. 創造（Create）：將各種元素組合形成一個完整的創造構想、成本，或是計畫。

從安德森和克拉斯沃爾修正版的認知領域（Cognitive Domain），繪製了學習金字塔中的不同學習模式（Lalley and Miller, 2007）。圖3-4中的學習金字塔，強調積極的形式，對於長期學習更有成效。如果說，人類記得閱讀的內容的10%，則觀看和聽到的內容約爲20%，高達90%的人類透過教學，教導別人環境保護，藉以理解知識。當然，有些人們比起其他人們，更善於學習。雖然在大多數情況之下，學習金字塔的建構理念是有道理的，但是仍然面臨了批評。

## 五、修正技能領域（Psychomotor Domain）

由辛普森（Elizabeth Simpson）在1972年提出的修正技能領域中的行爲目標（Simpson, 1972），除了動作技能（motor skill），還涵括了在產生動作之前的程序和進階動作，可能更爲符合教育所需要的學習技能：

1. 感知（知覺）作用（Perception）：個體運用感官獲取所需要動作技能的線索。可以用以刺激辨別，進行線索選擇，以及學習動作轉換。
2. 心向作用（Set）：在動作技能學習之前，已經完成心理上的準備。這

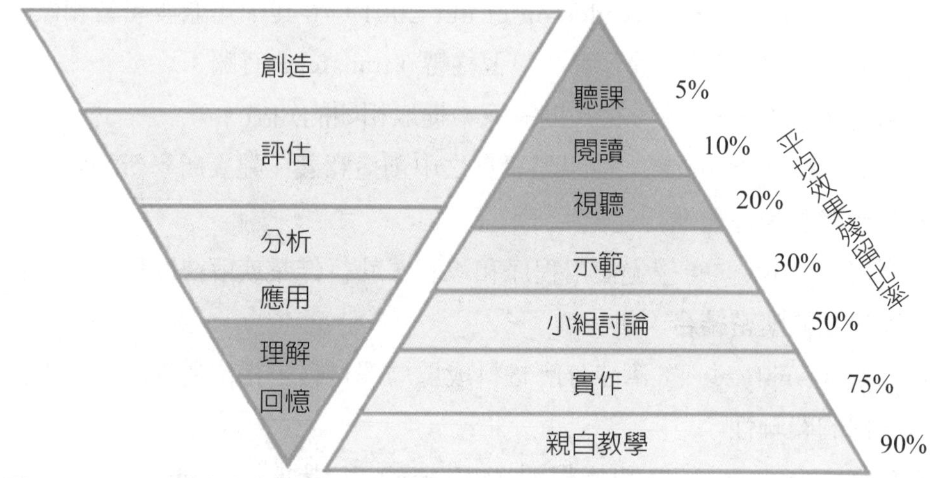


圖3-4　各種類型環境教育方法效果殘留比率（Anderson et al., 2001; Lalley and Miller, 2007; National Training Laboratories, Bethel, Maine）。

一階段是屬於心理傾向、動作傾向，以及情緒傾向的行動準備。

3. 引導反應（Guided Response）：示範者引導下，跟著做出反應的行爲。這一階段是跟隨模仿和嘗試錯誤。
4. 機械反應（Mechanism）：這一階段是指技能學習達到相當程度，學習手眼協調的動作，以達成習慣化的程度。
5. 複雜反應（Complex Overt Response）：在複雜反應中，學習多樣化的動作技能，已經可以達到學習熟稔的地步。在這一階段，學習動作定位和自動作業。
6. 技能調適（Adaptation）：在學習技能達到精熟的地步之後，可以配合情境的需要，隨時改變技能，以解決問題。
7. 創作表現（Origination）：從創新的表現知中，進一步運用技能，以超越個人經驗，達到創新設計的效果。

不論是哈洛（Anita Harrow）或是辛普森（Elizabeth Simpson）在1972年所提出不同的技能領域，她們都希望學習者達到精熟學習（mastery learning）的地步。也就是透過學習，達到熟練，並且進入到安德森和辛普森共同推崇的「創造」。透過學習情境，根據學習者的年齡、環境教育類型、學習方法，以及學習過程而有所不同。儘管學者對於學習金字塔提出批評，但是學習金字塔仍然存在於學界，並且目前沒有更爲合適的理論取而代之。因此，在環境素養的學習過程中，我們應該要認知環境教育學習，是一個持續的過程，而且並不排除採用更爲直接的方法，進行更進一步的學習。

## 第六節　環境行動經驗和親環境行爲

在第五節我們討論了動作技能（motor skill）。所謂的動作技能，指的是通過練習，產生的動作方式。在日常生活中，人類的行動（action）是由一系列動作所組成的。本節討論環境素養中的環境行動經驗和親環境行爲，其中探討行動和行爲之不同，並且針對人類爲什麼要採取親環境行爲，進行詮釋。

### 一、行動和行為

一般說來，行爲（behavior）與行動（action）並沒有明顯的區別。事實上，行爲和行動之間的區別，是一種現代行爲才會區分的動物事件。過去人類將所有的行爲，甚至是物理對象（physical objects）的行爲，都解釋爲是有意的，這些就是行動。

#### (一)行動

從社會學中的觀點中，社會行動是指考慮到個人的行動，以及面對外界反應所產生的行動。坎貝爾（Tom Campbell, 1944-）在他的著作《人類社會的七個理論》（Seven Theories of Human Society）中寫道：「行動是一種有意圖的活動，需要對行動者的覺知或意識」（Campbell, 1981:178）。但是舒茨（Alfred Schütz）解釋說個人的行動，是與衆不同的。所以，行動是不斷的流動的移動（flow of movements），也是一種過程（process）。

韋伯（Max Weber, 1864-1920）所描述的行動，和舒茨所說的有點不同。他解釋了「行動」（action）和「社會行動」（social action）之間的區別。他認爲當行動者將其他人的行爲考慮在內，並且因此導向於其行爲之時，這一種「行動」就是一種「社交」（social）活動。因此，韋伯發現行動是社會學中有趣而重要的概念。他解釋了「行動」這個詞的意義，這是一種人類經歷的動機（motives）和感覺（feelings）的歷程，也是涉及個人覺知（awareness）的活動，這種活動是有其目的，也是以某種方式行事的活動。

㈡行爲

韋伯認爲「行爲」（behavior）是一種純粹的機械身體運動，行爲沒有意圖，也對個人沒有特殊的意義，這是一種對於特定衝動的自動反應的行爲（behavior）和行動（action）的區別。在上個世紀，「行爲」（behavior）被視爲不是人類的專屬名稱。我們可以看一下維基百科的英文解釋。

「行爲是生物體、系統，或是人工實體與其環境相結合的行動和習慣的範疇名稱。其中，包括周圍的其他系統或生物體以及物理環境。行爲是系統或生物體對各種環境的反應。當刺激或輸入之時，無論是系統內部還是外部，具有意識或是潛意識，自願或非自願產生反應，都稱爲行爲反應。」（http://en.wikipedia.org/wiki/Behavior）

根據坎貝爾（Tom Campbell）的看法，行爲只是一種「反射」，是對所發生的事情的回應，所以坎貝爾認爲，物體產生行爲，需要刺激（Campbell, 1981:173）。

## 二、行動和行為的研究

我們整理韋伯、坎貝爾，以及舒茨對於行動和行爲之間的區別：

「行動」（action）是一種有意識的活動。行動對於所涉及的環境和人類，具有主觀意義或目標。

如果我們說，一個男孩在回收桶前正確回收塑膠瓶-這是一種行動（action）。

如果我們說，一個男孩拿著一罐飲料－這是一種行爲（behavior）。

當行爲是一種無意識反應的結果，我們認爲這些行爲根本是沒有意義，也無無法估量（uncountable）。在此，我們針對「行爲」，指的是未經解釋的（uninterpreted），或是最低限度解釋（minimally interpreted）對於事件的描述。

查閱環境保護的相關研究，較少探討行動與行爲之間之差異。行爲（behavior）定義了個人如何行動（act）；而行動（act）是個人所做的任何事情；以及他們如何做到這一些事情的心理想法，這和動機有關。相對於社會規範的人類行爲，「行動」是爲了達到目標而完成的事件。

## 三、親環境行為

在社會學者針對行爲（behavior）和行動（action）進行語意區隔的時候，行爲（behavior）的單詞用法，加上了「環境行爲」（environmental behavior），成爲副詞，甚至形成了「親環境行爲」（pro-environmental behavior），這些都是因應時代的需要，改變無意識的行爲，成爲有意識的環境行爲。

1970年代之後，學者從不同的角度分析了環境問題產生的原因，並且試圖驗證可能影響環境問題的人類因素。雖然關懷（concern）可能是環境行爲（environmental behavior）的誘導因素，但這種關係並不是線性關係的。當其可行性（feasibility）、重要性，以及必要性具有相當的確定性，人類就會產生行動（action）。因此，在有效的環境行動之前，會有一種積極的環境態度的發展作爲前兆。從環境態度到環境行動，這都被定義爲是一種心理傾向（psychological disposition）。

史登最早提出親環境行爲（Stern, 1978）。他以心理實驗研究，了解增加回收中心，減少家庭取暖燃料的使用，以促進環境保護的親環境行爲（pro-environmental behavior）。就在同年，蓋勒（Edward Scott Geller, 1942-）以《親環境行爲：應用行爲分析的政策內涵》發表於美國心理學會在加拿大多倫多召開的年會（Geller, 1978）。後來熊費德等人提出親環境傾向（pro-environmental trends）的概念（Schoenfeld et al.,

1979）。但是親環境行爲到了1980年代之後，才逐漸受到重視（Dunlap et al., 1983）。根據親環境行爲（pro-environmental behavior）的定義：「人們直覺的去找尋對於自然與人爲環境中，最小負面衝擊的一種行動」（Kollmuss and Agyeman, 2002）。在親環境行爲的定義之中，發現「行爲」和「行動」這兩個概念的定義，已經不是涇渭分明，而是可以互相流用了。但是「行爲」在環境改善上與個人的行動息息相關。也就是說，「環境行爲」就是「直接的環境行動」（Jensen, 2002）。

## 四、負責任的環境行為

環境行動，或是稱爲負責任的環境行爲（responsible environmental behavior），一直都是環境教育的重要目標。當公民具有環境的知識、態度和技能之後，會主動參與各種環境議題，以解決現在與將來環境問題，稱爲「環境行動」（Hungerford and Peyton, 1977）。





1975年聯合國教科文組織在前南斯拉夫貝爾格勒舉辦的國際環境教育工作坊中，所制訂的《貝爾格勒憲章》（Belgrade Charter），指出環境行動的目標係爲改善所有的生態關係，包括人類與自然的關係，以及人類與人類之間的關係。因此，針對國家文化和環境差異，需要界定生活品質（quality of life）和人類幸福（human happiness）等基本概念。我們需要確定行動將改善人類的潛能，並發展自然環境和人類環境相互協調的社會及個人福祉（social and individual well-being）。

依據學者杭格佛和佩頓1977年的研究，認爲環境行動（environmental action）的模式大致上可分爲五類，分別爲：生態管理（eco-management）、消費者／經濟行動（consumer/economic action）、說服（persuasion）、政治行動（political action）、法律行動（legal action）等（Hungerford and Peyton, 1977）。生態管理（eco-management）指個人或團體爲維護或促進現有生態系所採取的實際行動，通常對環境親自能做的工作，從撿垃圾到森林保育都是屬於生態管理，其目的在於維護良好的環境品質或改進環境的缺點。消費者／經濟行動（consumer/economic action），指的是個人或團體對某種商業行為或工業行為改變所做的經濟威脅，此為消費者主義所採取的行動。說服（persuasion）指為環境問題所做的人際溝通行動。政治行動（political action）藉著個人或團體所採取的策略行動，來改變政府決策。例如公民投票、公民遊行、遊說政府和民意代表組織、寫信給轄區的民意代表，如立法委員、市議員等。法律行動（legal action）包含了控訴、告誡、法院強制命令等。潘淑蘭等（2017）認為，臺灣的大學生的環境行動不積極，較常做到生態管理與消費主義行動，很少做到說服與公民行動。此外，環境素養程度中等，在情意、知識與技能方面，以情意變項群分數較高。這一項大學生的研究顯示，環境希望、行動意圖，以及公民參與策略技能，是環境行動重要預測因子。

在廣義社會層面，環境社會學家研究了環境保護政治行動（political action）和態度的關係（Dunlap, 1975），規範和價值（Heberlein, 1972; Heberlein and Shelby, 1977），以及其他人口學因素，例如年齡、種族、社會經濟地位（Van Liere and Dunlap, 1980）。赫斯培分析環境規劃和決策參與，認為這種公民參與（citizen participation）解決環境問題（Hudspeth, 1983）。早期研究顯示，在年輕、受過良好教育的人們當中，較為重視環境問題。但是無法呈現態度在個人層面之中發展的動態過程。

緣是之故，在環境教育中，需要培育具有對環境負責任的公民，當公民具有知識、態度和技能等素養之後，能參與各項問題的解決時，進而培養以保護環境為前提，發展責任感（sense of responsibility），以進行「負責任的環境行為」（responsible environmental behavior, REB）。

李普瑟歸納了負責任的生態行為（ecologically responsible behavior），成為負責任的行為研究前哨（Lipsey, 1977）。伯登和希提諾依據社會心理學之基礎，歸納負責任的環境行為（responsible environmental behavior, REB）的因素，他們依據情意（affective）、認知（cognitive），以及行為態度（behavioral attitude）進行建構，來解決環境問題（Borden and Schettino, 1979）。

從「公民參與」推動負責任的環境行爲（responsible environmental behavior, REB)（Hines et al., 1986/1987）。所謂具備環境素養的公民意識，意即需要培養具有環境行爲能力的公民，也就是以環境教育培養具有環境素養的公民。爲達成此一目標，需要訂定課程架構，規劃培養學生具備負責任的環境行爲。杭格佛等人首先提出了一個環境素養模式（Hungerford and Tomera, 1985）。

圖3-5環境素養的模式乃是基於研究環境行爲的目的。在此一模式之中，含有九個變項，屬於認知領域的是有關環境問題的知識、生態學概念，以及採取環境行動策略的知識。環境行動策略的知識，是影響環境行動的重要因子，不僅可以直接影響環境行動，亦可透過環境敏感度和自我效能感，間接影響環境行動（周儒等，2013）。屬於情意領域的有環境態度、價值觀、信念、控制觀，以及環境敏感度。屬於技能領域的有採取環境行動策略的技能。如果我們參考杭格佛等人所建議的環境素養構成要素，環境素養乃是研究環境問題的知識、信念、價值觀、態度、環境行動策略、生態學概念、環境敏感性，以及控制觀等之綜合表現（Hungerford and Tomera, 1985），請見圖3-5。

因此，如何將環境素養轉換爲人類日常的環境行爲，則依據海因斯（Jody M. Hines）所建議的環境行爲模式（Hines et al., 1986/87），請見圖3-6所示。海因斯利用後設分析（meta-analysis）的方式，於1986/1987年提出的負責任環境行爲模型（Model of Responsible Environmental Behavior, REB）至今人被環境教育界廣泛應用。

海因斯等人分析自1971年以來發表在期刊、書本上的環境行爲相關研究報告或未出版的學位論文等共128篇，並且根據研究結果提出了負責任的環境行爲模式（Hines et al., 1986/87）。在環境行爲模式中認爲，產生環境行爲的主要因素是個人具有採取行動意圖（intention to act），而此一意圖又受到個人的個性因素、行動技能、行動策略的知識、問題的知識所影響。意即人類具備行動意圖之前，需要必先認清問題所在，強化個人的態度、控制觀，以及個人的責任感。

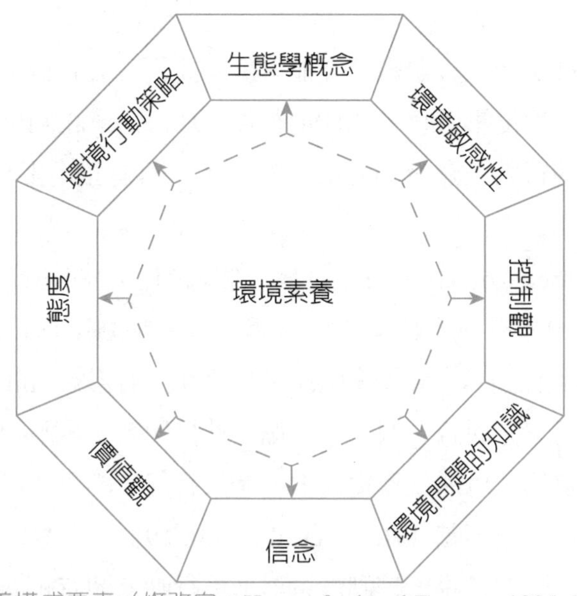

圖3-5　環境素養構成要素（修改自：Hungerford and Tomera, 1985; Hungerford et al., 1990）。

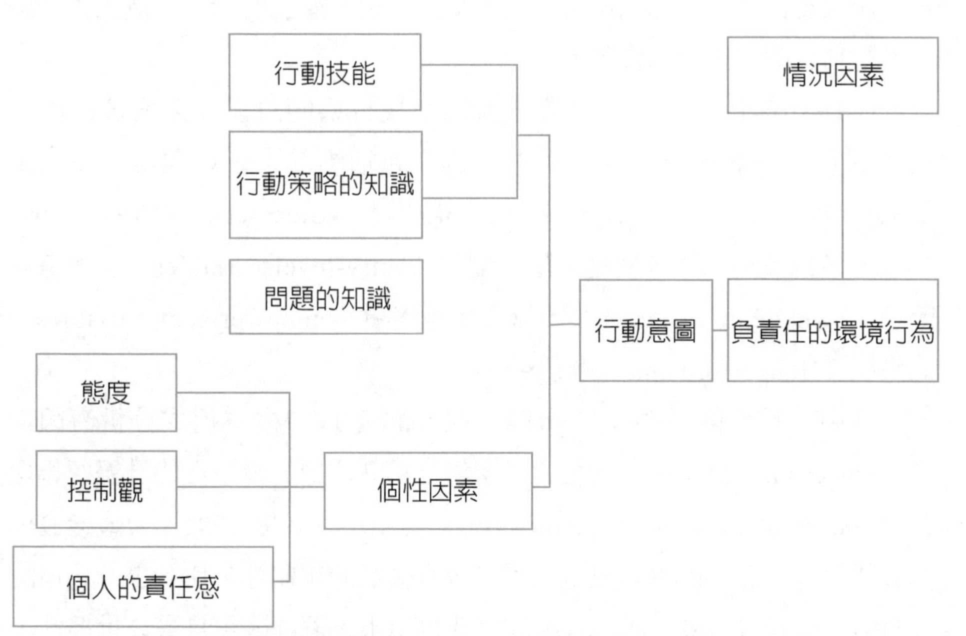

圖3-6　負責任的環境行為構成模式（Hines et al., 1986/1987）。

## ㈠態度

態度通常被定義為人類對於其他對象或問題，具有持久性正面或負面的感覺，因此，態度影響負責任環境行為（Hines et al., 1986/1987）。態度對於影響環境行動意圖（intention to act），具有正向影響。

## ㈡控制觀

控制觀（locus of control）是指一個人的信念的運作模式。當一個人的人格特質中如有「內控傾向」告訴自我要加強某種行為，則較可能產生該種行為；而這種行為會繼續加強自我的內控觀（internal locus of control）。而另一方面若一個人有一個「外控傾向」，不相信自身的作為能造成影響，這個人可能就不會去做。過去有許多的研究已經證明控制觀及環境行為之間有所連結（Hines et al., 1986/1987）；控制觀也是影響環境行為的因子；也就是說，控制觀會對環境行動意圖有正向影響。

## ㈢個人責任感

個人責任感，同樣也是會促使環境的行動的產生的因子。個人責任感會對行動意圖有正向的影響。

從1980年代開始，已有許多關於環境行為的路徑與架構被提出，涉及到負責任的環境行為。此外，也有包括的計畫行為理論（Ajzen, 1985; 1991）、「價值-信念-規範」理論模型（Stern et al., 1999; Stern, 2000），以及提出了包括進入階段變項（entry-level variables）、所有權變項（ownership variables），以及賦權變項（empowerment variables）的模型（Hungerford and Volk, 1990）。

其中，趙育隆（Chao, 2012）在2012年以結構方程式分析海因斯（Hines et al., 1986/87）的負責任環境行為（REB）模型與的計畫行為理論（Theory of Planned Behavior, TPB）（Ajzen, 1985;1991）。最後發現負責任環境行為（REB）模型在環境教育領域的預測性，比計畫行為理論（TPB）模型還顯著；而趙育隆的研究也指出，個性因子具最高推導性，恰巧代表一個人本身的人格特質，可能對其負責任環境行為的產生有重要影響。我們在第四章，會探討人格特質。

## 第七節　環境美學素養

在第三節到第六節中，我們討論了環境素養的許多抽象概念，例如，環境覺知與敏感度、環境價值觀與態度、環境行動經驗、親環境行爲，以及負責任的環境行爲，在本章最後，我們討論環境美學。

環境美學（environmental aesthetics）是一門新興的學科。如果從古典美學的藝術哲學來看，環境美學源起於過於強調藝術媒材和表現的一種反思。環境美學是追求對於自然環境價值的欣賞。然而，這種主觀的美感經驗，包含了自然環境，同時包含了人類影響的社會環境。在此同時，環境美學也開始考慮檢視環境，強調日常生活美學。這些美學內涵不但涉及物體，還涉及日常生活的活動。因此，在21世紀初期，環境美學接受了除了藝術之外，幾乎所有環境保護事物的研究，都涵蓋了審美意義（aesthetic significance）。所以環境美學範疇，從自然環境到人爲環境，都是可以探討的美學內涵。

環境美學和自然界的協調有關，不管是色調、色系、平衡，以及自然界舒適的風、水、光、澤、音韻等現象。如果說，環境美學（environmental aesthetics）在追求人類內心的和諧性特徵，這是一種對於現代藝術的另外一種反思。由於「現代主義」或「現代派」的藝術，自20世紀以來，從前衛和先鋒派的色彩，產生許多突破傳統，反抗自然的各種激盪的藝術思潮及流派。上述所說的現代藝術，由各種不同類型的視覺風格組合而形成，奠基於科學和理性基礎，主要流派包含圖3-7所示的野獸派、先知派、立體派、超現實主義、表現主義、抽象表現主義、構成主義、未來主義、達達主義、風格派、包浩斯、超現實主義、抽象主義、波普藝術、歐普藝術、觀念藝術等。到了1960年代之後，地景藝術重新檢視人類生活和藝術景觀之間的關係，進行人與自然藝術的修復。

然而，現代藝術受到聲光影音等多媒體組合表現的媒材刺激。各種不同藝術家，通過和觀衆之間的互爲主體的關係建立。從環境藝術鑑賞之中，重回大自然的懷抱，這是通過自然藝術干預人類生活的一種反思，也是針對現代人工智慧控制人類社會，批判科技現實社會對於人性壓抑的一

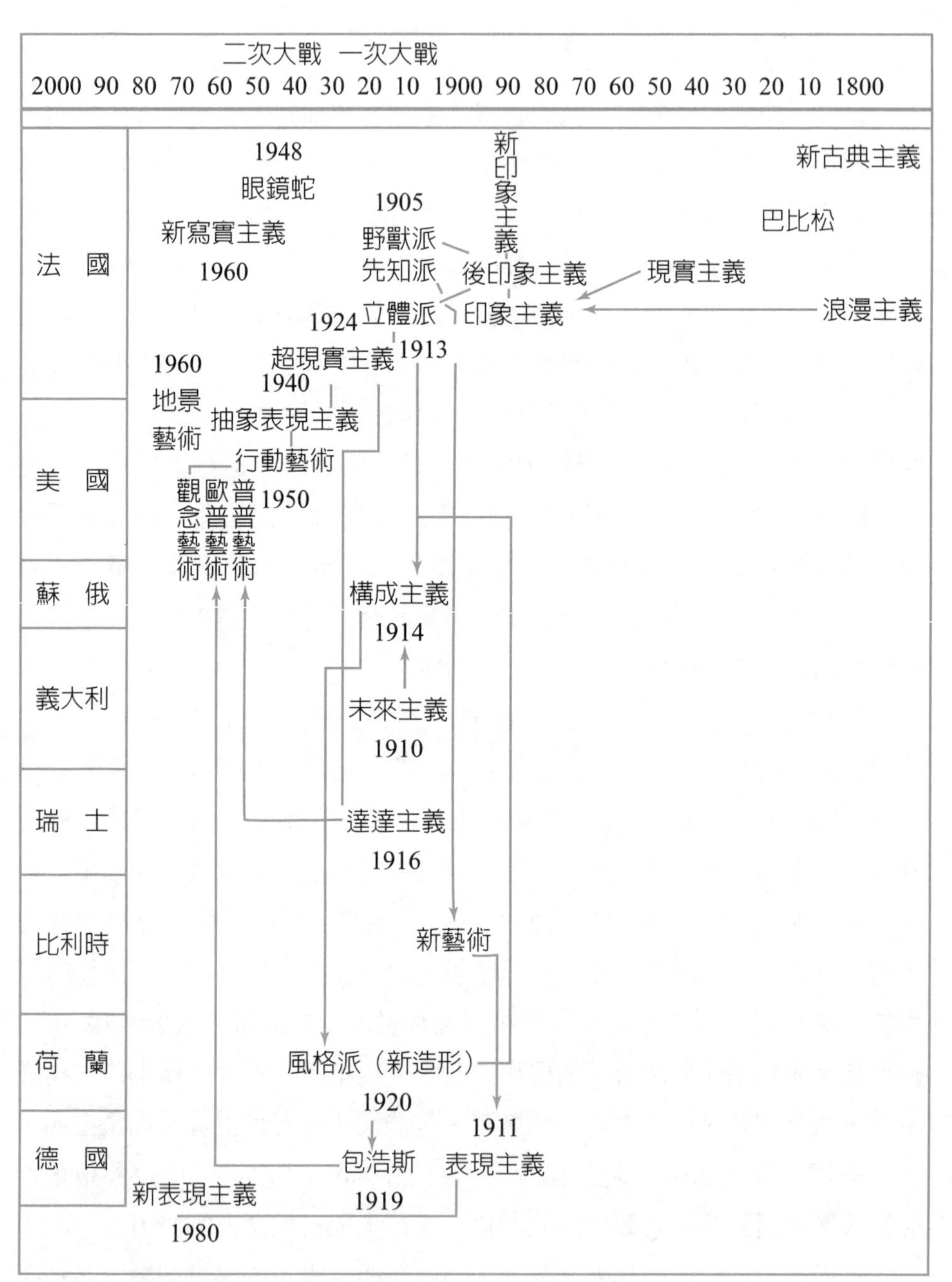

圖3-7 西方美學藝術的發展（作者整理）。

種迴響。以下簡述在20世紀動盪不安的環境影響之下，對於現實環境提供反思的藝術流派介紹。

## 一、達達主義

1916年達達主義受到無政府主義影響，透過反戰人士領導，以一種反美學的作品，抗議資本主義的價值觀。達達主義的特徵包括了追求清醒的非理性狀態，同時拒絕約定俗成的藝術標準。因此，這是一種對於既成藝術的反對，同時是一種對於戰爭的反對力量。達達主義運動，後來影響了後來1955年的普普藝術。但是反諷的是，普普藝術正是在追求時尚，接受約定俗成的事實。

## 二、新表現主義

新表現主義，是1970年代末期在德國興起的一種流派。新表現主義反思1911年的表現主義，不強調簡單的「重複自然，也不是機械的摹仿「非自然」。新表現主義是波普藝術的反動，強調表現自我，在畫面、筆法、情調等方面顯示了對於表現主義的回歸傾向。新表現主義接受存在主義的哲學觀念，在實踐中學習抽象表現主義的藝術傳統，講究繪畫過程的情感突發和即興處理，追求原始主義，竭力主張本來面目。因此在作品中，會鞭撻社會的醜惡現象，或是自我嘲諷。

## 三、行動藝術

行動藝術（action art），係爲1950年代興起於歐洲的現代藝術，是指在特定時間和地點，由個人或群體行爲所構成的一門藝術。行爲藝術（performance art）和行動藝術（action art）不同，是經過藝術家親自策劃推展，形成群體參與的藝術過程。行爲藝術必須包含了在特定時間、特定的地點，依據行爲藝術者的身體，以及與觀衆的交流之間的空間形塑。這一種藝術形式，不同於繪畫、雕塑等由具體事物構成的藝術形態，而是一種環境、身體和空間的統一表現。

## 四、地景藝術

地景藝術，又稱爲大地藝術，這是從環境藝術演進而來，也就是環境藝術的一種。地景藝術緣起於1960年的美國，到了1970年之後許多畫家和雕刻家到戶外展現地景作品。雖然地景藝術是和大自然合體創作的一種展現，將自然進行潤飾，並且重新思考人類與自然之間的關係。觀衆在參觀大自然中的地景藝術，得到和自然融合爲一的藝術觀感。

## 五、裝置藝術

裝置藝術過去稱爲「環境藝術」，是指藝術家在特定的時空環境裡，將人類日常生活中的已消費的物體，進行展示。最早的環境藝術是由1917年法國的杜象（Marcel Duchamp, 1887-1968）展出。他以小便斗的形狀，展現《噴泉》（Fontaine）的作品。1917年，杜象在紐約第五大道的連鎖商店購買一座陶瓷小便斗，將它翻轉90度之後，並留下「馬特，1917年作」（R. Mutt 1917）簽名字樣。第一件環境藝術作品，就此誕生。環境藝術在藝術家從材質中選擇、利用、改造、組合，之後，重新選擇空間，運用媒體的視覺、聽覺等感官體驗，產生藝術的效果。裝置藝術歡迎觀衆介入，以獲得觀衆的新生體驗。



# 小結

環境素養是一種抽象的概念，本身是一種主觀想像。我們看到本章討論了素養培育過程中的環境教育學習動機、覺知與敏感度、價值觀與態度、行動技能、行動經驗、環境行爲，以及美學素養。以上環境素養內涵都需要建構人類內在美善的特質，特別希冀環境素養能夠形之於外，達到人類友善環境行爲之改變。也就是說，如果在全民環境素養都能夠得到強化的前提之下，我們就可以群策群力，形成環境共識，培養現代化社會公民，產生環境集體意識和覺知，進而依據理性決策和環境保護之永恆信念，提升永續發展的舒爽空間和清淨家園。因此，從人類所能察覺與認識環境的過程，我們經歷了環境變遷的覺悟，需要經過環境素養的提升，形成人類集體意識結構的轉化，從而由覺察外在環境；同時需要覺察自我內在環境素養的學習過程。如果，素養是一種學習過程總體效應；我們最後的環境集體意識，將從思想，轉變爲正當的言行舉止。這些轉變將會影響永續發展的階段任務。那麼，基於對於萬物的同理心和覺察觀，我們應該體悟到身爲人類的責任感和永恆價值，保護大自然，以接受未來環境變遷的挑戰。

## 關鍵字詞

酸性沉積（acid deposition）
美學敏感度（aesthetic sensitivity）
情意領域（Affective Domain）
蝴蝶效應（butterfly effect）
化學敏感度（chemical sensitivity）
認知領域（cognitive domain）
複雜反應（complex overt response）
自然支配（dominance of nature）
支配的價值（dominionistic value）
生態科學的價值（ecologistic-scientific value）
生態管理（eco-management）
情緒刺激（emotional stimuli）
環境美學（environmental aesthetics）
環境關懷（environmental concern）
環境素養（environmental literacy）
環境管理（environmental steward）
水力壓裂（fracking）
衆聲喧嘩（heteroglossia）
人性的價值（humanistic value）
行動意圖（intention to act）
內在價值（intrinsic value）
審美意義（aesthetic significance）
行為態度（behavioral attitude）
環境承載量（carrying capacity）
認知偏誤（cognitive bias）
認知敏感性（cognitive sensitivity）
欲求面向（conative dimension）
主流社會典範（Dominant Social Paradigm, DSP）
負責任的生態行為（ecologically responsible behavior）
價值生態學（ecology of values）
體現式學習（embodied learning）
進入階段變項（entry-level variables）
環境覺知（environmental awareness）
環境連結（environmental connection）
環境敏感度（environmental sensitivity）
環境價值觀（environmental value）
引導反應（guided response）
人類特殊主義典範（Human Exceptionalism Paradigm, HEP）
人類固有價值傾向（inherent human tendencies）

法律行動（legal action）
控制觀（locus of control）
後設分析（meta-analysis）
動作技能（motor skill）
否定態度（negative attitude）
新環境典範（New Environmental Paradigm, NEP）
所有權變項（ownership variables）
物理對象（physical object）
積極態度（positive attitude）
親環境傾向（pro-environmental trend）
技能領域（Psychomotor Domain）
生活品質（quality of life）
負責任的環境行為（responsible environmental behavior）
熱力學第二定律（Second Law of Thermodynamics）
責任感（sense of responsibility）
情感分析（sentiment analysis）
精神的價值（spiritual value）
意識狀態（state of consciousness）
自然一致原則（uniformity of nature）
行動藝術（action art）
自我的內控觀（internal locus of control）
學習動機（learning motivation）
文化知識分子（literary intellectuals）
實際的真相（matters of fact）
道德的價值（moralistic value）
自然主義的價值（naturalistic value）
中立態度（neutral attitude）
定向敏感度（orienting sensitivity）
物理控制（physical control）
政治行動（political action）
親環境行為（pro-environmental behavior）
心理傾向（psychological disposition）
公共問責（public accountability）
觀念的連結（relation of Ideas）
正確的親和感（right affinities）
自我報告方法（self-report method）
感覺程序敏感度（Sensory-Processing Sensitivity, SPS）
社會學習（social learning）
自發性想法（spontaneous idea）
象徵的價值（symbolic value）
實用主義的價值（utilitarian value）

第四章

# 環境心理

The trees come up to my window like the yearning voice of the dumb earth.

The fish in the water is silent, the animals on the earth is noisy, the bird in the air is singing. But man has in him the silence of the sea, the noise of the earth and the music of the air.

綠樹攀爬到我的窗前，猶如大地無聲的渴望。

魚兒沉潛於水中，野獸喧騰於大地，飛鳥歌唱於天空；可是人啊，你卻擁有了一切。

——泰戈爾（Rabindranath Tagore, 1861-1941）《漂鳥集》（Stray Birds）

## 學習焦點

本章從心理認知的角度，探討環境認知、人格特質、社會規範、環境壓力，以及療癒環境。我們從認知（cognition）的角度來看，這是指通過大腦辨識光影、聲音、氣味、嗅味、觸覺等感知之後，形成概念、知覺，進行大腦判斷或是想像等心理決策活動的認識過程。因此，本章從環境學習認知論、環境學習探索論，進入到了環境學習社會理論，學習到人類認知自然、解離自然，到回歸自然的心理狀態。本章討論到負責任環境行爲，透過不同的認識論方法，逐步解開環境行爲的影響因素，包括人格特質和社會規範等因素，希望解開社會性行爲的完整解釋。最後，通過環境壓力的理解，說明最終人類進行救贖與療癒，需要透過大自然界的力量，包含芬多精、維生素D的滋養，藉由森林、海洋等户外休憩環境的調適，以減少生活壓力，從而恢復身心健康，並且強化大腦整體思惟過程。

## 第一節　環境認知

我們在第三章學到環境素養的概念，素養是表徵在心理學基礎上呈現的進階屬性（graduate attributes），如環境知識、技能、態度。培養個人的環境素養，在實現個人環境教育專業目標和社會目標的實踐能力。但是，環境教育並非那麼的簡單。例如，如何平衡個人環境教育的社會專業和社會目標？為什麼我們需要關注於環境教育的社會目標？我們在談論什麼樣的社會，才是永續發展的社會？當我們描述環境心理學的文獻時，我們會討論這些心理層次的社會問題（張春興，1986）。馬桂新（2007:10）認為，心理學是學習感覺、知覺、注意、記憶、思惟、想像、情感、意志、能力、行為等發展規律理論。首先，我們討論環境認知的概念。環境認知定義為有益於個人生存和社會福祉的共同思惟方式。我們如何從個人心理學的角度，拓展到自我（self）、他人（others）、當地社區（local communities），以及全球社區（global communities）。





從認知（cognition）的角度來看，是指通過大腦辨識光影、聲音、氣味、嗅味、觸覺等感知之後，形成概念、知覺，進行大腦判斷或是想像等心理決策活動的認識過程。這種過程，是人類個體透過思惟進行資訊處理（information processing）所產生的心理功能。認知過程從感知、注意、形態辨識、輸入、登錄、輸出，可以是有意識，甚至是無意識的心智模式。這些模式，透過命題、心智想像、登錄存取及思考，產生了心智模型。因此，從認知科學的角度，人類在環境中學習時，所產生的改變，一般來說解釋為「認知的歷程」。這一種看法是將人類對於環境之中對於事物的認識，視為學習之一環，所以稱為之「認知論」。環境教育學者屬於認知論者，認知論者不同於「刺激-反應」論者所說的，單憑刺激反應的重覆練習，就可以達到環境教育學習的看法。如果學生對於所學的日常生活環境不了解其中的奧秘，即使進行多次的練習，也沒有辦法達到學習的效果。譬如在氣候的學習中，如果不「身歷其境」理解大氣循環的原理，則無法進行環流預測；在生物多樣性的學習中，如不「身歷其境」了解物種組成的結構，將無法傳達何謂「生物多樣性」的正確意義。

## 一、環境學習認知論

「認知論」源自於20世紀初葉的完形心理學（Gestalt Psychology），又稱爲格式塔心理學。完形心理學重視知覺的一種整體性。也就是說，當人類身處環境之中，不會特別注意空氣中的無色、無味、無嗅分子進入鼻腔黏膜所產生的刺激，不會注意吸進肺泡的細懸浮微粒PM 2.5（particulate matter, PM；單位爲百萬分之一公尺：$\mu g/m^3$）；也不會特別注意隔壁再隔壁中的教室掉下來的粉筆碎屑的聲響；而是專注於「當下環境中」全體刺激之間最爲「需要關注」的身心關係。環境認知論主張人類在面對學習情境的時候，是否產生良好的學習效果，需要考慮下列的條件：

### ㈠情境衝突

第一點需要考慮到新的情境與原有的舊經驗是否符合。當人類面臨環境中新的學習情境中，通常需要考慮原有熟悉的情境，與新的學習內容進行比對。當學習事物都很清楚的時候，這一種學習情境，比較符合學習者原來已經有的學習經驗，所以比較容易進入狀況，透過認知的過程，溫故而知新。但是，如果學習事物和原有的構想衝突的時候，則會加以否認、喧鬧，甚至加以駁斥。

在氣候變遷的研究中，有三種可能的認知結果（Tilbury, 1995）。第一種人是同意科學共識（scientific consensus）；第二種是否認（deny）；第三種是介於兩者之間（somewhere in between）。第四十五任美國總統川普（Donald John Trump, 1946-），就是一位否認者。他否認飛旋鏢效應（boomerang effect），也否認自食惡果效應，川普不知道他的行爲，將會與預期目標，產生完全相反的現象；因爲他沒有歷經這些學習「環境反撲」的過程。

例如，在1960年代美國賓州大學華頓商學院不教學生「氣候變遷經濟學」，所以川普在短暫的高等教育中，沒有接受過「氣候素養」的教育。他大聲疾呼「氣候沒有變遷」的言論，否認所有科學家的呼籲，在2017年退出《巴黎氣候協定》，取消了淨水法404條款中的美國境內的水域規則，這項行政命令破壞了濕地保育，種種短視近利的作爲，導致氣候變遷反撲人類的效應，實在不足爲奇。

此外，飛旋鏢效應（boomerang effect）產生了政策上「陽奉陰違」的現象。川普退出《巴黎氣候協定》，促使從美國加州到維吉尼亞州，強化各州對於全球暖化的因應政策。川普威脅刪減研究預算，反而強化了美國國家衛生研究院在華盛頓的工作成果。也許牛頓的第三運動「反作用力」的定律，並沒有完全可以轉化適用於政治領域。但是對於政治人物各種乖戾偏執的行動（bigoted action），都會有一種嘲弄和相反的反應（opposite reaction）；你永遠無法確定將從哪裡開始。

例如，地球越來越熱。2018年臺灣臺北市超過攝氏35℃便高達60天。2019年夏天北非帶來的乾燥高熱空氣向北輸送到歐洲，法國南部小鎮加拉爾格勒蒙蒂厄（Gallargues-le-Montueux）熱浪攝氏45.9℃的溫度，高溫也引發森林大火。2019年夏天印度拉吉斯坦省（Rajasthan）楚魯鎮（Churu）最高溫度50.3℃，只略低於51℃的歷史，森林中的野生猴子大量喪命。根據科學家統計，印度2010年發生了21次熱浪，2018年增加至484次，在8年內全印度共有5,500多人因爲熱浪而失去生命。未來印度將「不宜人居」。全球夏天天氣越來越炎熱，這些地球暖化的現象，都被第四十五任美國總統川普所否認（deny）。

### (二)情境重組

當學習的情境產生變化的時候，產生了新舊經驗的結合，並且進行重組。這一種學習模式，並不是考慮支離破碎的學習經驗，而是在舊有經驗的基礎之上，重新學習，進行新經驗注入，形成嶄新的經驗模式。情境重組考慮的認知系統（cognitive system）的認知反應，包括對於知識、意義，以及信念的重新模組化。這是一種人類認知過程、環境情境，以及個人情緒、感覺、心情的整體評估所產生的一種系統觀。

在圖4-1中，我們假設存在人類主體和外部環境，以及兩種系統互相進行作用。如果從情境到人類主體的輸入關係，導致了心理反應，並且在此反應的基礎上，從人類主體到情境的輸出，稱爲人類行動。這一種行動在自然環境的作用之下，產生了下列影響：認知反應、情意反應，以及行爲意圖（Vela and Ortegon-Cortazar, 2019）。

認知形象的組成部分，包含了吸引人類主體的環境事物，可能會影響人類情意反應，產生積極的情意系統影響。這是一種情感表徵，也會對於其他人們的行爲意圖產生積極影響。所以，情意反應應該比認知反應所產生的氛圍更大。我們通過測量分析，了解影響人類主體的環境行爲意圖。也就是說，在環境感知（environmental perception）和環境認知（environmental cognition）的研究中，環境動機、環境目標，以及對於環境行動替代方案的態度的存在與否，通常被認爲是理所當然的。而且，人類主體和環境行動之間的心理反應或是過程，才是環境心理學的主要關注焦點。這些過程包括從環境中獲得資訊、資訊內容、環境感知和認知的表徵，以及所代表的資訊進行判斷、決策，以及選擇。關於感知和認知過程的知識，可以通過環境決策、環境規劃和設計，來改善人類環境生活品質（Gärling and Golledge, 1989）。（請見圖4-1）

## 二、環境學習探索論

環境教育是一種學習探索的過程，需要納入認知（cognitive）、情意（affective），以及技術和參與領域（technical and participative domains）的過程（Tilbury, 1995）。在環境教育能力（educative competencies）建構的過程中，需要獲得生態知識，與社會行動者（social actors）進行互動。此外，以上的社會行動者需要通過責任感，以公民身分（citizenship）參與行動。我們運用圖4-2進行說明。如果學習者在學習過程中，透過地方依附，產生自然聯繫。基於環境學習促進了人

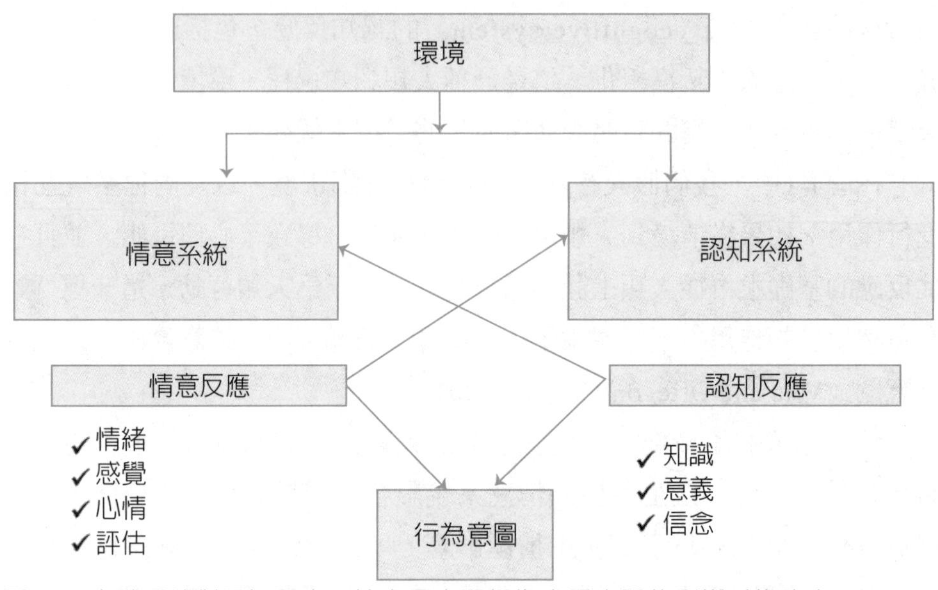


圖4-1　自然環境對認知反應、情意反應和行為意圖之間的影響（修改自：Gärling and Golledge, 1989; Vela and Ortegon-Cortazar, 2019）。





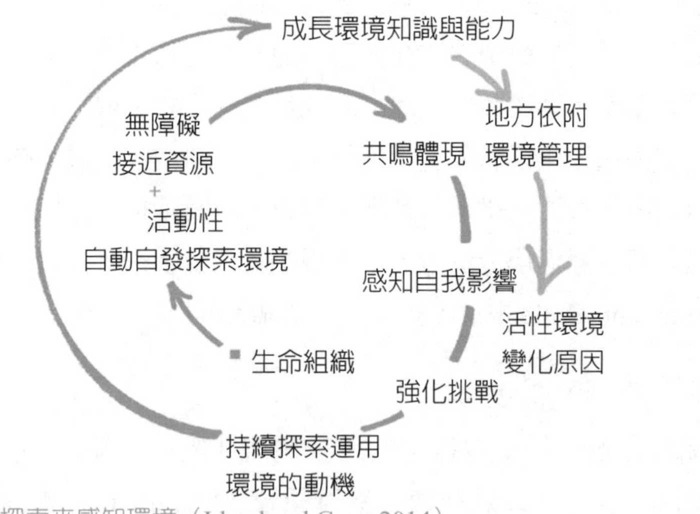


圖4-2　透過探索來感知環境（Lloyd and Gray, 2014）。

類與自然環境的關係，並構建了深刻的環境知識和學習者周圍世界的理解。使得在地知識融入環境教育活動之中。透過圖4-2的成長模式，我們說明探索型的學習理論。

## 三、環境學習社會論

在1960年，史金納（Burrhus Frederic Skinner, 1904-1990）發展的學習「刺激-反應行爲理論」達到高峰。但是喬姆斯基（Noam Chomsky, 1928-）批評史金納的經典條件反射和操作條件反射，對於人類驅動精神分析產生了嚴重影響。1959年，他針對史金納《言語行爲》提出反駁，認爲純粹的「刺激-反應行爲理論」，無法產生學習反應。那麼，是什麼機制，在什麼情況之下，可以達到有效學習呢？

在這種背景下，加拿大籍心理學者班杜拉（Albert Bandura, 1925-）在「社會學習理論」中認爲，學習是一種在社會環境中自然而然發生的認知過程。可以教師通過觀察，或直接指導學習者發生的教學。教師除了對於學生的學習行爲進行觀察之外，學習者還可以通過觀察獎勵和懲罰而發生，這一過程稱爲替代性強化。班杜拉的理論擴展了傳統的行爲理論，其中行爲受到強化的支配，強調各種內部過程的學習，對於人類學習的重要作用。班杜拉研究了在人際關係中發生的學習過程，他沒有採用「操作反射條件」理論，進行說明。他認爲：

「操作反射條件學習方法的弱點，不是人類對於新的刺激產生新的反應，而是抵消了社會變量的影響。」

史金納採用歸納法，對於答案的解釋用逐步逼近的過程，採用多次試驗，以強化行爲產生的效果。但是，行爲產生的原因，可能性是由於人類的主觀期望和強化價值所帶來的複雜因素。例如，學習者開始觀察社會。班杜拉以波波（Bobo）娃娃進行實驗。小孩通過觀察周圍人臉的表情，進行社會化的學習。班杜拉認爲，孩童在成長的過程中，運用觀察，學習家庭中的父母、電視中的人物，同年齡孩童中的朋友，以及幼兒園中的老師。以上的人物提供了觀察和模仿的對象。當他們針對行爲進行編碼之後，孩童依據模仿觀察到的行爲，進行學習。孩童的學習獲得獎勵之後，會強化重複這種行爲，稱爲替代強化。替代強化進行個人性格的塑造之後，產生了個人價值觀、信仰，以及態度。

班杜拉發展了這一套社會學習理論之後，與傳統學習理論並沒有劃清鴻溝，而是用這一套理論，在行為主義和認知主義之間，形成一條溝通的橋樑。這是因為它側重於心理（認知）因素如何參與學習。因此，班杜拉相信他的理論是一種中介過程（Bandura, 1977），認為人類是資訊的處理者，而不是單純的反應者。人類會思考自身行為反應，和行為後果之間的關係，這是靈長類在大腦鏡像神經元（mirror neurons）被發現之後，促進了社會學習理論的發展。在學習中，首先產生認知過程，開始觀察學習。這些心理因素在學習過程中如果有干預現象，則會產生下列的中介過程：

### ㈠注意

我們注意他人行為的程度有多少。個人不會自動觀察他人的行為並且模仿，對於需要模仿的社會行為，必須要引起我們的注意。因此，我們每天都會觀察到許多行為，其中許多行為我們略而不顧。因此，注意力是學習的第一步。

### ㈡保留

我們記住這種行為的程度有多少。當我們在觀察行為，產生視覺和記憶刺激的時候，我們不會立即產生反應。我們可能會注意到這種行為，進行記憶保留之後，形成短期／長期記憶之後，不會馬上執行。

### ㈢複製

我們在記憶他人展示的行為之後，進行模仿。雖然人類每天都會看到很多我們希望能夠模仿的行為，但是這並不總是可行的行為。因為我們受到身體、能力，以及技術的限制。我們可以複製記憶，但是要重覆行為，需要時間。

### ㈣批判性評估

社會學習方法將思考過程考慮在內，並且思考在決定行為，需要藉由當時思想和感受所主導行為的模式。人類對自身的行為，有很多重的認知控制。尤其是環境的限制，對於人類行為產生主要影響。

因此，環境教育如果根據環境教育教學，培養環境友善行為的公民，畢竟是有限的，因為推動環境教育，我們不能低估了人類行為的複雜性。

親環境行爲可能是由於自然性的生物學因素，以及教育培育環境（nurture environment）之間的相互作用關係，所產生社會性行爲的完整解釋。

## 第二節　人格特質

人格特質是影響人類環境行爲很重要的關鍵，也是人類進行決策的重要根據之一。過去關於環境行爲與人格特質的研究並不是很多，咸認爲人格特質與環境行爲僅有相關性（Ajzen and Fishbein, 1977; Fraj and Martinez, 2006; Brick and Lewis, 2014），而非因果關係。在人格特質研究中，負責任環境行爲的產生是環境教育中的重要課題。雖然負責任環境行爲原因十分複雜，但本章希望透過不同的認識論方法，逐步解開環境行爲的影響因素，有助於解開社會性行爲的完整解釋。

追溯人類行爲產生過程，人格特質是影響人類行爲很重要的關鍵因素。依據社會學習理論，負責任環境行爲的產生，並不是簡單的相關性路徑所能想像；所以，人格特質的研究，也不應該只是相關性的研究。因此本章將從過去的負責任環境行爲理論出發，探討人格特質在其中的因果關係，進一步的探討人格特質到產生負責任環境行爲的結構路徑。

### 一、人格特質

由負責任環境行爲的理論建構研究架構後，本研究進一步研究人格特質與環境行爲的關係。其中，皮特斯和吉爾斯的研究發現，良好的環保態度與自我控制和決心的個性特徵存在著無法分離的正向相關關係（Pettus and Giles, 1987）。如果我們從心理學中的角度中，找尋人格特質的研究，可以發現五大人格特質（Big Five personality traits）已經廣泛地運用在心理學的研究之中（McCrae and Costa, 1987），其中包含下列五項人格特質：

#### ㈠外向性（Extraversion）

外向性以相反的角度觀察，則稱爲內向性（Introversion）。外向性高分者常會喜歡群體生活、愛玩、健談、主動並善於交際，具有自發性、主導性與活力，情感外顯、具有深情、溫暖的特性，不孤單、在群體中表現顯眼、具有活力，並且以人際關係見長。相反的是，內向性高者喜歡獨自行動、交際多有保留、具有較高的順從性、任務導向的，而且採用被動的處事方式，個性害羞、孤僻、安靜、膽小，經常會被認爲是孤獨、害羞、冷漠、絕情的。

### ㈡親和性（Agreeableness）

親和力高的人具有善於合作、値得信任，以及樂於助人的傾向。此外，高親和力也常被認爲是具有同情心、軟心腸、高合作性、高包容性、樂於助人、慷慨且可以信任的，且爲人溫暖、善良、無私、心胸寬闊，脾氣好，善於寬容、寬恕、靈活、開朗、謙虛、彬彬有禮，生活愜意，爲人直白無心機，但容易受騙；但是，低親和力的人則被認爲冷酷、絕情、粗魯無禮、自私、吝嗇、嚴肅，合作性低、批判性高，心胸狹窄、待人苛刻、常記仇、固執，且憤世嫉俗、富有心機而且驕傲。

### ㈢嚴謹性（Conscientious）

嚴謹性以相反的角度觀察，則稱爲爲無原則性（Undirectedness）。嚴謹性強的人在學習上被認爲是具有工作熱情、責任感。此外，他們是有組織、有效率、有系統，是實際、務實、盡責、可靠、穩定、自律、守時、整齊、小心並一絲不苟，處事上不屈不撓、具有目標與雄心勃勃，公正、敏銳並具備洞察力，精力充沛、知識淵博能自力更生；反之，無原則性的人則常是雜亂無章、鬆散粗心、低效率、粗心、草率、不穩定、頑皮、無知、愚蠢、馬虎、遲鈍的，時常疏忽、不小心且不可靠、懶惰、缺乏精力，不守時、不實際、意志不堅、標準寬鬆不定、不具目標、需要幫助、且容易放棄。

### ㈣情緒穩定性（Emotional stability）

情緒穩定性相反的角度，被稱爲神經質（Neuroticism）。神經質常被認爲焦慮與自我懷疑；或是具有易怒、固執、缺乏耐心、衝動、情緒化的傾向，時常煩躁、緊張、猜疑、忌妒、自艾自憐，並且具有不安全感，常常令人擔憂並被認爲是軟弱、主觀的；而情緒穩定性高的人，常被認爲是平靜、輕鬆、安全的，時常放鬆、冷靜、處在舒適的狀態，具有耐心、容易自我滿足、不衝動、不忌妒，具有耐心、堅強且客觀的。

㈤開放性（Openness to experience）

開放性又稱爲經驗開放性；反之，則稱爲保守性（Close to experience）。開放性富有求知慾、渴望學習，並具有創造力、想像力、創意、思考複雜、深度，喜歡獨立、哲學、知識、分析、藝術，崇尙自由、不受傳統限制，並喜歡新奇、大膽、嘗新、直覺式的思考；保守性高的人，則腳踏實地、遵守常規、保守、傳統、簡單，但也被認爲是缺乏創意與創造性、思考狹隘、缺乏好奇、不願冒險、不具藝術性且生活例行性的。

## 二、綠色人格特質

人格特質與環境行爲關係很複雜，我們列舉幾位學者做的研究。例如說，開放性高的人，能夠以更廣闊的視野欣賞自然（Hirsh, 2010）。在環保綠色消費行爲中，人格特質與生態消費行爲呈現正相關（Fraj and Martinez, 2006）。在生態消費市場中，外向性、親和性，以及嚴謹性是消費者的特點。此外，親和力和開放性，能夠高度預測環境關注的程度（Hirsh, 2010）。嚴謹性和廢棄物管理行爲（如回收，再利用和減少浪費）正相關（Swami et al., 2011）。外向性、親和力、嚴謹性與神經質會影響環境友善旅遊行爲（Kvasova, 2015）。情緒穩定性高者與環境價值觀顯著相關、神經質與節約用電顯著相關（Milfont and Sibley, 2012）。

布里克和路易斯在2014年推崇的「綠色人格」特質，說明了減碳行爲與開放性、嚴謹性、外向性相關，稱之爲「綠色人格」（Brick and Lewis, 2014）。開放性會透過環境意識影響親環境行爲態度；神經質會透過環境意識、對未來環境條件的期待，對親環境行爲態度產生影響；外向性會透過環境意識，影響親環境行爲態度；親和力則會透過環境關懷、對未來環境條件的期待，對親環境行爲態度產生影響（Liem and Martin, 2015）。

在五大人格特質中，都具有外顯的性質，雖然部分個性可以隱藏，但無論是情緒穩定性、外向性、開放性、親和性，以及嚴謹性，其實都可以在人類的日常生活之中察覺。如果證實這些人格特質與態度、控制觀與個人責任感相關，未來環境教育教師，可以透過觀察學習者的人格特質，調整教育內容，以針對其人格特質與環境行動的關聯性，調整教學的方式或是課程內的內容，或許可以改善傳統環境教育僅爲傳遞知識，卻難以和學習者產生深刻生命連結的障礙。

我們針對人格特質和負責任環境行爲理論中態度、控制觀、個人責任感進行探討，發現親和力和開放性是預測環境態度的重要因子（Hirsh, 2010）。也就是人格特質可以影響態度。此外，人格特質會對控制觀有正向的影響。（請見圖4-3）

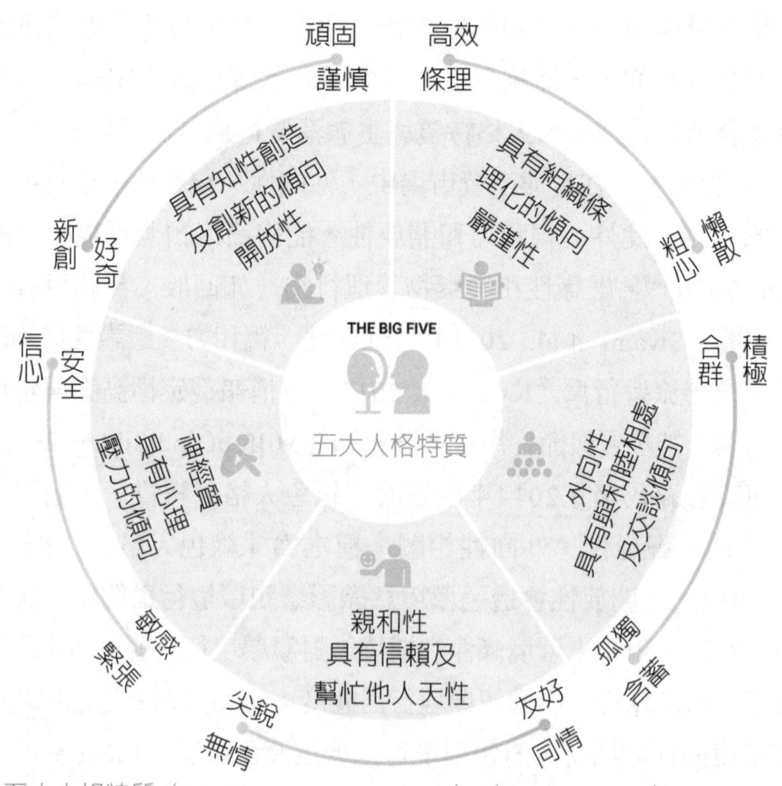


圖4-3　五大人格特質（Big Five personality traits）（Digman, 1990）

個案分析

## 情緒穩定性、內控觀與親環境行為之間的關係

（Chiang et al., 2019）

（科技部MOST 105-2511-S-003-021-MY3）

情緒經常左右我們的決定，也時常在親環境行為中扮演著重要的角色。但在環境教育的推動的過程中，我們比較少以情緒的角度進行切入。情緒的研究，來自於人格特質的分析，江懿德、方偉達等人在2019年發表了一篇情緒穩定性、內控觀與親環境行為之間的關係的論文，我們進行這一篇英文期刊論文的說明（Chiang et al., 2019）。

### 一、環境態度（Environmental attitudes）

我們在第三章討論環境態度的定義。環境態度是預測親環境行為的關鍵個人差異，指人類對於環境與環境議題，所抱持具有持久性的正面或負面感覺（Brick and Lewis, 2014）。有些研究認為態度無法與信念分開（Newhouse, 1990）。但是，負責任的環境行為（responsible environmental behavior, REB）模型中顯示態度和行為之間有適度的正相關關係（Hines et al., 1986/1987）。如果人們制訂了具體的態度，這些特定的態度可以更好預測人們的行為。過去的研究中，親和力和開放性是預測環境態度的重要因子。

H1：情緒穩定性會透過環境態度（environmental attitudes）中介變項影響親環境行為意圖。

### 二、控制觀（Locus of control）

控制觀係指個人透過自我看法改變行為的能力（Hines et al., 1986/1987）。早期的研究中控制觀（locus of control）是從社會學習理論（social learning theory）中發展出一種內部到外部控制強化的概念（Rotter, 1966），描述個人認為外在因子是否能決定自己行為的程度。內控觀是指那些認為凡事會取決於他們自己的行為、能力或屬性的人。外控觀則是指那些認為事情不在他們個人控制之下，而是在強大的他人、運氣、機會及命運等因子控制下的人。控制觀與在負責任的環境行為中的行動策略的認知技能相比，其實並沒有良好的預測能力，但是可能與其他變量有協同作用（Hungerford and Volk, 1990）。過去有許多的研究已經證明控制觀及環境行為之間有所連結（Hines et al., 1986/1987; Newhouse, 1990）。控制觀（Locus of control）與神經質（Neuroticism）是心理學中最廣泛研究的個性

概念之一（Judge et al., 2002）。控制觀與焦慮負相關（Joe, 1971; Ray and Katahn, 1968），即指焦慮得分越高者通常傾向外部控制。而焦慮是神經質（Neuroticism）的主要元素之一（Watson and Clark, 1984）。

H2：情緒穩定性會透過控制觀（Locus of control）中介變項影響親環境行為意圖。

## 三、責任感（Responsibility）

個人責任感係指個人認知到自身有必要且必須進行環境行動的意識，以及將環境行動之責任歸屬於自身的自覺。個人責任感會促使親環境的行動的產生（Newhouse, 1990）。責任感也常被歸類為人格特質中嚴謹性的特質（Komarraju et al., 2011; McCrae and Costa, 1987）。

H3：情緒穩定性會透過責任感（Responsibility）中介變項影響親環境行為意圖。

## 四、方法（Method）

我們的研究之主題為：

㈠過去研究著重在神經質與親環境行為的研究，情緒穩定性與親環境行為之間是否有什麼關係，與神經質的運作方式是否不同。

㈡情緒穩定性與親環境行為之間的結構與路徑為何。

㈢如何使用情緒穩定性與環境行為之間的路徑調整環境教育的方法與內容。本研究以臺灣地區作為為我們初步研究的驗證基地，根據過去研究提出理論假設，以結構方程式模型進行研究驗證。

## 五、研究結構

本研究結合五大人格特質之情緒穩定性與REB模型，並藉由文獻確認欲探討各變項之間的關係。將所提出假設繪製本研究之結構，請見圖4-4及圖4-5。針對各變項擬定題目作為本研究之問卷。

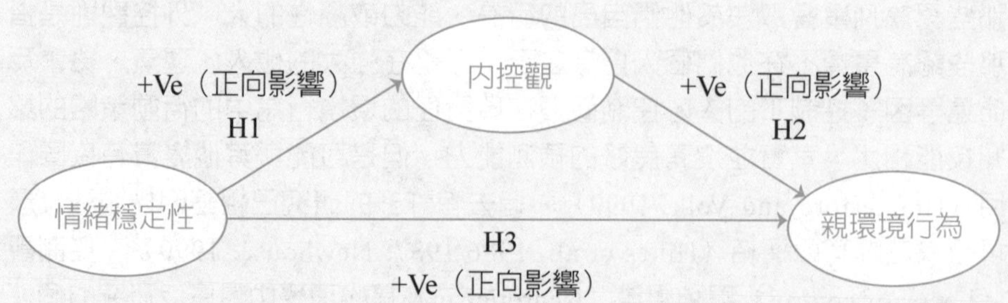


圖4-4　情緒穩定性、內控觀與親環境行為之間的關係假設路徑（Chiang et al., 2019）。

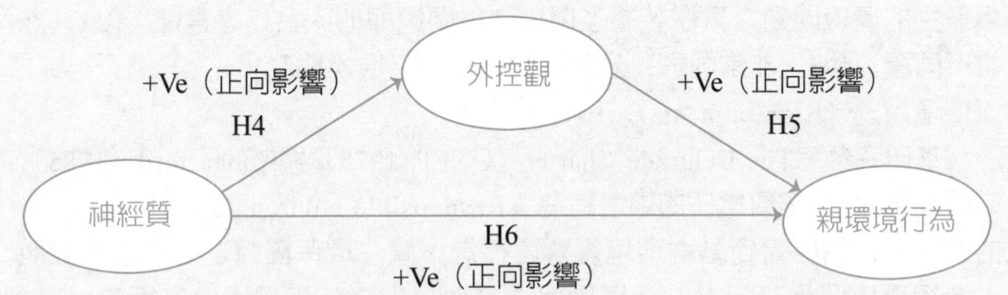


圖4-5　神經質、外控觀與親環境行為之間的關係假設路徑（Chiang et al., 2019）。

㈠情緒穩定性（Emotional stability）

本研究採用五大人格特質（Big Five personality traits）測驗受測者之人格中的情緒穩定性，共5題。主要依據五大人格特質的結構，並以100個特性作為五大人格構成的因素。之後根據其100個因素又將結構簡化為由50個因素構成之五大人格測驗項目。本研究依據其50個因素中屬於情緒穩定性之特質，並統整相反之特質，包括心情不穩的（Moody）、妒忌的（Jealous）、頑固的（Stubborn）、羨慕的（Envious）、煩躁的（Fretful）等5個題目，以5點量表讓受試者以1（非常不同意）至5（非常同意）分自述其人格特質的符合程度，用以測驗本次研究對象之情緒穩定性。

㈡環境態度（Environmental attitudes）

本研究參考The Belgrade Charter（UNEP, 1975）與Declaration of The Tbilisi Intergovernmental Conference on Environmental Education（UNEP, 1977）及Lindstrom and Johnsson（2003）之研究，提出3個環境態度的題目，包括自我中心的態度、人類對自然界相互依存態度、為經濟利益犧牲環境之態度，以1（非常不同意）至5（非常同意）分測驗研究對象之環境態度。

㈢控制觀（Locus of control）

本研究參考Fielding and Head（2012）之研究，提出3個控制觀（Locus of control）的題目，包括是否認為自己對改善環境無能為力、在經濟與時間上對環境保護的控制觀，以1（非常不同意）至5（非常同意）分測驗研究對象之環境態度。

㈣責任感（Responsibility）

本研究參考The Belgrade Charter（UNEP, 1975），提出3個責任感（Responsibility）的題目，包括改善環境與生活品質之責任、參與解決現

今發生的環境問題之責任、為了環境改善問題與他人合作之責任，以1（非常不同意）至5（非常同意）分測驗研究對象之環境態度。

㈤環境行為（Environmental behavior）

本研究參考The Belgrade Charter（UNEP, 1975）與Hungerford（1985）之研究，提出5個負責任的環境行為（Responsible environmental behavior）的題目，包括考量行動對環境影響之行為、關注環保團體之行為、說服他人進行環境保護之行為、參與環保連署與檢舉違法破懷環境之行為，以1（非常不同意）至5（非常同意）分測驗研究對象之環境態度。

## 六、結果（Results）

㈠敘述性統計分布（略）

本研究最終收回問卷可用問卷473份。

㈡資料分析方法與過程

本研究在問卷回收之後使用SPSS 23進行信度分析，確認本研究問卷回收之問卷之Cronbach's $\alpha$ 值達0.859屬於高信度。並使用LISREL9.2（Jöreskog and Sörbom, 2015）作為分析工具。並依循研究假設及衡量構面來分析問卷，以建立結構方程模式（Structural equation modeling, SEM）驗證假設研究架構的整體與內在適配性。在模式參數的推估上，採用最大概似估計法（Maximum likelihood estimation, MLE）；而在模式的整體適合度檢定方面，則依據各項是配度指標（Fit index）作為判定的依據。判定時配適度指標（GFI）、比較適配指標（CFI）及非規範適配指標（NNFI）大於0.90為較佳適配度，漸進誤差均方根（RMSEA）小於0.080為可接受適配度，規範卡方（Normed Chi-Square）大於3較佳。

然而在假設驗證的過程中，初始模型並不達適配度標準。檢視後發現人格特質與態度及個人責任感之路徑皆不達顯著標準，考量到過去研究中態度多與親和力與開放性相關（Hirsh, 2010, 2014; Liem and Martin, 2015; Mayer and Frantz, 2004）。個人責任感也多與嚴謹性有關（Gough et al., 1952; Komarraju et al., 2011; McCrae and Costa, 1987）。與情緒穩定性無法產生顯著的關聯並無不合理之處，也證明在本研究中，態度與個人責任感並不能擔任情緒穩定性至環境行為的中介變項，故將其自結構中刪除。

此外，驗證過程中也發現情緒穩定性的觀察變項中，頑固的（Stubborn）對潛在變項的解釋變異量不足，原因可能來自於頑固的（Stubborn）在影響控制觀時，與其他觀察變項之作用不同而產生的，故在情緒穩定性經由控制觀的路線中頑固的（Stubborn）特質可能不具有作用，故刪除頑固的（Stubborn）觀察變項。

在刪除態度、個人責任感與頑固的（Stubborn）後GFI達0.949；CFI達0.940；NNFI達0.924皆大於較佳適配度標（0.9）。RMSEA為0.0654，為小於0.080之可接受適配度，Normed Chi-Square大於3，達157.35。各指標均符合適配度標準，以此模型作為本研究最終之結果。

㈢研究假設檢定

因環境態度（Environmental attitudes）與責任感（Responsibility）之結果不顯著，且在最終模型中被刪除，故本研究之H1與H2假設並不成立。而情緒穩定性至控制觀之路徑係數為0.31，*t* 值為5.174（>3.29；達0.001之顯著水準），控制觀至親環境行為之路徑係數為0.27，*t* 值為5.174（>3.29；達0.001之顯著水準）。因此本研究H2假設成立，且皆屬於接近0.3之中度效果。各假設之結果如表4-1所示，而本研究之最終模型請見圖4-6、圖4-7表示。

表4-1　假設驗證表

| 假設 | 路徑 | 顯著性 | 驗證 |
| --- | --- | --- | --- |
| H1 | 情緒穩定性會透過環境態度（Environmental attitudes）中介變項影響親環境行為意圖 | - | 不成立 |
| H2 | 情緒穩定性會透過控制觀（Locus of control）中介變項影響親環境行為意圖 | *** | 成立 |
| H3 | 情緒穩定性會透過責任感（Responsibility）中介變項影響親環境行為意圖 | - | 不成立 |

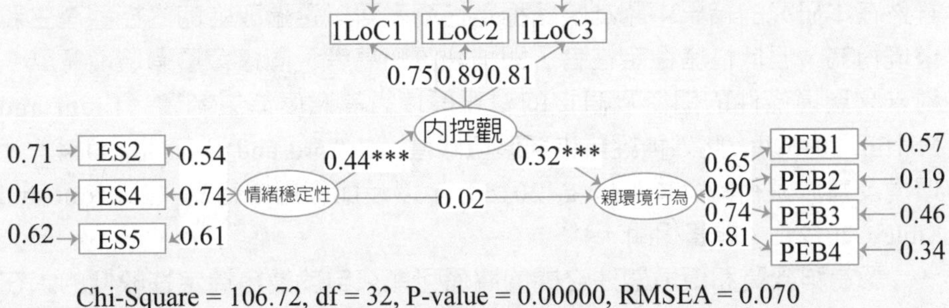


圖4-6　情緒穩定性、內控觀與親環境行為之間的關係路徑（Chiang et al., 2019）。

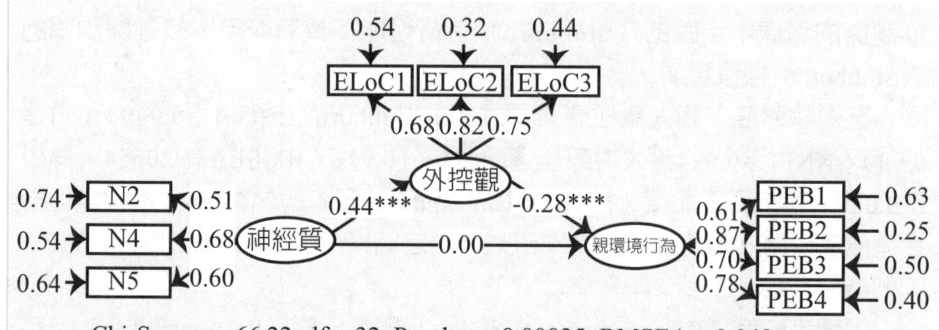

圖4-7　神經質、外控觀與親環境行為之間的關係路徑（Chiang et al., 2019）。

## 七、討論（Discussion）

檢定結果顯示，情緒穩定性影響行為的直接路徑不成立，透過態度與個人責任感的中介變項也不成立，僅有控制觀能作為情緒穩定性影響親環境行為意圖的中介變項，這條路徑與Judge et al.（2002）認為情緒穩定性與神經質是影響控制觀的重要因子的論點相符。顯示情緒穩定性高者較能透過內部的自我看法強化或改變行為，這與情緒穩定性具有耐心、堅強的特質相符，因此相信他們具有改善環境的能力與可能，也較易產生親環境行為意圖。

反面來看，情緒穩定性得分低者，則較易擁有外控觀，認為事情不在他們的控制之下，而是在強大的他人、運氣、機會及命運等因子的控制下。這可能是由於外控觀與焦慮相關造成的（Joe, 1971）。同時，情緒穩定性得分低者具有猜疑、悲觀、自我懷疑、擔憂、不安全感的特質，都有可能產生外控觀，進而覺得自己對改善環境是無能為力的。

因此，在環境教育的推動之中，給予情緒穩定性高者更多的肯定與鼓勵以加強其內控觀，可能是增加高情緒穩定性者親環境行為的有效方法。雖然在本研究的結果中認為情緒穩定性高者可以透過較強的內控觀產生親環境行為，但低情緒穩定性者，即神經質較高者，同樣會透過環境意識、對未來環境條件的期待及直接的對親環境行為態度產生影響（Liem and Martin, 2015），此外神經質也與環境關懷（Gifford and Nilsson, 2014）、環境友善旅遊行為（Kvasova, 2015），以及節約用電行為（Milfont and Sibley, 2012），顯著相關。

認為神經質和環境關注之間的關係可能來自於情緒穩定性較低的人在生活中較易產生各方面的擔憂，其中包括環境問題。這樣的推論似乎也可以解釋相關的研究結果（Liem and Martin, 2015; Gifford and Nilsson, 2014）。且顯示神經質或許與後果覺知（awareness of consequences）有所關聯，後果覺知是「價值-信念-規範理論」（value-belief-norm theory）（Stern et al., 1999）及規範啟動模型（Norm Activation Model, NAM, Schwartz, 1977）中皆有提及的環境行為影響因子。也可能與負責任環境行為流程圖（Hungerford and Volk, 1990）中環境敏感度（environmental sensitivity）有關。

這樣看來，無論是情緒穩定性或是神經質都有可能透過不同的因子影響不同的環境行為，那麼比較不同人格特質對環境行為的相關性大小，並且試圖定義某一個人格特質，較能夠產生環境行為就顯得沒有什麼意義，找出路徑遠比找尋單純的相關性還來的重要。而路徑不成立或是相關不顯著，很可能僅僅是因為研究的認識論不足以解釋人格特質至環境行為結構的本體所造成的。態度與個人責任感在本研究的結構中被排除，也可能是因為這兩個變項較適合擔任其他人格特質的中介變項所造成的。

在本研究排除的環境態度的研究當中，態度多與親和力與開放性有關（Hirsh, 2010, 2014; Liem and Martin, 2015），而情緒穩定性則較少被提及，僅在少數研究中，「神經質」是被認為積極影響親環境態度的因子（Liem and Martin, 2015）。而在本研究中態度作為中介變項的假設並不成立，顯示在本研究中態度不是情緒穩定性至親環境行為的中介變項。

責任感也常被歸類為嚴謹性（Gough et al., 1952; Komarraju et al., 2011; McCrae and Costa, 1987）。本研究中個人責任感作為中介變項的假設並不成立，同樣顯示個人責任感並不是情緒穩定性至親環境行為的中介變項。有研究指出神經質高者更有可能將事件的責任歸因於他人，而不是自己（Tong, 2010），但該研究又指出，內疚也可能產生責任感，那麼神經質影響個人責任感的方式可能不是簡單的路徑，可以是未來持續探究的方向。

本研究認為在過去的環境行為研究中情緒穩定性較其他四個人格特質較少被提及的原因，可能是與態度和責任感兩個常見的親環境行為因子沒有顯著的相關。可能因為態度與責任感與情緒穩定性的關係過於複雜，無法顯示出顯著相關造成的。但本研究結果顯示，至少對於情緒穩定性高的對象，採用提高內控觀的教育方式，可能會比提高態度或是個人責任感還來的簡單有效。

## 八、結論

最後，本研究提出研究結論，在結構方程式模型的驗證下，情緒穩定性會透過控制觀的中介變項影響親環境行為意圖。而態度、個人責任感及直接影響的假設都被排除。因此，在環境保護與教育的推動之中，給予情緒穩定性高者更多的肯定與鼓勵以加強其內控觀，可能是增加高情緒穩定性者親環境行為的有效方法。

然而情緒穩定性低（神經質得分較高）者，因為「憂國憂民」的憂患意識，也可能透過環境關懷（Gifford and Nilsson, 2014）與環境意識（Liem and Martin, 2015）或是其他模型中的後果覺知（awareness of consequences）及環境敏感度（environmental sensitivity）等不同的方式，影響親環境行為。情緒穩定性或是神經質，可能都還透過了更多變項與路徑影響親環境行為，尚需要更多的研究進行補足，而其他人格特質的正反面路徑，也同樣需要更多的研究。

## 第三節　社會規範

在本章第二節我們談到人格特質影響到環境行爲。在本章第三節中，我們談到環境的外部規範，也就是是「社會規範」（social norm）。在全球強調永續發展與世代正義之際，對於國人如何以正確態度、控制觀、個人責任感，產生環境友善行爲意向，其中涉及到「社會規範」對於環境行爲的影響層面，成爲近年來重要的研究課題，以下我們談到規範的內涵。



### 一、規範（norm）

第三章中我們談到，個人的態度會影響行爲，不過行爲表現除了個人因素之外，還有因爲社會的要求，也會影響到個人行爲的表現。因此，由團體施加予人類需要遵守的規範爲「社會規範」（social norm）。人類呱呱墜地，自幼所接觸的團體之中，包含了日常生活的社交圈範圍，例如保母、家人、師長、同學、親近的童年夥伴，以及親近的朋友，以上都是社會化的過程中，所得到社會規範的資訊來源。規範是人類會接收來自社會的訊息，並依照訊息的要求，表現出符合規範性的行爲。有的時候即使某人的態度不想做某件事，但會在規範之下乖乖配合（Heberlein, 2012）。在影響環境行爲的社會規範之中，社會規範分類成主觀規範（subjective norm）、命令規範（injunctive norm），以及描述規範（descriptive norm）。

### (一)主觀規範（subjective norm）

主觀規範可以影響環境友善行爲的變項之一，規範支持或反對的壓力越大，對行爲意向的影響越強。什麼是主觀規範呢？主觀規範是指身邊的人，例如家人、同學、好友，或是親近的夥伴，對個人做出期許。例如，如果他們希望個人做到環境友善行爲，包含了要求、期許、支持，以及協助，個人會更願意去做環境友善行爲。在節約水電、搭乘大衆交通工具，以及做好垃圾分類，有身邊的人支持環境保護的行爲，從事環境友善行爲的意願就會提高。

主觀規範在北歐社會的環境友善行爲具有影響力。例如，在購買環境友善產品上尤其明顯。因爲當地的環境保護的社會氛圍，會有社會期待，個人能表現出較高的環境友善行爲。由於身邊的親人，還有社區熟人的支持與期待，他們就傾向選購環境友善產品。在人對社區認同度高，連結更緊密的北歐社會，主觀規範是影響環境行爲意向，成爲一種重要的社會規範。

### (二)命令規範（injunctive norm）

命令規範（injunctive norm）是指他人認可的行爲，遵守或違背會有罰責或獎勵；命令規範會影響環境友善行爲。在丟棄廣告單實驗之中，停車場牆壁上貼有要求維持整潔的命令規範，停車場維持得很整潔；在沒有命令規範的停車場，超過三成受試者會亂丟廣告單。在描述規範的實驗之中，實驗組是維持整潔的描述規範實驗，對照組是隨手亂丟廣告單的描述規範實驗，前者實驗大致在停車場中還能維持環境整潔，後者則是廣告單散落一地（McKenzie-Mohr, 2011）。

### (三)描述規範（descriptive norm）

描述規範則是個人感受得到，也就是個人認爲大多數人的作爲。描述規範和主觀規範不同的是，描述規範不一定要是熟人，只要是在同一個空間有接觸的人們，像是同一條街的鄰居，在同一所學校，但是不同班級的人，他們的行爲都會形成描述規範，來影響個人行爲。

表4-2說明社會規範和個人規範的類型，詳細環境心理學之行爲模型說明，請參考本書第五章〈環境典範〉。

表4-2 環境行為理論經常討論的規範類型

| 規範層級 | 規範類型 | 定義 |
| --- | --- | --- |
| 社會規範 | 主觀規範（subjective norm） | 個人感受身邊的人，例如家人、同儕、長官，對自身特定行為的期許或支持（Hernández et al., 2010; Thøgersen, 2006）。因此，主觀規範是個人對特定行為的看法，受到重要他人（例如父母、配偶、朋友、教師）判斷的影響。 |
| | 命令規範（injunctive norm） | 剛性規範，依據環境保護賞罰原則，進行認可的行為，遵守或違背相關法規，會有獎勵或罰則（Heberlein, 2012; Hernández et al., 2010; McKenzie-Mohr, 2011; Thøgersen, 2006）。 |
| | 描述規範（descriptive norm） | 個人藉由觀察其身邊重要的人們是否都會從事某一特定行為（Goldstein et al., 2008; Heberlein, 2012; Hernández et al., 2010; McKenzie-Mohr, 2011; Thøgersen, 2006）。 |
| 個人規範 | 個人道德規範（personal moral norm） | 個人自我期許，覺得有道德義務要去進行特定行為，被視為一種自我價值延伸的概念（Bamberg, & Möser, 2007; De Groot and Steg, 2009; Heberlein, 2012; Hernández et al., 2010; McKenzie-Mohr, 2011; Stern, 2000; Thøgersen, 2006）。 |





## 二、社會規範預測環境友善行為的直接和間接路徑

上述研究對於社會規範影響環境友善行爲的路徑，也有直接影響和間接影響等不同的看法。社會規範可以直接影響節省能源、維持環境整潔、保護自然環境等環境友善行爲；但是社會規範也以間接路徑影響行爲意向（Bamberg and Möser, 2007; Hernández et al., 2010）。

社會規範可作環境友善行爲的預測變項。社會規範影響環境行爲的論述中，學者認爲社會規範產生直接路徑，可直接預測行爲，也有的學者認爲社會規範產生間接路徑，其路徑關係是透過影響個人的心理變項因子，心理變項因子再去影響行爲。不過環境行爲類別不同，社會規範影響行爲的路徑也會有差距（Hernández et al., 2010; Thøgersen, 2006）。在旅館中

節省水資源的實驗，分別設置命令規範與描述規範的標語，要求旅客重覆使用毛巾，避免不必要的送洗。實驗結果發現，命令規範與描述規範，兩種都能影響環境行為。描述規範的影響力，比命令規範略大（Goldstein et al., 2008）。此外，家庭資源回收行為同樣發現描述規範與態度、知覺行為控制、主觀規範三個變項一樣，對環境行為有預測力。在使用大眾交通工具的環境行為，描述規範同樣也可預測行為意向。

上述研究將描述規範納入心理模型，了解規範對行為意向的影響，所探討的描述規範影響環境友善行為。恰爾蒂尼研究發現命令規範與描述規範，都會影響環境行為（Ciadini et al., 1990）。索格森依據文獻回顧，命令規範與個人規範相關性較低；主觀規範與個人規範相關性較高（Thøgersen, 2006）。在相關分析中，主觀規範、描述規範與環境友善行為有中度相關性；迴歸分析結果，主觀規範與描述規範都會影響個人規範，個人規範再影響環境行為。描述規範不止影響個人規範再影響環境行為的路徑，也有直接影響環境行為的直接路徑（Thøgersen, 2006）。在埃爾南德斯的研究中，他探討社會規範、個人規範與環境行為。依據路徑分析的結果，命令規範以影響主觀規範，主觀規範影響個人規範，個人規範再影響環境行為的路徑；描述規範則是直接影響環境行為（Hernández et al., 2010）。命令規範的影響力是以間接的路徑來影響主觀規範與個人規範，再去影響環境行為。主觀規範與描述規範比起命令規範，能以更直接的路徑影響個人規範與環境行為。

## 第四節　環境壓力

如果從人類內在心理認知的角度，我們探討人類自呱呱墜地之後，依據五官感知能力探索環境，進行環境認知，後來形諸於外的表現，從人格特質影響到外在表現，並且受到社會規範的影響，型塑外在的行為。那麼在環境的影響之下，我們內心深處如何抗拒惡劣的環境壓力？以及我們如何在舒適的環境中，達到環境療癒的效果呢？

如果說將近一萬年前，在中東伊拉克與巴勒斯坦的約律哥與雅莫出現人類史上第一個聚落雛形，那麼，這個象徵人類生活克服了自然生態的嚴峻性，包括了如何克服嚴寒的氣候、酷熱的氣候、躲避洪水、防止荒漠等天然災害，力求改變人類在空間利用行爲。學者研究聚落，是形容人類住宅及其周遭營造物聚合體的空間概念，此一人文空間與環境，即爲聚落環境學研究範疇。然而，聚落以鄉村型態房屋聚集爲主，其形成和發展，成爲地表嵌塊體人文景觀中主要成分。

在人類歷史的早期，聖經上記載，大洪水降下前的1656年間，人類已經有各種不同的住所。《聖經：創世紀》11：3-4記錄大洪水過後，人類興建巴別塔，讓上帝不悅。佛教重要孝經《地藏菩薩本願經．閻羅王衆讚歎品第八》，釋迦牟尼佛告地藏王菩薩：「生時，但作善事，增益宅舍，自令土地無量歡喜，擁護子母，得大安樂，利益眷屬。」

營造對於人類，是一種藝術；建築對於人類，是一種利益。然而，在人口日益成長、水源短缺、耕地消失、海洋生態浩劫、生物多樣性減少的現代，環境學門應運而生，其形成與發展以研究人類在聚落區域如何繁聚，與自然環境如何發生相互作用。「自然環境」和「人爲建築開發」開始衝突。

「永續城鄉環境」是揭櫫人類聚落影響自然環境的一門學科，其間之關係，有賴更深入了解人文環境及經濟社會的內涵，亦即觀察「人地關係」，分析形成地方、聚落、區域、大都會特性的因素，藉以認知建築與擁擠環境的空間，俾利實證人類近代文明之現象。

一般來說，人類克服了環境壓力，展現了一種人定勝天的氣勢，然而，因爲對於環境壓力的主客體不明，生態科學家所說的環境壓力（environmental pressure），以及社會學家所說的環境壓力，甚至心理學家所說的環境壓力（environmental stress），壓力都在，但是內容不同，分析如下：

## 一、環境科學家所說的環境壓力（environmental pressure）

環境壓力指標（environmental pressure）反映了人類活動對於環境的影響，包含了人爲環境壓力（anthropogenic environmental pressure）導致的環境影響（environmental impact），引起了環境問題的出現。環境壓力包含了人類排放到環境中的廢氣，產生的廢水和廢棄物，使用和排放的重金屬化合物，消耗臭氧層的物質，以及消耗了森林和礦產資源等。此外，由於全球氣候變遷，臭氧層消耗，生物多樣性消失，廢棄物任意拋棄，資源無法循環利用，有毒化學品逸散，河川和空氣污染，以及水資源耗竭這些環境問題，都是環境科學家所說的環境壓力（environmental pressure）。

## 二、社會學家所說的環境壓力（environmental stress）

因爲人口稠密，產生環境污染，這些環境壓力，形成了環境的影響，同時造成了環境保護問題。這些問題，都有賴於環境科學家提出環境保護的解決方案。由於環境問題的產生，不是科學就可以解決的，需要從社會和經濟的角度，進行思考。由於人類對於環境壓力（environmental stress）事件的抗拒，以及對於生存幸福的追求，人類會思考如何減少壓力的產生，以及解決環境問題。對於壓力產生的時候，會產生警戒、抵抗，以及疲憊等階段性反應。這些壓力產生了生理和心理的作用。接下來，針對環境壓力源的態度、道德觀、環境保護經驗，以及對於環境影響的後果覺知（awareness of consequences），都會採取因應對策。

我們以大自然反撲，產生了海洋資源耗竭來說，由於海洋資源枯竭，魚群日益減少。以合法捕魚爲例，因爲對於環境資源的重視，漁民採取合法捕魚的方法，對於傳統捕魚領域沒有環境影響，但是因爲海洋資源耗竭，魚群大量減少，漁民捕獲不到魚，產生了經濟收入減少，形成了貧窮的社會現象。

在圖4-8中，我們會評估如果漁民應付壓力的資源、策略，以及捕魚

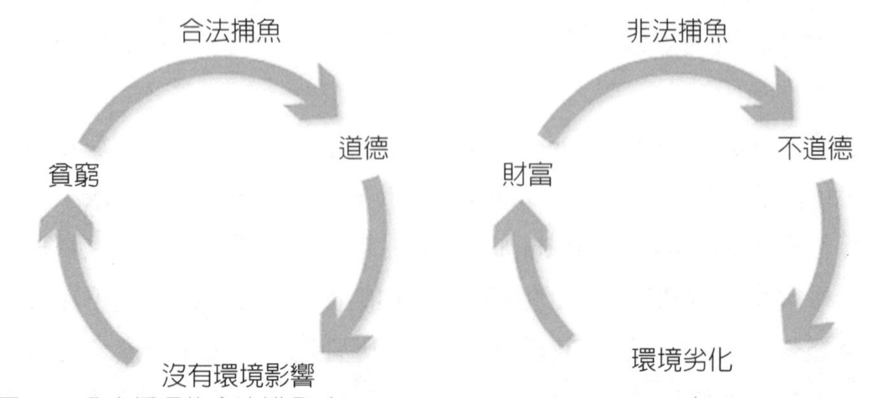

圖4-8　貧窮循環的合法捕魚（Fabinyi et al., 2010; Fabinyi, 2012）。

效果。我們發覺非法捕魚的情形產生，由於非法捕魚，產生了更大的環境問題，漁民經濟富裕了，但是其應付壓力的方式，雖然產生了富裕的情形，但是資源更加的耗盡。

人類以行動控制或改變心理適應的形式。一種是安於貧窮，認爲貧窮是道德和守慧的結果；一種是鋌而走險，採取直接的行動，以改變人類和周遭險峻環境之惡劣關係。例如，冒著被拘捕的危險，進入海洋保護區內進行拖網捕撈。當然，漁民也可能採用一種調適自己情緒與認知的適應方式，例如在賞鯨期間，試圖放鬆自己的情緒，看著鯨豚追捕自己的獵物；或是轉行進入到生態旅遊的賞鯨豚的解說工作，以解決生計問題。但是，如果海洋生態旅遊的收入並不豐富，漁民自己無法改善收入微薄的情況，覺得從漁業捕撈轉行從事旅遊業，其收入並不能改善最終的家計結果，就會產生「我聽專家學者建議改做海洋生態旅遊，但是沒什麼用」的「習得無助」的感覺。如果在經濟收入極度短缺的狀況之下，在認知上覺得單純一個人的保護海洋資源的行動，並不能影響海洋資源最終耗竭的結果，在情緒上會更加地沮喪；更會加深其身而爲漁民的「習得無助感」。

進入到21世紀，人類社會產生了滔天巨變。由於氣候持續暖化，2001年7個強烈颱風重創臺灣。到了2003年，熱浪（heat wave）肆虐歐洲，大巴黎區升溫至攝氏41.9℃，歐洲共計造成了70,000人熱衰竭死亡（Robine, 2008）。2005年卡翠納颶風群侵襲美國，造成1,245人死亡，財物損失高達1,250億美金。2008年，中國大陸發生嚴重雪災，全國交通陷於癱瘓；到了2011年強烈熱帶颶風雅思（Yasi）襲擊澳洲，由於河水暴漲、流入海中的土石流、沉積物、殺蟲劑也污染海洋，澳洲大堡礁受到重創；2019年熱浪再度襲及法國南部，溫度高達攝氏45.9℃的高溫。

從自然環境的災變當中。隨著氣候變遷，導致環境資源日益短缺，我們以圖4-9爲例，說明目前氣候變遷已經造成了漁業浩劫，形成環境的壓力。這一股壓力產生了生態系統中的變化。顯而易見的，海洋物種將受到影響。然而，氣候變遷在多大程度之上，產生了環境的影響；以及，哪些物種最容易受到影響，科學家依然是衆說紛紜，仍然不能給出確定的答案。圖4-9說明了物種都有生理極限，都會因爲海洋暖化，進行遷徙。

當然，在陸地的我們，會從化石記錄中尋找答案，大多數物種在過去的氣候變遷中，也持續地在地球中存在。針對未來影響的預測，科學家預測了大範圍的物種減少和地區滅絕，物種也會試圖進行適應，或是遷徙。因此，許多物種通過20世紀的氣候變遷，邁向21世紀，將以反應環境變遷的狀態存在，但是將改變了存活的範圍、限制，以及型態表徵。此外，物種多樣性降低的原因，仍然有相當大的程度上其原因尚不明確。然而，最近氣候相關報導，物種逐漸減少的問題，依然可以在最近研究結果進行參考，同時協助指導當前的生態系統管理的指標。





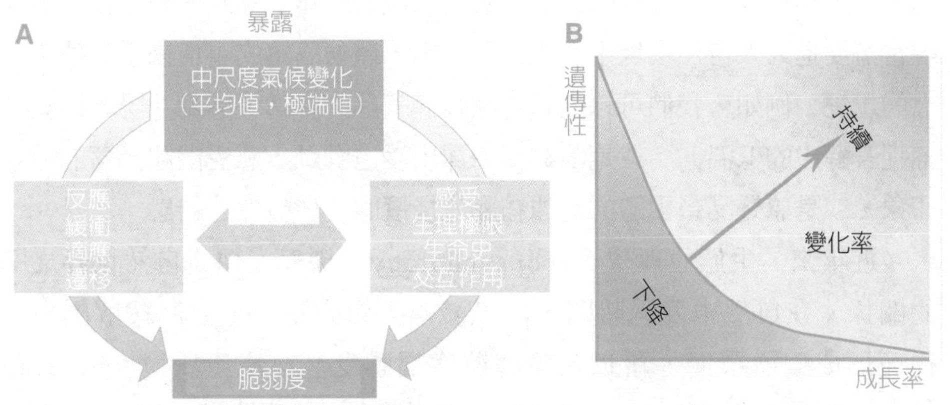


圖4-9　影響物種易受氣候變化影響的因素。(A)從暴露至大範圍的氣候變化途徑到物種的脆弱性之示意圖(B)物種增長的遺傳特徵（trait heritability）和環境變化率（例如溫度）限制了演化速率（Moritz and Agudo, 2013）。

## 第五節　療癒環境

環境可以造成人的壓力，在環境的影響之下，我們設法抗拒、減緩，或是調適惡劣的環境帶給我們的壓力；但是，在舒適的情境之中，環境也可以療癒人類疲憊的心靈。

在東方，療癒環境（healing environment）是創造身體和心靈康復的地點，療癒的目標，主要是要減少壓力（reduce stress），從而減少可能影響身體健康、情緒波動，以及調整邏輯思惟過程的壓力的身心症狀。傳統東方信仰自然的治癒力量，例如印度的阿育吠陀（Ayurveda）是一種古老的療癒傳統。在傳統印度，建議每天在大自然中度過，讓感官體驗人類存在的奇蹟。大自然能夠將我們的注意力轉移到我們自身範圍之外，並讓自我與宇宙取得千絲萬縷的聯繫。

人類一直對自然的治癒能力（healing power）感到興趣。在西方，最著名的案例是梭羅（Henry David Thoreau, 1817-1862）在麻薩諸塞州的康克德華登湖度過了兩年的僻靜時光，當他進行寫作，也是對生活和自然的經典冥想過程。在1845年，梭羅感受到森林的戶外環境，讓他可以享受心靈平靜，並且改善健康狀況。

此外，進行自然聯繫，可以提升精神層次，強化深層的自我意識。我們可以思考自我是身處比我們想像的更大的宇宙的一部分，我們可以思考進入到童年擁我入懷母體的溫馨，感受母親的慰藉。等到成長之後，需要經常需要進入大自然環境中進行自我觀照，體驗簡單的事情來重新連接自然的母愛。例如，我們可以赤腳走在長滿苔蘚的森林，感受「陽光灑網，捕捉苔蘚中的低溫」；或是浪跡在海洋中浸泡腳趾，感受潮起潮落的流水印象，或是感覺晶瑩剔透的泡沫在腳底搔癢的一種自然連結感。

近年來，生態心理學（ecopsychology）探索人類與自然世界之間的關係。在自然中度過時間，可以減輕人類的壓力，協助緩解壓力，從而形成療癒環境，藉以改善整體幸福感受。在療癒環境（healing environment）中，基本上可以分爲自然環境和人爲環境。

## 一、自然環境

當人類暴露於大自然時，人們常常會感到更加慷慨，與社區聯繫更爲緊密，甚至於更具有社會意識。因此，即使只是觀看自然照片，也會增強人類和生物聯繫的感覺，從而提醒人類基本的環境價值觀，例如慷慨和關懷。在《環境心理學期刊》（Journal of Environmental Psychology）上的系列的研究證明，每天暴露在大自然中的人們，雖然只有20分鐘，整體能量水準較高，心情的情緒也比較好，其原因如下：

### ㈠維生素D

在戶外度過陽光燦爛的日子，是一個很好的方式（Beute and de Kort, 2013）。讓我們的臉上充滿著微笑。陽光爲我們提供維生素D滋養，可以平靜情緒，調整神經系統，並且在寒冷陰鬱的冬天，改善季節性情感障礙（seasonal affective disorder, SAD）等問題。因爲，被自然光所包圍的人類，生產力更高，生活也會更健康。除此之外，維生素D還可以促進體內鈣質的吸收，並且適量的維生素D，可以將高血壓、癌症，以及其他自身免疫疾病的風險降至最低。

### ㈡芬多精

在森林中，經過陽光照射，在溫度上升的時候，因爲植物的經過光合作用的代謝作用和蒸散作用，產生了芬多精（phytoncide）。芬多精以瀑布群中的臺灣杉、柳杉、樟樹所釋放的芬多精最高。芬多精具備抑制黴菌和細菌，在芬多精的研究功能中可以降低血壓、振奮精神。此外，強化副交感神經的功能，提升睡眠品質，並且減緩焦慮。自我療癒。而在臺灣無論是針闊葉樹，通常以松烯最常見，具有殺菌、振奮精神的功效。

### ㈢唾液澱粉酶

當人類感受到壓力的時後，釋放壓力荷爾蒙，包含糖皮質激素和兒茶酚胺，可以採用採唾液的非侵入性測量，例如測量唾液α-澱粉酶（sAA）和唾液皮質醇（sC），可以用於量化人類因爲壓力，產生了社會心理壓力反應。在安靜和安全的療癒環境之中，顯示心理壓力減少，唾液α-澱粉酶也會減少。

## 二、寧適環境

寧適的休閒環境有可能是一種室內的環境。人類需要從日常生活中解脫出來，並且進入到一種休憩和充電的情境，進行冥想，安靜地體會周圍的景象、聲音，以及氣味。沉思和冥想的一種基本形式，是將自我的注意力帶到現在，而不是沉溺於過去，或是擔心未來。也就是，可以最大限度地減少壓力和焦慮。

在消除環境壓力因素中，例如需要減少噪音、眩光、空氣汙染，以及缺乏隱私的喧鬧環境。所以需要將療癒環境和大自然聯繫起來，欣賞室內花園、水族館、水族缸的元素景觀。並且需要增強自我的控制感，減少手機和社群媒體的干擾，找到一個安靜的場所，以溫暖的照明、清幽的音樂、安靜的座位和床鋪，以度過輕鬆舒適的午後。

## 三、產後環境

人類在出生之後，因爲呱呱墜地，從母體中撕裂，需要尋求社會支持的機會。在接觸空氣的那一刻，開始自我異化（alienation of self），這一種異化，從認知產生了自我感知，例如開展了觸覺、視覺，以及聽覺；開始進行學習到分類；同時，也開始有了個人的愛好，並且有了感覺和情緒，這都是種種分裂的一種社會象徵。

然後，人類嬰孩覺得他（她）被剝奪，覺得環境陌生，並且與母體逐漸疏遠。隨著母嬰隔離，嬰兒產生了無力感、孤立感，以及母體疏離。在社會環境的因素之下，人類嬰孩需要學習同伴，進行同儕示範，並且學習產後環境的疏離感。因此，在產後環境之下，需要爲母嬰提供隱私的空間，爲母親提供互動的情境環境，伴隨著專爲醫療保健環境開發的母親音樂，以提供產後憂鬱的母親和焦慮的嬰孩，共同產生和平、希望，以及聯繫的感覺，並且提供輕鬆、寧適，以及紓壓的機會，請見圖4-10。

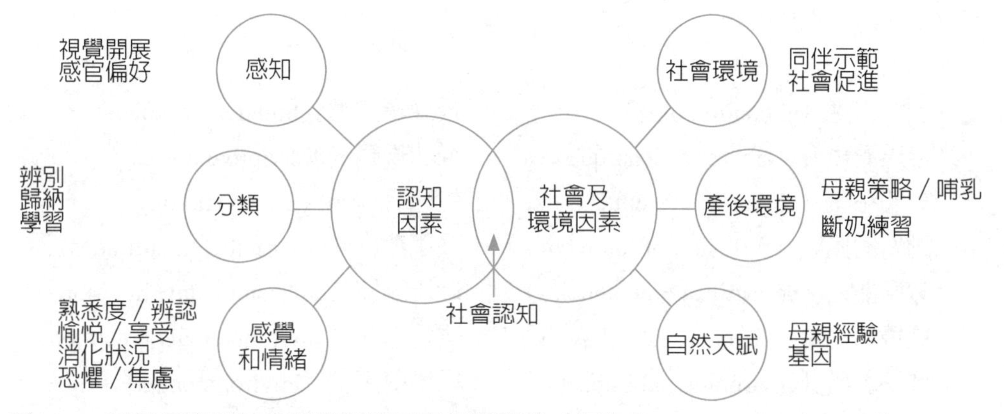

圖4-10　認知因素和社會環境調節因素的類型學（修改自：Lafraire et al., 2016）

## 小結

環境教育是從教學經驗中，掌握環境科學和環境心理學方面的知識，融匯不同自然學科、社會學科等不同類型的知識，且純熟運用於教學「心理化」（psychologize）的過程，才能達到教學目的。因此，本章通過環境認知、人格特質、社會規範、環境壓力，以及療癒環境，體驗在環境心理的架構之下，體現於理解和體會自然環境的特徵，以身歷其境，進行環境教育中的「境教」；「境教」爲一種不言而喻的自然感受。釋迦摩尼佛陀拈花，迦葉尊者微笑，這是一種無言的教育，完全由一種外在的情境，轉換人爲人類的領悟心境。

這不僅要求教師對於環境教育多樣性內容的理解，而且必須體認環境的價值和生活的目的。這兩種層次，對於教師實踐教學極爲重要（周健、霍秉坤，2012）。教師除了要讓學習者領悟之外，還要啓發學習者的行動。在此同時，人類人口持續膨脹，雖然帶動了前所未有的經濟成長，但是地球已經爲了人類的開發付出了代價，貧富明顯不均，污染處處可見。到了今天，環境保護工作不僅僅是一種國家和社會問題，而是成爲了個人價值觀的環境心理問題。目前的關鍵問題是，是否人類自身能以尊重地球的生態界限的方式發展經濟，並且支持21世紀中葉預計的97億人口，成爲全球人類面臨永續發展，最大的集體心理壓力。

## 關鍵字詞

自我異化（alienation of self）
後果覺知（awareness of consequences）
認知系統（cognitive system）
創新的擴散（diffusion of innovation）
教育能力（educative competencies）
環境行為（environmental behavior）
環境影響（environmental impact）
環境壓力（environmental pressure; environmental stress）
情緒穩定性（emotional stability）
全球社區（global communities）
療癒環境（healing environment）
熱浪（heat wave）
命令規範（injunctive norm）
控制觀（locus of control）
鏡像神經元（mirror neurons）
培育環境（nurture environment）
知覺行為控制（perceived behavioral control）
科學共識（scientific consensus）
社會規範（social norm）
社會學習理論（social learning theory）
主觀規範（subjective norm）
價值-信念-規範理論（value-belief-norm theory）
人為環境壓力（anthropogenic environmental pressure）
飛旋鏢效應（boomerang effect）
描述規範（descriptive norm）
生態心理學（ecopsychology）
環境態度（environmental attitudes）
環境認知（environmental cognition）
環境感知（environmental perception）
環境敏感度（environmental sensitivity）
完形心理學（Gestalt Psychology）
進階屬性（graduate attributes）
治癒能力（healing power）
資訊處理（information processing）
當地社區（local communities）
最大概似估計法（Maximum likelihood estimation, MLE）
規範啓動模型（Norm Activation Model, NAM）
典範轉移（paradigm shift）
負責任的環境行為（responsible environmental behavior, REB）
季節性情感障礙（seasonal affective disorder, SAD）
社會行動者（social actors）
結構方程模式（structural equation modeling; SEM）
遺傳特徵（trait heritability）

# 第五章
# 環境典範

Ecocentrism goes beyond biocentrism with its fixation on organisms, for in the ecocentric view people are inseparable from the inorganic/organic nature that encapsulates them. They are particles and waves, body and spirit, in the context of Earth's ambient energy (Rowe, 1994a).

生態中心主義立基於有機體之上，因此在內涵上超越了生物中心主義。在生態中心觀點中，人類與其組成的無機體／有機體之性質密不可分。在地球環境能量的背景之下，人類是粒子和波浪、身體和精神的組成。

——羅伊（J. Stan Rowe, 1918-2004）〈生態中心主義：協調人類和地球的和弦〉（Ecocentrism: the Chord that Harmonizes Humans and Earth）

## 學習焦點

本章探討環境典範（Environmental paradigms），內容涵蓋了環境倫理、新環境典範、新生態典範、行爲理論典範，以及典範轉移等理論和實務的內涵。傳統的生態學，是指生態系統中的生物學。但是，生態典範（ecological paradigms）和環境典範（environmental paradigms）的原則，可以適用於現在學校的學科應用之中，這些典範從土地倫理出發，建構土地和我們的關係，生物和我們的關係，以及生態系統之間的關係。這些關係，都是一種聯繫。如果，我們認爲人類出生之後，就是脫離溫暖的母體，產生了母體聯繫關係斷裂之後的疏離、異化，以及分離之後的焦慮。我們出生、成長，逐漸衰老，等到到了死亡之前，都是在尋覓如何尋找人類之間關係的聯繫方式。因爲，確認聯繫關係，才能賦予人類自身在世界上特殊的地位、身分，以及存在於世間的價值，這種關係上的依附，隸屬於經濟的身分、社會的地位，以及環境的永恆價值。

## 第一節 環境倫理

哲學的核心領域之一是道德和倫理，所以倫理就是在研究什麼是正確的事情。特別是，從道德規範涉及價值判斷的角度思考人類身處於這個世界的意義：「倫理的探討，不僅僅關注我們爲何以這一種方式行事，而且還要詢問這些行爲是否是正確的」。

環境倫理（Environmental ethics）是一門理解環境哲學的認識論學說，從環境的起源，探討人類與環境之間的關係（楊冠政，2011）。從人類關係的倫理範疇，擴展到有意識的動物、無意識的動物，甚至進入到生物圈的範疇。環境倫理在哲學中，建立了許多假說，例如「萬物擁有內在的價值」，通過社會科學和自然科學的論證，對於環境社會學、生態經濟學、生態神學，以及環境地理學等學科領域，產生深遠的影響。環境倫理批判資本主義，對於環境價值的呈現，尋求人類社會參與式的民主（re-engage democracy），包括面對當前世界生態危機產生的生物多樣性的利益，都在環境倫理的討論之中。因此，環境倫理通過不同利害關係人的想法，挑戰我們看待環境教育的方式。以下我們說明土地倫理、生態倫理，以及批判教育學，理解環境倫理的內涵。

### 一、土地倫理的主要信念

土地倫理是環境哲學或理論架構的一種學理，討論人類在道德上如何看待土地的理論。土地倫理是由李奧波（Aldo Leopold, 1887-1948）在《沙郡年紀》（A Sand County Almanac, 1949）中創造的名詞。在20世紀中葉，這是一本環境運動的經典文本。李奧波認爲人類迫切需要一種「新倫理」（new ethic），這是一種「處理人類與土地，以及在土地中生長的動物和植物關係的倫理」。李奧波提供了基於生態的土地倫理，拒絕以人爲本的環境觀，並且保護自然，發展一種自我更新的生態系統（self-renewing ecosystems）。《沙郡年紀》是第一次有系統地介紹以生態爲中心的環境保護方法。

李奧波創造土地倫理一詞，但是有許多哲學理論，可以說明人類應該如何對待立足其上的土地。土地倫理的相關理論，包括基於經濟學的功利主義、自由至上主義、平等主義，以及生態學的土地倫理。後來聯合國環境規劃署在爲不同國家設計環境教育內容時，採納李奧波「適合於地方情況」的課程內涵原則。

## 二、人類中心理論「人類中心」價值體系的主要信念

在過去，倫理的主要焦點一直都是在人類。有神論者認爲人類存在於地球上，其地位優於其他生命，並且佔據優勢的地位。因此，所有其他形式的生命，都是在爲人類服務，因爲人類是按照上帝的形象創造的。但是這一種基本教義的論點，受到聖經論者的挑戰，他們認爲上帝希望人類成爲地球上生命的管家（stewards）或保護者（protectors），從而顯揚聖經解釋的可塑性。

西方的亞里斯多德（Aristotle, 384-322 BC）和康德（Immanuel Kant, 1724-1804）認爲，只有人類才是道德生物（moral creatures），因爲只有人類才有理性思考的能力。正是這一點說法，讓我們對自身的行爲負責；因爲人類不僅僅是採用本能行事，因此我們可以對自身的行爲負責。對於昔日的道德思想家來說，動物和其他形式的生命，沒有道德立場，而是可以用於人類最終目的之手段。這種方法通常被稱爲是一種「人類中心主義」（anthropocentrism）。從以上的論述可以歸納出人類中心主義的主張：

㈠ 人類是大自然的主人。

㈡ 人類的利益是一切價值判斷的依據，大自然對於人類只有工具價值。

㈢ 人類具有優越性，人類超越自然萬物。

㈣人類與其他生物沒有倫理關係。

然而，相對於西方文化的武斷，東方文化有其謙虛性。正如孟子（372-289 BC）認為人類和動物不同的地方很少，只差只有人類有仁義道德的天性。一般人都不曉得仁義的可貴。所以孟子在《孟子．離婁章句下》說了一段話：「人之所以異於禽獸者，幾希，庶民去之，君子存之。舜明於庶物，察於人倫，由仁義行，非行仁義也。」孟子說的意思是：「人類與禽獸不同的地方，只在很微少的一點；就是人的天性具有仁義罷了。衆人都不知道這一點不同的地方，往往將仁義道德拋棄了，只有君子知道道德的可貴。」莊子（369-286 BC）也經常用生態界的動物自我比喻，例如莊周夢蝶，思考清醒的自己，是不是蝴蝶的夢境；莊子處世恬靜，寧可為泥中嬉戲的活烏龜，也不願意做官，認為伴君如伴虎，做官就是失去人的自由。所以，傳統中國儒家和道家，都不是人類中心理論中的「人類中心」論者。甚至莊子的理想為學習澤雉，「澤雉十步一啄，百步一飲，不蘄畜乎樊中」，這是追求人類和物種自由的一種思惟，而不是獨尊人類思惟的思想。





## 三、生命中心倫理（biocentric ethic）「生命中心」價值體系的主要信念

在過去人類中心理論這一種論述，直到現代都沒有受到太多的挑戰。但是因為達爾文的物種起源演化理論，人類在物種中的地位，已經產生了結構性的變化。生命中心主義是一種道德觀點，將生命內在價值（inherent value）擴展到所有生物。生命中心是解釋地球如何運作，特別是和生物多樣性有關的內涵。生物中心主義一詞涵蓋了所有生物，將道德對象的地位，從人類擴展到自然界中的所有生物。生物中心倫理要求重新思考人類與自然之間的關係。大自然不僅僅是為了被人類使用或消費而存在，生物中心主義者觀察到所有物種都具有內在價值，並且人類在道德或道德意義上並不會優於其他的物種。從以上的論述可以歸納出生命中心主義的主張的四大支柱是：

㈠人類和所有其他物種都是地球中的成員。

㈡所有物種都是相互依賴系統的一部分。

㈢所有生物都以自己的方式追求自己的優勢（good）。

㈣人類本身並不優於其他生物。

生物中心主義並不意味著動物之間存在的平等觀念，因爲在自然界中沒有觀察到這種現象。生物中心主義思想是奠基於自然觀察爲基礎的，而不是以人類爲基礎的。生物中心主義的倡導者經常促進生物多樣性保護、動物權利，以及環境保護。生物中心主義結合深層生態學，反對工業主義和反對資本主義。

## 四、生態中心理論「生態倫理」（ecological ethic）價值體系的主要信念

生命中心主義與人類中心主義形成強烈的對比。人類中心主義（anthropocentrism）係以人類的價值爲中心；生命中心推展到全體生物；然而，生態中心主義（ecocentrism）將內在價值擴展到整個自然界。因爲人類只是衆多物種中的一種，如果人類是生態系統的一部分，任何對我們生活系統產生負面影響的行爲，也是對人類產生不利影響的一部分；因此，我們是否保持生物中心的世界觀，還是要拓展道德範疇，延伸萬物都擁有內在價值，以強化生態倫理的道德觀。

環境倫理的辯論，隨著與於人類生態系統的相互關聯性和脆弱性，日益尖銳化。最早的生態中心倫理，由李奧波構思，並認識到所有物種，包括人類，都是長期進化過程的產物，並且在其生命過程中是相互關聯的。李奧波的對土地倫理和環境管理的看法，是生態倫理的關鍵要素。生態中心主義主要關懷整個生物群落，並且致力維護生態系統的組成和生態過程。羅斯頓（Holmes Rolston III, 1932-）的生態倫理觀，建構於1975年的文章〈生態倫理何在？〉（Is There an Ecological Ethic?）（Rolston, 1975）。在他的個人著作《環境倫理學》，中也自稱他的理論爲「生態倫理」（ecological ethic）。羅斯頓在書中呈現了自然界價值觀，並針

對動物、植物、物種，以及生態系統的責任進行調查，並且說明了大自然的哲學。人類面臨動植物、瀕危物種，以及受脅生態系統（threatened ecosystems），需要依據道德決策進行規劃和保護。此外，根據生態學者羅伊（Stan Rowe, 1918-2004）的說法，他在〈生態中心主義與傳統生態知識〉（Ecocentrism and Traditional Ecological Knowledge）一文中宣稱：

「在我看來，唯一有希望的普遍信仰體係是生態中心主義，這個定義從人類（Homo sapiens）到地球的價值轉變（value-shift），科學理論支持價值轉移。所有生物都是從地球演化而來的。因此，地球而不是有機體，而是生命的隱喻（the metaphor for Life）。生態中心主義不是所有生物都具有同等價值的論據。這不是反人類的論點，也不是對那些尋求社會正義的人類的貶低。生態中心主義並不否認存在無數重要的核心問題。但不考慮這些較淺薄和短期的問題，以便考慮生態現實。這個主義反映了所有生物的生態狀況，它將生態圈理解爲一種超越任何單一物種，甚至是自稱爲智慧生物的生物。」（Rowe, 1994b）。圖5-1顯示了人類中心主義、生物中心主義，到生態中心主義的演進過程。





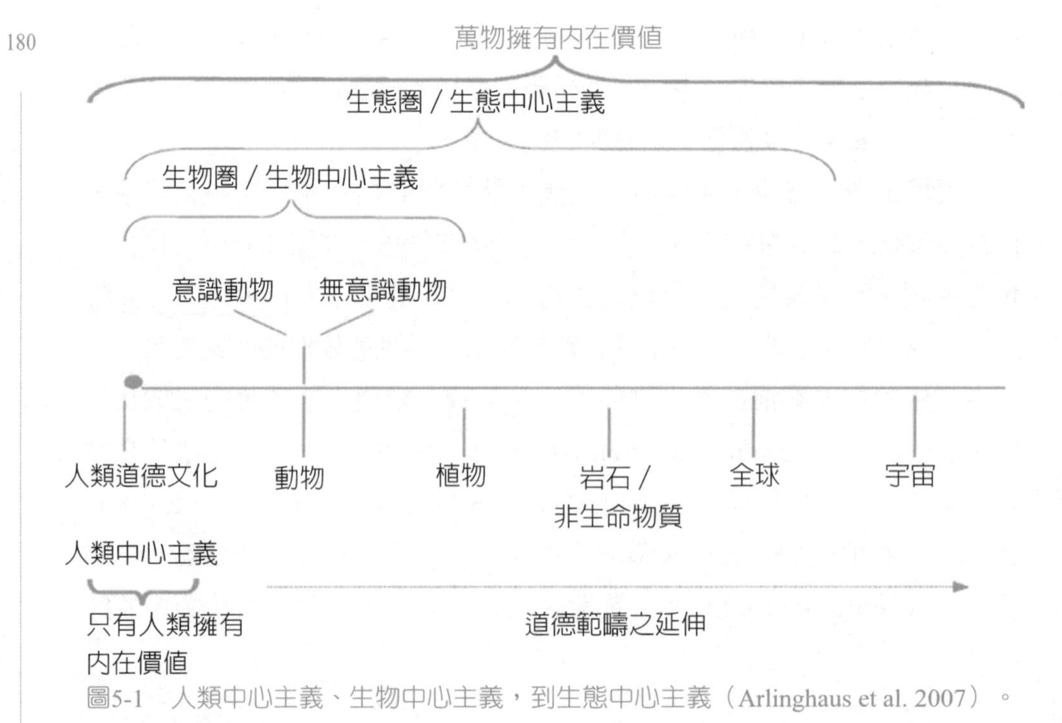


圖5-1　人類中心主義、生物中心主義，到生態中心主義（Arlinghaus et al. 2007）。

個案分析

## 生態中心、人類中心，以及環境冷漠量表（Thompson and Barton, 1994）

湯姆森和巴頓發展了33個項目，來測量生態中心主義、人類中心主義，以及對於環境議題普遍冷漠的量表（Thompson and Barton, 1994），如表5-1。根據他們的說法，生態中心量表表達對於自然的利益回饋、正向影響、減緩壓力，以及表達了人類處於大自然之間的關聯，或是看見人類與動物之間的親近感。人類中心主義量表，主要反映了人類對於環境議題的關切，因為環境最終的結果，反映在人類的生活品質與生存之上。環境議題普遍冷漠量表，則反映在環境議題上缺乏認知和情意；環境冷漠者認為，環境問題被過分誇大。

表5-1 生態中心（ECO）、人類中心（ANTHR）、環境冷漠量表（APATH）

| 量表 | 題號[a] | 項目 |
|---|---|---|
| 生態中心 | 1 | One of the worst things about overpopulation is that many natural areas are getting destroyed for development.<br>人口過剩最嚴重的問題之一，是很多自然的區域因為開發而被破壞。 |
| | 2 | I can enjoy spending time in natural settings just for the sake of being out in nature.<br>因為戶外有益，我享受在自然環境的時光。 |
| | 5 | Sometimes it makes me sad to see forests cleared for agriculture.<br>有時候，我看到因農業的開發而砍伐森林，會感到難過。 |
| | 7 | I prefer wildlife reserves to zoos.<br>比起動物園，我更喜歡保留自然的生活。 |
| | 12 | I need time in nature to be happy.<br>我必須待在自然裡才會快樂。 |
| | 16 | Sometimes when I am unhappy I find comfort in nature.<br>有時候，當我不快樂時，我在自然中感到慰藉。 |
| | 21 | It makes me sad to see natural environments destroyed.<br>看到自然環境被破壞，我會感到難過。 |

| 量表 | 題號[a] | 項目 |
|---|---|---|
| 生態中心 | 26[b] | Nature is valuable for its own sake.<br>自然的利益價值不菲。 |
| | 28[b] | Being out in nature is a great stress reducer for me.<br>對我而言，到大自然是很棒的減壓方法。 |
| | 30[b] | One of the most important reasons to conserve is to preserve wild areas.<br>保育最重要的理由之一，是為了保護自然區域。 |
| | 32[b] | Sometimes animals seem almost human to me.<br>有時候，在我看來動物和人類是一樣的。 |
| | 33[b] | Humans are as much a part of the ecosystem as other animals.<br>人類和其他動物一樣，是生態系統的一部分。 |
| 人類中心 | 4 | The worst thing about the loss of the rain forest is that it will restrict the development of new medicines.<br>雨林消失造成的最嚴重問題，是限制了新醫藥的發展。 |
| | 8[c] | The best thing about camping is that it is a cheap vacation.<br>露營渡假最大的好處，是因為是價格低廉的渡假方式。 |
| | 11 | It bothers me that humans are running out of their supply of oil.<br>人類將要耗盡石油供給，讓我很擔心。 |
| | 13[c] | Science and technology will eventually solve our problems with pollution, overpopulation, and diminishing resources.<br>科學與技術，最終將解決我們的污染、人口過剩、以及資源減少的問題。 |
| | 14 | The thing that concerns me most about deforestation is that there will not be enough lumber for future generations.<br>人為毀林讓我最憂慮的事情，是未來的世代將沒有足夠的木材使用。 |
| | 19[c] | One of the most important reasons to keep lakes and rivers clean is so that people have a place to enjoy water sports.<br>維持湖泊與河川潔淨的最重要原因之一，是要讓人們有一個能夠享受水上運動的地方。 |
| | 22 | The most important reason for conservation is human survival.<br>保育最重要的原因是為了人類的生存。 |

| 量表 | 題號[a] | 項目 |
|---|---|---|
| 人類中心 | 23 | One of the best things about recycling is that it saves money.<br>回收利用的最大好處是節省金錢。 |
| | 24 | Nature is important because of what it can contribute to the pleasure and welfare of humans.<br>自然很重要，因為它可以提供人類歡樂、健康與幸福。 |
| | 27[b] | We need to preserve resources to maintain a high quality of life.<br>我們必須保護資源來維持高品質的生活。 |
| | 29[b] | One of the most important reasons to conserve is to ensure a continued high standard of living.<br>保育最重要的原因之一，是要確保持續高品質的生活。 |
| | 31[b] | Continued land development is a good idea as long as a high quality of life can be preserved.<br>只要高品質的生活能夠維持，土地持續開發是一個好主意。 |
| 環境冷漠 | 3 | Environmental threats such as deforestation and ozone depletion have been exaggerated.<br>人為毀林、臭氧層變薄等環境威脅，已經被過分誇大渲染了。 |
| | 6 | It seems to me that most conservationists are pessimistic and somewhat paranoid.<br>在我看來，大部分的保育主義者是悲觀而且有點偏執。 |
| | 9 | I do not think the problem of depletion of natural resources is as bad as many people make it out to be.<br>我不認為自然資源減少的問題，有像人們說得那麼嚴重。 |
| | 10 | I find it hard to get too concerned about environmental issues.<br>我很難對環境議題投注太多的關心。 |
| | 15 | I do not feel that humans are dependent on nature to survive.<br>我不認為人類要依賴自然才能生存。 |
| | 17 | Most environmental problems will solve themselves given enough time.<br>大部分的環境問題，若給予足夠的時間，環境會自行解決。 |
| | 18 | I don’t care about environmental problems.<br>我不在意任何環境問題。 |

| 量表 | 題號[a] | 項目 |
|---|---|---|
| 環境冷漠 | 20 | I'm opposed to programs to preserve wilderness, reduce pollution, and conserve resources.<br>我反對保護荒野、減少污染，以及保育資源等規劃。 |
| | 25 | Too much emphasis has been placed on conservation.<br>我們強調太多關注在保育上。 |

a. 1994年Thompson and Barton原始問卷的題號

b. 沒有包含在研究一的題目中，但是增加在研究二的題目中。

c. 在研究中，這些題目沒有包含在人類中心量表的計算中，以維持量表的內部信度。

## 五、從深層生態學（Deep Ecology）到動物解放（Animal Liberation）

我們在第一章說，說明蓋婭假說影響了深層生態學（deep ecology）。其實，生態中心主義也體現在深層生態學的原則中。奈斯（Arne Næss, 1912-2009）在1973年提出深層生態學（deep ecology）。奈斯指出了人類中心主義，將人類視爲宇宙的中心和所有生態創造的頂峰，人類中心主義是淺層的生態學；所以倡導深層生態學，是以生態中心的生態系統爲道德架構，隨著地球環境日益惡化，人類需要強化永續性的具體承諾。

深層生態學（deep ecology）反對18世紀出現的所謂「現代主義世界觀」（modernist worldview）。深層生態學的支持者認爲，世界並不是人類任意自由開發的資源。如果因爲過度開發，導致物質產出不能保證超過可以開發的水準，然而人類過度消費將會危及生物圈的生存，那麼定義一種新的非消費型福祉的典範似乎勢在必行。因此，深層生態學的倫理學認爲，任何生態系的生存，都取決於整體的福祉（Næss, 1973）。深層生態學以下列八點聲明說明主張：

1. 地球上不論人類或其他生物的生命，本身就具有「價值」，而此生命價值，並不是以非人類世界對人類世界的貢獻來決定。
2. 生命形式本身就具有價值；而且，生命形式的豐富度和多樣性，有助於這些生命價值的「實現」（realization）。

3. 除非是爲了維持生命的重要基本需求，人類無權減少豐富度和多樣性。
4. 人類生活和文化的繁榮，與人類少量的人口是相容的。要維持其他生物的豐富度，需要維持少量的人口。
5. 目前人類對於其他生物的過度干擾，情況正在迅速惡化之中。
6. 人類必須改變政策，這些政策影響基本的經濟、技術，以及意識形態結構。因此，產生的情況將與現在截然不同。
7. 基於生命的天賦價值觀點，意識型態的改變，主要在於對「生命品質」（life quality）的讚賞，而不是追求更高的生活水準。我們將會深刻的覺知，在「大」（bigness）和「偉大」（greatness）之間是不同的。
8. 認同上述觀點的人，都有義務直接或間接參與必要的改革。

深層生態學家撰寫了立意甚高的宣言，想要改變目前的政治與經濟體系。奈斯強調內在的價値，他認爲生態現象的連結性，牽一髮而動全身。因此，他認爲人類應該調整對於自然的態度，運用生態的世界觀進行宏觀調控，不然地球環境還是會出狀況。

狄佛（Bill Devall, 1938）和謝森斯（George Sessions）在1985年出版《深層生態學》一書中引用新物理學（Devall and Sessions, 1985），他們將新物理學描述爲粉碎笛卡爾（René Descartes, 1596-1650）和牛頓（Sir Isaac Newton, 1643-1727）的宇宙視覺。新物理學否認大自然是簡單的線性因果解釋的機器。他們提出大自然處於不斷變化的狀態，拒絕將觀察者視爲獨立於環境的觀念。他們提到了卡普拉（Fritjof Capra, 1939-）《物理之道》（The Tao of Physics）的新物理，新物理影響相互關聯的形而上學和生態學之間的觀點（Capra, 1975），根據卡普拉的說法，這應該使深層生態學成爲未來人類社會的架構。狄佛和謝森斯談論了生態科學本身，並強調生態系統之聯繫。他們指出，除了科學觀點之外，生態學家和自然歷史學家已經形成了深刻的生態意識，包含了政治意識和精神意識（Devall and Sessions, 1985）。狄佛和謝森斯批判人類中心主義，因爲生態中心主義是一種超越人類觀點論述。他們特別提到的科學家包括了李奧波（Aldo Leopold, 1887-1948）、希爾斯（Paul Sears, 1891-1990）、艾爾頓（Charles Sutherland Elton, 1900-1991）、達令（Frank Fraser Darling, 1903-1979）、卡森（Rachel Carson, 1907-1964）、奧登（Eugene Odum, 1913-2002）、科蒙納（Barry Commoner, 1917-2012）、李文斯頓（John Livingston, 1923-2006），以及埃利希（Paul R. Ehrlich, 1932-）。從上述生態發展的觀點來看，他們很早開始就將史賓諾莎（Baruch Spinoza, 1632-1677）視爲哲學來源，特別是認爲「存在的一切，都是單一終極現實，或是物質的一部分」。

卡普拉認爲，這一種複雜網絡的組織模式，將導致一種新穎的系統性思惟。生態系統將是一種自生生成（autopoiesis）的形成，所有生態系統的結構與功能都具有互補性，所以缺一不可。生態系統是一種非均衡的動態結構，同時透過耗散結構（dissipative structures），在高能量的情況下，生態系統也可以維持一種動態的穩定結構。在生態系統不斷自我尋求完善，不斷從環境中吸收能量和物質，而向環境放出「熵」之際，生態系統竟然可以採用了和外部環境交換「熵」的破壞環境的模式，維持自身系統的穩定。最後生態系統以社會網絡（social networks）進行系統資訊交換，進行系統之間的修復工作（Capra and Luisi, 2016）。

深層生態學（deep ecology）影響到動物解放（Animal Liberation）運動。雷根（Tom Regan, 1938-2017）、辛格（Peter Singer, 1946-），以及羅蘭（Mark Rowlands, 1962-）等動物解放專家，提出動物保護的理論。雷根以效益理論推論「人類並無道德上之獨特性」與「根據理論得出之平等判斷」（Singer, 1975；蕭戎，2015）。雷根撰寫《動物權利的理由》（The Case for Animal Rights），認爲人類不能以理性主義至上的原理，僅賦予權利給予擁有理性者，事實上，這些權利應賦予嬰兒、植物人，以及非人類者。這些權利屬於內在價值，人類應該將動物的案例置於道德考慮之中（Regan, 1983）。

辛格（Peter Singer）在1975年的著作《動物解放》（Animal Liberation），則嚴厲批評了人類中心主義，辛格也不同意深層生態學對自然的「內在價值」的信念。他採取更實用的立場，稱爲「有效利他主義」（effective altruism），意思是保護動物可以帶來更大的效益。

羅蘭的論點更爲玄奧。他認爲人類的思想，可以貯存於大腦之外，包含了思考、記憶、慾望，以及束縛。羅蘭通過回憶錄《哲學家與狼》，講述了他與狼一起生活和旅行的十年。他以哲學口吻重新定義人類意義，以及對於動物的愛、幸福、自然，以及死亡的態度（Rowlands, 2008）。

## 第二節 新環境典範

我們在第一節中談到環境倫理，環境倫理是一種人類道德的基本典範；屬於對於內心深處和外顯事物的一種「自我尊重」和「對外尊重」。本節我們要談「典範」（paradigm）。什麼是典範呢？典範包括人類在進行活動時，所使用的一切概念（concepts）、假定（assumptions）、價值（values）、方法（approach），以及證驗眞理的基準（方偉達，2017）。典範這個字詞源於希臘文paradeigma，有模式（pattern）、模型（model），或是計畫（plan）的意思，指的是一切適用的實驗情境或是程序。柏拉圖（Plato, 429-347 BC）創造典範一詞，希望用於其理念（ideas）或形式（forms）的觀念中，以解決對於眞理爭端討論的方式。日耳曼哲學家李希騰堡（Georg Lichtenberg, 1742-1799）認爲「典範」就是一個示範性的成就，我們可以採用此一成就作爲模型，以一種類比的過程，來進行問題的解答。後來，維根史坦（Ludwig Wittgenstein, 1889-1951）在語言遊戲的概念中談到「典範」，希望循著類比性的過程，讓問題得到解答，以尋求人世間的眞理。這個眞理型的典範，讓奧克拉荷馬州立大學（Oklahoma State University）社會學系教授唐拉普（Riley E. Dunlap）研究環境問題的性質和來源，長達了40年。

唐拉普強調環境問題、輿論，以及環境決策之間的聯繫關係。他發展新環境典範量表時，則將對立的典範稱爲「主流社會典範」（Dominant

Social Paradigm, DSP）。唐拉普早期研究考察了傳統美國信仰與價值觀（例如，個人主義、自由放任，以及進步主義），以及環境態度和行為之間的關聯性。他關心「主流社會典範」的信念和價值觀，以及對環境品質的關懷，發展了衡量環境典範和世界觀的核心要素，在全世界許多國家的研究中得到應用。

唐拉普到了1980年他提出了新生態典範（New Ecological Paradigm）的概念，並在2000年代發表了新生態典範量表。唐拉普目前的研究集中在氣候變遷的公眾輿論的分析、氣候科學和政策的兩極分化，以及氣候變遷的來源和性質被否定的言論分析。

## 一、新環境典範量表

環境態度（EA）常被認為和環境關懷是一樣的。本節採用環境態度，係因環境關懷被視為是更為廣泛的心理層面。本節探討傳統的新環境典範量表，環境態度是藉由關心或不關心等一階成分（one-order constituent）來測量。後來，環境態度採取多元成分的觀念，在許多研究中被採用。在本單元中，我們先介紹新環境典範量表（New Environmental Paradigm, NEP Scale）。

最早的新環境典範量表是在1978年由環境社會學者唐拉普（Riley E. Dunlap）提出，目前已經是使用率最高的環境態度評量。新環境典範是一種相對於傳統以人類發展為中心的思維模式，有別於主流社會典範（Dominant Social Paradigm, DSP）的學說，重視人類與自然之間互動關係的新思惟，通過對於物種和人類的普遍關懷，相信成長極限等特質（張子超，1995；黃文雄等，2009）。在12個題項（請見表5-2），以成長的極限（limits to growth）、反人類中心主義（anti-anthropocentrism）、自然界的平衡（balance of nature）等三構面為主的問項內容。

表5-2　原始新環境典範量表（Original NEP scale, Dunlap and Van Liere, 1978）

1. We are approaching the limit of the number of people the earth can support.
   我們正接近地球能夠維持人類生存的人口極限。
2. The balance of nature is very delicate and easily upset.
   自然的平衡，非常脆弱與容易改變。
3. Humans have the right to modify the natural environment to suit their needs.
   人類有權利改變自然環境，讓其適應人類的需要。
4. Mankind was created to rule over the rest of nature.
   人類是被上帝創造來管理自然的。
5. When humans interfere with nature, it often produces disastrous consequences.
   人類干預自然，通常產生災難性的結果。
6. Plants and animals exist primarily to be used by humans.
   植物和動物存在的主要目的，是提供人類利用。
7. To maintain a healthy economy, we will have to develop a "steady-state" economy where industrial growth is controlled.
   為了維持健康的經濟，我們必須控制工業的成長，發展穩定狀態的經濟。
8. Humans must live in harmony with nature in order to survive
   人們為了生存，必須與自然和諧共存。
9. The earth is like a spaceship with only limited room and resources
   地球就像是一艘只擁有有限空間與資源的太空船。
10. Humans need not adapt to the natural environment because they can remake it to suit their needs.
    人類不需要改變環境，因為人類可以重建環境來因應需要。
11. There are limits to growth beyond which our industrialized society cannot expand.
    工業社會因有成長限制，不能一直擴張。
12. Mankind is severely abusing the environment.
    人類嚴重地破壞環境。

在提出第一版的量表之後，唐拉普藉由修改詞彙，進行合併爲一組六個項目的精簡版本，請見表5-3。但是，這個版本沒有出版，由分享資訊的皮爾斯（John Pierce）在其研究上使用這個精簡版本。

表5-3 NEP精簡版

| |
|---|
| 2. The balance of nature is very delicate and easily upset by human activities.<br>人類的活動，讓自然的平衡變得非常脆弱與容易改變。 |
| 9. The earth is like a spaceship with only limited room and resources.<br>地球就像是一艘擁有有限空間與資源的太空船。 |
| 6. (R) Plants and animals do not exist primarily to be used by humans.<br>植物和動物存在的主要目的，是提供人類利用。 |
| 3.* Modifying the environment for human use seldom causes serious problems.<br>為了人類利用而改變環境，很少造成嚴重的問題。 |
| 11.* There are no limits to growth for nations like the USA.<br>像美國這樣的國家，沒有成長的極限。 |
| 4.* Mankind is created to rule over the rest of nature.<br>人類是被上帝創造來管理自然的。 |

註：R：原始版的反向問題；*修改措詞及觀念





## 二、生態世界觀點量表

布萊奇發展了生態世界觀點量表（Blaikie, 1992），測試了24個題項，刪除7個題項，保留了17個題項，請見表5-4。他使用新環境量表（Dunlap and Van Liere, 1978）（表5-2的2, 3, 5, 6, 8, 10）、主流社會典範量表（Dunlap and Van Liere, 1984），以及里契蒙和邦加特（Richmond and Baumgart, 1981）量表，建構生態世界觀點量表，對澳洲墨爾本皇家科技學院的390名學生以及墨爾本都市區的410名居民做測試。布萊奇取出了7個次量表：自然環境的使用／傷害、自然環境的不穩定、自然環境的保育，爲了環境而做出／放棄的行爲、科學與技術的信賴、經濟成長的問題，以及自然資源的保育。研究指出，這個次量表在學生和居民測試之後，結果是相似的。

表5-4　生態世界觀點量表（Blaikie, 1992）

| 題號[a] | 項目 | 原始量表 | | |
|---|---|---|---|---|
| 自然環境的使用／傷害 | | NEP[b] | DSP[c] | [d] |
| a | Humans have the right to modify the natural environment to suit their needs.<br>人類有權利改變自然環境，讓其適應人類的需要。 | 3. | | |
| d | Human beings were created or evolved to dominate the rest of nature.<br>人類是被創造或演化去控制、統治自然的。 | | | |
| v | Plants and animals exist primarily to be used by humans.<br>植物和動物存在的主要目的，是提供人類利用。 | 6. | | |
| 自然環境的不穩定 | | | | |
| e | The balance of nature is very delicate and is easily upset.<br>自然的平衡，非常脆弱與容易改變。 | 2. | | |
| g | Humans must live in harmony with nature in order for it to survive.<br>人們為了生存，必須與自然和諧共存。 | 8. | | |
| k | Humans need not adapt to the natural environment because they can remake it to suit their needs.<br>人類不需要改變環境，因為人類可以重建環境來因應需要。 | 10. | | |
| 自然環境的保育 | | | | |
| r | The remaining forests in the world should be conserved at all costs.<br>我們要不計任何保育的成本，來保留世界的森林。 | | | B-c |
| u | When humans interfere with nature, it often produces disastrous consequences.<br>人類干預自然，通常產生災難性的結果。 | 5 | | |
| 為了環境（而做出）的放棄（行為） | | | | |
| o | People in developed societies are going to have to adopt a more conserving lifestyle in the future.<br>已開發社會的人們，未來必須要採用更多保育的生活型態。 | | | |

| 題號[a] | 項目 | 原始量表 | | |
|---|---|---|---|---|
| p | Controls should be placed on industry to protect the environment.<br>工業應該被控制以利保護環境。 | | | A-H |
| 科學與科技的信賴 | | | | |
| f | Through science and technology, we can continue to raise our standard of living.<br>透過科學與技術，我們可以持續提升我們的生活水準。 | | ☑ | |
| n | We cannot keep counting on science and technology to solve our problems.<br>我們不能永遠依賴科學與技術來解決我們的問題。 | | ☑ | |
| s | Most problems can be solved by applying more and better technology.<br>應用更多、更好的科技，可以解決大部分的問題。 | | ☑ | |
| 經濟成長的問題 | | | | |
| c | Rapid economic growth often creates more problems than benefits.<br>快速的經濟成長，產生的問題通常比利益來得更大。 | | ☑ | |
| x | To ensure a future for succeeding generations, we have to develop a no-growth economy.<br>為確保以後世代的未來，我們必須發展零成長的經濟。 | | | |
| 自然資源的保育 | | | | |
| l | Governments should control the rate at which raw materials are used to ensure that they last as long as possible.<br>政府應該控制我們使用的自然資源的比例，確保它能儘可能地持續。 | | | B-F |
| t | Industry should be required to use recycled materials even when it costs less to make the same products from new raw materials.<br>應該要求工業使用回收的原料，即使它製成品的價值比用原始原料所製成的產品價值還要低。 | | | B-g |

| 題號[a] | 項目 | 原始量表 | | |
|---|---|---|---|---|
| 項目 | | | | |
| b | Priority should be given to developing alternatives to fossil and nuclear fuel as primary energy sources.<br>應該優先選擇發展化石與核能燃料，做為主要的能源來源。 | | | C-6 |
| h | A community's standards for the control of pollution should not be so strict that they discourage industrial development.<br>社區控制污染的標準不應該太嚴格以致於阻礙工業的發展。 | | | A-N |
| i | Science and technology do as much harm as good<br>科學與科技所做的，好處與傷害一樣多。 | | ☑ | |
| j | Because of problems with pollution, we need to decrease the use of the motor car as a major means of transportation.<br>因為污染的問題，做為交通運輸主要方法的汽車，我們必須減少使用。 | | | |
| m | The positive benefits of economic growth far outweigh any negative consequences.<br>經濟成長的利益，遠遠比經濟成長所引起的任何負面結果還重要。 | | ☑ | |
| q | Most of the concern about environmental problems has been over-exaggerated.<br>大部分對環境問題的憂慮，已經被過度誇大了。 | | | C-2 |
| w | The government should give generous financial support to reach related to the development of solar energy.<br>政府應該對太陽能的發展，給予更多慷慨的財務支持。 | | | C-3 |

a. Blaikie (1992) 原始問題題號

b. Dunlap and Van Liere (1978)

c. Dunlap and Van Liere (1984)

d. Richmond and Baumgart (1981)

## 三、新生態典範量表

人類中心理論以「人類中心」，象徵著是一種主流的價值體系。在唐拉普校訂NEP量表之前（Dunlap et al., 2000），卡特葛羅夫發表了環境典範的二極量表（Alternative Environmental Paradigm Bipolar Scale, Cotgrove, 1982），詳如第三章我們曾經討論過的表3-2「主流典範」和「環境典範」二極量表（P.116）。他以工業與環境的對立形式，並提出對立量表。唐拉普針對卡特葛羅夫的專論，表達高度的興趣和評價，他說：「我看到卡特葛羅夫展開創新的研究發表時，剛開始讓我很沮喪。因爲我覺得范李奧（Van Liere）和我過早針對新環境典範（NEP）對於主流社會典範（DSP）的挑戰進行研究。二極量表啓發了我的興趣，因爲卡特葛羅夫採用累積總和比率，讓受測者在兩個典範之間進行選擇，這個工作比我和范李奧的工作更早完成。」

唐拉普等人在西元2000年提出新生態典範量表，由15個項目組成，並保留7個新環境典範量表題項。修訂版的新生態典範量表（NEP）涵蓋更寬廣的生態世界觀點，包含了平衡親近生態與反對生態兩大類型的題項，用詞也切近時代需求，請見表5-5。



表5-5　新生態典範量表（New Ecological Paradigm, NEP Scale）（Dunlap et al., 2000）

| A | B | 項目 |
|---|---|---|
| 1. | 1. | We are approaching the limit of the number of people the earth can support.<br>我們正迫近地球能夠維持人類生存的人口極限。 |
| 2. | 3. | Humans have the right to modify the natural environment to suit their needs.<br>人類有權利改變自然環境，讓其適應人類的需要。 |
| 3. | 5. | When humans interfere with nature, it often produces disastrous consequences.<br>人類干預自然通常產生災難性的結果。 |
| 4. | | Human ingenuity will insure that we do NOT make the earth unliveable.<br>人類的創造力將確保我們不會讓地球變得不適合居住。 |
| 5. | 12. | Humans are severely abusing the environment.<br>人類嚴重破壞環境。 |
| 6. | | The earth has plenty of natural resources if we just learn how to develop them.<br>如果我們知道如何開發自然資源，地球的資源是充足的。 |

| A | B | 項目 |
|---|---|---|
| 7. | | Plants and animals have as much right as humans to exist.<br>植物和動物擁有和人類一樣的存在權利。 |
| 8. | | The balance of nature is strong enough to cope with the impacts of modern industrial nations.<br>自然的平衡強大到足夠應付現代工業國家造成的衝擊。 |
| 9. | | Despite our special abilities humans are still subject to the laws of nature.<br>儘管人類擁有特殊的能力，仍然受制於自然法則。 |
| 10. | | The so-called ecological crisis facing humankind has been greatly exaggerated.<br>人類面臨所謂的生態危機，已經被誇大其實。 |
| 11. | 9. | The earth is like a spaceship with only limited room and resources<br>地球就像是一艘擁有有限空間與資源的太空船。 |
| 12. | 4. | Humans were meant to rule over the rest of nature.<br>人類是被上帝創造來管理自然的。 |
| 13. | 2. | The balance of nature is very delicate and easily upset.<br>自然的平衡非常脆弱與容易改變。 |
| 14. | | Humans will eventually learn enough about how nature works to be able to control it.<br>人類最終將學得自然如何運作，並能夠控制自然。 |
| 15. | | If things continue on their present course, we will soon experience a major ecological catastrophe.<br>如果所有的情勢都持續朝向目前的方向，我們很快的會經歷重大的生態災難。 |

A項的題號是2000年版題號，B項的題號是1978年版題號

## 第三節　行爲理論典範

我們從唐拉普（Riley Dunlap）「創造典範」及「固守眞理」的觀念，了解到環境典範，需要靠環境心理學者採取一種迥異於常態科學的態度與方法，來進行人類行爲的試驗。英國學者博克（Edmund Burke, 1729-1797）說：「一個人只要肯深入到事物表面以下去探索，哪怕他自己也許看得不對，卻爲旁人掃清了道路，甚至能使他的錯誤，也終於爲眞理的事業服務」。因爲，傳統以來，我們都以爲只要有了環境

知識（environmental knowledge）的人類，環境態度（environmental attitude）就會改變，環境行爲也會改變。但是，這一種論點不是絕對的。探討知識、態度，行爲之間的關係，都是在找尋其間關係是否發生了錯誤。也就是驗證有了環境知識不一定會影響環境態度，有了態度也不一定會影響環境行爲。這其中的關係，非常錯綜複雜。

環境知識和環境態度對人們的間接行動（indirect actions）的影響，可能比對人們的直接親環境行爲（direct pro-environmental behaviors）有更大的影響（Kollmuss and Agyeman, 2002）。經濟因素、社會規範、情緒心理，以及內在邏輯，對於人們的親環境行爲的決策產生很大的影響。我們進行人類環境行爲的檢視，包括好的行爲，以及壞的行爲。我們針對問題進行回答：「爲什麼我們要做我們要做的事情？」

首先，行爲發生的那一刻，是一種神經生物學的解釋。也就是一種行爲發生之時，究竟是什麼視覺、聲音，或是氣味，導致神經系統產生這種行爲？然後，是什麼激素對於人類個體對引起神經系統的刺激反應？這些神經生物學和環境內分泌學的感官世界，我們可以試圖解釋什麼是我們可以控制的思緒、想法，以及下一刻將要發生的行爲（Sapolsky, 2017）。

當然所有的行爲，可以回溯到神經系統結構變化的影響，包含青春期、童年、胎兒生活，以及基因構成。最後，我們應該將環境保護的觀點，擴展到社會和文化因素。因爲，環境保護文化是如何塑造個人的環境感知，是哪些生態因素形成了這種環境保護的文化？從環境保護的行爲來看，親環境行爲是一種令人眼花撩亂的人類行爲科學之一，這些問題涉及了親生命假說（biophilia hypothesis）、社會規範和道德義務、利他主義（altruism）、自由意志，以及人類價值（Dunlap et al., 1983）。所有的環境保護的成就，都是人性化的表現，並且我們強調，實踐本身就是一種無名英雄的象徵。因爲環境保護，是一種無名而且寂寞的工作。以下我們說明行爲理論的典範，包括了計畫行爲理論等理論模型。

## 一、計畫行為理論（Theory of Planned Behavior, TPB）

計畫行爲理論（Theory of Planned Behavior, TPB）是由艾森（Icek Ajzen, 1942-）所提出的行爲決策模型，主要用以預測和了解人類的行爲（Ajzen, 1985; 1991）。計畫行爲理論的模型中主要由環境態度、主觀規範、知覺行爲控制、行爲意圖，以及行爲等構面組成。計畫行爲理論是奠基於理性行爲理論（Theory of Reasoned Action, TRA）演變、改良而來，理性行爲理論是費希貝（Martin Fishbein, 1936-2009）和艾森（Icek Ajzen, 1942-）共同提出的理論，該理論認爲人類進行特定行爲，是受到其行爲意圖（behavioral intention）所影響，而行爲意圖則取決於行爲者對此行爲的環境態度（attitude）（Ajzen and Fishbein, 1977）、主觀規範（subjective norm），以及知覺行爲控制（perceived behavioral control）所決定。（請見圖5-2）

㈠採取環境態度（attitude towards the behavior）：計畫行爲理論規定了信念和態度之間關係的本質。根據模型，人類對於行爲的評價或態度，取決於他們對於行爲的信念，其中信念被定義爲行爲產生某種結

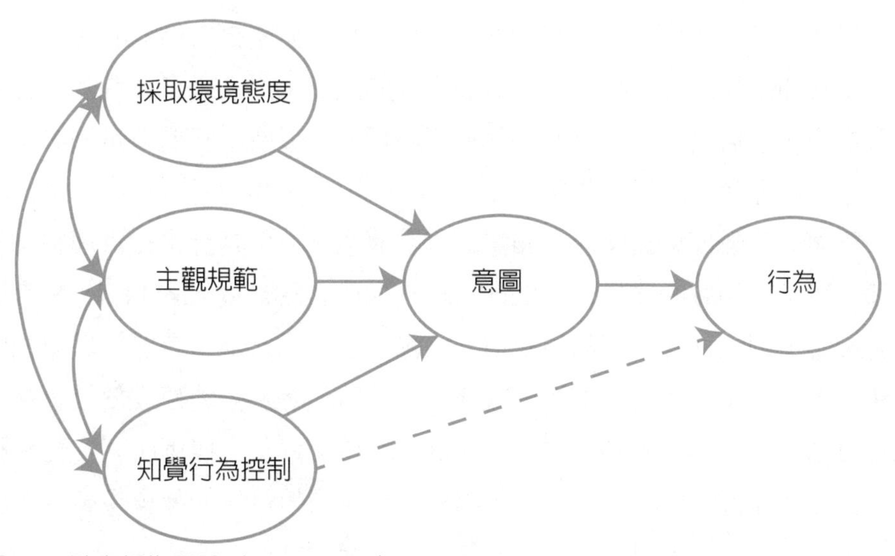


圖5-2　計畫行為理論（Ajzen, 1991）。

果的主觀機率（subjective probability）。具體而言，對每種結果的評估，有助於形成行爲產生。也就是說，正向的環境態度，同時強化了親環境的行爲意圖。

㈡主觀規範（subjective norm）：個人對特定行爲的看法，受到重要他人（例如父母、配偶、朋友、教師）判斷的影響。

㈢知覺行爲控制（perceived behavioral control）：個人感知到執行特定行爲的難易程度。在此我們假設感知的行爲控制，由可受訪問的控制信念（accessible control beliefs）的總集合，進行確定。

在評估規範信念、社會規範、態度、知覺行爲控制等項目重要因子，完成社會文化成因下的量表發展，並且釐清重要因子之間的因果關係，我們了解到社會影響力（social influence）的重要。社會影響的概念通過計畫行爲理論的社會規範和規範信念進行評估。人類對於主觀規範的詳細思考，是針對他們的朋友、家人和社會是否期望他們執行推薦行爲的看法。社會影響力是通過評估各種社會群體來衡量的。例如，在「吸煙」的情況下：

來自同齡人群體的主觀規範，包括諸如：「我的大多數朋友吸煙」，或是「我在一群不吸煙的朋友面前吸煙感到羞恥」的想法；家庭的主觀規範，包括諸如：「我所有的家人抽煙，開始吸煙似乎很自然」的想法；或者「當我開始吸煙時，我的父母眞的生我的氣」；以及來自社會或文化的主觀規範，包括諸如：「每個人都反對吸煙」；以及「我們只是假設每個人都是非吸煙者」之類的想法。

雖然大多數模型在個體認知空間中被概念化，但是計畫行爲理論基於集體主義文化相關的變量（collectivistic culture-related variables）來考慮社會影響，例如社會規範和規範信念。鑑於個人的行爲（有關於健康相關的決策，如飲食、使用保險套、戒菸，以及飲酒等）可能建立於社會網絡和組織之中（例如，同齡人群體、家庭、學校，以及工作場所），社會影響力對於計畫行爲理論影響很大。因此，影響環境行爲的社會規範中，除主觀規範之外，描述規範也有可能是重要的變項之一。

目前計畫行爲理論已被應用在環境保護有關的研究領域中。研究發現環境友善行爲在不同群體、不同地區，影響行爲意圖的最重要心理變項也不一樣。受訪者條件不同，像是環境關懷程度高的受訪者，知覺行爲控制（perceived behavioral control）是重要變項，而程度低的受訪者，態度變是影響環境行爲意向的重要變項。另外地區不同、受訪者條件不同，直接影響行爲的重要中介變項也不同（Bamberg, 2003）。同樣是購買環境友善產品，以國家而言，在西班牙，態度是最重要的變項（Nyrud et al., 2008）。以不開汽車改用大衆交通工具爲例，在德國法蘭克福（Frankfurt）就是知覺行爲控制最明顯，在德國波琴（Bochum）態度是最重要變項（Bamberg et al., 2007）。

計畫行爲理論認爲主觀規範可以直接影響行爲意圖（Ajzen, 1991），但是沒有討論到描述規範（descriptive norm）是否影響行爲意圖。在環境友善行爲方面，近年來研究者傾向將描述規範，以及主觀規範（例如，身邊重要的人抱持的期待與支持），列爲社會規範（social norm）。社會規範影響個人心理變項，例如社會規範影響態度，態度再去影響環境友善行爲意圖。跟計畫行爲理論有點不同，社會規範以間接路徑影響環境友善行爲（Bamberg & Möser, 2007; Hernández et al., 2010; McKenzie-Mohr, 2011; Stern, 2000; Thøgersen, 2006）。

## 二、「動機—機會—能力」理論（The Motivation-Opportunity-Abilities, MOA Model）

計畫行爲理論強調行爲的環境態度、主觀規範，以及知覺行爲控制。另外一種爲構建整合模型的是奧蘭多和索根森提出的「動機—機會—能力」（The Motivation-Opportunity-Abilities, MOA）模型（Ölander and Thøgersen, 1995）。

MOA模型的重要結構特徵，是整合動機、習慣，以及背景因素，成爲親環境行爲的單一模型。因爲環境保護行爲主要係爲習慣性的行爲，而不一定是基於有意識的決定來進行的意識行爲。

他們指出，可以預測行爲能力的提高，需要通過結合能力概念，以強化條件，並且透過機會，將行爲轉化爲模型（請見圖5-3）。在模型中，除了行爲的環境態度、主觀規範，以及知覺行爲控制是計畫行爲理論原有模型的內容之外，MOA 模型又增加了以下的內容。

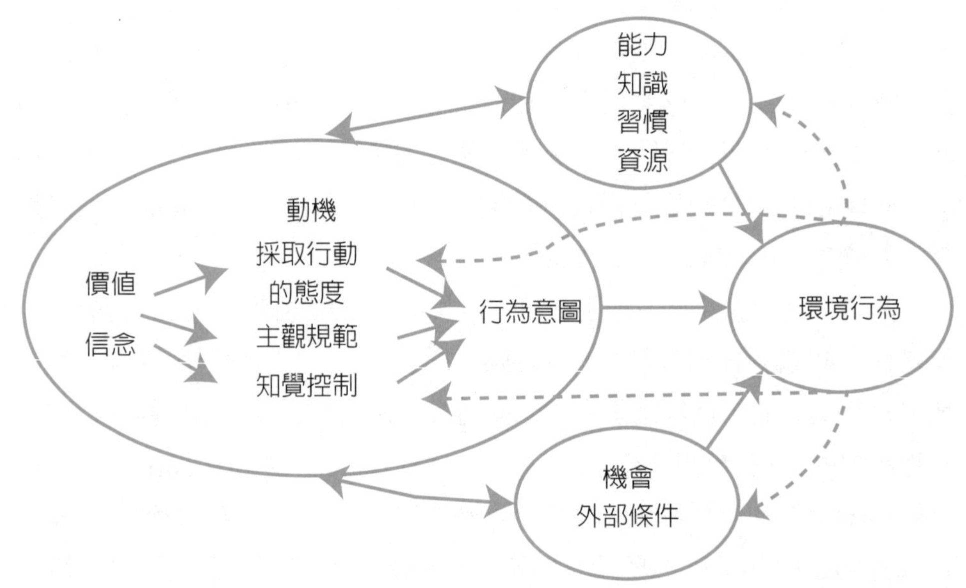


圖5-3　動機—機會—能力理論（Ölander and Thøgersen, 1995; Thøgersen, 2009）。



㈠動機：由於每個人的價值體系都不同，個人的需求和慾望，可能會影響他們以某種方式行事。所謂動機是行爲的動力。動機是通過對於環境有益的行爲類型和行爲結果，產生激勵和獎勵作用，所產生的先決條件。人類因爲得到的讚美或其他鼓勵，可以依據獎勵的方式鼓勵進行親環境行爲。例如，激勵的獎勵，可以像志工推動環境教育工作的成就，得到社會大衆的認可一樣地簡單。

㈡機會：機會爲一種時間和資源的可用性的限制。MOA模型的機會組成，屬於「環境行爲的客觀先決條件」，這一點該模型也和計畫行爲理論的感知概念有一些相似之處。通常，我們會尋找機會完成一項任務，從而爲我們自己或是他人帶來好處。

㈢能力：能力是一個人可以應用於執行特定行為的認知、情感、技術，或是社會資源的一種強項。能力概念應該包含了知識、習慣，以及資源。其中，習慣是一種獨立的行為，也是決定環境意圖的主要項目之一。

## 三、「價值—信念—規範」理論（The Value-Belief-Norm Theory, VBN）

「價值—信念—規範」理論（The Value-Belief-Norm Theory），簡稱VBN理論，係為美國國家研究委員會（National Research Council, NRC）首席研究員史登（Paul C. Stern）在決策理論的發展模型。他在風險溝通、風險管理、環境決策，以及環境決策支持等領域具有許多重大突破。他建立改善風險溝通，試圖找出一個影響環境重要行為的一致性理論（Stern et al., 1999; Stern, 2000）。主要架構透過因果鏈連結的個別變量，他發展出了VBN理論，這個理論通過五個變量的因果鏈連接：價值（尤其是利他價值）、生態世界觀、後果覺知、責任歸屬、親環境的個人規範，以及親環境行為。每一條鏈都直接影響下一個變量，每一個變量也可能間接影響下一個變量。由價值觀影響信念，信念影響個人規範，個人規範影響環境行為。其中價值觀分成生態價值、利他價值，以及利己價值；信念則是從生態世界觀、人類對於環境不利的後果覺知和責任歸屬，進而讓人們相信自己的行動，能夠減緩對於環境不利的因素；前面的因素影響到個人規範，個人規範是影響環境行為的唯一變項；環境行為有激進的行為、公共領域的非激進行為、私人領域行為，以及組織內行為，說明如下。（請見圖5-4）

1. 生態世界觀（ecological worldview）：這是一種永續發展的世界觀點，其目的不是為了保持現狀，而是為了加強全面整合的全球社會生態系統的健康、調適能力，以及進化潛力。生態世界觀是一種自我再生，從而為了生態環境繁榮和豐富的未來創造條件，包含個生態環境的整體性、社會關係性，以及經濟的變革性。這些模式可以強化再生

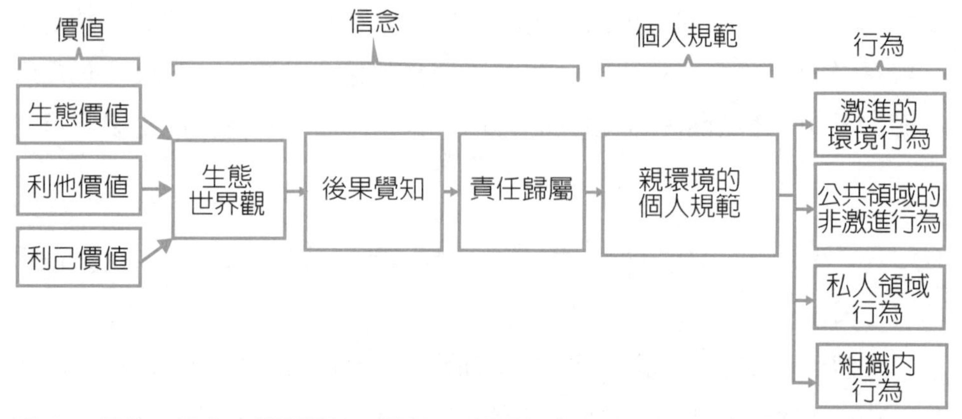


圖5-4　價值—信念—規範理論，簡稱VBN理論（Stern, 2000:412）。

和永續性的生態環境。

2. 後果覺知（awareness of consequences）：即意識到環境問題所造成的影響（Hansla et al., 2008）。
3. 責任歸屬（ascription of responsibility）：責任歸屬是對於環境問題發生的原因，歸納其原因，以及承受需要承擔、歸責、處理，或是控制環境所發生的負面事實的狀態，這是環境行爲中重要的影響因子（Hines et al., 1986/1987; Kaiser et al., 1999）。
4. 親環境的個人規範（pro-environmental personal norm）：個人規範（personal norms, PN）常被與道德一起討論（De Groot and Steg, 2009），同時被視爲一種自我價值延伸的概念。個人規範簡單來說，是對義務和道德的認知，並被認爲是一種自律的意識，可能與環境行爲的產生有關。
5. 激進的行爲：承諾的環境活動，積極的參與環境組織。
6. 公共領域的非激進行爲：支持或接受公共政策，例如：願支付較高環境保護稅。公共領域的非激進行爲影響公共政策，對環境影響的效果可能很大，因其可以立即改變許多人或組織的行爲
7. 私人領域行爲：購買、使用和處置對環境有影響的個人和家庭產品，私人領域行爲有直接的環境後果，但影響的效果都很小。

8. 組織內行爲：個人可能通過如影響他們所屬組織的行爲，顯著影響環境的良窳，例如：開發商在其開發決定過程中使用或是忽略環境標準，並且可以因爲正確或事錯誤的決策，減少或增加商業建築產生的污染。組織行爲是許多環境問題的最大直接來源。

史登（Paul C. Stern）希望能找出可以解釋重大環境行爲的一致性理論，造成環境改變的行爲，是影響導向。此外，在環境保護意圖改變情況之下進行的行爲，也是意圖導向的。VBN理論爲了解和改變目標行爲，採用以注重人類的信念、動機等以意圖爲導向的定義。VBN理論提供了對於環境行爲普遍傾向的原因之描述。環境行爲取決於廣泛的偶然因素；因此，史登認爲，環境主義的一般理論，對於改變具體行爲可能不是很好用。因爲不同種類的環境行爲有不同的原因，其因果因素，在行爲和個體之間可能有很大的差異，因此每個目標行爲應該分開理論化。如果，上面的因果關係相互影響，態度原因對於不同背景的個人行爲，具有最大的預測價值。但是，對於較高難度的環境保護行爲，環境因素和個人能力，都可能導致更多的變異。

VBN理論雖然想找出能解釋環境行爲的原因，但是VBN理論也無法解釋所有行爲，因此他也建議未來研究能確定重要的行爲，再來討論其影響的因素。

## 四、整合行為決定模型（Comprehensive action determination model）

克洛格和波旁提出結合計畫行爲理論（TPB）、規範啓動模型（Norm Activation Model, NAM）、習慣（Habit）與情境影響（Situational Influence），整合爲一個行爲決定模型（Comprehensive Action Determination Model, CADM）（Klöckner & Blöbaum, 2010），進而解釋研究大學生旅行選擇的親環境行爲；之後並加以修正與提出假設，解釋挪威大學生的回收行爲（Klöckner, 2011）。

計畫行爲理論注重不同環境行爲的變項，但相對的，也會忽略其他環境變項對行爲所造成的影響。計畫行爲理論著眼於行爲意圖，但卻常忽略了客觀的情境因素與個人規範，對於人們所造成的影響。規範啓動理論（NAM）個人規範與社會規範所產生的行爲，但卻低估了習慣、行爲意圖、態度等心理變項。奧佛賽德提出以行爲決定模型（Comprehensive Action Determination Model, CADM），研究挪威科技大學學生與工作者共1,269份樣本，回收行爲背後的影響機制（Ofstad et al., 2017）。研究架構根據計畫行爲理論、規範啓動模型（NAM）、習慣（habit）進行設計。研究對象分爲實驗組與對照組，經由干預行爲後，比較四組之間的差異。研究結果顯示垃圾分類行爲的最重要的心理變量是行爲意圖、知覺行爲控制、個人規範、社會規範，以及習慣（請見圖5-5）。實驗組的回收行爲提升，回收成爲一種習慣性、非自願性且自動的行爲，理解人類行爲的表現，是建立有效回收政策的重要因素。



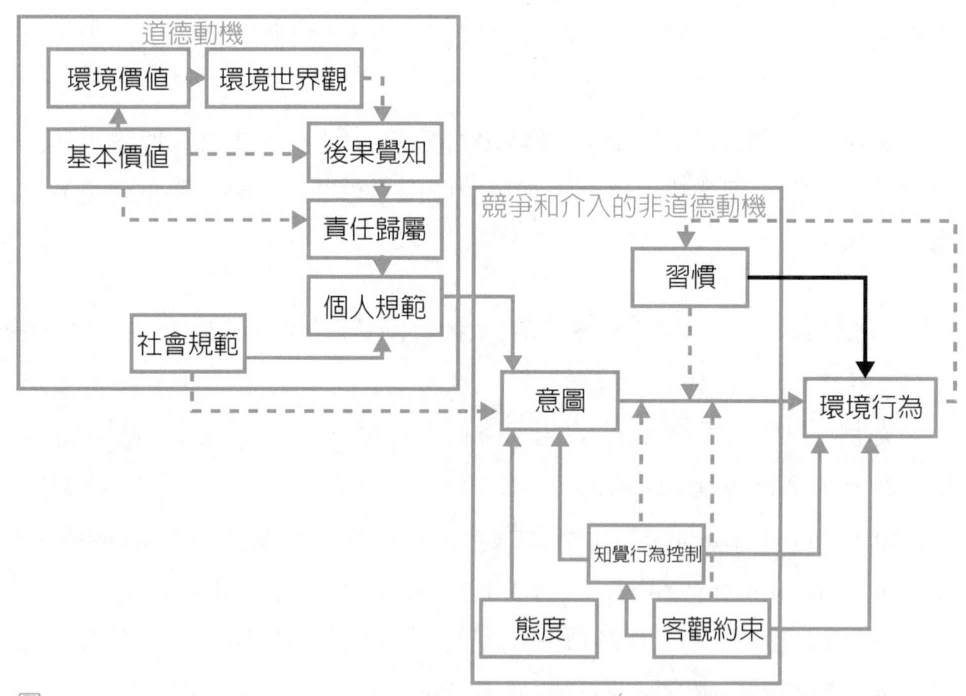


圖5-5　Comprehensive action determination model（Klöckner & Blöbaum, 2010; Klöckner, 2011）。

## 五、行為改變的階段（Self-regulated behavioral change）模型

德國比勒費爾德應用科技大學（University of Applied Science Bielefeld）教授邦伯（Sebastian Bamberg）推動行爲改變的階段模型的概念化（請見圖5-6）。他認爲行爲改變需要通過四個階段，依據下列序列進行規劃：預先決定、行動前、行動中、行動後的階段。他的研究探討如何減少汽車使用量，依據隨機對照試驗，評估了干預措施的有效性。結果顯示，基於階段的干預顯著效果，減少了汽車使用程度。此外，研究還證實了應用干預對於行動後的假設，採取了更多以行動爲導向的行爲改變階段，以及應用到這個階段推動調節干預對於行爲改變的影響，可以減少汽車使用量的行爲。

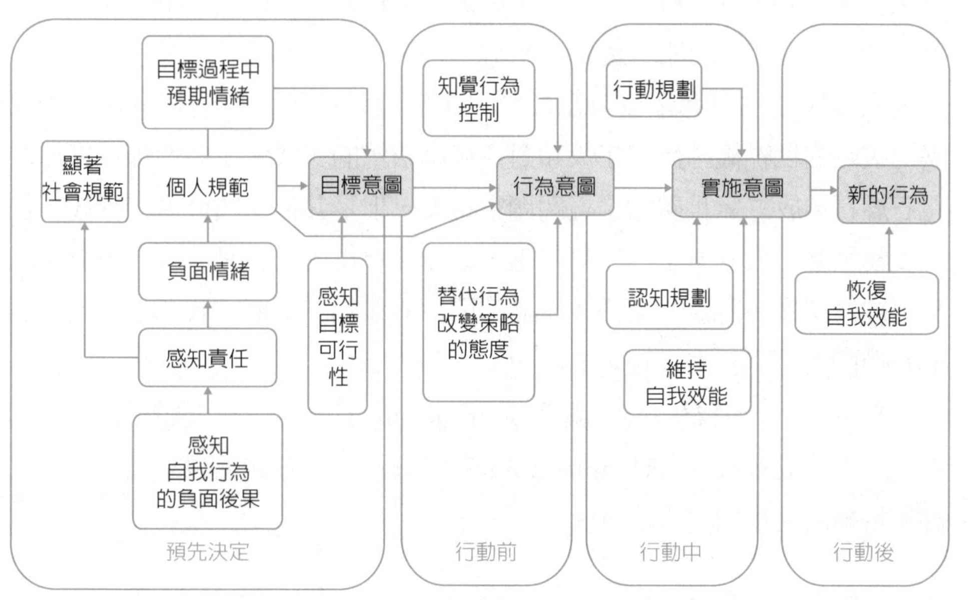


圖5-6　自我行為改變的階段（Self-regulated behavioral change）模型（Bamberg, 2013）。

## 第四節　典範轉移

環境保護自1960年代開展，經歷了60年的努力。在過去的60年中，嬰兒潮經歷了環境保護主義，雖然在社會中我們的環境取得了長足的進步。但是，環境污染、生物多樣性減少，以及全球暖化，依據是這個時代的象徵。

有些人堅持早期的世界觀，他們拒絕處理我們環境系統產生變化的現實。然而，年輕人是否具備環保意識，這一種代際的變革（generational change），需要幾代人的努力，才能改觀。

在歷史的變革之中，我們越來越意識到環境情況的嚴重性。雖然民衆的環境意識繼續高漲，但是在西方，科學共識（scientific consensus）依據沒有達成。由於碳排放過高，因爲燃煤電廠燃燒化石燃料，而引起的全球暖化，已經歷經100多年；全球超過5萬座煤電電廠，國際能源署預計到2030年仍有85%的能源是化石燃料。

環境保護主義者都沒有意識到，主流社會典範和他們在概念上的差異。人類的世界觀，決定了人類對待周圍環境的方式。雖然燃煤電廠燃燒化石燃料排放二氧化碳的環境問題很重要，但是其他永續發展的問題，例如食物供應、公共衛生、能源缺乏，以及住房供應，也是非常的重要。如果，經濟結構和財富分配是政府必須關注的焦點，那麼，我們是否足夠關心我們的環境？答案是否定的。

自古以來，人類中心主義（anthropocentric）是一種人類對待物種的方式。主流社會典範（Dominant Social Paradigm, DSP）也許是人類可以經歷持續的進步的原因之一。

### 一、主流社會典範（Dominant Social Paradigm）

主流社會典範主張經濟成長，其實在政策界的當紅地位相當短暫。1940年西方政府估算國內生產毛額，而且這一種經濟成長的措施，最初是用來支持就業目標。到了1950年，經濟成長才成爲政府政策的重點。這種「綠色成長」是目前經濟合作與發展組織（OECD）所支持的目標。

但是可能會受挫於「反彈效應」（rebound effect）。舉例來說，因爲如化石燃料中的石油利用技術提高，導致石油價格下滑，結果因爲石油需求具有彈性，人們購入更多的石油，抵消甚至超過了技術的作用。

以煤炭使用來說，在1910年英國最好的蒸汽引擎，比起1760年，效率高出約36倍，但蒸汽動力用量卻上升了2,000倍，煤炭消費量也急遽增加。對許多技術而言，「反彈效應」是稀鬆平常的事（Victor, 2010）。在1865年，由英國經濟學家傑文斯（William Stanley Jevons, 1835-1882）首次發現煤炭的問題。他在《煤炭問題》中提醒英國煤炭逐漸枯竭。傑文斯發展的理論，成爲了傑文斯困局（Jevons paradox）。他指出，由於蒸汽引擎的改善，卻伴隨了煤炭總消費量的增加，也稱加了污染量。也就是經濟效率的提高，往往引起爾後環境劇烈的變化，會減少、抵消，或是超過其環境和資源的效益。

然而，由於主流社會典範對於社會發展過於樂觀。爲了解決環境的污染，主流人士提出通過技術改進增進資源利用效率，但是單位資源的消耗，將生產更多產品；主流人士認爲，大量生產商品，將會降低能耗，實現單位物品的節能和減排。當然，還可能做到降低單位資源的廢棄物排放，提高回收利用率，這樣也可以起到減緩的效果。主流社會典範強調下列的特色。

㈠人類與它所宰制的生物不同。

㈡人類是它自己命運的主宰；他們能選擇自己的目標並能學習以達成目標。

㈢世界是廣大的，提供人類無限的機會。

㈣人類歷史是進步的，每個問題都可獲得解決，因此進步是無休止的。

因爲主流社會典範（Dominant Social Paradigm, DSP），許多領域開發的技術已經傷害了環境，例如，省油汽車的大量推廣，實際上增加了人類總行駛里程，反而造成耗油總量上升，形成越多的碳排放。但是越來越多的人們，開始意識到經濟成長，不能解決社會中所有的問題。主流社會典範的想法，形成了傑文斯困局（Jevons paradox）。這是因爲主流人士對於科學技術的依賴，造成了錯誤的觀念，以爲科學可以解決一切的問題。然而，新生態典範是爲了解決環境問題，考慮採取什麼樣的行動有效方式，但是還是有其侷限性，我們必須不斷進行典範轉移。

## 二、新環境典範（New Ecological Paradigm, NEP）

當人們提高生活水準時，人口成長就會放緩，並且產生生育率降低的現象。目前全球經濟上的挑戰，是如何節約使用地球資源。通過命令限制人口增長。例如，採取中國大陸的獨生子女政策，並不能發揮永續發展的作用。當然，伊甸園的想法是一種神話；人類永遠不會回到原始的自然狀態（State of Nature）。

人類的環境意識，將會扭轉環境發展。我們需要說明問題，並且採取相應的行動，保護優質的空氣、水、土壤、日光，以及生物多樣性。以下是新環境典範（New Ecological Paradigm, NEP）的擁護者的想法。

(一)通過限制工業和人口增長，可以實現環境保護。

(二)人類影響的自然生態系統和景觀環境，將造成地球生態滅絕。

(三)人類是全球環境惡化的主要原因之一。



## 三、永續典範（Sustainability Paradigm）

在新自由主義的經濟政策誕生50年之後，如何妥善解決全球環境問題，仍在繼續爭論。值得注意的是，截至目前爲止，主流社會典範（Dominant Social Paradigm, DSP）和新環境典範（New Ecological Paradigm, NEP）的擁護者，都各執一詞，我們的社會調查，還沒有發現任何一方，都願意改變自身的行爲或信仰。

我們的目標是在環境問題的對話和行動中指導，我們試圖通過環境教育、溝通，以及倡導來實現此一永續發展的目標。我們是否面臨著主流社會典範擁護者和新環境典範擁護者之間，永遠的對峙？有可能。主流社會典範已經存在了很長時間，表明至少有一些根深蒂固的概念，深植於人類的心靈之中。因爲是一種人定勝天的驕傲。但是，當我們深入思考時，我建議我們不能陷入邊界陷阱（boundary trap）。

這是一種二分法，如果我們喜歡不同類別的事物之間，建立界限，很容易陷入了二分法中的二元對立。例如：他們和我們、好和壞、黑與白，這一種二元取向，造成了紛爭。因爲現代遺傳學已經表明，給不同屬或種的學名，實際上是讓物種彼此之間取其相似，而不是取其不同。所以，環境教育在求大同，而不要專注於小異，以獲得社會上普遍可以接受的解決方案。我們要像圖5-7，理解其中的差異，盡力排解紛爭，進行典範轉移的工作。這一種工作，需要強化人世間的詮釋，需要客觀處理下列兩個衝突的問題。

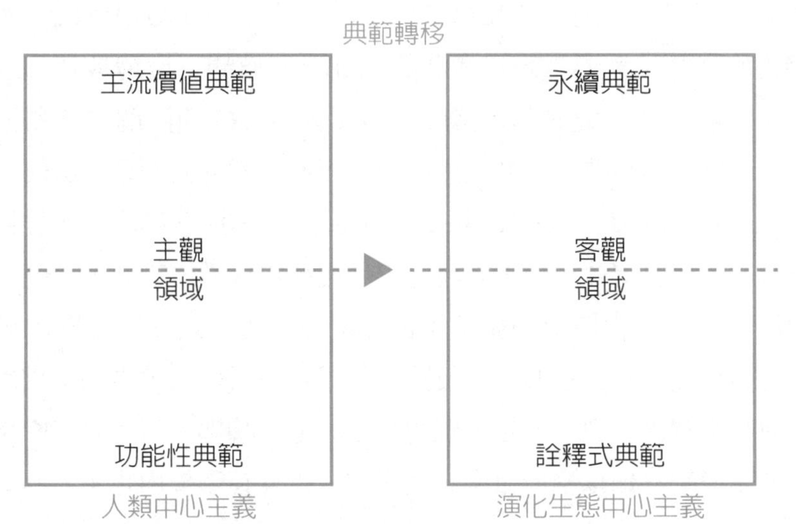


圖5-7　從主觀到客觀的典範轉移（修改自：Koerten, 2007）。

㈠人類社會在討論環境保護，其實並沒有嚴重分歧，只有立場不同和各執其詞，導致無謂的爭論。所以，需要參酌大多數人對於環境保護的意見，尊重少數人的看法，而不是遷就少數人的想法。

㈡目前環境資訊相當不對稱，環境保護的專業意識建設，仍有很大的空間和機會。絕大多數人們，對於環境問題不夠了解，也不知道問題之所在，或者他們對環境問題沒有太大的興趣。因此，需要強化環境教育的推動。拯救地球環境，需要從正確科學的途徑和方法，進行通盤考慮。具體的關鍵，是如何有效及正確地採取科學的協調方法，以進行整體措施的調整，以推動永續發展的實質進步。

## 小結

在環境心理學中，有一門學問，探討人類到底是親生命假說（biophilia hypothesis）傾向，還是懼怕自然假說（biophobia hypothesis）傾向。至今還沒有解答。在環境典範中，人類到底屬於主流社會典範（Dominant Social Paradigm, DSP），還是新環境典範（New Ecological Paradigm, NEP）？筆者自忖，這也無從獲得答案。從人類生態學的角度，我們必須依據生態效應的角度，考慮我們的主觀生活需求、生物需求，以及精神需求。從整體觀點進行對世界層面的理解，需要以人性化的觀點，學習如何與周圍環境和諧共處。因爲防止全球滅絕危機，並實現永續發展的社會，需要重新思考我們的社會價值觀。環境教育可以幫助學習者，了解生活環境的聯繫關係，成爲創造性的問題解決者和積極的環境公民，以參與塑造我們共同的未來。因此，體驗式學習（experiential learning）和批判性教學法（critical pedagogy），將會爲學習者提供變革性永續發展學習的機會。環境教育是一種發展現代教育模式，啓迪公民責任，建構積極的社會地位，並且學習健康的生活方式。何昕家（2018）建議以行動實踐、全人思維，以及跨科際學習等活內涵，推動環境教育之實踐。何昕家認爲「教育」是眞正內化至心靈的鑰匙，有了友善的環境，應該透過環境教育加以推廣概念，這樣才能由外在環境內化至內心（何昕家，2018:13）。

從以上敘述可以了解，這也就是爲什麼教育不能僅重視軟體課程，硬體的環境設施也是相當重要，僅一直強調軟體課程重要，可能造就出很會考試的學生，必須要有適當的環境刺激，才能將知識經驗與環境連結，教育所強調的便是「身教、言教、境教」，這三者缺一不可，對於環境教育這三者也是缺一不可，老師對於環境的以身作則，加上對於環境的知識內容，最後對於環境的親身經驗，也是無法取代的。在本書第六章開始，將以實務經驗建構年輕一代的環境社會責任，在個人發展中培養對於環境負責任的人格特質。此外，在正規教育中，融入大多數領域的課程，強化生態學背景下的永續發展教育。

## 關鍵字詞

環境典範的二極量表（Alternative Environmental Paradigm Bipolar Scale）
動物解放（animal liberation）
反人類中心主義（anti-anthropocentrism）
自生生成（autopoiesis）
自然界的平衡（balance of nature）
親生命假說（biophilia hypothesis）
邊界陷阱（boundary trap）
批判性教學法（critical pedagogy）
描述規範（descriptive norm）
主流社會典範（Dominant Social Paradigm, DSP）
生態倫理（ecological ethic）
生態世界觀（ecological worldview）
環境態度（environmental attitude）
環境知識（environmental knowledge）
體驗式學習（experiential learning）
習慣（habit）
內在價值（inherent value）
成長的極限（limits to growth）
道德生物（moral creature）
新環境典範（New Environmental Paradigm, NEP）
規範啓動模型（Norm Activation Model, NAM）
親環境行為（pro-environmental behaviors）
反彈效應（rebound effect）
科學共識（scientific consensus）

利他主義（altruism）
人類中心主義（anthropocentrism）
責任歸屬（ascription of responsibility, AR）
後果覺知（awareness of consequences, AC）
行為意圖（behavioral intention）
懼怕自然假說（biophobia hypothesis）
整合行為決定模型（Comprehensive action determination model）
深層生態學（deep ecology）
耗散結構（dissipative structures）
生態中心主義（ecocentrism）
生態典範（ecological paradigm）
有效利他主義（effective altruism）
環境倫理（environmental ethics）
環境典範（environmental paradigm）
代際的變革（generational change）
間接行動（indirect actions）
傑文斯困局（Jevons paradox）
現代主義世界觀（modernist worldview）
新生態典範（New Ecological Paradigm）
新環境典範量表（New Environmental Paradigm, NEP Scale）
知覺行為控制（perceived behavioral control）
親環境的個人規範（pro-environmental personal norm）
參與式的民主（re-engage democracy）

自我更新的生態系統（self-renewing ecosystems）
社會網絡（social networks）
主觀規範（subjective norm）
永續典範（Sustainability Paradigm）
動機─機會─能力（The Motivation-Opportunity-Abilities, MOA）
計畫行為理論（Theory of Planned Behavior, TPB）
價值轉變（value-shift）

行為改變的階段（self-regulated behavioral change）
社會影響力（social influence）
社會規範（social norm）
主觀機率（subjective probability）
生命的隱喻（the metaphor for life）
價值─信念─規範理論（The Value-Belief-Norm Theory, VBN）
受脅生態系統（threatened ecosystems）

第六章
# 環境學習與傳播

The field of environmental communication is composed of seven major areas of study and practice: Environmental rhetoric and discourse, media and environmental journalism, public participation in environmental decision making, social marketing and advocacy campaigns, environmental collaboration and conflict resolution, risk communication, and representations of Nature in popular culture and green marketing (Cox, 2010).

環境傳播領域由以下的七種研究和實踐領域組成：環境論述、環境新聞媒體、大眾參與環境決策、社交行銷和宣傳活動、環境合作和解決衝突、風險溝通，以及流行文化與綠色行銷中的自然表達。

——卡克斯（J. Robert Cox, 1933-）

## 學習焦點

環境學習和傳播，是一種交流行爲。不論是自導式學習，透過教師教授學習，或是透過網路平台學習，都需要有學習媒介和學習內容。因此，本章所稱的環境學習與傳播，係指個人、機構、社會團體和文化社群如何製作、分享、接受、理解，以及正確使用環境資訊，並且運用人類社會和環境互動的關係，藉由環境資訊的研究、管理，以及實踐，收到學習效果。在人類社會複雜網絡的互動之中，從人際交流到虛擬社區，現代人類需要參與環境決策，並且通過環境媒體報導，了解世界環境發生的問題。因此，本章透過學習場域、學習教案、學習模式、資訊傳遞，以及傳播媒體等載體，進行口語、文字、影音、圖象，以及信息交流。希望環境學習和傳播藉由創造，採取不同的溝通方式和平臺，以建立正確的環境資訊管道。

## 第一節　學習場域

我們在第五章中探討人類到底是親生命假說（biophilia hypothesis）傾向，還是懼怕自然假說（biophobia hypothesis）。在環境傳播與學習中，學習親生命的傾向，成為環境教育中訓練生態中心理論「生態倫理」（ecological ethics）價值體系的關鍵重點。環境傳播與學習，最重要的階段，是從自我成長的方案發展解說方案（developing an interpretive program），依據明確的階段或方法，逐步發展設計出解說教材內容，以利於環境傳播。所以，我們要依據環境心理、環境教育，以及環境傳播的溝通理論，以利於學習環境教育的本質和行動內涵：「我們為什麼要學習環境教育？」；「我們要學習什麼環境教育？」；以及「我們要在哪裡學習環境教育？」



首先，環境教育是採用在地教育、網路教學，還是虛擬實境教學，這在21世紀的環境教育界，掀起了討論的風潮。因為在兩種立場迥異的學說中，親生命假說（biophilia hypothesis）是鼓勵在地化的生物教育，如果是懼怕自然假說（biophobia hypothesis），我們還需要討論，在哪一種場域教學，才能夠讓學生喜愛生命，進而進入到環境教育的戶外場域，進行「親生命性」的探討。「親生命性」（biophilia）一詞的意思是「對生命或生命系統的熱愛」，這一個用語，首先由知名的社會心理學家佛洛姆（Erich Fromm, 1900-1980）提出，用來描述人類被吸引到所有「親近活著」的生命的一種心理趨勢。生態學者威爾森（Edward Osborne Wilson, 1929-）認為，人類下意識地與生命尋求聯繫。他提出了假說：「人類與其他生命形式和整體自然的深層聯繫，根植於我們內心的生物學。「親生命性」（biophilia）與恐懼症（phobia）不同，恐懼症是人類對於環境中的事物的厭惡和恐懼；而「親生命性」（biophilia）是人類對於自然環境中的人類生命、物種生命、棲地環境、生態過程，以及其他非生命的物質的吸引力和正向的情緒。

個案分析

## 親生命假說（biophilia hypothesis）vs. 懼怕自然假說（biophobia hypothesis）的海洋筆記

八月，我躺在加勒比海上的小島的碼頭甲板上，靜聽海濤聲音，白色沙灘透露出星星銀光，飽藍靛紫的層次海水，在夜裡也反射星辰銀光。偶而天際閃電忽然驚動海平線，將雲朵照亮一如六月新娘的嬌艷，明亮不可方物，卻也只是驚鴻一瞥，亮起又黯落。沒聽到閃電隆隆，卻只有海濤在腳底靜謐的私摩。這裡的潮差，溫馴的只有幾十公分，凌晨的海潮聲，拍擊甲板，又像是小貓嗚叫，甜蜜而溫柔。一如天上滿布甲骨的星辰，彷佛搖曳在木屋下的搖床似的一般輕盈。

天上滿布星辰，人造衛星以耀眼的黃光，混淆我對星空的恆星認知。天空的牛奶路，從東北撒向西南，兵分兩路，一如銀色的長河。然後，流星越野，射過億萬光年星辰，掉落在大氣中，還來不及許願。仰頭朝北，天樞、天璇、天璣、天權、玉衡、開陽、瑤光，在北方的天際旋轉，我喜歡朝北眺望，想像南方的洋流，吹拂北方，飄進墨西哥灣，然後分道揚鑣，順流者順流到佛羅里達，逆流者逆流到墨西哥，海風吹拂耳際，遠處椰子小島在輕夜海風迎娶下，緊緊的包裹住夏日那黏膩的纏綿與溫柔。夜裡的海潮聲，總是激盪在血液底下的肉體基因，好像騷動最後的黑夜與晚霞拭去的血色光影，然後投向遠方的另一處深淵。

我想思緒按捺住不動，但是白天的炎熱，依然在腦部躁盪，將我的百年思緒激盪，然後我的情緒飛奔的加勒比海墨西哥灣的百年禁忌，那1900年時颶風的慓悍。傳說百年前暴雨沖散德州一個小小孤城，大浪捲起，然後人屋一無所有。那孤城從此一絕不振，只留現在灣邊小小校區。那是海上狂野的颶風，遠颺後，重新喚起海底深刻的恨意，驚濤駭浪同時在40年前上演，風狂雨驟，兵島房子全部捲入海濤，推移過程，海底的珊瑚螺貝全部翻動，拋向小島，累積成化石骨骸。那小島上小女孩緊握島上高聳椰樹不放，等待風雨交加過後的黎明曙光與平靜，才能在40年後的今天，以一頭銀髮娓娓道出當年的恐懼。因為好多層樓高的巨浪，已經將海底深處的沈睡惡靈驚醒，深陷海底的珊瑚蟲驚惶失措，女王鳳凰螺、指狀珊瑚、腦紋珊瑚，紛紛被殘酷的丟向寂寞的小島，然後交換過六棟房屋之後，大浪滿意的將房屋踩碎在珊瑚海底，進行大規模海陸交換與整肅行動。

今夜，我無法想像，沈睡的海洋，會如此的激憤，我沒有想像，週期性的大浪，將是如此的駭人聽聞。然後，我開始對海洋產生畏意，雖然白天，我沒有穿著救身衣，就已經大膽的以背滾式的姿勢跌落深海，翻過一圈後，頭部抬起，踩起海浪，在五公尺深的海水中騎起一圈一圈的海流。我不知道我可以漂浮多久，便潛向珊瑚深處，和海星握手，白天波光淋向海底深處，海牛草、海龜草蜿蜒漂盪，我游過扇狀珊瑚，貪婪的想摘起一小片，但是鮮紅血色的珊瑚，與到空氣就變成慘白沒有血色的髑顱，空氣中還散出腥味，我才曉得貪婪只在陸地上發生，不應將貪慾帶到海底，希望海底原諒我的鹵莽，讓破碎的珊瑚，能夠回到海中癒合，於是我將血色貪念後的蒼白愧疚，還給小島，不敢帶到大陸，一復如初。

（方偉達，2002年作於貝里斯）

如果說，人類對於生命自古有一種憧憬，因爲死亡是一種終結。所以，環境教育是在追求一種生命的教育，要從生命中昇華，要從體認中學習。要從世界的觀察之中，學習到森羅萬象，也就是《易經・周易・繫辭上》第十章說的「寂然不動，感而遂通」。在平時靜觀生命，觀日落日起，觀四海潮差；當我們的心跳和大地的脈博同步之後，在沒有感應和體悟之前，當然是固若磐石，寂靜無聲；但是一有所感悟，便如洪鐘動地，天地豁然開朗，才能貫通天下事物之理。

因此，教育就是在推動這一種省思，要能觀察，要能夠安靜。當定靜安慮得之後，才能有所得。在《禮記・學記》中說：「善待問者，如撞鐘。」教師對待學生，就如同一只懸鐘，教師本身充實而含蓄，如果學生不問，要靠學生自然的體悟。如果學生不問，就沒有感應；學生一旦看到大自然萬物，心生感應，加上教師詳細的解說，便和鐘一般地，一撞則鳴，鳴聲所及之處，天地都受到了感應，讓學生豁然開朗。

因此，國外學者也在強調這一種心靈的感應，所有感應，不一定在於教師和學生的心理互動，甚至是動物教學和學生的心理層面的互動關係。在坎恩和柯勒的〈兒童與自然：心理學，社會文化與進化研究〉一文中，特別強調了動物教育的重要性，尤其是兒童可以發展養育關係的動物（Kahn and Kellert, 2004）。藉由觀察和接觸自然界動植物，藉以發展自然連結（connection to nature/nature connectedness）的關係（Cheng and Monroe, 2012）。從欣賞中，將自然視爲生命中重要的成分，接納自然，強化自然相關性（nature relatedness）、自然連結性（connectivity with nature），以及自然情感親和力（emotional affinity toward nature）。在認知組成方面，強化自然連結感的核心，納入人類與自然合而爲一。在情感組成方面，強化個人對於自然的關懷；在行爲組成方面，強化個人保護自然環境的承諾。此外，動物欣賞可以協助患有自閉症障礙的兒童，強化內心深處封閉的支持系統，這更是透過生命教育，進行協助人類與自然保持健康關係的必要條件。

所以，環境教育的設計，要通過場域的設計，在場域之中，擁有活生生的生命，提供環境教育的教材。在1998年，行政院環境保護署邀集教育部、行政院農業委員會，以及內政部營建署，推動校園生態教材園。方偉達（1998）認爲校園生態教材園的模式有：「水生植物區、蜜源植物區、自然步道、苗圃區，以及有機堆肥區」。依據學校環境教育的構想，校園生態教材園「從搖籃到搖籃」，讓學童「陪小樹一起長大」，並且推動枯枝落葉有機堆肥區，以形成生態系統循環，並且營造多功能的水域、蜜源植物區域（例如栽種蝴蝶的食草植物），並且運用步道進行串聯，強化學童對於生物生存權的認知，並透過細心的觀察筆記，以強化學生和校園的正向互動，以培養環境感知的敏銳度，激發關懷、尊重，以及校園地方感的依附心理（方偉達，1998）。楊平世、李薫宇（1998）協助行政院環境保護署規劃臺灣第一座永和國民小學生態教材園的模式爲：「水域生態區、賞鳥區、誘蝶區、樹林區、草原區」。2003年開始，教育部推動「水與綠的校園」，在社會變遷的情勢之下，賡續推動「綠色學校計畫」的學校環境教育（王順美，2004；2009）。由此可見，在綠色校園推動生態園式的綠色教學計畫，其目的除了提供教師環境教育教學的場域之外，更可以進行自然教育與生態保育的教學場所，進行下列的學校環境教育。

## 一、學校環境教育

在學校環境教育場域之中，教師需要教導學生感受自我與大自然之連結，鼓勵學生在校園中學習環境教育，甚至在正式課程中，安排校外教學，才可能讓學生產生關心自然的傾向，並進而保護生活環境（李聰明，1987:44）。

因此，學校環境教育的教學內涵，不是知識的灌輸。自古以來，東方式的教師強調傳統的教學活動，以機械的計算和練習，強迫學生學習環境保護概念性的知識；但是，這是徒勞無功的。在美國，教師注重促進學生的環境中學習的創造能力和環境知識的探究能力，環境教育學習課程活動多樣化，不但幫助學生進行環境現場之反思和操作，並且理解環境保護的過程的發展，以利公民討論和參與。在學校環境教育中，符合環境教育課程的基本概念，可以在環境中教學，讓學生置身於自然環境中，並且親身去觀察環境問題。因此，教師在教導環境知識讓學生自行觀察、記錄之外，教師應指導學生進行實地環境分析與比較。學生為了解決環境議題，而衍生為教學主體的活動，教學過程中引導學生思考、判斷及評價。



個案分析

### 生態教材園臺灣萍蓬草（*Nymphar shimadae* Hayata）培育紀錄

在臺灣，要培育萍蓬草並不是一件難事，萍蓬草對於溫度的要求在攝氏10℃到32℃之間，但若是長期持續的高溫，就會造成它生長速度趨緩，一個水流慢而穩定的池子，不要太細的沙質土壤，就會是適合萍蓬草生長的環境。萍蓬草屬於陽性植物，所以需要足夠的陽光，最好是種植在可以直接受到陽光照射，而且週邊又有樹林遮蔭的水池。只有自然的陽光所形成的照度，才足以使莕蓬草長出挺水葉，並且開花結果。對水質與肥份的需求，不若一般坊間所見的睡蓮、觀音蓮需要大量高濃度的氮磷肥，若是栽培在水池中，一般農作土壤所含的肥份已經足夠，若是栽培在水族箱中，每週添加適量的綜合液肥，與每月使用根肥，如一般水草之照顧方式，即可養出漂亮的莕蓬草。接著談到共生生物的選擇，因莕蓬草的幼芽特別柔嫩，是草食性生物喜好的食物，如草魚等會啃食嫩芽的生物，不適養殖其中，而慈鯛科的魚類（如：吳郭魚）在繁殖期會挖掘底沙築巢，大量的翻沙，會使莕蓬草之走莖被翻起，故應該要慎選與莕蓬草共生之生物。

我們依據行政院環境保護署曾經發布的「加強學校環境教育三年實施計畫」四個面向，包含了推動學校環境管理、落實環境教學、推動校園生活環保，以及普設環境教育設施。以上的內容，包含了硬體學習場域的規劃和管理，在教學軟體方面，推動了生活化的環境保護教學活動。此外，依據「綠色學校計畫自我檢核表」五個面向，包括了生活面向、校園、建物和設施、教學與宣導活動、行政管理，以及學校環境教育的特色，都是需要有效進行適當水準（appropriate level）的教學。這些教學活動，需要注意下列事項：

㈠環境教育需要了解您的受衆（audience）。

㈡環境教育不要使用專業的科學術語（scientific jargon）（Fisk, 2019）。例如說，我們在學術上常說的「典範轉移」（paradigm shift），但是在實務上，這是個專有的科學術語，沒有幾個人聽得懂。因此，我們可以運用舊有的實例，因爲觀念轉變，轉換成新的實例的圖形，進行簡單的說明。

㈢使用各種方法進行教學

1. 使用微軟播放簡報軟體（PowerPoint）。
2. 使用影片（videos）進行播放。
3. 採用活潑的實踐活動（hands-on activities）。

4. 進行校外的自然體驗（nature experiences）。
5. 採用公民科學（citizen science）調查的方式。
6. 使用社交媒體（social media）進行教學。

㈣校園人工濕地及戶外濕地的教學示範

1. 協助學生了解濕地在碳循環中的作用，以及對於減緩氣候變化的功能。
2. 強調儲水（water storage）= 海綿（sponge）的概念
3. 教導海岸濕地碳匯（carbon sink）的功能，請不要使用藍碳（blue carbon），因爲這是科學術語（scientific jargon）。
4. 強調這是野生動物棲地，觀察到紅冠水雞、綠頭鴨，以及其他水禽。
5. 觀察到兩棲動物。
6. 觀察多樣性的植被。
7. 檢視人工濕地的排水孔（watering holes）。

㈤教師需要針對教學內容知識進行理解

學校環境教育工作，專屬於環境教育的專責人員。環境教育人員的角色和功能，像是學校教師和政策制定者中間的聯絡者。學校環境教育人員，必須對環境事務有興趣。此外，需要具備社區溝通能力、抗壓能力，以及具備環境素養的能力。通過行政院環境保護署學校環境教育的培育及認證，統合學校各環境教育活動資源、課程、人員的聯絡工作。在環境教育教師團隊中，建立互相支援與合作的環境教育工作者團隊，團隊中的在校教師，都可以透過環保署的認證，取得環境人員的資格。

對於在校教師而言，環境教育相關領域的教科書是最重要的教學資源，也是最常面對的顯著限制。對學生和家長而言，教科書是了解學校課程內容最重要的媒介（Westbury, 1990）。所以，針對學校課程內容的主要特徵，教師需要強化本職學能、進行學生的互動，以及進行家長的溝通，包括以下三個面向：

1. 教師對於環境相關領域學科內容的理解，特別是指在學科中教師經常教授的範圍和主題。

2. 教師對上述環境相關領域學科內容表徵的掌握和運用，如採用什麼形式（類比、舉例、譬喻、圖示，以及示範等）表現學科內容才是有效、最具說服力，最容易讓學生明白（周健、霍秉坤，2012）。
3. 教師對於環境內容學習和學習者的理解，如學生已有的概念、在學習某一特定內容之前的概念，對某方面的內容感到容易或是感到困難、是否容易理解或是誤解，並且知道是什麼因素，影響到學生的學習進度，以便採用聯絡簿，進行家長溝通。

## 二、社會環境教育

如果我們說，學校環境教育是正規環境教育；那麼，社會環境教育就是非正規環境教育。在定義上來說，社會環境（social environment）一詞指的是學校環境以外，透過社會團體、教師、家庭，以及政府機關之間產生社會互動的方式，以推動保護的教育環境。環境友善的社會環境，有助於培養積極的同儕關係（peer relationships），並且在代間產生成人和兒童之間良好的互動，並爲成年人提供支持實現其社會目標的機會。

環境教育在培養具有環境意識的公民，在古希臘時代，亞里斯多德（Aristotle, 384-322 BC）已經開始推動社會環境教育。從盧梭（Jean-Jacques Rousseau, 1712-1778）到杜威（John Dewey, 1859-1952）的進步學校運動（progressive schools movement），都是從教室出發，提倡自然研究（nature study）、保育教育（conservation education），以及戶外教育（outdoor education）式的社會教育。從根本上說，社會環境教育是跨領域的教育，借鑒了社會研究、科學研究、語言藝術研究，以及美學研究的內涵，以環境保護作爲示範工具，進一步發展批判性思惟（critical thinking）、創造性思維（creative thinking），以及綜合性思維（integrative thinking），以解決眞正的環境問題。

因此，環境教育在培養具有環境意識的公民過程中，訓練環境公民在全球經濟中競爭，擁有環境保護技能、知識，以及傾向（inclinations），可以進行明智的抉擇，並且行使地球公民的權利和責任。爲實現這一目標，社會環境教育必須包含下列的學習內涵（汪靜明，1995；張明洵、林玥秀，2015；楊平世等，2016）：

1. 強化情意（affect）能力：環境敏感度（environmental sensitivity）、環境賞析（environmental appreciation）能力。
2. 強化生態知識（ecological knowledge）：對主要生態概念的理解，包括關懷個人、物種、族群，群落、生態系統，以及生地化循環現象。
3. 增進社會政治知識（socio-political knowledge）之理解：了解人類文化活動，如何影響環境，包含對於地理、歷史，以及環境美學的理解。此外，不管是地方、區域，以及全球環境，健全的地球公民，應該要了解經濟、社會、政治，以及生態環境相互依賴的關係。
4. 強化問題發生之基礎知識：社會教育需要了解環境問題發生的知識（knowledge of environmental issues）。
5. 強化環境保護及分析之技能發展（skill development）：鼓勵社會大衆使用主要和次要來源（primary and secondary sources）的資訊進行分析，強化綜合和評估有關環境問題資訊的能力。
6. 強化個人責任感（personal responsibility）：讓社會大衆能夠理解個人和團體的作用，可以強化對於社會的廣泛影響。
7. 強化公民技能和策略的知識（citizenship skills and strategies）：積極參與各類型的社會環境教育活動，例如，參加國際組織、政府機關，或是民間團體組織舉辦之研討會、研習會、工作坊、討論會。包括：二月二日的濕地日、四月二十二日的地球日、六月五日的世界環境日等紀念活動。以下爲社會環境教育的資源管道。

1. 運用大衆傳播媒體學習：電視、廣播、報紙、雜誌，以及社交媒體（social media），如網路直播、臉書（facebook）、YouTube、Line、微博、微信（WeChat）、WhatsApp、Instagam之宣導活動。
2. 運用社教機構學習：參觀博物館、動物園、博覽會、鳥園、植物園、天文館、科學教育中心、地方文化中心、文化園區／館、自然教育中心、森林遊樂區、風景區、國家公園、保護區，以及水族館的展示。

環境教育設施場所介紹如附錄二（P.383）。

## 三、環境學習中心

在學校環境教育正規課程，以及社會環境教育非正規課程之中，衍生了一種教師帶領學生到戶外的「環境學習中心」（environmental learning center），進行學生環境素養之養成活動，我們稱爲環境體驗式學習（王書貞等，2017）。環境教育中心（environmental learning center）是環境教育人員、學生，以及解說員的養成中心，也是一個地區環境教育成效的表徵，又稱爲「自然中心」（nature center）（周儒，2011）；或是「環境教育中心」（environmental education center）。在美國，自然中心通常展示小型活體動物，例如昆蟲、爬行動物、囓齒動物，或是魚類，所以自然中心也兼具博物館展覽，以及展示自然歷史的功能，藉由動物展示或是自然立體模型的展示，進行解說導覽。但是國內的「環境教育中心」，展示的範圍更廣，則不以此爲限。此外，在美國「環境教育中心」與「自然中心」的不同之處在於博物館展覽和教育課程活動，需要通過預約（appointment）。但是許多自然中心可以提供自導式的學習，不用事先預約。

基本上，環境教育需要體驗學習，需要考慮教育地點、課程規劃、營運計畫、經營策略，以及教育原則（周儒，2011；許嘉軒、劉奇璋，2018）。環境學習中心提供民衆愛護自然環境的社會普及教育及專業訓練，並且提供學校環境教育在戶外學習的場地或訓練基地範圍，並且可以用來進行生態保育的課程規劃和訓練活動。然而，環境學習中心不是單純的公園、動物園、也不是博物館，同時也不是生態保護區，因爲環境教育中心設立的宗旨除了動態展示、靜態展示，以及生態保育之外，更肩負了社會環境教育普及化和學校環境教育「研學化」（研究與學習）的功能。

### ㈠環境學習中心實施特色

根據美國自然中心管理者協會（Association of Nature Center Administration）的定義，「環境學習中心」在專業人士的引導下，教導人們體驗自然，並建立與自然和環境之間的關係，包含以下特色：

1. 具備軟硬體設施及人員：擁有土地、建築減量及簡化的硬體設施、完善活動方案；及支薪的專業的全職人員，以及不支薪的志願服務者的支持。
2. 獨立運作的合法組織實體：是一個合法獨立的實體，由具有清楚生態保育、教育，以及復育願景的團隊來經營。雖然某些中心允許免費入場，但是鼓勵小額捐款，以協助支應開銷費用（offset expenses）。
3. 擁有支薪的專業員工：為了要強化旅遊的廣度及深度，並且結合訓練當地的解說員，經由專業支薪的合作原則，創造地方就業機會。因為這些專業的地方員工不但對於當地人文環境、地理景觀，解說服務所必需注意的氣候及安全條件相當了解。此外，基於維護當地的環境品質，會以專業的知識保護生態環境，以及環境學習中心的設施，免於遭到不明的破壞。

美國社會心理學家庫伯（David Kolb, 1939-）在1984年發表《體驗學習：體驗學習發展的源泉》（Experiential Learning: Experience as the source of learning and development）學習風格模型，在書中發展了學習風格清單（learning style inventory, Kolb, 1984）。體驗式學習理論分為兩個層次：四個階段的學習循環和四個獨立的學習方式。庫伯的理論都與學習者的內部認知過程有關。他將體驗學習闡釋為一個體驗迴圈過程：包含了具體的體驗、對體驗的反思、形成抽象的概念，行動實驗以發展具體的體驗。迴圈形成的貫穿的學習經歷，讓學習者自動地完成反饋與調整，才能身歷其境，經歷一整個學習過程，在體驗中學習到認知。

他指出，學習涉及在各種情況之下，可以靈活應用的抽象概念。因此，在學習中，新的概念提供了發展動力。他強調「學習是通過經驗轉變創造知識的過程」。因此，環境學習中心應該提供豐富的課程活動，以專業人力提供豐富的教學課程，強調戶外自然環境教學，而非人工設施教學。在教學中展示的是戶外、可以接觸，而且眞實存在的自然環境，以及生活於該自然環境的生物。（請見圖6-1）

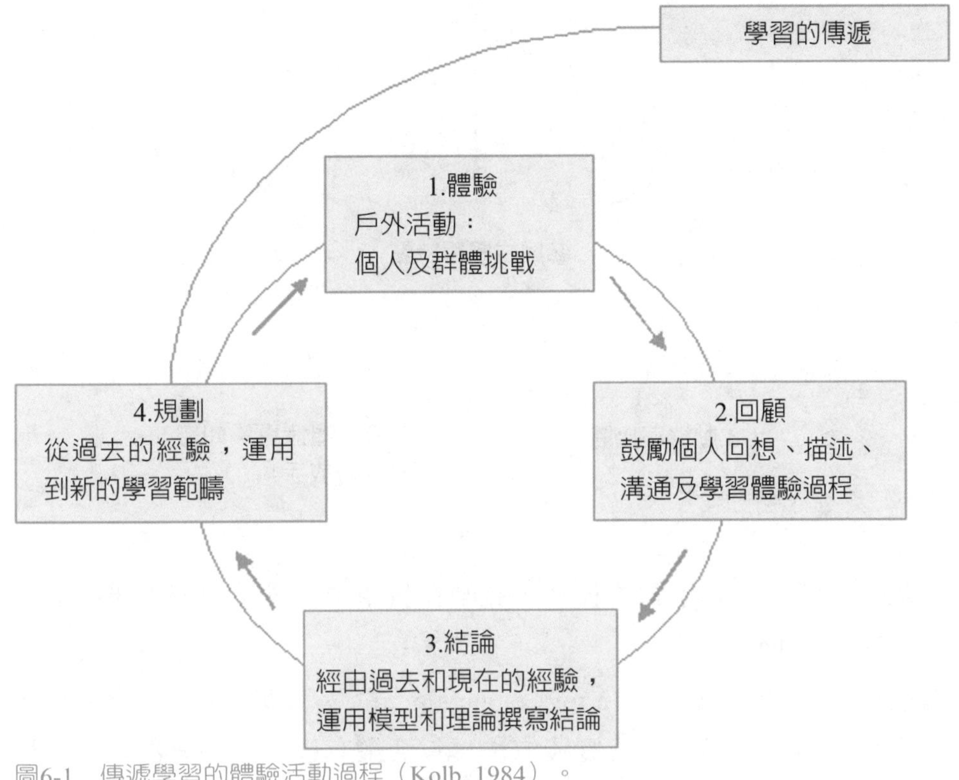


圖6-1　傳遞學習的體驗活動過程（Kolb, 1984）。

### (二)環境學習中心參與式學習（participatory learning）

環境教育是一種與時俱進的教育。通過與教育工作者的對話中，我們確定了五種主要因素，這些要素是21世紀具有象徵和實質意義的參與式學習（participatory learning）的典型特徵（Loh, 2010），請見圖6-2：

1. 本真（authenticity）：了解學習者的身分、興趣，以及課程可以發展專業知識的關聯性。
2. 創造力（creativity）：環境教育在發展專業知識的創造空間。因此，參與式學習（participatory learning），需要通過具有環境意義的遊戲和實驗活動，提高學習者的動力、創造力，以及活潑的參與形式。
3. 共同塑造專業知識（co-configured expertise）：依據教師和學習者共同配置的專業知識，教學者和學習者共同彙整環境保護的技能和知

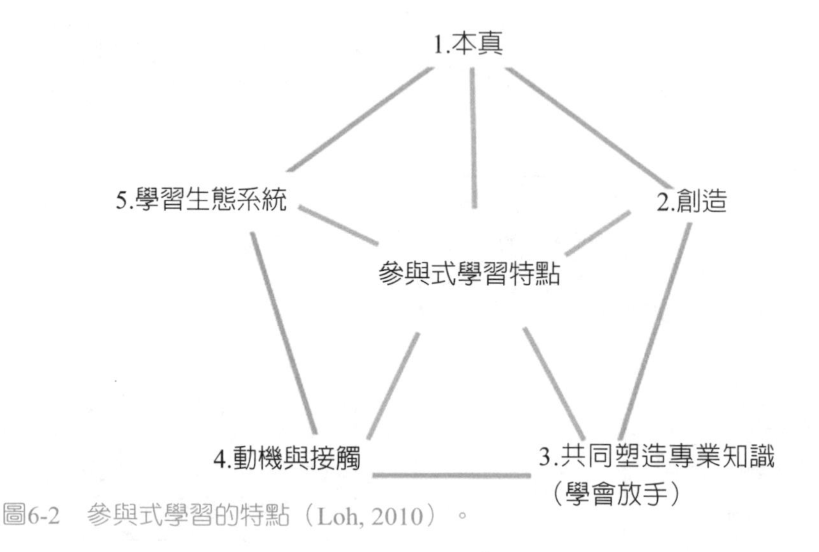


圖6-2　參與式學習的特點（Loh, 2010）。

識，分享教學和學習的任務，教師在教學中，應該要學習適時放手（learn to let go）。

4. 動機與接觸（motivation and engagement）：教學者教導學習者使用各種媒體、工具，以及實踐方法，以活潑有趣的教學方法，引起參與的動機，拓展創造和解決問題的機會，例如透過碳足跡（carbon footprint）的計算，討論如何減少溫室氣體的釋出。

5. 學習生態系統：依據整合性的學習系統學習生態環境，可以促進和鼓勵個人、家庭、學校、社區，以及世界之間的環境聯繫關係。

環境學習中心的架構，在於採用這五種不同面向之間的相互聯繫，可以同時相互依存，相互補充。

個案分析

## 以數學解析碳排放量

碳足跡（carbon footprint）是藉由二氧化碳（$CO_2$）當量進行計算，計算通過人類所生產的食品、燃料、製成品、材料、建築物，以及運輸服務所產生。包含了生產和消費活動（Lee et al., 2017）。一般來說，需要定義系統或活動中的二氧化碳（$CO_2$）和甲烷（$CH_4$）排放總量的指標。但是，我們採用了二氧化碳（$CO_2$）進行簡易計算，說明了人類的生態足跡（ecological footprint）。碳足跡的影響，導致進入大氣的氣體含量變化，包含了二氧化碳（$CO_2$）和甲烷（$CH_4$），產生了溫室效應。

一、請用一句話，說明碳足跡的定義。

解答：碳足跡（carbon footprint）可被定義為與一項勞動（activity）以及產品的整個生命週期過程，所直接與間接產生的二氧化碳排放量。

二、小華住在臺北，參加新竹環境學習中心的校外教學，臺北→新竹單程的路線指示為80公里，參加同學為40位，請問每位參加同學全程的平均個人的碳足跡為何？

解答：0.08280 = 12（公斤）

三、小明是個宅男，暑假生活糜爛，三餐叫外食便當，吃不完冰到冰箱。全天候開燈、吹冷氣、打筆電遊戲24小時打到爆肝，不計算出門的排碳量，最多一天（24小時）可以排出最大的碳足跡？

解答：

$(0.0189 + 0.621 + 0.011) \times 24 + 1.3 + 0.483$

$= 15.6216 + 1.3 + 1.44 = 18$（公斤）

四、請問上列行為，何者碳足跡較高？

解答：小明。

表6-1　個人平均的碳足跡（範例）

| |
|---|
| 開車1公里 = 0.22 kg |
| 騎機車1公里 = 0.056 kg |
| 搭遊覽車1公里 = 0.08 kg |
| 搭捷運1公里 = 0.07 kg |
| 筆電1小時 = 0.0189kg |
| 開冷氣1小時 = 0.621 kg |
| 電冰箱一天 = 1.3 kg |
| 燈泡1小時 = 0.011 kg |
| 外食便當一個約0.48 kg |

五、數學系小達（化名）的「另類思考」

1. 小華是個小學生，住在臺北，參加學校舉辦到新竹的校外教學，臺北→新竹單程的路線指示為80公里，參加同學為40位，請問每位參加同學從學校出發之後來回的平均個人的排碳量為何？

小達回答：設有10人開車、10人騎機車、10人搭遊覽車、10人搭捷運情況下的平均排碳量，80（公里）×(0.22×10 + 0.056×10 + 0.08×10 + 0.07×10)/40（人）×2（來回）= 17.04 kg / 每人

2. 小明是個大學生，暑假生活糜爛，三餐叫外食便當，吃不完丟到冰箱。全天候開燈、吹冷氣、打筆電對戰遊戲24小時打到爆肝，不計算出門的排碳量，最多一天（24小時）可以排出最大的碳足跡？

小達回答：24×0.0189 + 24×0.621 + 1.3 + 24×0.011 + 0.48×3

= 0.4536 + 14.904 + 1.3 + 0.264 + 1.44 = 18.3616(kg)

3. 請問上列行為，誰的碳足跡較高？

小達回答：雖然光從表面上計算，小明一天下來的碳足跡是18.3616公斤，而上面去校外教學的小華是17.04公斤，但是小華的17.04公斤只計算了車程來回這件事情，如果小華也三餐都吃外食便當，則碳足跡還要再加上1.44公斤，這樣小華的碳足跡就會來到18.48公斤，比小明的18.3616公斤還多，因此，如果把小華要吃飯這件事也算入校外教學的話，小華的碳足跡其實是比較高的，這或許是在告訴我們，「在家耍廢」一整天的碳足跡，或許會比出外旅行80公里還低（當然碳足跡也還是大幅取決於「交通工具」）。





## 六、從以上小達（化名）的案例進行反向解讀

過去師範教育的思考，是一種制式的思考。經過教育改革之後，各大學校院建立的師培制度，師範大學強迫被剝奪了保護傘。根據國立臺灣師範大學前校長張國恩的統計，國立臺灣師範大學的畢業生，只有40%學生進入到正規教育的教學職場；也就是說，只有40%學生可以進入到國民小學、國民中學或是高級中學任教。因此，在國立臺灣師範大學，師生經過20多年來的教育改革，受到了就業職場不必要的歧視，也產生了相對剝奪感（relative deprivation），甚至在退休之後，教師的退休金因為年金改革而縮水。

我們了解，當人類將自己的處境與某種標準或某種參照物相比較之後，而發現自己處於劣勢時所產生的消極情緒，可以表現出憤怒、怨恨或是不滿，甚至用逃避和耍廢，表達一種年輕一代師範人的「習得無助」（learned helpless）的感覺。

當我在師大附中講授「生態瞬間：生態科學技術與傳播」。向高中生傳達永續發展目標（Sustainable Development Goals, SDGs），以及2015

國際教育論壇所談的《仁川宣言》，和我們在新加坡研擬的2019《新加坡永續發展教育研究宣言》。我可以強烈的感受到，我們國家第二波的教育改革的威力。在12年國民教育中，首先受到波及的就是高中明星學校。當然，在12年國教理念中，在高級中學或是高級職業學校教授「環境科學概論」，或是學校要建立「環境安全衛生中心」，在10到12年級的高中職設置，以實務上來說，相當困難。因為涉及到人才培訓和師資的匱乏。

我們需要透過一種協力的模式，協助「師大附中」跟「師範大學」之間產生強連結，不然現在「師大」跟「附中」之間連結力太弱。附中要提升，師大要提升，需要透過更為廣泛的大學社會責任（university social responsibility, USR），推動社會及這個世界的資源連結。如何讓高中生和大學生，努力而不洩氣，持續努力，這都是需要教師悉心和學生談話和解構社會的真實面。

也就是說，各級學校的教師要思考，是否經常以「社會比較理論」（social comparison theory）的狹隘心態，架構「刻版印象」（stereotype），以學生分數和學生行為強加區分「好學生」和「壞學生」的差異。此外，對於「另類思考」的學生，教師是否具備忍耐和寬容能力，接受不同的思考方式；還是經常在教學中失去了耐性，經常對學生發飆，以制度性的強迫規範，壓抑學生的另類思考。

學生在制式的答案當中，因為習慣於標準答案，同時因為考試領導教學，產生了同儕競爭心理。後來，因為升學壓力，形成強烈的競爭心態，失去了形成同儕互助鏈結關係的契機；同時學生因為心態狹隘，不了解「行行出狀元」的多元社會價值，同時也失去了未來和社會更進一步合作的可能性。

如果，我們還是運用傳統教育方式，無法建構出具有高度意識和環保價值，也無法培養出多元社會中，經歷生活、升遷困境，以及世間多重磨難的優秀學生。

在處理數學系小達（化名）的「另類思考」的考卷時，我們知道這一份考卷已經是一種另類出題方式的考卷。我在出題用語方式，盡量接近大學剛入學的學生的常用語彙，但是歷經2012年至2019年長達8年的考試實驗之後，經過600位學生的試答，在題目和答案之中，都沒有爭議的情況。但是，在2019年經過最後一年的試卷答題中，看到數學系小達（化名）的「另類答案」，我不禁陷入了長考，也讓我衍生了上述的「另類思考」。

## 第二節 學習教案

環境學習中心和自然保育區並不相同，因爲環境學習中心設立的目的，除了強調保育之外，更強調教育的功能。因此，這是地方地景環境的代表榮耀，同時肩負社會責任，教育當地學校學生、親子，以及民衆，愛護當地所代表的自然環境。周儒（2011）認爲，自然中心所代表的環境學習中心，係一種以環境教育發展與提供資源服務的重要場域。因此，自然中心的經營方式，藉由推廣環境教育教學課程和模組，依據四大基本要素進行自然中心的發展，包括：教學方案（program）、設施（facility）、人（people），以及營運管理（operation）。其中以「方案」形成運作核心，透過「設施」、「人」，以及「經營管理」，成爲環境教育運作之要點。在「設施」、「人」、「經營管理」三項要素之間，存在競合關係，需要透過課程方案進行統整，以強化硬體建設和軟體建設兼籌並顧的高優質的課程方案、高水準推廣人力、健全的經營環境，以及卓越的中心設施進行教學活動。





### 一、環境學習中心的課程方案（Program）

環境學習的方案（Program）係指在教育的領域中，爲了對於特定教學層面的缺漏，依據特定教育對象的需求和偏好，以特定教育問題進行修補，謀求改進與解決之道，形成的一種具有人類發展性的教育活動。周儒認爲方案又可以定義爲「教學計畫」、「規劃好的教育課程」，以及「完整的教育課程和評量」，在傳播領域中則可以運用一系列的「教育節目」，或是一系列的「整套企劃案」等表示（周儒，2011）。我國政府單位，例如營建署、水利署、林務局、觀光局等單位，辦理環境教育課程查詢地點，詳如附錄三（P.384-385）。課程方案在呈現的時候，因學習者的學習受制或者非受制分爲正規教育與非正規教育：

㈠正規教育：學校的班級與自然中心合作，開辦環境保護或是自然生態保育夏令營，藉由校長許可，在參加活動之後，頒發結業證書、證照，以及學習時數證明的環境教育課程或是研討會。在學校領銜或是合辦的校外教學，或是暑期活動課程，都是學校正規教育課程的一環。

㈡非正規教育：家長在暑期、寒假，或是假日參加由政府、大專校院、安親班、家教班等舉辦之戶外或是室內活動。這些活動藉由資源回收、科學營隊、田野參訪、生態旅遊、食農教育，或是純粹以登山健行娛樂爲主的參訪活動或課程。這些課程屬於沒有學分的短期課程或研習營，或是非屬學校舉辦各類型親子活動、夏令營、公司獎勵旅遊，或是團康營隊活動、民衆聚會活動都是非正規的教育活動。

運用社區發展的自然中心進行周邊居民和學校師生共同參與活動，可以提升地方環境意識，強化地方情感的聯繫。自然中心須扮演起親子和自然之間的橋樑，運用體驗式學習理論，1980年代庫伯（David Kolb, 1939-）總結了杜威、皮亞傑，以及勒溫（Kurt Lewin, 1890-1947）的經驗學習模式，強化實際體驗的學習，讓學習者學習環境現象，發現自然奧秘，獲得心靈成長和啓發。通過直接領悟，掌握經驗的模式；或是通過間接理解符號代表的經驗，進行思惟的改造。最後依據內在的反思，強化外在的行動能力，了解環境保護的重要性。

## 二、環境學習中心的課程內容

自然中心要能夠實際執行具備環境教育內涵，以及具備當地環境內容的課程方案，需要依據不同的年齡層、不同的對象、運用不同的教學的策略，讓整體教學方案的運作更爲流暢，以能達成教學目標。所以，環境教育課程方案的內容，應包含下列的內容：

### ㈠具備環境學習的內涵

環境學習中心成立的目的，其中最重要的就是要達到環境學習的目的。環境教育的目的就是要學習者獲得改善環境的知識和行動能力，進而採取環境行動。因此，環境教育教學目標包含了覺知、知識、情意層次（環境倫理）、公民活動技能，以及公民的行動參與經驗爲發展主軸：

1. 覺知：對於環境感受與反應的能力。例如：感覺到目前地球暖化的情形。

2. 知識：協助學習者具備對於認識自然的運作的能力，學習人類與環境之間的交互關係，以及自然環境的基本運作之了解。例如：地球暖化的原因以及碳排放的問題。

3. 環境倫理：協助學習者發展對於環境的價值與倫理觀。例如：如果我知道碳排放太高，我是否能夠不要自己開車，賣掉車子，搭乘大眾運輸工具。

4. 公民行動技能：協助學習者展開各項調查、進行環境污染的預防，以及尋求解決環境議題行動所需要的技能。例如：我是否有辦法計算碳足跡？

5. 公民行動經驗：協助學習者提高環境的覺知、知識、環境意識、態度，以及公民行動技能，實際投入環境保護工作，預防碳足跡過高，並且可以說明解決環境議題與問題的經驗。例如：我賣掉車子之後，如果我知道如何計算碳排放量，我開始搭乘大眾運輸工具，我會計算一年之中，我可以減少多少的交通運輸的碳足跡，藉以減少因爲交通運輸產生的非點源（non-point source）所排出空氣污染，共同產生之集體污染。此外，我（本書作者方偉達）宣導節能減碳的簡樸生活，過著家庭中沒有電視、沒有私家汽車和機車的日常生活，免除因爲使用汽車和機車產生交通碳排的環境共業（karmic forces），這是一種善念產生的環境保護行動。

### (二)環境教育議題融入學校本位課程

環境教育是一種融入式學習。所以，在主題統整式環境教育課程之中，課程配合週遭環境、活動，以及氛圍，讓學生透過耳濡目染，達成教育目的。因此，可以配合學校正規教育下的行政處室所建立的行事曆，結合國內外環境節慶，規劃環境教育活動，產生校本課程（school-based curriculum）。學校本位課程協助學生達到學習目標和教育目標。學校可以採取的措施，包括重新調整學習目標，改變教學內容組織，進行選擇性學習（optional studies），以及進行教學評估策略。因此，以學校爲基礎的課程是教育部頒訂的課程與學校和教師自主權（autonomy）之間，達到平衡的結果。

## 三、解說環境教育

解說（interpretation）是傳達資訊的過程，藉由資訊的傳達來滿足人們的需求和好奇心，並在遊程體驗的安排過程中，透過不同的媒介，包括演說、導覽、展示、實務及圖片等相關傳媒的協助下，激勵人們對環境事務產生新的理解。解說的功能包含了資訊、溝通、引導、服務、教育、宣導、藝術、娛樂、鼓舞人心及業務推動等角色。

### ㈠解說計畫目的

解說計畫的目的是爲了要協助學習者充分了解學習活動，以更爲審慎的態度明智使用教學資源。主要是在配合環境資源、土地使用，以及各相關計畫，以低強度環境衝擊的設計內涵，營造融入當地生態的環境學習中心，並運用各種適合的解說媒體，將各項環境及生態特色、重點分區和相關設施，介紹給學習者認識，其目的如下（方偉達，2010；張明洵、林玥秀，2015）：

1. 協助學習者了解環境學習中心的活動和資源。
   ⑴ 介紹各分區的自然、人文和景觀資源。
   ⑵ 介紹各分區所具有的獨特風格。
   ⑶ 介紹各分區的學習設施。
2. 輔助學習者順利參與學習活動。
   ⑴ 建立清楚正確的區域位置關係圖，並且將教學地點進行分類，建置分區指標系統。
   ⑵ 建立完善明確之動線指引系統，並提高告示牌的辨識度。
   ⑶ 提供多樣化的遊程方案及建議，提高解說系統國際化。
3. 培養學習者的生態保育觀念，以減少教學活動對自然環境的衝擊。
   ⑴ 有效傳達環境學習中心經營管理的目標，增進管理保育目標的了解。

⑵ 提供具有教育、有趣，並且可以使學習者親身體驗的解說設施。

⑶ 介紹地區特殊的湖泊、濕地及森林生態，並加強特有環境的解說。

### ㈡解說對象

解說服務主要在提供學習者有關資訊，幫助學習者選擇多樣化的體驗活動，以獲得高品質的學習體驗。

### ㈢解說媒體

解說方式可以透過不同種類的媒體，區分如下（請見表6-2）：

1. 自導式解說（非人員式的解說）：透過自導式的解說設施，藉由解說牌、陳列展示、出版品、視聽媒體、自導式步道等進行解說。
2. 導覽式解說（人員式的解說）：藉由解說員的解說，進行諮詢服務、現場導覽、專題演講、現場表演等。導覽式解說以人員解說的方式進行，可以直接將想要傳遞的資訊介紹給學習者，這樣的溝通是雙向的，可以適時在解說過程中調整內容和方式，同時進行適時的回應。

表6-2　環境教育中心解說媒體表

<table>
<tr><td rowspan="6">非人員式的解說</td><td rowspan="2">解說牌</td><td rowspan="2">利用展示牌以文字或圖片，說明主要解說的主題。解說牌分為管理性質及解說性質兩種。</td><td>地標性解說牌</td></tr>
<tr><td>警示牌、方向指示牌</td></tr>
<tr><td>陳列展示</td><td>利用文字、表格、模型、圖片等靜態模式，或是以影音、聲光、模型、表演等動態組合模式，經由視覺及聽覺傳播來吸引學習者。</td><td>可藉助輔助性解說媒體，例如：指示牌、解說牌、解說摺頁或視聽設備的組合傳播，以增加解說效果。</td></tr>
<tr><td>出版品</td><td>除了一般指引地圖或介紹生態的文字之外，主要是向學習者介紹中心的位置和交通狀況、人文或自然環境、中心服務設施或活動內容等，或以其他生態學習的專題展示歷史及環境沿革等資料。</td><td>諮詢性出版品、解說性出版品</td></tr>
<tr><td rowspan="2">視聽媒體</td><td rowspan="2">視聽媒體是環境學習中心是專為學習者解說或進行其他服務的設施，利用動靜態或視聽媒體等組合方式吸引相關的學習者。</td><td>電腦簡報系統</td></tr>
<tr><td>室內展示設施</td></tr>
</table>

| 人員式的解說 | 諮詢服務 | 生態解說員於特定且顯著的地點，如：遊客中心、解說站等進行解說。 |
|---|---|---|
| | 現場人員 | 以生態解說員的方式帶領遊客依設計的路線進行解說。 |
| | 專題演講 | 以生態解說員或聘請專家的方式在特定地點進行講演，座談、研討會等。 |
| | 現場表演 | 藉由特定人員的表演活動，例如：桌遊、魔術、舞蹈、表演、遊戲、尋寶、問卷、角色扮演、大地遊戲、定向遊戲、手工藝、DIY等活動進行解說。 |

（方偉達，2010；張明洵、林玥秀，2015）

## 四、教育解說計畫

由於學習中心設立了各種不同分區，在活動與環境條件都有所不同，因此在不同的活動方面提供多樣化的解說服務，如表6-3解說計畫表包括地點及路線的解說服務（方偉達，2010）：

表6-3　解說計畫表

| 計畫／活動項目 | | 解說重點 | 環境教育中心 | 解說員人數 | 解說媒體 | | | |
|---|---|---|---|---|---|---|---|---|
| | | | | | 解說牌 | 陳列展示 | 解說出版品 | 視聽媒體 |
| 農鄉之旅 | 有「雞」農園 | 進行有機農園的遊園導覽與農產品及野放山雞的介紹。 | ◎ | 4 | ◎ | ◎ | ◎ | ◎ |
| | 「農」情蜜意 | 進行農產品販售及地方有機特產品的介紹。 | | | | ◎ | | ◎ |
| | 茶香四溢 | 進行有機茶園的栽植、採收過程和特有茶種的解說。 | | | ◎ | ◎ | ◎ | ◎ |
| 原住民文化之旅 | 風味美食 | 介紹原住民風味美食的製作過程。 | ◎ | 5 | | ◎ | | ◎ |
| | 原鄉體驗 | 解說原住民歷史與生活（食、衣、住、行）。 | | | | ◎ | | ◎ |
| | 原住民過年 | 認識原住民耕作須知和原住民傳統過年的風俗和禮儀。 | | | | ◎ | ◎ | ◎ |

| 活動項目 ＼ 計畫 | | 解說重點 | 環境教育中心 | 解說員人數 | 解說媒體 | | | |
|---|---|---|---|---|---|---|---|---|
| | | | | | 解說牌 | 陳列展示 | 解說出版品 | 視聽媒體 |
| 寺廟之旅 | 提燈祈福 | 介紹生態旅遊地民情風俗活動內容概況。 | | | | | | |
| | 風鈴祈福 | 介紹民情風俗活動內容概況。 | | 3 | | | | |
| | 寺廟巡禮 | 介紹當地廟宇的色特和相關習俗。 | | | ◎ | ◎ | ◎ | ◎ |
| 健行賞景 | | 介紹景點及路線。 | | 0 | ◎ | | ◎ | |
| 自行車賞景 | | 介紹景點及路線。 | ◎ | 0 | ◎ | | ◎ | |
| 空中纜車 | | 介紹景點及路線。 | ◎ | 0 | ◎ | | ◎ | |
| 乘船賞景 | | 介紹景點及路線、說明水上活動的注意事項。 | ◎ | 8~12 | ◎ | | ◎ | |
| 生態之旅 | 餘音鳥繞 | 鳥類解說。 | | 0 | ◎ | | ◎ | |
| | 蝶對蝶 | 蝴蝶解說。 | | 0 | ◎ | | ◎ | |
| | 風之櫻 | 櫻花解說。 | | 0 | ◎ | | ◎ | |
| | 解說大挑戰 | 藉由遊憩活動，讓生態學習者了解環境保育的重要性。 | | 20 | ◎ | | ◎ | ◎ |
| | 生態你我他 | 藉由一般動植物棲息環境及習性和分布，讓生態學習者了解環境保育的重要性。 | ◎ | 0 | ◎ | | ◎ | ◎ |
| | 步不驚魂 | 進行自然步道體驗，讓生態學習者了解景點和路線解說。 | | 0 | ◎ | | ◎ | |
| 餐風宿露 | | 進行露營環境保護的注意事項及相關設施的區位解說。 | ◎ | 5 | ◎ | | ◎ | |

（方偉達，2010）

### ㈠生態旅遊解說

1. 動植物知識：例如解說南投埔里桃米村蛙類生態、南投達娜伊谷鯝魚生態、七家灣溪櫻花鉤吻鮭生態等。
2. 美學知識：例如解說部落社區的原始風貌，例如：石板屋、木構造建築、南島干闌式建築等。
3. 歷史、地理、文學、建築、宗教、民俗等知識：例如，在臺灣原住民部落及具有生態特色的地區進行生態導覽時，可以解說當地的歷史文化，例如：新竹司馬庫斯、鎮西堡泰雅族歷史、苗栗南庄賽夏族歷史等、花蓮馬太鞍濕地阿美族歷史、排灣族來義社石板屋建築歷史等。

### ㈡旅遊學習途中的解說

1. 了解沿途重要景物情形。
2. 旅途中生活方面的解說。
3. 各種場合的翻譯講解。

### ㈢膳宿資源的機會解說

1. 餐食解說：對於環境友善的地方特色餐點，可以進行食農教育。例如，可以說明其出產環境的當地地點，以健康、新鮮、衛生、價格等特色進行菜單設計。
2. 住宿解說：強調對環境友善的生態旅館住宿特點，包括：地點、規模、設施、房間數量、規格、型式，都符合生態旅遊地點周邊環境的相關法規規定的住宿要求。（請見圖6-3、表6-4）

| 說明 | 環境學習中心 | 解說牌 | 解說出版品 | 陳列展示 | 視聽媒體 |
|---|---|---|---|---|---|
| 符號圖例 |  |  |  |  |  |

圖6-3　解說圖例（方偉達，2010）

表6-4　分區名稱及解說設施說明

| 分區名稱 | 解說設施 | |
|---|---|---|
| 水域及水岸相關活動分區<br>（乘船賞景） |  | 景點及路線解說。<br>水上活動注意事項。 |
| 文化體驗相關活動分區<br>（農鄉之旅、原住民文化、寺廟之旅） |  | 遊園導覽與農產品特點介紹。<br>有機茶葉的栽植採收過程。<br>特有茶種製作過程解說。<br>原住民歷史與生活解說。<br>認識原住民耕作須知及原住民傳統禮儀。<br>地方廟宇的特色與相關習俗認識。 |
| 自然體驗相關活動分區<br>（健行賞景、生態之旅） |  | 旅遊景點和路線解說。<br>介紹特殊動植物的種類和習性。<br>提倡環境保育的觀念。 |
| 一般活動分區<br>（空中纜車、露營體驗、自行車賞景） |  | 露營注意事項及相關設施的區位解說。<br>景點及路線解說。 |

（方偉達，2010）

## 五、教學活動策略

解說策略的選擇必須依據教學內容與目標，審慎使用適當的教學法，並且根據課程的發展與目標、學生的特徵、學習心理以及教學方法相互配合。許世璋、徐家凡（2012）探討池南自然教育中心環境教育教學活動對於小學六年級學生環境素養提升的成效。實驗組1（n = 78）接受以講述與提問爲主的「講述提問法」，實驗組2（n = 115）接受以角色扮演與模擬遊戲爲主的「角色扮演法」，控制組（n = 105）則不接受池南自然教育中心的課程。結果發現「講述提問法」僅提升環境知識；但是，「角色扮演法」能夠提升環境知識、環境敏感度、環境態度、內控觀，以及環境行動；這個計畫最驚人的就是，在一個月之後的延宕測驗，仍然保有延宕性提升環境素養的效果。

我們整合教學活動的策略，建議可以靈活運用到解說活動如下（陳仕泓，2008；許世璋、徐家凡，2012；王書貞等，2017；行政院農業委員會林務局，2017），如表 6-5 課程單元安排（舉例）：

表6-5　課程單元安排（舉例）

| 序 | 系所 | 課程單元 | 簡述授課內容 | 時數 | 授課教師 |
|---|---|---|---|---|---|
| 1 | 國立臺中教育大學科學教育與應用學系環境教育及管理碩士班 | 五感探索與自然體驗-重建我與自然的關係 | 本課程期望能透過自然體驗活動，創造學生的重要生命經驗／自然經驗。目標是建立學生的正向環境情感，並探討自然對自己的價值和意義。 | 1.5小時 | 曾鈺琪教授 |
| 2 | | 與自然對話-生態與人類社會的關係 | 透過收集自然物與編織生態網的活動，認識生物多樣性的重要性，並討論人類社會對生態環境的影響及未來永續發展的最佳策略。 | 1.5小時 | 曾鈺琪教授 |
| 3 | 國立臺灣師範大學環境教育研究所 | 環保小偵探-環境問題／議題探索 | 本課程期望能透過校園探索及綠活圖繪製活動，了解環境空間規劃方式與相關的環境問題。目標在提高學生的環境覺知與敏感度。 | 1.5小時 | 曾鈺琪教授 |
| 4 | | 氣候變遷大挑戰：未來的世界（低年級） | 本課程期望透過小朋友的觀察與體會，了解地球與人類發展的歷史、氣候變遷的歷程與未來，並描繪未來世界的樣貌與我們面對的挑戰。 | 1.5小時 | 葉欣誠教授 |
| 5 | | 氣候變遷大挑戰：未來的世界（高年級） | 本課程期望透過小朋友的觀察與體會，描繪未來世界的樣貌與我們面對的挑戰，並且以「食農」等日常生活事務為案例，設計未來生活的內容。 | 1.5小時 | 葉欣誠教授 |

| 序 | 系所 | 課程單元 | 簡述授課內容 | 時數 | 授課教師 |
|---|---|---|---|---|---|
| 6 | | 大地遊戲：濕地金銀島 | 本課程以國立臺灣師範大學公館校區濕地植物為主題，利用簡易寶藏地圖的提示，認識簡單的濕地水文、土壤及景觀，並運用大地遊戲的方式，進行濕地植物的初步探索和理解。 | 1.5小時 | 方偉達教授 |
| 7 | | 定向尋寶：濕地大進擊 | 本課程以國立臺灣師範大學公館校區濕地為主題，運用定向原理，利用雷射測距儀器，進行剖面地圖的繪製，並利用跑站的方式，認識濕地樹木的高度，了解濕地水文、土壤及植物，活動中將學會高程測繪方式，並認識多采多姿的校園濕地環境。 | 1.5小時 | 方偉達教授 |
| 系所單元總計時數 | | | | 10.5小時 | |



1. 音樂、舞蹈或戲劇：將教學內容運用音樂、舞蹈或者戲劇表演的方式呈現。
2. 角色扮演：運用角色扮演的方式引發學習者對於環境議題與教學內容的了解。
3. 演講或影片觀賞：聘任專業人員針對某個特定主題進行直接演講或者透過影片觀賞進行教學。
4. 詩的欣賞或寫作：運用新詩欣賞與各種詩體的寫作，讓學習者展現對於環境議題與問題的感受。
5. 卡通與圖畫教學：透過有趣的圖案鼓勵學習者學習有關環境的知識，並且可以透過其中的圖片進行議題的討論。
6. 引導式冥想：讓學習者靜下心來，透過冥想的方式去感受與思考有關環境的種種關係與現況。
7. 遊戲：透過遊戲除了幫助學習者對於課程活動有新奇的感受外，更可以在特定環境議題上的知識、態度或者技能有所了解。

8. 價值與態度：透過圖表、閱讀以及聆聽等等方式，幫助學習者認清自己的價值觀，並且幫助他們思考並且建構正向的環境價值與態度。
9. 思考與判斷：環境的問題常常是人類缺乏知覺或者無意間所造成的狀況，讓學習者學習各種批判性思考與判斷的技巧，讓他們對於自己與別人的行爲有所反思。

## 第三節　學習模式

環境學習從某種程度上講，學習環境中涉及學習者所經歷社會、身體、心理或文化因素，會影響學習者的學習能力。環境學習的評估，需要確定知識、態度，以及實踐，需要以永續發展是否納入整體教師在評估整合教育的準備程度，是否已經納入到教學階段和學習階段（Norizan, 2010:41）。

依據學習理論，主要分爲六種重要的理論：行爲主義（Behaviourism）、認知主義（Cognitivism）、建構主義（Constructivism）、基於設計（Design-based）、人文主義（Humanism），以及其他種類（Miscellaneous）的流派。在所有學習理論中，大多數教育專業者都依賴於一種經典和操作條件（classical and operant conditioning）行爲主義。

### 一、三元互惠決定論（Triadic Reciprocal Determinism）探討教師和學生的依附關係

環境社會學者班杜拉（Albert Bandura）在60年代提出社會認知理論，產生了行爲主義和認知主義的聯結關係。班杜拉於1986年提出社會認知理論，他指出：「所有行爲都是基於滿足感覺、情感，以及慾望的心理需求」。社會認知理論（social cognitive theory）基於人類通過觀察他人來學習的觀念，這只有在個人認知到行爲和環境因素，有利於學習時才會發生。人類預先設定的行爲（pre-set behaviors），使他們能夠依附於社會發展的關鍵時期，所存在的任何事物。在這個依附期（attachment period）之後，孩童成長階段，將學會模仿教師、同儕，以及兄姐，來解決問題。這些認知活動，不僅僅通過思考，而且通過社會和情感的聯繫進行。因此，班杜拉的社會學習理論（social learning theory）擴展爲人類動機和行動的綜合理論，藉由分析認知、替代、自我調節，以及自我反思過程（cognitive, vicarious, self-regulatory, and self-reflective processes）在心理社會功能中的作用。

班杜拉首先在思想與行動的社會基礎上，提出了相互決定論（reciprocal determinism）的論點。圖6-4我們稱爲三元互惠決定論（Triadic Reciprocal Determinism）（請參考圖3-1，P.99）。簡而言之，三元互惠決定論可以解釋爲人們的思考、相信，以及感受（think, believe, and feel），會影響他們的行爲模式。反過來說，人類行爲的自然和外在影響，也決定了他們的思維模式和情感反應（Bandura, 1986）。

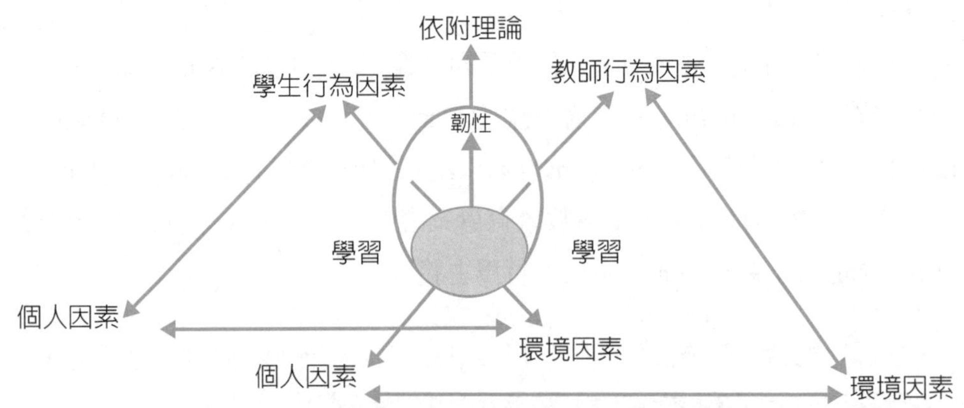


圖6-4　三元互惠決定論（Triadic Reciprocal Determinism）探討教師和學生的依附關係（改編自：Bandura, 1986; Johnson, 2019）。

所以，社會情緒學習就是在增強韌性（resilience），以減少學習遲鈍的反應。韌性是人類從困難情況中迅速恢復的能力，這是一種從大自然啓發所得來的心靈恢復能力。在社會認知學習理論模型中，行爲因素影響環境因素，環境因素也影響行爲因素。環境因素影響個人因素（認知、情感，以及其他生物習性）。個人因素也會受到行爲的影響。因此，所有因素必須相互聯繫和相互作用，才能進行環境中的學習。人類可以運用計劃和闡述觸發反應所需要的學習環境。透過行爲改變和個人因素改變，然後加強其學習的韌性。換句話說，通過加強上述所說社會情緒學習（social emotional learning）。在同儕共同學習的場合之中，教師藉由教導，引發個人和行爲反應的過程，被稱爲情境誘導（situational inducement）。如果學習情況過於緊張，學習者表現遲鈍，將停止環境中的學習。請記住，社會認知理論的三個面向，必需共同發揮作用，才能創造有利的學習環境（favorable learning environment）。此外，如果情境誘導引發高壓力的反應（high stress response），教師和學習者依附（attachment）關係破裂，師生關係受到影響，並開始學習情境的惡化。

## 二、強化自願進行的環境學習行為

社會認知（social cognitive）和依附理論（attachment theory）的目標，是讓教師進行學生伴隨，讓學生知道教師在哪裡，以及教師會提供積極的反饋（positive feedback）是什麼（McLeod, 2009）。學生應該認爲教師可以信賴，不是因爲教師擁有獎勵和責罰的權限，而是因爲教師的關係得到了下列的三大回饋現象。行爲主義倡導者桑代克（Edward Lee Thorndike, 1874-1949）總結了「試誤說」（try and error）的三大定律：

㈠效果律：在學習者試誤的過程中，如果其他條件相等，在學習情境進行特定的反應之後，能夠獲得滿意的結果時，則其聯結關係就會增強；如果得到不開心的結果時，其聯結關係就會削弱。

㈡練習律：在試誤學習的過程中，任何刺激與反應的聯結，一旦練習運用，其聯結的力量就逐漸增強；如果不運用的話，則聯結的力量則會逐漸減小。

㈢準備律：在試誤的學習過程中，當刺激與反應之間的聯結，事前有一種準備狀態時，如果學習具體實現，則會感到滿意，否則感到煩惱；反之，當此聯結不準備實現之時，如果具體實現，則會感到煩惱。所以，「嘗試——錯誤」學習模式對於人類學習來說，仍有很大的借鏡意義。

依據圖6-5，建議教師在推動依附狀態（attachment statement）、情意狀態（affective statement），以及覺醒狀態（arousal statement）之中，可以一開始給一些較易完成的功課，強化正向的促進反應，學生們就有更多的自信心繼續課程之研讀。

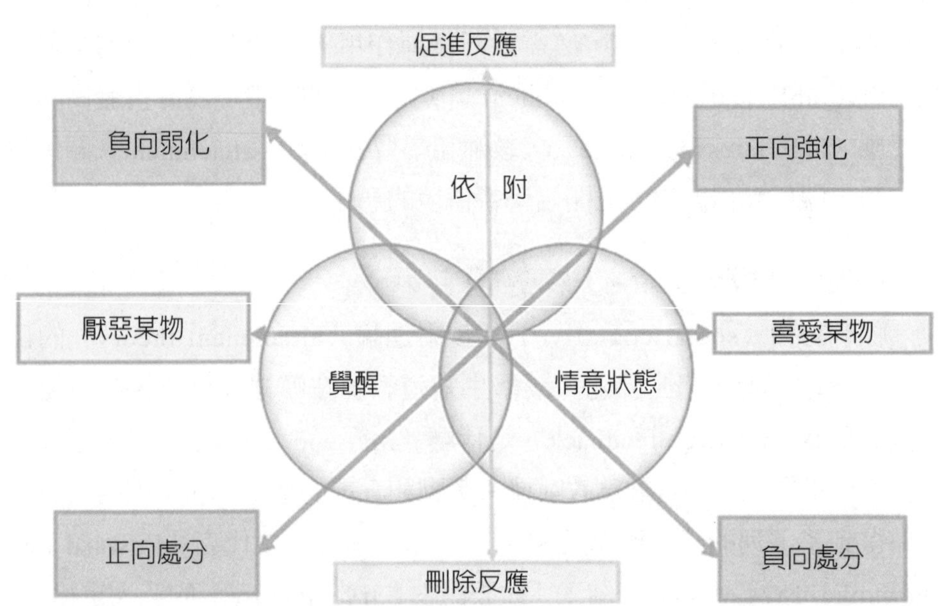


圖6-5　操控制約的作用對象，是個體原來就已經自願進行的行為（Cassidy and Shaver, 2018; Johnson, 2019）。

## 三、透過不同類型的學習方法進行學習

在深層的環境教育學習中，可以利用決策分析、兩難困境分析、價值澄清法、問題解決法、假說檢定法、角色扮演法、遊戲模擬法、戶外教學和集體討論等多元方式，進行學習。

生態環境教育是一種「觀念體驗」（conceptual experience），讓學習者深入研究和了解學習資源和環境之間的關係。在學習的養成過程，透過在學校學到的技能，連結預定的學習目標，以及環境保護眞正的需要，運用重點思考的方式，並配合和解決問題的技巧，關心社會影響、環境污

染，以及生態破壞等多元議題。在解說人員養成的過程中，需要訂定野外活動的實習課程，依據體驗、了解、欣賞大自然爲學習重點，經由對戶外生態及文化資產深入了解，培養學生了解擔任生態解說員的方式，透過環境教育活動的融入和引導，在環境學習中心進行解說教育的養成（方偉達，2010）。

在解說人員養成的課程中，要透過「麥奎爾資訊處理理論」（McGuire's Information Processing Theory）進行解說訓練（McGuire, 1968）。麥奎爾認爲資訊接收有三個階段：「注意→理解→接受」，這三個階段在1960年代發展成六個階段，而行爲因爲「注意→理解→接受」而產生改變。行爲改變的可能性（P）的公式爲：

行爲改變 = 呈現效果的可能性・注意程度的可能性・理解程度的可能性・信服程度的可能性，簡寫爲以下公式：

$$B = P(p) \cdot P(a) \cdot P(c) \cdot P(y)$$

1. 呈現（presentation，以P來表示）：接受者必須首先接收呈現的的訊息。
2. 注意（attention，以a來表示）：接受者必須注意訊息，並且產生態度變化。
3. 理解（comprehension，以c來表示）：接受者必須理解整體信息並且能夠剖析含意。
4. 信服（yielding，以y來表示）：接受者必須信服、同意及理解該訊息傳達的內容，並察覺其態度的變化。
5. 記憶（retention，以r來表示）：接受者必須保留記憶，並在一定時間之內改變態度，而這種態度變化保留於一段時間之內。
6. 行爲（behavior, 以b來表示）：接受者必須銘記於心，並且改變行爲。

後來麥奎爾在1989年又提出12步驟，以解釋行爲的影響因子，包括：

1. 接觸訊息；
2. 注意訊息；
3. 喜歡或對訊息產生興趣；
4. 理解訊息（其中可以學習到什麼？）；
5. 技能取得（學習如何操作）；
6. 信服訊息（態度的轉變）；
7. 記憶內容儲存／同意；
8. 訊息搜尋和檢索；
9. 在檢索基礎上進行決策；
10. 行爲符合決策；
11. 強化理想的行爲；
12. 行爲後的強化。

麥奎爾主張的12點論述，著重於「訊息→行爲」的心理層面和行爲層面之間的影響，但是說教性太過濃厚，而且無法解釋非資訊性的教育方法，在環境教育「認知、情意及技能」的養成中，除了說明理性的「認知、技能」經驗來源之外，獨缺感性的「情意體驗」。



許世璋、任孟淵（2014）認爲，環境教育的學習過程應該涵蓋理性、情感、與終極關懷三個面向。他們評估大學環境通識課程過於強調認知領域的教學內涵，但情意領域（affective domain）與行動領域的教學目標，並沒受到足夠的重視；因爲絕大多數的課程，並無法提升學生們情意類環境素養與環境行動（許世璋、任孟淵，2015）。

情意體驗爲學習者在自然中心學習之後，所回溯的心理和生理的狀態。旅遊活動的過程包括「期待-去程-旅遊-回程-回憶」等部分。在進行「情意體驗」時，學習者必須學習用心體會環境。這種感受，不是走馬看花所能體會得到的。當環境許可時，學習者必須攜帶旅行筆記，甚至以影像作成紀錄，運用視聽設備，例如：望遠鏡、照相機、錄音機、攝影機等器材，在大自然中留下景觀與人物儷影。

當學習者儘可能地記錄所有的情境時，在他的觀察體驗記錄中以個人的詮釋記載事實紀錄（fact sheet），並以愛護環境的心情進行無痕山林的體會。在旅遊學習中，圖6-6高斯林以一個簡單的座標顯示深度體會的生態學習和蜻蜓點水式的大衆旅遊的差異性，他以一種「不快的」感受，說明大衆旅遊因爲體驗太爲膚淺，而且行色匆匆，不能產生深層體驗的愉悅感覺（Gossling, 2006:93；方偉達，2010）；高斯林認爲，只有深度及緩慢的體會大自然的脈動與呼吸，才能愉悅的享受閱讀大自然景觀的樂趣。「閱讀生態」就像是翻閱一本好書，可以得到心靈最深沈的洗禮和饗宴。

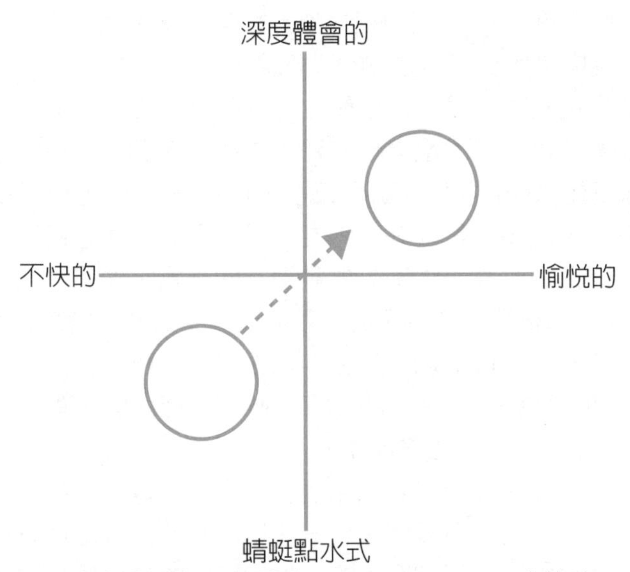


圖6-6　高斯林的生態旅遊情意示意圖（Gossling, 2006:93；方偉達，2010）。

## 第四節　資訊傳遞

從環境教育資訊傳遞的角度來看社會科學的演進，如果一件環境社會事件所產生的資訊量，是由其所能帶來的社會衝擊程度來決定。也就是說，社會環境事件出現頻率越低，但是實際發生之時，所產生的資訊衝擊量也會越大。

以個人接受傳播爲例，資訊價值取決於資訊衝擊所帶來的意外程度，如果意外程度越高，代表個人發現與原有刻版印象相扞格，則對於個人的認知衝擊越大，其認知轉變也會越大。

個案分析

## 桃園埤塘的認知轉變

我們以桃園埤塘為例，在過去一百年間，臺北溫度上升2℃，臺中上升2.3℃，桃園埤塘地區的溫度沒有上升，埤塘降溫效果相當於一座日月潭。我們從中央氣象局一百年以前的氣溫調出來計算，桃園溫度改變不大，但波動非常厲害。尤其從臺中一百年的溫度歷線，我們可以預測到下個世紀臺中的溫度會從23.9℃，至少要上升到一百年後的26.2℃，整個溫度上升是非常可怕的。因為我們知道說上升1℃、上升2℃、上升3℃我們幾乎還能生存，只是多一些颱風和暴雨，上升到6℃大概全世界就消滅了。

「那麼，桃園為什麼有那麼多的埤塘呢？」

在兩萬年前的時候，臺北盆地發生地震陷落，古淡水河將古石門溪的河川整個引到臺北盆地，桃園臺地的河川變成了斷頭河，所以變成沒有灌溉水源。沒有灌溉水源，開發就比較慢，所以在中壢地方早期還有個名稱叫「虎茅莊」，虎茅不是因為有老虎，而是因為芒草容易割人，非常危險。所以我們從過去來看，從過去的霄裡社知母六，他是清朝一位原住民通事，在271年前率領漢人去挖掘第一個池塘龍潭大池，後來大概桃園臺地陸陸續續有了成千上萬個池塘。過去的池塘面積大概占了桃園臺地總面積11.8%，現在土地面積只佔到3.8%，幾乎90%的池塘面積都消失了。

「所以，我們該如何做復育呢？」

在2003年的時候，那時候我們希望復育臺灣萍蓬草，所以我們也挖了一些池塘進行復育，我們發覺埤塘有一些集體記憶，埤塘可以提供休閒、垂釣，還有一個功能就是保存客家的文化。客家的文化就是晴天耕田，雨天讀書，所以客家人是非常勤奮的民族。客家民族在讀書風氣之下，還有建造惜字亭文化，所以這裡面談到文化，對於傳統來講，意義非常深遠。

然而，政府在2016年研擬修法，因為電業法第95條第1項規定，2025年要廢核。政府在非核家園與能源轉型路上摸索前進，在倉促盲動的規劃之下，宣稱20%要使用再生能源。但是，這所謂的綠色能源、再生能源，或是綠色電力，在風馳電掣的政策效應之下，在臺灣南部的鹽田濕地，許多計畫占用了70%鹽田土地；到了新竹和桃園的埤圳地區，截至2019年，桃園市占用9座埤塘興建光電板，未來還要繼續興建。太陽能光電板使用之化合物半導體薄膜太陽能電池，藉由銅（Cu）、銦（In）、鎵（Ga）、硒（Se）等四種原料化合組成，最具發展潛力。由於上述元素具備光吸收能力佳、發電穩定度高、轉換效率高，整體發電量高，但是太陽能光電板會滲入硒（Se）、鎵（Ga）、銦（In）、鉈（Tl）等物質，在光電板經年累月繡蝕之後，有毒金屬將滲進入埤塘的水中，污染埤圳的水源。因為農民在埤塘養魚，每年六月收成，大量的埤塘養殖魚類進入到市場販賣，形成毒害人體的致癌物質。

這個案例告訴我們說，因為桃園埤塘是鳥類冬季的度冬區，經過2003至2019年的大規模埤塘鳥類調查的資料顯示，埤塘鳥類至少發現有一百種以上的鳥類，我們每年調查45座埤塘，每年冬季的四個月至少發現15,053隻次的鳥類。此外，桃園9座埤塘光電板設置地區，經過觀察，鳥類已經數目計算為零。經過生態破壞之後，桃園埤塘冬季鳥類，包括鴨科鳥類，已經不到光電板設置埤塘停棲。再者，光電發電產生的電力，是從非都市土地的埤塘進行輸電配路的搭建，離都市地區甚遠，消耗了輸電能源，形成電力傳輸的損耗和浪費。此外，光電板效率不佳，在臺灣北部地區陰雨綿綿的季節，發電量有限。以上埤塘光電重金屬釋出，造成埤塘污染的損害，進到食物鏈中的人體，造成人體健康的危害，又貽禍桃園當地居民生命財產的安全。

從埤塘的認知，到觀念上的集體轉變，需要長時間的大衆教育。我們知道，環境教育的路途相當漫長。所謂的「綠電」，如果選錯了興建場址，選錯了興建材質，一樣不是一種綠色和環保的表現。

當這些資訊價值產生了資訊衝擊，民衆發現越意外，代表原有刻版印象（stereotype）中「綠電」是綠色和環保的表現相互扞格，則對於個人的認知衝擊越大，社會認知轉變所造成的壓力幅度，也會越大。這一種發現，將會形成社會的一種震驚，以及在位執政者莫大的壓力。





## 一、資訊傳遞的學習界面

環境教育係爲通過資訊傳遞的教學方式，將重要的環境資訊，從專家範疇（domain/expert）的資訊源，流動至學習者（learner）資訊接收端的過程，透過資訊傳遞，人類得以互相溝通、交換訊息，進行認知和情意的改變。從1948年夏儂（Claude Shannon, 1916-2001）提出的資訊理論，便呈現資訊從資訊源到資訊端的傳遞過程。圖6-7展現環境教育資訊傳遞的過程中，涉及三個元素的動態互動：學習者（learner）、資訊源專家範疇

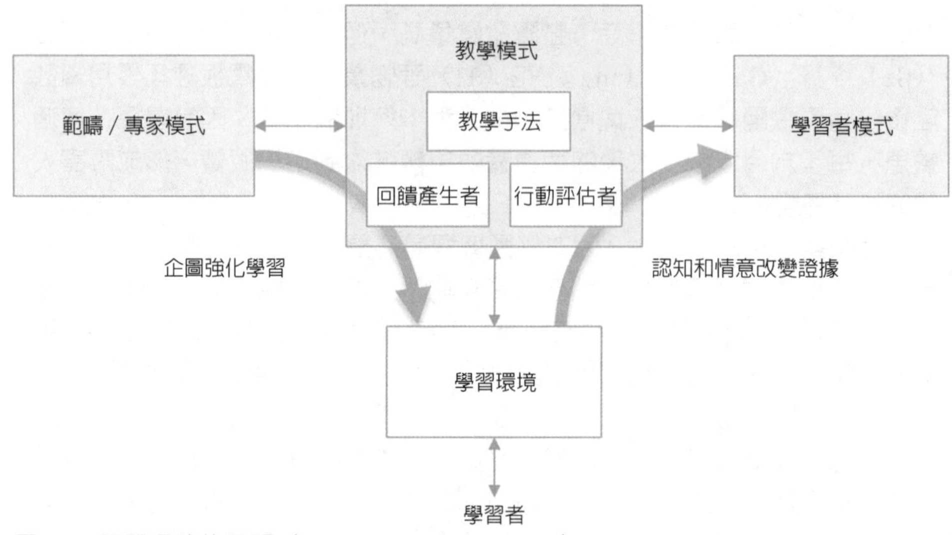

圖6-7　學習環境的界面（Lane and D'Mello, 2018）。

（domain/expert），以及教學模式（instructional model）的中間媒介。在傳播學界所關注的環境教育意義的「再現」和詮釋，需要依據回饋產生者（feedback generator）和行動評估者（action assessor）的界定，進行取徑。

透過學習環境的界面學習環教議題，需要融入相關課程，包含將環境教育議題融入各領域整合的主題課程、融入多領域課程，或是融入單領域課程。在課程之中，需要界定環境資訊傳遞的基本規律，其要點如下（方偉達，2010）：

## ㈠計畫安排

1. 計劃解說：依據生態學習者的需求、時間、地點等條件有計劃地進行導覽解說。
2. 事先安排：解說時考慮時空條件，預先妥為安排。
3. 精通知識：應有恆心蒐集當地資料和生態小故事，熟讀及研究如何應用。
4. 熟記數字：說明年代、面積、高度、長度時，應說出數字。

## ㈡現場掌握

1. 機動靈活：解說因人而異、因時制宜、因地制宜。在不同的季節、氣候、場合及氣氛下，適時調整解說內容。
2. 視線投射：在進行生態解說時，視線應投向每一位聽講的學習者。
3. 語氣謙虛：避免使用「教育」、「你們」等不恰當的字眼，以免引起聽講人的不悅感。
4. 語調適中：解說時不要太快或太慢，在野地時聲音要輕聲細語，以免干擾到野生動物安靜的棲息環境。
5. 說明清楚：生態解說要詳細明確，不可刻意省略，但應求簡單扼要，而不要過分冗長。
6. 良性互動：讓學習者適時表達自己的想法或意見。
7. 集體行動：特別注意學習者的安全，嚴禁發生交通及意外事故。

# 二、傳遞過程

在環境傳播的控制學理論中，資訊的處理建構在彼此影響與控制，產生複雜互動後的結果。在複雜的系統中，平衡與改變的狀態，會發生於不同輸入和輸出的情境之間，其複雜性會使不同階段產生的結果，異於單一的情境。在情境系統之中，每一個部分都仰賴其他的部分，同時亦受其限制。此外，回饋迴路和自我調節迴路，經常都是這一種系統的一部分，具有非線性的關係。系統也會藉由接收輸入來強化情境、進行教學過程的處理，並產出及輸出成果，並且和環境產生互動，例如教學的成果可以產生工作機會、建立成長和滿足的情境，如圖6-8。在資訊傳遞過程之中，比較簡單的系統，可以鑲嵌至比較複雜的系統之中。

在傳統中，對於環境傳播的影響，還有依據現象學的方法進行討論，基本的假設是人類對於世界的了解和意義的產生，是經由對於現象的直接經驗得來。因此，現象學有下列三種原則：

㈠知識是在有意識的經驗下，與世界產生直接經驗所創造的。

㈡事物的意義與個人生命的潛在因素產生連結。事物對於生命具有強大

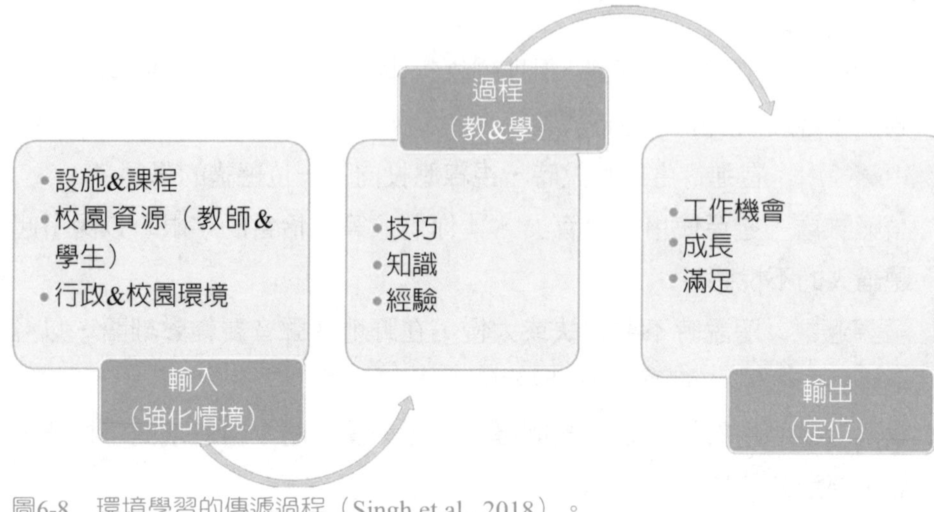


圖6-8　環境學習的傳遞過程（Singh et al., 2018）。

的潛在影響力，會賦予更多重要的意義。因此，意義會直接涉及到功能。

㈢從語言中傳達意義。所以，引導知識的經驗，會經由語言的頻道所製造。

透過詮釋的過程，世界爲個人所搭建，這樣的詮釋是心靈主動的過程，具有介於經驗狀態間來回波動的特性，以及對於世界經驗所賦予的意義。

這樣的過程也被稱爲詮釋學循環。我們首先經驗某些事物，然後詮釋並賦予意義。接著從下一次的經驗經過再一次的測試，重新詮釋，往復如此。這也反映了上面所說的，當個人經驗發現這一次的經驗，原有刻版印象的經驗相扞格；則對於個人的認知衝擊越大，其認知轉變也會越大，會重新詮釋，進行思惟修正。

現象學對於環境傳播的重要性，在於對於個人經驗的重大衝擊。例如，對於半數美國人來說，他們經常將氣候暖化視爲一個難以與個人經驗連接的「抽象現象」，那是因爲美國大陸幅員遼闊，無法感受到氣候變遷的實際壓力。舉例來說，臺灣人基本上相信氣候變遷。因爲當人類居住於位於東亞邊陲的小島上，一年經歷了七次的颱風侵擾之後，對於這項議題有了個人的經驗，比起單純經由國際媒體報導的颱風經驗，會更容易受到資訊影響。這些影響包括因爲全球氣候變遷傳來的各種負面的環境資訊，臺灣島民更容易產生負面聯結。也就是說，現象學也強調個人類對於資訊產生的相關性。

當人類看待環境問題如果和自己有關，所愛的人事地物，因爲氣候變遷所帶來的災難，產生了負面的影響，那麼人類就比較相信氣候變遷的事實了。此外，居住在近在咫尺的颱風受災戶，比起遙遠國度的人類或生態系統遭到颶風或是海嘯產生的災變，會更加感同身受。

我們感到颱風受災戶的同理心，會比海嘯受災戶的同理心更強。因爲颱風對於臺灣的居民來說，感受的關聯性頻率和強度都相當大。因此，環境現象受到個人經驗、個人接觸場景所影響。並且，人類對於環境災難產生「這就是氣候變遷所帶來的影響」，所形成一種學習聯結，這些觀念都是根深蒂固的，不容易因爲一次和兩次的資訊傳播，所能改變的印象。這也正是從現象學理論慣例中，我們可以提取的環境教育主要教學的重點。

## 三、能力建構

能力建構（capacity building）又稱爲能力發展，能力建構是一種行爲改變的概念，在實現中我們會去了解環境發展目標的障礙，並且衡量可以實現永續發展的結果。環境教育能力建構，是個人獲得環境保護知識、態度，以及提升技能發展的過程。

環境教育在能力建構的過程當中，許多組織以自己的方式，解釋社區能力建構（community capacity building）的內涵。聯合國減災辦公室（The United Nations Office for Disaster Risk Reduction, UNDRR），將減災（disaster risk reduction, DRR）領域的能力發展定義爲：「人類通過組織社會系統化發展能力之過程。」這一種過程在於有效實現社會和經濟目標，包括改善知識、技能、系統，以及機構社會及文化環境。以下我們區分能力建構爲社區能力建構，以及個人能力建構。

### ㈠社區能力建構

最早談社區能力建構的國際組織，是聯合國發展署（The United Nations Development Programme, UNDP）。自1970年代以來，聯合國發展署就提供募款、籌款，興建培訓中心，進行第三世界的接觸訪問，興建辦公室進行在地化的人才栽培、在職訓練，興建學習中心和諮詢服務。能力建構的過程中運用了國家的財力、人力、科學技術、組織制度，以及資源管理，其目標是要解決國家政策和發展方向有關之問題，同時考慮國家發展中有關人力培訓的限制及需求。但是，第三世界國家發展能力建構模式之形成策略，需要採取獨立自主之模式。因爲，一旦聯合國款項停止之後，一定要採用自籌方式進行國家建設，以免防止過度依賴國際長期的援助，形成國際強權之系統化干預。

### ㈡個人能力建構

個人層面的能力建構，需要參與者「強化知識系統和技術能力，促使個人能夠積極參與學習和適應環境變化的過程」。依據個人行動發展，需要進行學習系統反饋，且能平等互惠之學習，使其達到最佳技術水準。因此，能力建構不是單純的人才培訓或是人力資源開發，而是要轉變思惟模式。此外，提高個人能力，不足以促進社會永續發展，還需要依據體制和組織環境之配合，方能畢其功於一役。

在管理培訓方面，博德威爾（Martin M. Broadwell）在1969年2月將能力建構模型描述爲四級教學（Broadwell, 1969）。柯提斯（Paul R. Curtiss）和瓦倫（Phillip W. Warren）1973年出版的《生命技能動力學教練》（The dynamics of life skills coaching）一書中提到了這個模型（Curtiss and Warren, 1973）。這個模型係爲學習任何新技能的四個階段。這四個階段表明人類最初並不知道自己知道多少知識內涵，同時也「沒有自我認知或是意識到自己的無知無能」（unconscious incompetence）。當人類意識到自己的無能時，自我會有意識地獲得技能，然後有意識地運用這一項技能。最終，這一種技能可能在沒有被意識地思考情況之下被運用。也就是說，在個人已經熟稔了這一套技術，已經具備了「無意識的能力」（unconscious competence）。

將學習的元素導入，包括協助學習者了解「他們不知道的東西」，或是認識到自身的盲點。當學習者進入學習狀態時，通過圖6-9四種心理狀態，直到達到「無意識的能力」階段。通過了解圖6-9模型，環境教育的培訓計畫，可以確定學習者的需求，並根據學習者的目標，在特定的環境教育主題之下，訂定學習目標。

1. 無意識的無能（unconscious incompetence）

在「無意識的無能」狀態之中，學習者並不知道存在技能或知識差距。

2. 有意識的無能（conscious incompetence）

在「有意識的無能」狀態之中，學習者意識到學習技能或是知識的差距，並理解獲得新技能的重要性。正是在這個階段，學習才能眞正開始。

3. 有意識的能力（conscious competence）

在有意識的能力中，學習者知道如何使用技能或執行任務，但這樣做

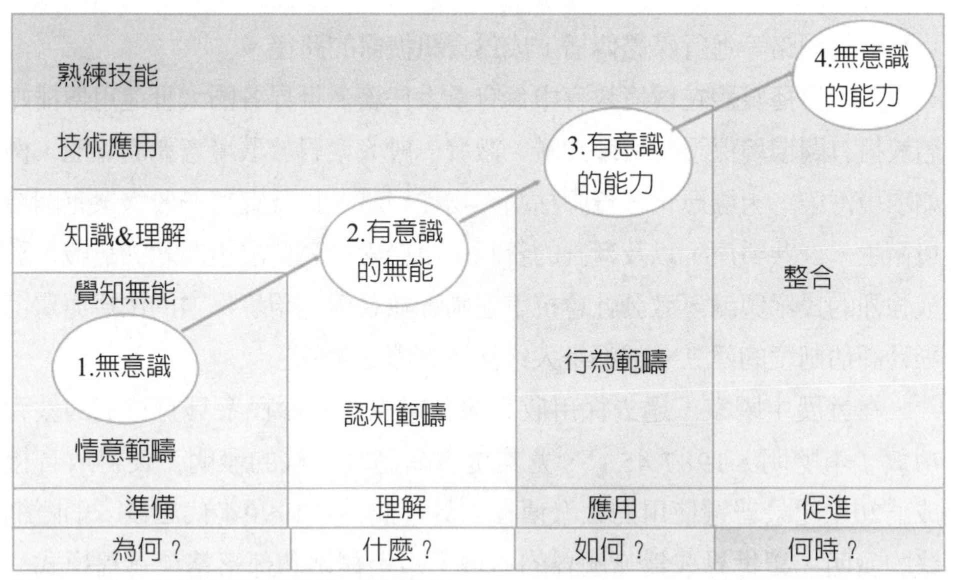


圖6-9 能力建構的四個階段（修改自：Broadwell, 1969; Curtiss and Warren, 1973）。

需要經常地練習，並且進行有意識的思考和努力工作。

4. 無意識的能力（unconscious competence）

在無意識的能力中，個人具有足夠的經驗，並且能夠輕鬆地執行技能，他們在執行的時候，是在無意識地狀態之下純熟地進行。

這個模型幫助教師了解學習者的情緒狀態。例如，無意識無能的學習者對於課程的反應，不同於有意識無能的學習者。如果有人不知道自身有問題，就不太可能參與環境解決方案之思考。另一方面，如果某人具有意識能力，個人可能只需要額外的練習，而不是強化的訓練。

此外，學習能力的四個階段，教師通過了解學習者在特定主題的哪個階段中，自課程單元中可以選擇有助於學習者進入下一階段的主題內容。甚至可以採用評估模式，向學習者證明自身的能力差距，從而將學習者從第一階段轉移到第二階段的學習。

## 第五節　傳播媒體



在現代社會中，藉由傳播媒體進行通訊聯繫，已經成爲作爲傳播資訊和獲得資訊的方式，因此，在環境教育傳播上，以正式出版、通訊出版，以及網際網路等進行媒體傳播，成爲資訊披露的路徑。

大眾傳播媒體在環境教育中負有重大任務。世界各國大量運用傳播媒體散播有關環境保護的科學知識，激發一般大眾對於環境意識的覺醒，例如環境污染、土壤惡化、資源枯竭、物種絕滅，以及宣導一般大眾有關環境衛生、公共醫療，以及營養的資訊。由於對於這些環境問題的認識，形成強烈的民眾輿論，激發社會抗爭運動，並且促進環境保護的法律與環境影響評估制度的建立，這都是大眾傳播媒體之功效。

在發展中國家，過去採用收音機和電視，對於民眾具有特別的教育功效（李聰明，1987:45），尤其是電晶體收音機的發明，使得收音機成爲20世紀最普遍使用的大眾傳播工具。此外，1990年代之後，網際網路的發明，讓世界成爲無國界的領域。透過網站和部落格「過程模式」

的進行交流（鍾福生、王必斗，2010:39），可以進行線上網路（online networking）意見反饋，並協助發展思路，促進深度學習的教學策略與方法（吳穎惠、李芒、侯蘭，2017）。

此外，越來越多的環境教育推動者採用臉書群組（Facebook groups）、微信群組（WeChat groups）、Line群組來分享想法。大量採用網路（絡）社交媒體（social media）可以協助環境教育推動者和全世界的同行保持聯繫。在使用社交媒體時，應該要保持清醒的保育形象，不要任意在封閉的內部（in-house）網路中攻擊環保同行或是攻擊陌生人。網際網路都是一種「可資查詢身分」的平台。理性討論，或是保持緘默，可以降低資訊濫用的風險，將精力集中於有用的網路軟體和資訊服務，而不是成爲一種發洩情緒的管道，否則容易後悔莫及。

## 一、正式媒體（Formal media）

㈠研究社群：研究社群交流途徑包括了系列書籍、專著、期刊論文、研討會論文、海報、機構知識庫（institutional repositories）的發表管道（方偉達，2017；2018）。許多大學和研究機構都有內部（in-house）開放式研究檔案線上儲存區。這些檔案稱爲知識庫（repositories），列爲一種出版品。如果研究者在開放的研究檔案中存放作品，則應視爲已經發表。如果是之前未曾發表的作品，將其存入檔案庫之後公開，可能會造成未來這些資料要進行出版時的版權歸屬問題。如果作品已經發表，原始出版商可以保留這些權利，而且不得通過存檔，重新發布作品。但是，檔案庫提供線上可供大衆閱讀的版本，有利於對外界的傳播。

㈡一般大衆：維基百科、專題文章（feature articles）／訪問／談話；開放獲取（open access）期刊和書籍的發布。

## 二、非正式媒體（Informal media）

㈠研究社群：會議開幕致詞、會談紀錄；社交媒體（social media），例如：臉書群組（Facebook groups）、微信群組（WeChat groups）、

Line群組的文字發布。

㈡一般大眾：社交媒體（social media），例如：推特（Twitter）、臉書（Facebook）、部落格（Blogs）的文字發布；或是instagram的圖片發布。

㈢介於研究社群和一般大眾之間：運用研究社群網站發布已經刊載的文章，例如：academia.edu和researchgate.net。

## 三、傳播效果

㈠提高認知（increased awareness）：提高人類對於環境知識的認知程度，進行更深入的環保知識理解。

㈡知情選擇（informed choices）：提高在替選方案之中，進行知情選擇的能力。

㈢交流資訊（exchange of information）：提高資訊、題材，或是觀點的交換程度。聯合國教科文組織推動的國際環境教育計畫中，對於大眾傳播媒體曾進行以下的資訊交流之建議：

1. 在定期的廣播、電視、網路、卡通節目，或是直播節目中，增加生動而有趣的環境問題，例如播放精彩的生態紀錄片或是生態音樂，以及動物和鳥類的樂音。
2. 邀請民眾參與有關環境問題的討論。
3. 廣播、網路節目，以及電視節目應該包含環境災難和環境惡化等內容。
4. 提供廣播、網路節目，以及電視節目製作人參加環境教育之訓練。

# 小結

曾任山巒俱樂部主席（President of the national Sierra Club）的環境傳播學者卡克斯（J. Robert Cox）曾經談到，環境傳播領域由以下的七種研究和實踐領域組成，包括了：「環境論述（修辭和話語）、媒體與環境新聞、大眾參與環境決策、社交行銷和宣傳活動、環境合作和解決衝突、風險溝通，以及流行文化與綠色行銷中的自然表達」（Cox, 2010）。從實踐的角度來看，環境學習和傳播式採用有效的溝通方法，藉由環境傳播策略和技術，應用於環境管理和保護之中。我們意識到環境主義（Environmentalism），始於環境學習和交流；但是從1960年代鬧得揚揚沸沸之後，到了21世紀逐漸轉爲「環境懷疑主義」（environmental skepticism），美國社會大衆熱愛經濟發展，厭惡環境保護。在1960年代，環境運動是由作家如椽之筆的火花點燃的，或者更具體和準確地說，是由「卡森的打字機」（Rachel Carson's typewriter）所點燃的（Flor, 2004）。因此，從歷史脈絡來看，環境學習和傳播有六種基本要素：「生態知識、文化敏感性、網絡能力、運用媒體能力、環境倫理的實踐、衝突解決能力，以及調解和仲裁的能力」（Flor, 2004）。從學者的研究中來看，民衆冷漠，遠比缺乏資訊的情形更爲複雜。事實上，現今太多令人眼花撩亂的環境資訊，常常會適得其反，讓人無所適從。當人類理解到環境問題的複雜性之時，他們會感到不知所措和習得無助，這常會導致人類對於環境保護的冷漠或是環境科學的懷疑。因此，21世紀人工智慧研究興起之後，虛擬環境成爲意識主流。環境懷疑主義（environmental skepticism）的陰謀論點，認爲人類終將與科技結合。對於環境論述（environmental rhetoric）之正當性來說，陰謀論者針對環境保護的質疑，認爲環境保護是經濟發展的最大障礙。以上這些謬論，將對於環境保護和社會永續發展，形成了越來越大的挑戰（Jacques, 2013）。因此，如何正本清源，如何撥亂反正，有賴於環境研究學者、永續發展研究學者，以及大衆傳播學者攜手合作，傳達正確的環境保護知識和技能。

## 關鍵字詞

| | |
|---|---|
| 情意狀態（affective statement） | 親生命假說（biophilia hypothesis） |
| 依附期（attachment period） | 藍碳（blue carbon） |
| 依附理論（attachment theory） | 碳足跡（carbon footprint） |

懼怕自然假說（biophobia hypothesis）
能力建構（capacity building）
碳匯（carbon sink）
共同塑造專業知識（co-configured expertise）
自然連結性（connectivity with nature）
有意識的無能（conscious incompetence）
生態足跡（ecological footprint）
環境賞析（environmental appreciation）
環境學習中心（environmental learning center）
環境論述（environmental rhetoric）
事實紀錄（fact sheet）
正式媒體（formal media）
非正式媒體（Informal media）
解說（interpretation）
共業（karmic forces）
學習風格清單（learning style inventory）
自然連結（nature connectedness）
非點源（non-point source）
線上網路（online networking）
典範轉移（paradigm shift）
同儕關係（peer relationships）
相互決定論（reciprocal determinism）
校本課程（school-based curriculum）
情境誘導（situational inducement）
社會認知理論（social cognitive theory）
社會情緒學習（social emotional learning）
公民科學（citizen science）
觀念體驗（conceptual experience）
有意識的能力（conscious competence）
生態倫理（ecological ethics）
自然情感親和力（emotional affinity toward nature）
環境教育中心（environmental education center）
環境懷疑主義（environmental skepticism）
環境敏感度（environmental sensitivity）
回饋產生者（feedback generator）
實踐活動（hands-on activities）
封閉的內部（in-house）
解說方案（interpretive program）
習得無助（learned helpless）
麥奎爾資訊處理理論（McGuire’s Information Processing Theory）
自然相關性（nature relatedness）
開銷費用（offset expenses）
選擇性學習（optional studies）
參與式學習（participatory learning）
進步學校運動（progressive schools movement）
相對剝奪感（relative deprivation）
科學術語（scientific jargon）
技能發展（skill development）
社會比較理論（social comparison theory）
社會環境（social environment）

| | |
|---|---|
| 社交媒體（social media）<br>刻版印象（stereotype）<br>試誤說（try and error）<br>無意識的無能（unconscious incompetence）<br>覺醒狀態（arousal statement）<br>依附狀態（attachment statement） | 社會政治知識（socio-political knowledge）<br>三元互惠決定論（Triadic Reciprocal Determinism）<br>無意識的能力（unconscious competence）<br>大學社會責任（university social responsibility, USR） |

# 第七章
# 戶外教育

Process is important for learning. Courses taught as lecture courses tend to induce passivity. Indoor classes create the illusion that learning only occurs inside four walls isolated from what students call without apparent irony the “real world” (Orr, 1991:52).

過程對學習很重要。講授課程導致學生很被動。室內課程讓學生產生了一種錯覺，以爲學習只發生在四堵牆之間，而沒有發生在出乎意料的「現實世界」。

——歐爾（David W. Orr, 1944-）。





## 學習焦點

環境教育是一種促進人類文化與生態系統複雜相互關係之教育。由於環境決策的政治性，環境教育領域面臨著許多爭議。例如：環境教育的正確定義和目的是什麼？課程是否應包括環境價值觀和道德規範，以及生態和經濟概念和技能？學生環境行動在矯正環境問題方面的作用是什麼？教師在開發有關環境教育的課程中，有什麼適當的作用？什麼年齡層的學生，應該了解環境問題？城市、郊區，以及農村青少年，應該接受哪些類型的環境教育？使用什麼樣的技術，可以減緩生態破壞？在這些問題中，户外教育和環境教育，同樣面臨到上述的問題。由於人類環境決策的政治因素，户外教育和環境教育一直是處於定義不明的狀態之中。教育工作者不斷設計出更好的方法，來展開户外教育的定義，以完善户外教育的哲學和實踐工作。戶外教育包含了地球教育、生物區域教育、遠征學習拓展訓練，運用環境素材，作爲學習的整合地方環境、生態教育、自然意識、自然經驗，以地方爲基礎的教學和教育。

## 第一節 戶外教育內涵

戶外教育（outdoor education）通常指的是在戶外環境進行的有組織之學習，需要自由、自然，以及自在的環境，係爲一種體驗式學習（experiential learning）（王鑫，2014；黃茂在、曾鈺琪，2015）。戶外教育通常被稱爲戶外學習、戶外學校、森林學校，以及荒野教育（wilderness education）。戶外教育結合冒險教育（adventure education）、環境教育，以及遠征教育（expeditionary education）。在活動的過程之中涉及到荒野經驗式體驗（wilderness-based experiences）。戶外教育計畫有時涉及住宿型旅遊教學，教師指導學習者參加各種冒險挑戰營隊以及戶外活動（outdoor activities），例如遠足、登山、划獨木舟、繩索課程，以及團體遊戲。戶外教育借鑒了體驗式教育和環境教育的概念、理論，以及實踐方法（黃茂在、曾鈺琪，2015）。




### 一、戶外教育的歷史

戶外教育的哲學發展非常悠久，在歐洲運用直接經驗的教學活動，在17世紀就已經進行。例如，捷克神學家和教育家康米紐斯（Johann Comenius, 1592-1670）著作的《大教學論》中宣稱：「所有的人都應該被准許完全學會世界上所有東西」，強調「一切順其自我內在動機而流，暴力遠離事物」。康米紐斯提出學習的法則是在語言介入之前，先學習觀察，課程與生活進行連結。因此，他被認定爲現代教育之父。法國哲學家盧梭（Jean-Jacques Rousseau, 1712-1778）創作了《愛彌兒》，盧梭提出了三種教育方式，一種是自然的教育，一種是事物的教育，最後一種是人的教育。盧梭認爲好的教育者必須要根據人類的自然本性施加教育，讓這三種教育和諧共存而不會互相衝突。瑞士教育改革者裴斯泰洛齊（Johann Pestalozzi, 1746-1827）撰寫了《葛篤德如何教育她的子女》一書，介紹他的教育理念。他的方法是從簡單到困難。他強調實踐的教育原則，發展觀察力。因此，他教導開始觀察，然後是知覺、講述、測量、繪畫、寫作、數字，以及計算。

20世紀初葉，美國進行自然研究的學者在「露營運動」中獲得了動力。露營的目的是擴大學生認知基本過程中的情感聯繫，例如在戶外中，獲得食物、住所、娛樂、精神靈感，以及其他生活的滿足。這些自然聯連結關係，抵消了城市化的負面影響。露營活動的學習過程與社區活動緊密聯繫，更爲重視實際知識。在中國，中華民國童軍創立於1912年，從民國初年的戶外的童軍訓練，在1930年代讓學生進行戶外大露營野炊活動的體驗。

到了1940年代，出現了「戶外教育」的名詞，希望在通過直接經驗，描述自然體驗的教學過程，以滿足學生在各項學科之中的學習目標。這種涉及當地環境的背景學習，也被稱爲是一種教育的實地考察、短途旅行，或是實地研究。在19世紀末期的美國，因爲教育工作者意識到讓學生走出課堂教室，可以改善教育的技能、態度，以及價值觀。

美國教育家杜威將上述目標納入進步教育運動，該運動在20世紀上半葉引入美國的學校。隨著進步主義在1950年代開始在公立學校中逐漸消失，戶外教育變得更加重要。西方國家德國、英國、澳大利亞、南非、英國、宏都拉斯，以及斯堪地納維亞國家紛紛展開計畫，許多戶外教育工作者看到了融入式教學課程的價值，所以開始展開訓練營之設置。

南伊利諾大學（Southern Illinois University Carbondale）教授夏普（Lloyd B. Sharp, 1895-1963）在1940年爲許多戶外教育工作者開發了領導力課程，推動自然接觸戶外體驗教育設施（Touch of Nature, 1949-）之興建。在南伊利諾大學董事會支持之下，學校購買了小草湖（Little Grassy Lake）150英畝土地，並且陸續開設了3,100英畝的自然接觸（Touch of Nature）環境中心，推動探險教育和環境教育的體驗式學習活動。

隨著美國露營和戶外教育課程風潮的興起，克洛格基金會（W. K. Kellogg Foundation）在1940年開創了社區學校露營地，以支持進一步實驗。美國政府通過國家保護區、教育部門、私人教育機構、專業教師組織，以及其他非政府組織的額外支持，美國在1965年推動《中小學教育法》，開發了創新的戶外課程，奠定了環境教育的契機。1968年，美國健康教育和福利部設立了環境教育辦公室。到了1971年全國環境教育協會（後來成為北美環境教育協會）成立，成為領先的專業組織之一。從那時起，早期教師在帶領戶外教育活動，運用露營的營地設施，來滿足戶外體驗的學習目標。後來賡續發展課程，提高學習者的社交發展和休閒技能。由於戶外教育活動通常與學校課程密切相關，因此戶外教育學習領域，已經影響21世紀初的教育改革。

## 二、戶外教育的場地規劃





在進行戶外教育場地的調查時，應先應將戶外教育調查區分為「戶外教育基地」（outdoor education site）及「戶外教育路線」（outdoor education route）分別進行調查。所謂「戶外教育基地」，是針對戶外教育時，進行住宿型旅遊教學的地點，以及戶外活動的地點；而「戶外教育路線」，是指進行旅遊時所有經過的行程路線，包含所搭乘交通工具行進的路線，這些路線也需要符合「戶外教育」的定義。

### (一)戶外教育基地

戶外教育地具備生態屬性、社會屬性，以及管理屬性的地區，其特徵包括下列因素，以下取材自方偉達（2010）歸納三種屬性的內涵：

#### 1. 生態屬性

(1)自然地理環境：屬於非生物因素的當地地貌、地形、土壤、自然水文（濕地、小溪、河川、湖泊、瀑布、海濱、海域）等景觀結構因素。

(2)人為結構環境：屬於人為構築、形成及管理的環境，如建築、農地、水田、旱地、人工濕地等。

⑶植物群落：屬於自然或人爲栽種、復育或保育的植物群落。

⑷動物族群：屬於自然存在或是復育的動物族群。

⑸嗅覺環境：屬於視覺以外的嗅覺環境，例如：開花植物的花香、濕地散發的沼澤氣味。

⑹聽覺環境：屬於自然界天籟及動物所發出的聲音特徵，例如：流水聲、瀑布聲、風雨聲、浪濤聲、蟲鳴鳥叫聲等。

2. 社會屬性

⑴戶外教育參與人數：是否造成生態系統承載量（carrying capacity）的超載因子，以及因爲人數過多，降低戶外教育品質，需要調查及了解。

⑵戶外教育活動人數：是否造成生態系統承載量的超載因子，以及活動人數過多，降低戶外活動的品質，需要調查及了解。

⑶戶外教育活動人數的團體及個人行爲：戶外行爲強度及頻率是否造成生態系統承載量的超載因子，需要調查及了解。

⑷戶外教育載具及人類所帶來的嘈雜聲音引起的噪音分貝：是否造成生態系統承載量的超載因子，需要調查及了解。

⑸戶外教育載具及人類活動所帶來的氣味和異味：是否造成生態系統承載量的超載因子，需要調查及了解。

3. 管理屬性

⑴土地權利：土地及設施所有權和租賃契約。

⑵行政管理：政府戶外教育管理相關法規／條例／規則／原則。

⑶設施景觀：景觀和設施的設計標準及施工監督。

⑷教育督導及考核：戶外教育基地的使用頻率、消防安全、設施安全、政府人員現場監督及執法、當地志工的環境教育、設施維修，以及保固年限。

依據生態因素、社會屬性及管理屬性的剖析，我們了解戶外教育基地的調查，包括動植物生態調查、人類社會調查及旅遊影響評估調查。

動植物生態調查採取一般野生動植物資源調查，通常希望能夠透過蒐集到調查範圍內的動植物的組成、分布、族群數量和棲息環境等資料，了解戶外教育的體驗資源。其中動植物生態調查，包括生物部分和非生物部分。生物部分包括一般動植物資源調查，了解調查範圍的生物組成、分布、族群數量、生物多樣性；非生物部分包含棲地環境等資料。

因此，戶外教育生態調查，需要以生物因子和非生物因子為基礎，除了了解生物的結構，更進一步地要了解生物的基本功能，例如：生物生長、發育、生殖、行為和分布現象，並以長期的生物和環境調查來掌握戶外教育的基礎資源。其中包含下列因子：氣候、土壤、地形、水文、生物、人為影響等。生態調查中除了生物（動物相、植物相）調查之外（楊平世等，2016），還要進行社經背景調查與地理資訊系統，透過調查能進而了解影響生物現象的因子，並提供生態經營與管理的策略，作為環境保護與生物保育努力的方向。

### ㈡戶外教育路線

戶外教育路線同時具備生態屬性、社會屬性和管理屬性的特性。戶外教育路線和戶外教育定點的基地，較不同的地方是戶外教育路線具備交通通勤的特徵，是旅客旅遊至目的地景點及返回家中的所經空運（空域）、水路（水域）、陸運（公路、鐵路、捷運路線、鄉道、巷道、步道、小徑）所有的距離。這條路線是旅客從家裡到目的地的路線總和，包括搭載乘具、短暫停留、眺望及行進的地理距離，需要符合節能減碳的教育趨勢。

## 三、戶外教育基地及生態旅遊遊程規劃的原則（薛怡珍等，2010）

1. 戶外教育基地和旅遊路線依據生態旅遊遊程評估，應具有豐富的自然人文資源。
2. 戶外教育基地必須採用低環境衝擊的交通設施讓遊客可以抵達。
3. 地點的評選必須通過環境評估。

4. 地點和路線必須能顧及學習者安全，應有效控制潛在的危險。
5. 目的事業主管機關應妥善監督戶外教育基地的品質；而經營者必須能執行旅遊規劃、規範學習者的行爲、定期監測及管理相關環境問題。
6. 戶外教育地點的開發必須以能持續取得妥善管理所需的經費爲先決條件。
7. 管理單位、經營者與在地社區願意遵守相關規範。
8. 必須能對當地的生態保育有所貢獻。

## 四、戶外學習的內容

戶外學習係爲一種課堂以外的學習（outside the classroom）。在學校的課程學習不是在室內，而是包括到荒野郊山參加生物相的實地考察，或是在學校的花圃中尋找昆蟲，或是到校外參觀博物館等活動。因此，戶外教育可以補充正規環境教育之不足。通過環境教育基地中學習，不僅涉及「舞臺」（教育基地）的搭建和營造，更有「演員」（教育人員）和「劇本」（教育課程）配合的課程開發（賈峰，2016）。

戶外學習是一個目前正在興起的概念，戶外教學是文化、歷史，以及藝術帶入生活的學習範疇，可以發展社會技能，並且強化地理和科學的實察精神。阿貝德拉希姆（Layla Abdelrahim）在她的著作《野孩子——馴化的夢想：文明與教育的誕生》（Wild Children-Domesticated Dreams: Civilization and the Birth of Education）中認爲，目前文明認識論建構和傳播的機構，係由文明基礎上的破壞性前提，以及受到人類掠奪性文化所驅動的。爲了回歸可行的社會環境文化，拉希姆呼籲重新塑造人類教育文化，人類教育文化係基於與其他動物相同的歸化方法，所產生的教育原理（Abdelrahim, 2014）。

因爲人類學習到20%的知識是從課堂中聽講來的，20%的知識是從閱讀相關書籍獲得的，60%的知識是由戶外教育親身經歷和行動領悟中獲得的。因此，環境教育過程大部分在戶外進行。從上述的經驗可以得知，美國的環境教育將自然研究、保育教育，以及學校露營視爲環境教育的前期步驟。因此，運用自然研究的技術，將學術方法和戶外探索進行結合（Roth, 1978）。「戶外教育」探索的學習的內容，需要符合以下標準，如圖7-1：

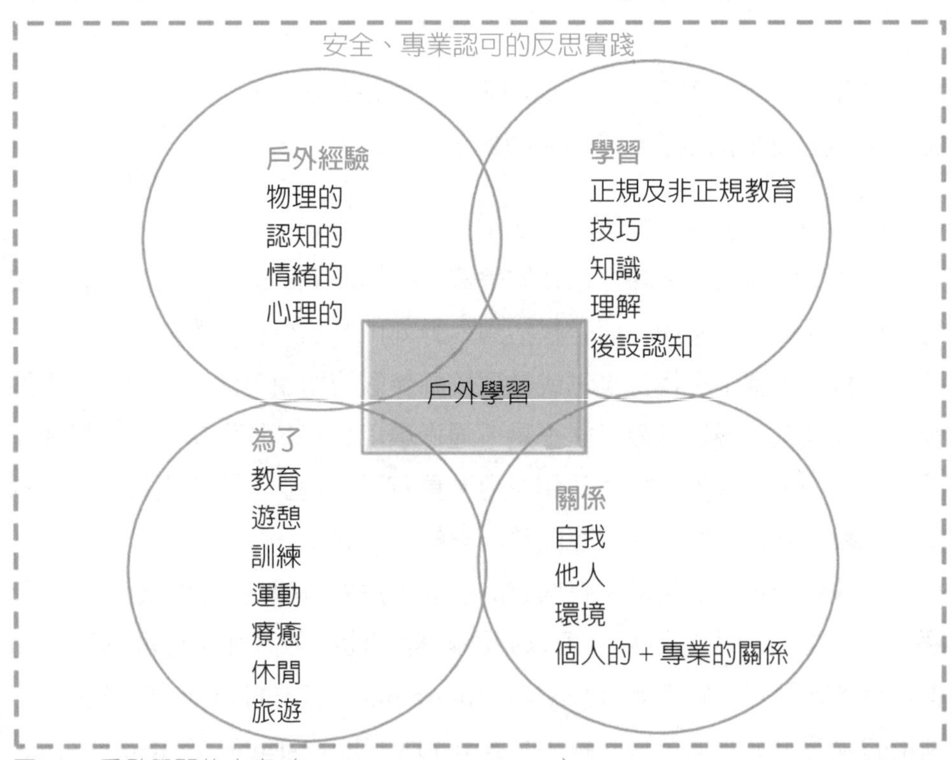


圖7-1　戶外學習的內容（Leather and Porter, 2006）。

1. 戶外經驗：具備物理的實質收穫；以及認知的、情緒的，以及心理的滿足和愉悅。
2. 戶外舉辦的目的：具備教育、遊憩、訓練、運動、療癒、休閒、旅遊多功能的舉辦價值。
3. 戶外學習課程：包含了正規及非正規的教育，學習者可以通過戶外技巧，學習到戶外知識，以通過大自然的理解，產生了後設認知（metacognition）經驗。
4. 處理人我之間的關係：依據自我、他人，以及環境關係，強化個人和專業領域的實務內涵。

## 第二節　戶外教育動機

近年來，人類社會逐漸朝大都市偏移，產生了少子化、都會化，以及數位化等社會趨勢。因此，學齡教育中的室內課程制式化的過程，開始引發種種問題。首先，孩子的學習逐漸出現問題，例如學習動機低落，反映了大自然缺失症（Nature-Deficit Disorder）等癥候（Louv, 2005）。

如果教育是一種營造學生對於活動的期待，藉此提升學生的學習動機。戶外教育可以說誘導學生的學習動機與熱情，營造較為輕鬆的學習情境，有助於學生有效學習。教育部辦理2018全國戶外教育博覽會，展現戶外教育推動成果。教育部的戶外教育政策期許「學習走出教室，讓孩子夢想起飛」。因此，學校的教學不僅無需侷限於課堂之上，而是藉由造訪國家公園、自然教育中心、歷史古蹟，以及博物館等多元場域，啓發學生學習動機，提升學習效率。戶外教育同時也是環境教育的一環，是培養學生提升環境的價值觀，並且具備適當的戶外學習知識、技能、態度，以及動機。在戶外教育中，學習動機如下。

### 一、鄉土學習

戶外教育的實施，配合鄉土教育。因為學童認知發展正處於「具體操作期」，若能綜合上述戶外教育概念及指導方針，讓學生從熟悉的鄉土環境中，藉由實際的操作所產生直接的體驗，有助於學習成效更為持久。因此，透過戶外教學，將是達成鄉土教育中「認識環境的教育」。同時，讓學生在眞實的情境之下學習，可以喚起學生的鄉土情感和意識，培養鄉土認同。

### 二、研究學習

學生在戶外環境學習，選擇自身關切而且感到興趣的議題，親自蒐集資料、調查問題發生的原因，並且展開思考、規劃、設計、訪問，並且實地進行研究採樣。由於是自己親身經歷，更容易引起學習興趣，而且在自然科學和社會科學的調查學習效果最為持久。學生經歷戶外教育活動中的調查，發展戶外活動研究的經驗，回到教室之後，讓學生反思，並且進行討論，通過發掘問題，以提出解決問題的方案（黃秀軍、祝眞旭，2018）。

## 三、體驗學習

體驗是人類好奇心嘗試這世界的動機。由於孩童具備了好奇心，他們好動，對於這個世界喜歡進行實際體驗。因此，德國哲學家海德格（Martin Heidegger, 1889-1976）指出，生活世界才是存在的眞實世界。海德格認爲人類是在世存有，他說的人類與世界因爲都是眞實的，而不是概念化的。所以，惟有大自然的實在表徵，才是眞實的。其他如語言表達的大自然，既不眞實，又充滿虛假，因此不能感動人心。因爲成人所見的世界，是被語言等抽象概念所遮蔽的，所以成人看不見眞實的現象。如果，我們要了解大自然，就是要走出戶外，讓世界以自然的方式呈現。

在現實世界中的學習，是人類學習存在的99.9%的學習方法。在西方國家，只有在過去的數百年裡，人類才進入教室之內，進行紙筆學習。最有效的學習方式是通過戶外活動之參與，因此我們應該爲了孩童創造戶外參與學習的機會。





## 四、情緒學習

從戶外活動之中，如圖7-2呈現是一種冒險行爲的波動現象，我們稱爲社會情緒學習（social emotional learning），社會情緒學習是一種培力（Frey et al., 2019:8），需要建構對於技能的價值觀，培養自我思考能力，以及與他人互動的方式。從社會情緒學習中，培養學習者的認同感和對學習能力的信心，克服挑戰，並影響周圍的世界，社會情緒學習主要有下列四種特色。

1. 協助學習者進行辨別、描述，以及規範情緒反應。
2. 促進對於環境決策和解決問題重要的認知調控技能。
3. 培養學習者的社交技能，包括團隊合作和分享，以及他們建立和修復關係的能力。

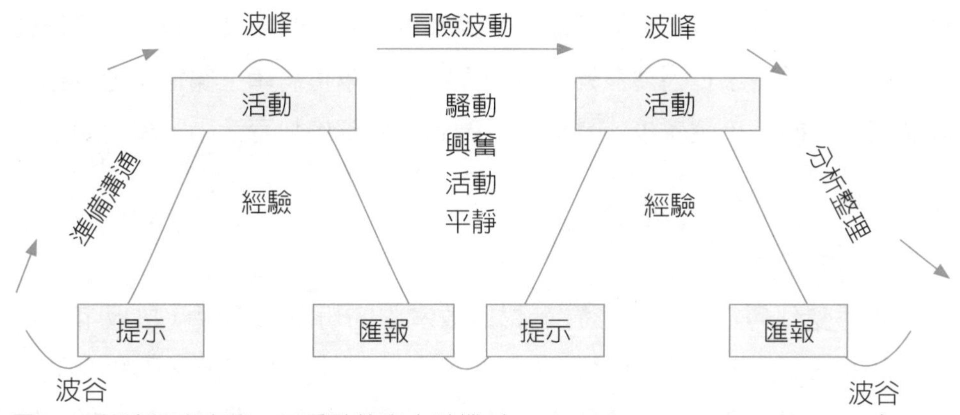

圖7-2 冒險和療癒是一種戶外教育之動機（Schoel, Prouty, and Radcliffe, 1988）。

4. 讓學習者成為知情（informed）和參與的公民。

國立臺灣師範大學公民教育與活動領導學系教授謝智謀（2015）認為「登峰」，是：「傾聽生命最深刻的聲音（Voice），並願意行在這個召命（Vocation）之中。」在戶外活動之中，參與未知的冒險（adventure）活動，是一種戶外教育中體能鍛鍊和團隊合作，最常見的情緒挑戰活動。不管這些活動屬於正式、附加（add-on），或是隨機的意外冒險。事後回想（afterthought）起來，都是一種意猶未盡的學習情境和學習挑戰。

一般來說，在活動高峰之後，通常會產生了疲累和鬆弛的感覺。在事後回想的過程當中，對於活動的滿足感覺，又會形成一種情緒平復的療癒效果。戶外活動可以成為兒童和成人理解和管理自我情緒的妙方。當進行冒險教育的時候，透過團隊合作，設定和實現積極的活動目標，彼此依據野外的感受，並表達對於他人經過痛苦和挫折的同情，建立和維持彼此禍福相依的積極關係，以及做出負責任決定的過程。

## 第三節 戶外教育障礙

戶外教育可以提供以上的優點，但是實施戶外教育，擁有下列的障礙，例如在學校方面，因為教學資源欠缺、抗拒改革的慣性，以及行政制度的僵化，導致校長和教師不願意帶領學生到戶外實施冒險教育及體驗教育。此外，學生家長因爲戶外教育的危險性，寧可將學生關在家裡，也不願意將自己的子弟讓學校或是安親班帶到戶外實施教育活動，說明如下。

## 一、學校教育的障礙

### (一)教學資源欠缺

教師受到傳統教育的影響，認爲教室中的粉筆和黑板（白板筆和白版）學習，是一種有效的學習。此外，由於校外教學需要活動和交通經費，受到教學資源短缺及資訊交流貧乏的影響，導致戶外活動的可能性降低。

### (二)抗拒改革的慣性

戶外教育需要運用到遊覽車、申請經費，或是校長支持等諸多因素的支援。教師因爲在班上帶班的問題，平常教學就已經很辛苦，雖然有意帶學生到戶外「放風」，但是眞正要帶到戶外實施教育，已經是有心無力。

### (三)行政制度的僵化

戶外教育涉及到學生的安全和保險問題；此外，因爲還有學校的主計針對交通事項的經費問題、學生家長對於學生安全的疑慮問題；學校校長針對教師是否可以安全帶領一班學生出遊，產生了最大的疑慮。所以在多一事不如少一事的心態之下，最好全校學生都關在「有鐵門、有圍牆」的校園之內，就是校長「保護學生安全的德政」。

## 二、家庭教育的障礙

### (一)心理的障礙

因爲少子化的影響，父母對於子女的呵護無微不至，因爲避險情緒，使家長不願意讓子弟從事戶外多樣化的活動。這一種憂患意識，影響兒童許多活動參與之機會。圖7-3顯示，在美國經過5,500人次的調查，40%的美國人在他們30歲的時候，認爲戶外空間是不安全的，這對美國人來說，到戶外成爲一種障礙。如何喜愛參加戶外活動的美國人都有這樣的心理障礙，其他國家的民衆更是視到戶外如畏途。

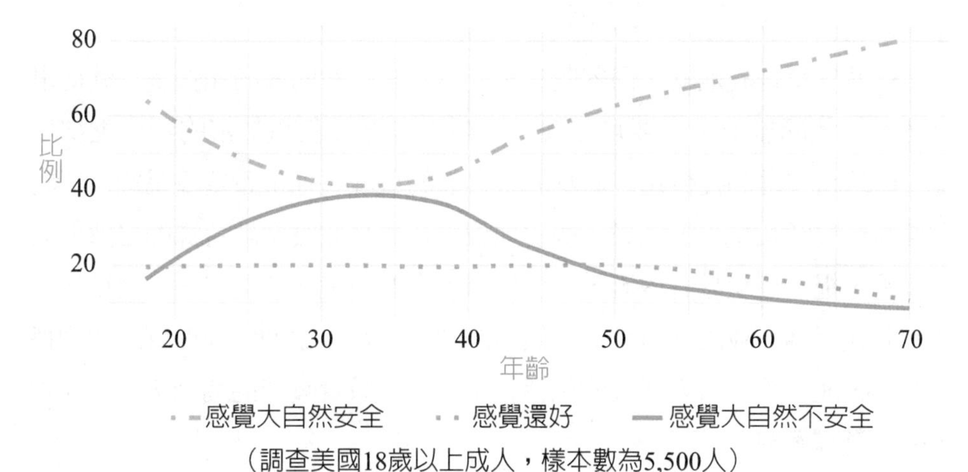


圖7-3　戶外不安全對年輕人來說可能是一個障礙（Nature of Americans.org）。

### ㈡生理的障礙

現今人類大多居住於都市，很多學校都遠離郊區。由於戶外教育的場域和基地都遠離都市，位於偏遠地區，形成交通的障礙。尤其有些肢體不便的學生，因爲個人的因素，如果沒有設置無障礙設施，他們就無法參加這些地點的戶外活動。

### ㈢經濟的障礙

目前因爲到戶外實施教育的成本增加，包含了交通費、入園費、保險費，以及其他實質開銷的障礙，形成戶外教學的經濟障礙。因爲實施戶外學習的高成本需要家長支應，許多家庭無法支付校外教學的費用。然而，政府鼓勵戶外學習環境不需要龐大建設經費。對於貧寒子弟，應有補助學生的獎勵方式。當政府關心下一代的學生的環境素養，戶外學習是一種更爲有效的方法。經濟障礙的考慮，影響到家長陪同學生到戶外共同體驗校外教學的經驗，經濟障礙導致家長意願不高，甚至無法滿足個別學童在整體環境中學習，以及未來身心發展的教育需求。

## 第四節　戶外教育場域

戶外教育實施地點，內容豐富多元。越來越多的教師和孩童喜歡從事自然生態休閒旅遊，主要可以親近秀麗的自然景色和豐富的野生生物環境。由於這些地點提供遊客置身於大自然的環境。通常希望重視透過解說引導學校教師和學生，深入了解當地環境，並且欣賞當地特殊的自然與人文景觀，提供環境教育內涵，以促進學習者的環境意識養成，強調環境責任的觀光行爲，並將經濟利益回饋造訪地點，藉以協助當地保育工作的持續進行，並且提升當地居民的生活福祉。戶外教育實施的場域，需要注意下列的選擇範疇。

### 一、場域依附的發展

校園師生及家庭教育中的成員，創造更高層次地方感（sense of place）的手段。通過人類對於所居住的區域和遙遠環境的理解和聯繫，以體現整體地理的地方感。因爲地方感是環境保護主義和環境正義的一種基石，地方感在地方依附理論之中，維持個人對於特定生態系統的重要意義和價值。戶外教育的場域依據下列的理論（圖7-4），進行場域之選擇（Morgan, 2010；曾鈺琪、王順美，2013）。

#### ㈠「探索-主張」動機系統

「探索-主張」動機系統（exploration-assertion motivation system）是人類青少年成長期間，因爲自身的好奇心，對於一處地方因爲充滿的探索的憧憬，產生探險和遊樂的行爲。在探索的過程之中，具備了自我的地方覺醒（place arousal），這一種動機影響到對於大自然征服和冒險的企圖心，例如攀越高山、濱海潛水。曾鈺琪、王順美（2013）認爲，青少年的自然經驗發展，分爲依賴期、啓蒙期、探索期與自主期等階段。在自然環境的選擇上，青少年在成長之後，表現出從半自然環境到原始環境的變化趨勢。然而，大自然的冒險征服行動，剛開始以興奮的心情期待超越巔峰，但是到了一個人獨處和茫然之際，甚至碰到生命的危險，無法克服自然界的危險性之際，則在茫茫荒野中，開始恐懼不安，心中充滿了寂寞、挫折、痛苦和焦慮的感受。因此，青少年無法長期離群索居，容忍寂寞，需要尋找可以依附的人物談心，則會返回到「依附連繫」動機系統尋求慰藉（Morgan, 2010）。

### ㈡「依附-連繫」動機系統

「依附-連繫」動機系統（attachment-affiliation motivation system）是青少年對於自我成長的安全感中，依附於特定人物的心理傾向。例如，在環境中受挫，需要母親的安慰。在成長過程中，需要父親的陪伴。在學校成績受挫，需要同儕的支持。這一種人類心理的慰藉，可以正向提供連結感並且平靜心情，調整情緒。曾鈺琪、王順美（2013）認爲，青少年隨著年齡增長，同時養成了地方依附的發展現象。（請見圖7-4）

## 二、場域選擇的發展

公、私部門在推動戶外教育的場域選擇中，需要提供大眾使用且收費

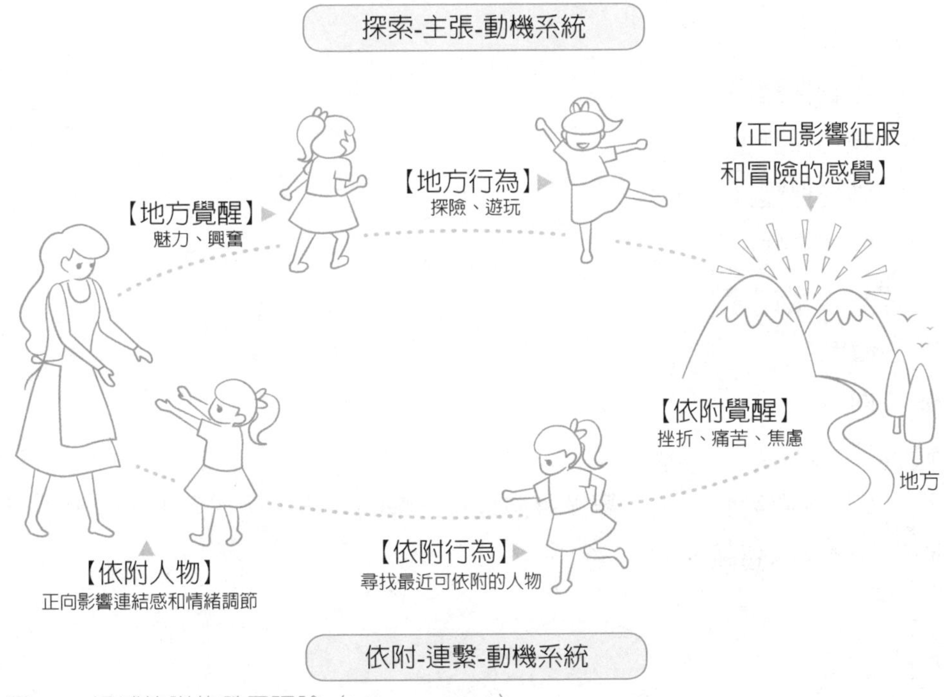


圖7-4　場域依附的發展理論（Morgan, 2010）。

低廉（或免費）的教育設施，例如：公園、兒童樂園、偶戲館、科學教育館、自然科學博物館、科學工藝博物館、海洋科技博物館、海洋生態博物館、休閒育樂中心等。而以公司行號爲經營體的私部門由於利益直接來自使用者，提供收費的戶外教育設施，例如：主題遊樂園、休閒農場、餐廳、民宿等。我們以公私部門戶外教育場域，進行探討。

### ㈠行政管理系統

依據行政體系將戶外教育場域予以分類，如國家公園、國家風景區、縣市風景區、森林遊樂區、海水浴場、歷史文化古蹟等。依據戶外系統分成下列的系統：

1. 全國性遊憩地區，包括國家公園、自然公園，或是國家道路公園。
2. 區域性遊憩地區：
   (1)一般風景區
   (2)森林遊樂區、自然中心，或是森林公園
   (3)海水浴場、漁場、浮潛地區，或是海濱觀光遊憩區

### ㈡自然保護及科學研究地區

1. 自然保護
   (1)動物保護區
   (2)植物保護區
   (3)地形保護區
2. 大學實驗林

### ㈢歷史文物古蹟

1. 古蹟區
2. 寺廟區

### ㈣產業觀光區

產業生產活動爲主，觀光遊憩教育爲輔的地區。例如農場、牧場、果園、茶園、園藝區等。

個案分析

## 戶外教育空間系統的分類

### 一、區域分類系統

㈠北部系統：以臺北為中心，將其周圍40公里圈內之所有戶外教育及觀光資源聯接而成的系統。

㈡中部系統：以臺中、嘉義為中心，以國道四號及國道六號公路所及範圍，將其周圍40至50公里圈內劃入。

㈢南部系統：臺南、高雄、恆春為中心，將南區資源納入。

㈣東部系統：花蓮、臺東為中心，將東部區域之觀光資源納入。

### 二、都會區、離島，以及公路系統

㈠臺北都會區系統

以臺北市為中心，在一小時車程內之觀光遊憩據點，包括陽明山國家公園及臺北市內湖、外雙溪風景區、指南宮、翡翠水庫、碧潭、烏來、南勢溪、北勢溪各戶外場域據點以及竹圍、淡海、白沙灣、翡翠灣、和平島、富貴角等海濱遊憩區。

㈡臺中都會區系統

以臺中市為中心，在一小時車程內之觀光遊憩據點，包括大坑風景區、鐵砧山、石岡水壩、八卦山、鹿港古蹟及大安、通霄海水浴場、后里馬場等區。

㈢臺南都會區系統

以臺南市為中心，在一小時車程內之觀光遊憩據點。包括臺南古蹟、虎頭埤、鯤鯓海水浴場等區域。

㈣高雄都會區系統

以高雄市為中心，在一小時車程內之觀光遊憩據點。包括蓮池潭、澄清湖、旗津、西子灣海水浴場、阿公店水庫、佛光山等區域。

㈤北宜公路、東北海岸系統

包括北宜高速公路、北宜公路、東北海岸公路沿線風景據點及宜蘭金盈瀑布、五峰旗瀑布、礁溪等戶外據點。

㈥北橫公路系統

包括大溪、慈湖、角板山、小烏來、拉拉山、太平山、石門水庫、阿姆坪、六福村野生動物園及北橫公路沿線戶外據點。

㈦中橫公路系統

以太魯閣國家公園、雪山、大霸尖山國家公園為主及中橫公路主線、宜蘭支線及霧社支線沿線等戶外據點。

㈧新中橫公路系統

以玉山國家公園為主，包括阿里山、瑞里、太和、草嶺、杉林溪、溪頭、日月潭等戶外據點。

㈨南橫公路系統

包括白河水庫、曾文水庫、珊瑚潭、關子嶺、及南橫公路沿線據點。

㈩恆春半島系統

以墾丁國家公園為主及恆春古城、貓鼻頭、三地門、四重溪等。

⑾花東系統

以花東海岸、花東公路及秀姑巒溪峽谷之據點為主，包括鯉魚潭、知本、三仙臺、長濱文化、巨石文化、卑南文化、秀姑巒溪、磯崎、杉原等區。

⑿蘭嶼綠島

以蘭嶼、綠島兩島嶼之重要風景據點為主。

⒀澎湖群島

以馬公為中心，將澎湖群島的主要觀光遊憩據點聯成一系，包括林投公園、蒔裡海水浴場、通樑榕樹、跨海大橋、小門嶼、西臺古堡、天后宮等。





## 第五節　戶外教育實施內容

在1977年伯利西國際環境教育會議中提出的環境教育指導方針（Guiding Principles）曾提到，環境教育應從本地的、全國的、地區的和國際的觀點檢視有關環境的主要議題，使學生了解地理區域的環境狀況。此外，環境教育應運用各種學習環境和教學方法，並強調實際活動及親身經驗（楊冠政，1998）。所以，戶外教育實施的內容，應該強調實施目標和實施方法，說明如下。

### 一、戶外教育實施目標

㈠學習如何克服逆境

㈡加強個人和社會發展

㈢與自然發展更深層次的關係。

㈣戶外教育跨越了自我，他人和自然世界這三個領域，通過下列學習，產生下列教學的效果。

1. 教授戶外生存技能。
2. 提高解決問題的能力。
3. 減少累犯（recidivism）。
4. 加強團隊合作。
5. 培養領導能力。
6. 了解自然環境。
7. 促進師生靈性（spirituality）發展。

## 二、戶外教育實施方法

戶外教育在實施之前，教師應對戶外教室和戶外環境的背景知識，進行了解，同時掌握每戶外學習。教師應該要了解學習者的特殊需求，針對戶外學習的主題，例如自然資源保育、水土保持、生物多樣性、環境影響評估，以及戶外體驗擁有整體的認識，教師不要求好心切，只求知識性的單向傳輸；應該在解說後，注意成果的評估工作，了解學習者和教師之間的「依附連繫」動機系統（attachment-affiliation motivation system）是否強化，是否學習者對於在戶外環境的自我成長，得到自我成長的安全感，透過學習成果事後的檢討、評估，可以提升下次戶外教育活動時的解說品質。以下說明解說教育的重點：

### ㈠「流水學習法」（Flow Learning）

美國自然教育家解說專家柯內爾（Joseph B. Cornell, 1950-）撰寫過《與孩子分享自然》，積極提倡戶外學習。柯內爾有一套戶外教學活動的程序，稱爲「流水學習法」（Flow Learning）。這是在戶外教育的一種很好的教學方式。他將戶外教學的程序分爲下列四個階段，至今柯內爾依然爲學童思考更親近大自然的新遊戲：（請見圖7-5）

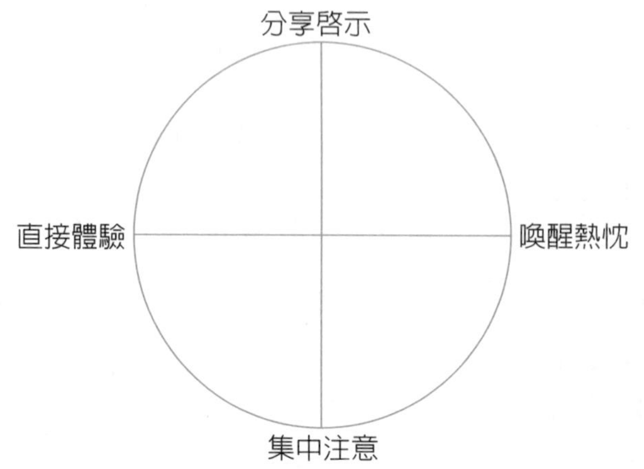


圖7-5　柯內爾流水學習法（Cornell, 1978）。

1. 第一階段：喚醒熱忱
2. 第二階段：集中注意
3. 第三階段：直接體驗
4. 第四階段：分享啓示





因此，戶外課程的教材設計可以參考柯內爾以啓發學習者「覺知自然」（nature awareness）爲目的。依據「流水學習法」理念、原則與步驟，強化參與對象戶外學習的知覺體驗，是進行規劃安排參與戶外活動的第一步。在學習的過程當中，學習者的人數愈少，解說的效果會更好。

藉由對於環境認知的詳細描述，創造輕鬆愉快的解說氣氛，讓學習者集中注意力，對於戶外教室獲得深刻的體認。此外，鼓勵學習者仔細觀察、發現問題，以獲得知識。在學習者親自進行直接體驗，透過觀察發現戶外活動進行生態調查時，體驗了環境特質、發掘環境問題，並且具體記錄和分析。最後，以分享啓示的方式，進行雙向溝通討論，讓學習者提高參與意願。成功的解說模式，是在開始的時候進行重點提示，在結束的時候，教師需要進行總結。

### ㈡八方位學習法

在戶外活動中，八方位學習法（8 direction）也是一種方式。八方位學習法（8 direction）擴大柯內爾（Joseph Cornell）戶外教學活動的程序，透過詳細的事前規劃準備，在現場運用鼓舞、振作、專注、內省、蒐集、反思、整合、慶祝等階段，教師帶領學習者進入場域中進行社會情緒學習的過程。

1. 鼓舞：在戶外解說的時候，教師像是一位演員，讓學習者深入其境，一同進入戲劇的情境之中。因此，在舉辦戶外活動的時候，教師需要運用肢體動作，帶領肢體舞蹈和滑稽的語氣和動作，讓學習者在激昂的情緒之下，期待活動中的探索機會。
2. 振作：對於一個陌生的基地，學習者充滿恐懼，這時學習者的心情處於「探索主張」的學習動機情境；但是經過教師教導進行戶外活動的新生訓練中的桌上遊戲、大地遊戲，或是定向遊戲，強化了人類「依附連繫」學習的動機。
3. 專注：在教學時教師應該應用幽默感，教師不要只是說出一些物種的專有名詞，重要的是讓學員能夠了解生態系統。要強調生態系統之中，物種和人類之間關係的說明，不要太強調生物種類的鑑定等細項的說明。在如沐春風的情境之下，可以提升學習者的注意力。
4. 內省：讓學習的過程之中，讓學習者靜下心來，躺在地上。擁抱大自然，或是擁抱一棵樹，善用學習者的感官知覺，體會大自然的奧妙。
5. 蒐集：這一個階段讓學習者自行發現、發掘大自然奇妙的過程，使用筆記本，記載觀察所得及有趣的事，並且進行實物蒐集。
6. 反思：學習者自行發表心得，是最有效的解說方式。在大家分享心得，開始進入一種分析和解構的情境。教師需要把握重點，圍繞著重點教學，進行學習現場的反思。可以處理的，就一併處理，不能處理的，就隨風而逝（letting go），因爲教師不可能一次就在現場，教會學生一切環境事物。
7. 整合：教師在過濾所有的細節之後，運用簡潔的結論處理方式，強化學習的成果。最後階段不要說教，才能強化學習效率，教師在進行總結時，不要過於囉嗦。
8. 慶祝：慶祝係爲戶外活動的最高峰的情境，在營火中度過慶祝時光，並且開始烹煮食物，進行晚餐。讓學員在輕鬆的情境之下進行慶祝。我們從營火晚會的火光之中，觀察到映射學習者在戶外中的完全放鬆的笑容。戶外活動是一種愛的教育，也是最溫馨的體驗，在輕鬆的情境之下，強化了人類「依附連繫」的教育關係，以利下一階段從容學習的開始。（請見圖7-6）

圖7-6　八方位學習法（Young et al., 2010:211）。





## 三、戶外教育和環境教育發展

中華民國教育部在2014年發布《中華民國戶外教育宣言》（教育部，2014），並成立「戶外教育研究室」（國家教育研究院，2016），教育部推動戶外教育不遺餘力，以契合《十二年國民基本教育課程綱要總綱》（教育部，2014）中「自發」、「互動」，以及「共好」的理念。

戶外教育和環境教育是密切相關的教育領域，戶外教育和環境教育共享共同的內容和流程，也具備了各自的獨特性。在1960年代，環境教育學者曾經指責環境教育只是簡單地將戶外科學、自然研究，或是戶外教育計畫的名稱改爲環境教育，但是仍然延續與過去相同的計畫。然而，吾人研究戶外教育和環境教育計畫中的做法在英國高等教育中，確實有重疊之部分，請見圖7-7。

雖然這兩個領域都是跨學科的教育方法，但是不同之處在於戶外教育可以應用於任何學習之學科。黃茂在（2017）認爲，不同的文化、歷

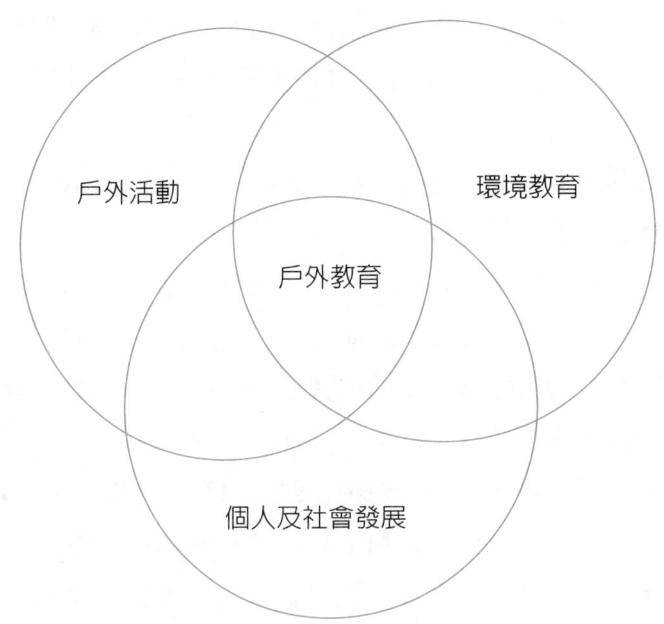


圖7-7　戶外教育和環境教育息息相關（Higgins et al., 2006:105）。





史、社會價值，以及特殊的環境，造就每一個國家戶外教育內涵之獨特性。

但是，一般性戶外教育教學活動，可以適用於多數的國家的國民教育。例如，戶外教育可以通過數學測量運動場的周長，來教導數學面積的概念。戶外教育可以透過參觀公園，在公園中寫詩，或是寫生畫畫，進行國語、美術的教學。或是記錄在古戰場發現的資訊，以了解過去的歷史事件歷史。或是在校園測試水質的pH值，以確定校園的人工濕地水質是酸性還是鹼性的環境科學紀錄。或是採用體育課程的登山訓練，來計算學生的心跳速率。戶外教育可以是參觀動物園、公園、博物館、消防站、工廠、焚化爐、污水處理廠，或是任何建築環境，以創造更有效的學習機會。

環境教育可以在教室內外進行，也可以在當地和全球場域之間進行聯結。但是環境教育的重點通常是研究水質、水量、空氣、廢棄物、生態環境影響，以及土壤污染等問題。環境教育希望了解固體廢棄物和有毒物質的處置方式，進行城市人口擴張的調查，進行砍伐森林的調查，通過瀕臨滅絕的動植物的調查，了解生物多樣性；或是進行乾旱和洪水的地區研究。

當教師將學生帶到戶外進行人類發展對於生態系統的影響時，一般模糊了兩個領域的界限。但是當兩者的目標進行融合之時，爭論哪些標籤適用於哪些戶外課程，相當沒有意義。上述環境教育和戶外教育的領域，揭露了兩者相似之處和不同之處。簡而言之，戶外教育計畫希望通過學校之外的第一手資料和調查經驗，協助學習者對於實務的知識更爲有效吸收。根據戶外教育的先驅夏普（Lloyd B. Sharp, 1895-1963）的說法，重要的關鍵原則是，教學中應該將最好能夠在教室內教授的東西，以及通過直接處理本土的經驗，通過戶外教育和生活情境，應該較容易學會。大多數環境教育計畫，以發現教學、實景體驗協助學習者調查環境問題。然而，學生是否應該嘗試解決這些爭議點的問題，在教育理論上是有爭議的。史密斯詳細進行評論，儘管這兩種領域都主張使用於廣泛的主題內容，但是環境教育通常適用於較高年級學生的社會科學或是自然科學的課程，進行更爲深入的教學（Smith, 2001）。在小學階段，戶外活動通常跨越更多的學習課程，並結合社會目標和休閒目標，體驗團隊合作、服務，和互助學習。

雖然戶外教育和環境教育主要通過學校進行，但是自然中心和戶外住宿設施提供了另外的一種選擇模式。環境教育和戶外教育工作者主要提倡以經驗實踐的學習策略，其中需要教強調在基於問題學習情境中採用的語境，以及採用體驗的重要性。環境教育學者希望學生在探索內容之時，採用各種不同的感官經驗，進行最大限度地學習。

## 小結

戶外教育內涵，從教育動機、障礙、場域，以及實施內容，我們強調了戶外教育在跨領域行動中重要性。哈佛大學教授加德納（Howard

Gardner, 1943-）確認人類多元智能中含有「自然」（Naturalist）智能。自然智能協助人類認識植物、動物，以及其他的自然環境之能力。因此，自然智能強的人，在戶外活動、生物科學調查上的表現，較為突出。自然智能可以歸納為探索智能。包括對於社會的探索和對於自然的探索。自然智能展示分類植物、動物，以及文化藝術品的專業知識的方法，提供戶外教育和環境教育納入課程和教學提供了重要的教育理由。自1940年代初以來，戶外教育一直是推動在大自然學習的重要教育改革因素。當環境教育在1970年代出現時，環境教育關懷在地化和全球化的知識。戶外教育的前身是野外露營、自然研究、保護教育，以及冒險教育。戶外教育為大自然中的體驗計畫，展來了環境教育的運作模式。黃秀軍、祝貞旭（2018）建議，環境教育教學方法，透過發現教學法、實景體驗法、觀察法、調查法，以及科研驅動法，可以強化戶外環境教育，開啓教育創新的新途徑。

## 關鍵字詞

依附-連繫動機系統（attachment-affiliation motivation system）
體驗式學習（experiential learning）
流水學習法」（Flow Learning）
大自然缺失症（Nature-Deficit Disorder）
戶外教育（outdoor education）
戶外教育基地（outdoor education site）
地方感（sense of place）
荒野教育（wilderness education）
承載量（carrying capacity）
探索-主張動機系統（exploration-assertion motivation system）
覺知自然（nature awareness）
戶外活動（outdoor activities）
戶外教育路線（outdoor education route）
地方覺醒（place arousal）
社會情緒學習（social emotional learning）

第八章
# 食農教育

I am forced to the realization that something strange, if not dangerous, is afoot. Year by year the number of people with firsthand experience in the land dwindles. Rural populations continue to shift to the cities.... In the wake of this loss of personal and local knowledge, the knowledge from which a real geography is derived, the knowledge on which a country must ultimately stand, has come something hard to define but I think sinister and unsettling (Lopez, 1990).

我被迫意識到奇怪抑或危險的事物，正在醞釀之中。在這片土地上，年復一年，擁有第一手經歷的人們逐漸在減少之中。農村人口不斷轉移到城市……。個人和地方擁有最眞實的地理知識，卻不斷地消失。我認爲最凶險不安的是，國家最終需要掌握的知識，已經變得難以界定。

——洛佩茲（Barry Lopez, 1945-）





## 學習焦點

食農教育是環境教育重要的一環。本章討論了食農教育的歷史和契機、行動和障礙。通過食農教育場域和實施內容，積極推廣食農教育，內容包括飲食、農業、生態、營養、文化等面向。食農教育政策的目標建構安全農業生產、強化全民對於國產農產品的支持，因爲食物在生產過程、運輸、加工、保存等階段，都會產生溫室氣體，使得國際間開始重視在地化飲食的重要。因此，食農教育推動在地生產、在地消費的重要，並且推廣均衡飲食、營造低碳及友善環境的耕種方式，並且推廣安全農產品驗證，以推動社區農業的永續發展。本章通過永續教育發展，提出了將食農教育納入現有學校系統和政府計畫的基本原則、理論基礎，以及具體實踐建議。依據食農教育永續發展教育原則、培養永續發展世界觀，學習和思考永續發展的觀點。本章重點係爲專業實踐和教學方法，幫助閱讀者深化自身的永續性世界觀（sustainability worldview），提供實踐活動及拓展專業知識的功能。本章希望將食農教育工作，重新定位於永續發展教育，並且協助學生培養新思維和解決問題的能力。

## 第一節　食農教育的問題

自從工業革命以來，隨著運輸便利，人類的生活空間不斷擴張，以低價就可買到食物，讓農民從事農業生產的動機降低，也讓消費者直接跟生產者購買農產品的念頭減弱。此外，21世紀氣候變遷造成全球暖化現象，進而削減了地方糧食的生產，嚴重影響食物供應範圍。食物在生產過程、運輸、加工、保存等階段，都會產生溫室氣體，使得國際間開始重視在地化飲食的重要。

但是，因爲跨國食物公司因爲生產成本降低，讓在地生活的食物生產網絡逐漸萎縮；取而代之的爲全球化食物網絡，讓消費者可以用網路購買和超商購買的方式，以低價購買全世界進口食物。

在地農民因爲賺不到錢，紛紛不再從事農業，並且轉業遷居城市。近年來，由於農民離農現象頻傳，臺灣農地也不斷轉用而流失，占用農地的非農業使用土地，包含了河川或水利設施，以及違法工廠，產生了很多環境保護的問題，同時因爲我們看不到農業生產者，臺灣居民和農業及食物的關係，日漸疏離。目前臺灣的休耕地面積，占總耕地面積三分之一以上。隨著臺灣居民和農民和農村，以及農業的關係越來越疏遠，甚至從心態上就看不起農業發展。

舉例來說，2017年臺灣農業總產值約爲5,280億元，比不上台灣積體電路公司（台積電）全年合併營收新臺幣9,774億5,000萬元。在在顯示，臺灣居民的一種「迎富拒貧」的心態。新竹科學園區的發展和在地科技新貴所得的家戶所得，超過首善之都臺北市的居民的年收入家戶所得，更不要說是遠遠超過其他農業縣市的居民所得。

農業收入過低，已經是不爭的事實。此外，食物與農業教育不足，農業化肥、除草劑，以及殺蟲劑問題重重，讓海洋與陸域生態遭到破壞。因此，環境和農業保護，都是現階段政府需要正視的問題。近年來，透過有機農業、整合式農業、慣行農業（conventional agriculture），集約或粗放的農業，都在農業發展過程中進行討論；希望藉由市場行銷、環境教育，以及田間農務合作，以增加農業政策發展的機會。如圖8-1，農業推廣首重展現經濟的關聯（linkage）效果，強化地方知識。也就是說，讓現代社會中的人類跟「地方食物」和「在地農業」的接觸和食用關係，產生轉變。例如，2014年臺灣農地的「糧食自給率」爲34%，但是到了2019

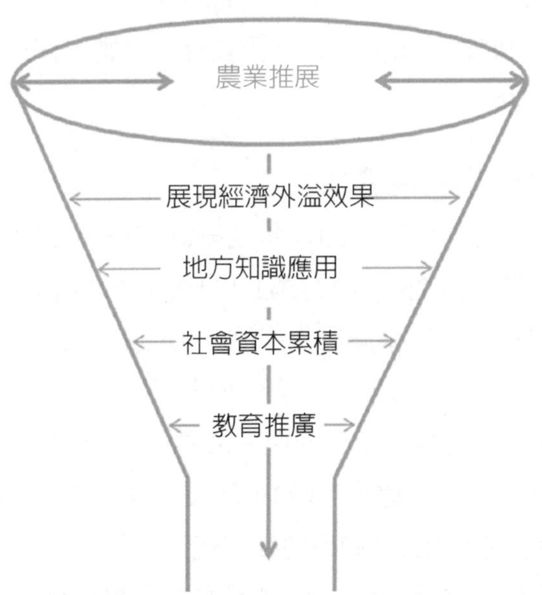


圖8-1　從農業推廣到教育推廣，內容涵蓋經濟、社會、文化內容（Abdu-Raheem and Worth, 2013）。

年糧食自給率僅占32%。整個社會對於食物安全的概念，都要加強。在農業國土安全之中，需要強化社會資本的累積，以進行政策分析和教育推動，內容涵蓋經濟、社會、文化的層次。

如果說，近年來逐漸受到重視的食物與農業教育（food and agricultural education）涉及社會文化的層面，包括糧食安全到飲食文化連結。這一種食物與農業教育，簡稱爲「食農教育」。「食農教育」是藉由教育和政策推動的方式，維持糧食自給率，促進糧食生產安全。

葉欣誠等（2019）依據文化、生活、農藝、校園、社會、環境、產業等七項進行「食農教育」分析，較常出現在媒體報導中的主／次構面爲教育與健康促進／教育推廣、歷史社會與倫理／社會正義。依據媒體報導內容發現，都會區偏好社會領域的食農教育，非都會區比都會區偏重於文化領域的食農教學（葉欣誠等，2019）。所以，我們需要運用地產地銷的方法，強化文化性的飲食和烹飪技藝，推動消費與農耕連結，提升社會公民的食農素養（food and agricultural literature）。透過農業生態旅遊和食品促銷活動，建立消費者對於本地產品的農業認同，以建構親環境的食農行爲。那麼，我們爲什麼要推動食農教育？食農教育和環境教育有什麼關係？以下進行說明。



## 一、農業土地發展的問題

行政院農業委員會認爲，2016年全臺灣有68萬公頃土地可供糧食生產。2016年法定農業用地面積278萬1,121公頃，其中法定耕地面積共76萬5,655公頃，目前眞正從事農業生產的土地僅49萬2,608公頃，包含農糧作物、養殖魚塭、畜牧使用土地，若再加上3萬4,607公頃「非法定農業用地」，目前實際從事農業生產土地僅有52萬7,215公頃。此外，在農地的違規工廠面積1.4萬公頃，違規家數3.8萬家。目前在平地的法定農業用地近62萬公頃，也就是有2.25%的農地被違規工廠佔用。

以上問題都是因爲農業經濟發展不如工業經濟發展所帶來的實質收益，所以產生了「離農現象」的非法土地占用行爲。此外，農地因爲毗連工業區發生重金屬污染、因爲施用農業和肥料過多，產生超限利用土地等，都是目前農業的問題。

## 二、農業生產和食品安全的問題

農作物的生產和加工處理過程繁複，在生產的過程之中，需要添加化學原料，以便貯存。等到消費者購買，進行菜餚烹調，還有飯後廚餘的處理，都牽涉的食品安全、環境保護，以及食材選擇的問題。在臺灣，因爲少數不肖商人「將本求利」，以低價成本賺得暴利，產生了農業環境污染，這些污染進入了人體中的食物鏈循環。此外，臺灣因爲氣候潮濕炎熱，保存食物不易，經常以化學添加物保鮮。以下說明臺灣農業污染和食品安全的諸多問題。

舉例來說，1979年，臺灣爆發了「米糠油中毒」、「假酒」事件，1982年桃園縣觀音鄉大潭村爆發了「鎘米事件」，當時政府查出高銀化工爲了生產含鎘的安定劑，排放的工廠廢水中含鎘，造成觀音鄉農地遭受污染，而種出鎘米。1985年臺北市不肖業者將養豬餿水，交給化工廠提煉成食用油。1986年，臺灣南部海域的牡蠣養殖受到「廢五金」處理的廢棄物中銅離子（$Cu^{2+}$），污染養殖地區造成「綠牡蠣事件」。2005年全臺農田因爲生產的稻米，經過抽查之後，含鎘量超過食米重金屬限量標準，銷燬污染稻穀將近3萬公斤。同年，彰化縣線西鄉生產鴨蛋因爲「世紀之毒」戴奧辛含量過高，每公克鴨蛋的戴奧辛（dioxin-like compounds）含量超過了32.6皮克，爆發了「毒鴨蛋事件」。2009年高雄縣又發現養鴨場遭到戴奧辛污染。

自2009年到2019年這十年間，臺灣連續發生了三聚氰胺、塑化劑、香精、毒澱粉、病死豬肉、淡水河毒魚含砷事件、豬肉施打瘦肉精及四環素等劣質食品事件。例如，2013年胖達人連鎖麵包店的廣告標榜「天然酵母，無添加人工香料」，但是製作麵包時摻入人工合成的香精。2014年消費者文教基金會抽查「市售塑膠包裝食品」中含有塑化劑。2019年彰化縣順弘牧場雞蛋驗出「芬普尼蛋」。這些環境保護事件造成的食安問題，在農產品被驗出過量農藥、抗生素等事件層出不窮，除了影響消費者的健康之外，甚至波及到國際觀光客來臺的意願，引起國內外觀光客對於臺灣的信心危機。因此，從餐桌到農場，如何建立健康的飲食和農業生產方式的食農教育，更顯示出其重要性。

## 三、農業生產與生態系統的問題

農業生產對於環境產生實質的影響，主要是生態系統產生變化。因此，環境影響取決於農民使用的生產原料、方式、技術，產生了自然環境和農業系統之間的聯繫。農業對於環境的影響，涉及土壤、水文、空氣、動植物等生物多樣性因素。農業造成的環境問題，包括氣候變化、森林砍伐、基因工程、灌溉問題、污染物問題、土壤退化，以及廢棄物問題。舉例來說，農業生態同時也會影響大環境的氣候變量，例如降雨量和溫度的改變。農業生產因爲二氧化碳（$CO_2$）、甲烷（$CH_4$），以及一氧化氮（NO）等溫室氣體的排放，增加地球大氣中甲烷（$CH_4$）和氧化亞氮（$N_2O$）濃度。此外，農業開發過程改變了地球的森林覆蓋，影響大氣吸收或反射熱量的能力。以下我們說明陸域生態系統的問題，以及海域生態系統的問題。



### ㈠陸域生態問題

農業生產因爲需要大規模進行，以減低生產成本。因此，需要運用農藥、肥料、除草劑進行噴灑，以保證農業生產不致於受到植物病蟲害的影響。此外，在農產品加工，例如蔬菜採收之後，不肖商人在脫水蔬菜的處理中，需要用到還原劑、漂白劑、防腐劑、抗氧化劑，以防止蔬菜中的綠色素變質發黃。在魚類保鮮的作法中，需要運用防腐劑、抗氧化劑進行魚類保鮮。

這些施肥和農藥施用的藥品、除草劑、清潔劑、消毒劑、殺菌劑，以及食品添加劑，也釋放氨、硝酸、磷等物質，造成了灌溉水體的問題、毒性化學物質，以及有害廢棄物的問題。以上因爲不當排放產生的農業非點源（non-point source）污染，可能是由於管理不善的動物飼養、過度放牧、翻耕、施肥，以及過度使用農藥造成的。農業污染物除了以上的營養鹽和殺蟲劑，還包括沉積物、病原體，以及重金屬。如果以上的污染物沒有經過處理去除有害物質，直接或是間接的排放到灌溉溝渠以及地下水中，就會引起水質污染。在農業廢水中，含有氮、磷營養物質，進入水體之中，會引發藻類和其他浮游生物的繁殖，使水體含氧量下降，造成藻類、浮游生物暴增，引起魚類死亡的現象，造成環境退化。因此，水質污染影響湖泊、河流、濕地、河口、以及地下水，更會影響整個陸域生態系統。

此外，臺灣農民近年來進行高經濟作物的栽培，大量使用塑膠原料栽培。這是在農業生產中，使用塑膠覆蓋物、塑膠薄膜，以及保麗龍包裝的栽培。農民使用塑料薄膜和頂篷覆蓋土壤，控制土壤濕度和溫度。這些塑膠和保麗龍產生了廢物量增加的問題。臺灣高經濟作物中的蔬菜、果樹每年塑膠覆蓋面積非常高。雖然大多數塑膠都會進入垃圾掩埋場或是焚化爐。但是這些塑膠含有穩定劑和重金屬，並且經過風吹日曬雨淋，形成了塑膠微粒，進入了土壤和水域環境。

上述這些農藥問題、農業廢棄物問題，以及農業灌溉用排水問題，將與當地的空氣、動植物、人類食物，以及人類的健康關係環環緊扣。





### ㈡海洋生態問題

海洋生態系統的問題，大部分是由於陸域生態系統產生的問題，影響到海洋生態（邱文彥，2017）。塑料栽培產生了塑膠微粒。還有因爲施用殺蟲劑和農藥經過地表逕流，流入濕地、河流，以及潮汐灘地。這些化學塑料中農藥，可能會導致螺貝類因爲污染而死亡。此外，地表逕流將化學物質帶入了海洋環境。

近年來，人類創造的塑膠微粒，經過光分解後的碎片，將海洋轉變成了塑膠湯。這些塑料微粒都是工業生產塑料的原料之一。海洋中的塑料微粒除了塑膠袋、寶特瓶、玩具等分解之外，還有經過化妝品、衛生用品、牙膏在海洋中經過分解之後產生。根據《科學》期刊的研究，全球所有

192個國家擁有大規模的沿海人口，每年大約有15%到40%的廢棄或傾倒的塑膠進入海洋（Chen, 2015）；也就是說，在2010年約有400萬到1,200萬公噸的塑膠流入海中，約占全世界塑膠總量的1.5%至4.5%生產。這僅是問題的開始，因爲科學家們仍然不知道99%以上的海洋塑膠碎片，最後會在哪裡，以及對於海洋生物和人類食物供應鏈的影響。未來10年內每年向海洋輸送的塑膠廢棄物數量，將會增加一倍以上；到了2025年，還會以十倍的速率增加。

根據《美國國家科學院院刊》期刊（Proceedings of the National Academy of Sciences）的研究發現，塑膠微粒影響了牡蠣的消化系統（Sussarellu et al., 2016）。牡蠣因爲處理塑膠微粒消耗過多能量，無法繁衍下一代。雄體的精細胞將會失去活力，而雌體的卵母細胞萎縮。實驗指出，受到塑膠微粒影響的牡蠣繁殖數量下降了41%，體積尺寸上也縮小了20%。

因此，人類污染海洋環境之後，因爲海洋漁業的捕撈，經由食用海魚、牡蠣、蝦蟹等海鮮食物，進入人類飲食中食物鏈，影響到人類的肝臟和生殖系統。近年來，世界各地的海域都受到嚴重的污染。若不小心吃到受污染的海產，就會產生食物中毒，嚴重者導致死亡。因此，需要在可靠的店鋪購買海鮮。購買有甲殼的海產，在烹調之前要用清水將其外殼刷洗乾淨。此外，購買海產，盡量選購還活著會動的，尤其是購買龍蝦、貝殼類，例如蛤蜊、蠔、蚌、蜆，以及螃蟹，要買活體，死體最好不購買。選購急凍海產時，應留意店舖的冰凍設備，以及存放方法是否恰當。

## 第二節　食農教育的歷史和契機

由於全球城市人口正在迅速增長，到2025年，聯合國預計世界人口將達到85億左右，居住於城市的人口將從1994年的25億暴增到51億。因此，超過50%的城市人口成長，對於世界糧食系統產生了需求，同時在消費過程之中，產生了許多浪費。聯合國曾在2015年啓動17項永續發展目標（Sustainable Development Goals, SDGs）（附錄四）

（P.386-P.387），其中針對「在2030年前，將零售與消費者端的全球糧食浪費降低50%」，顯見減少食物浪費，推動食農教育已經成爲現代社會重要議題。

在臺灣，因爲食安問題，避免食物污染（food contamination）。因爲細菌污染實務之後，會被分解而產生有毒的物質，這些毒素會讓消費者發生過敏性食物中毒。因此，經過超商、量販店、超市、餐飲等通路商統計，每年因爲食物過期丟掉的剩食數量，約有3萬6,880公噸。也就是說，食品還沒進到消費者手裡，就被當成垃圾和廚餘丟掉。減少食物浪費成爲刻不容緩的課題。因此，要建立臺灣農業和食物推廣和檢驗體系，涉及到環境保護、生態保育，以及食品安全的問題。

因此，我們通過推動食農教育，除了要檢視環境教育的問題之外，還需要檢視社會、經濟、文化中的種種農業和食物的議題。過去，臺灣農業推廣組織，以基層農會的農業推廣股中的四健會、家政部門爲主，推動了食農教育活動，我們可以借鏡國內外食農教育推動的背景和契機，並且以人類行爲進行說明。

## 一、食農教育的歷史

人類從農業時代進入到工業時代，由於衣食無虞，開始將精力轉投入追求華屋、美食、華服，以及其他奢侈品的採購（Victor, 2010）。1960年代全球經濟擴張的效應，已開發國家在非洲及南美洲國家收購當地的農地種植咖啡和甘蔗，當地農民將生產所得的金錢換成糧食，成爲跨國經濟的共同經營體。然而，由於土地過度開發，農民砍伐森林，進行整地（land levelling）、挖溝（trenching），堤防建設（embankment building）、添加肥料，由於過度耕種造成有機物質貧瘠；而且過度放牧造成土壤壓實、侵蝕，產生了畜牧污染。此外，反覆耕作（repeated ploughing），造成大量生產咖啡和甘蔗之後，形成市場失靈。原有咖啡和糖的期貨價值在短時間內暴跌，引起系統理論中的狀態失靈，南美各國經濟隨即崩潰。再加上過度開發的結果，引發環境的外部效果，例如：非洲各國由於濫砍濫伐的結果，爲了栽種經濟作物導致土地沙漠化的危機，造成嚴重的饑荒。以系統理論來說，這些行爲造成污染的外部效果，而且因爲污染的關係，形成公共財被濫用的現象（方偉達，2010）。

在行爲理論方面，因爲1960年代大衆缺乏生態道德和知識，產生以上種種破壞環境的行爲。此外，在成長理論方面，因爲人口成長和經濟成長的關係，但是因爲缺乏對於環境保護應有的素養，造成系統崩潰的危機。

從全球發展食農教育的歷史階段而言，食農教育是一種社會運動理念建構和教學方式的轉換，除了受到美國農業部推廣的農業素養（agricultural literacy）教育影響之外，同時受到了歐洲慢食運動（slow food movement）和日本推動《食育基本法》的影響。

### ㈠美國

美國在1970年推動農業素養（agricultural literacy），1988年由美國國家科學院（National Academies of Science）建立的委員會在定義農業素養（agricultural literacy），強調需要考慮從事農業文化的參與者，如何透過理解食品和纖維系統（fiber system），建構美國農業歷史和當前的經濟的關係。對於所有美國人來說，農業具備社會意義和環境意義。因此，美國農業推廣願景，發展重點在於人類環境安全、飲食安全，以及農業安全，並且特別強調都市的居民和地方社區，是推廣食物工作的重要範疇。

### ㈡歐洲

歐洲羅馬和巴黎爲飲食之都，品嘗美食文化比美國更爲悠久。由於美國速食文化侵入歐洲，造成歐洲民衆的反彈。於是，羅馬居民於1986年爲了抗議麥當勞於羅馬市中心設立，教導消費者有關速食快餐的危害，興起了一種「慢食」（slow food）文化。慢食文化在保留本地食品系統中在地的蔬果。通過發展及保護當地的傳統美食，並且發揚光大。所以需要倡導傳統食品和當季食品，包括食譜和製作方法。此外，慢食文化教導市民有關商業化單一作物農業，以及大型畜牧業的缺點，扶持家庭農場，並且發展有機農業。

### ㈢日本

1990年代日本開始提倡的地產地消運動，在2005年立法施行《食育基本法》，推動食育運動（Shokuiku）。日本食農教育的專業人員以「營養教諭」爲主，屬正規教師，須取得營養教諭（營養士）的證照。「營養教諭」基於以「和食文化」爲基礎，推行飲食文化改造爲目標，兼顧農業與環境體驗學習，並且和里山、里川，以及里海倡議結合（李光中，2016），改變農民農耕和生活方式，更深入學校，指導學生改正飲食習慣，建立個人健康飲食習慣。

## 二、食物選擇的人類決策

我們從食物選擇的人類決策來看，當消費者與生產者已經解離，在大規模工業化過程中，進行食品生產、運輸、加工，減少浪費和保存，以便在長途運輸過程中保持食物品質和安全。因此，隨著人類知識水準的增加，食物在運輸過程之中，我們無法監測食物的品質之下，需要以進行何種鑑定方式，以進行健康食物的選擇。西華盛頓大學（Western Washington University）教育系教授羅力（Victor Nolet）在《教育永續發展：教師的原則和實踐》（Educating for Sustainability: Principles and Practices for Teachers）以圖8-2的購買飲料模式的決策樹系統，說明了人類行爲的複雜性，同時也說明了食農教育工作的複雜性（Nolet, 2015:154）。因此，如何培養幼兒園、小學和中學（K-12）學生在課堂實踐永續發展，並且協助學生培養新思維和解決問題能力，以促進「喝得健康、喝得環保」，是羅力推動永續發展教育原則，培養永續發展世界觀，學習和思考永續發展的重點。

從農業栽培到消費者對於飲料商品生產重點的關注，包含：飲料、果汁、茶水的品質、口感、水土保持、病害蟲管理、烘培技術，以及環境衛生的認證。除了環境生態理論和方法學之外，所有這些問題都需要在茶樹農業改良中進行培訓。

因此，人類消費和國際行銷行爲，除了需要了解各種國際專利公約、

國家法律，以及農民權利。許多跨國生產的國際食品，需要進行公平貿易聯盟的談判協議。（請見圖8-2）

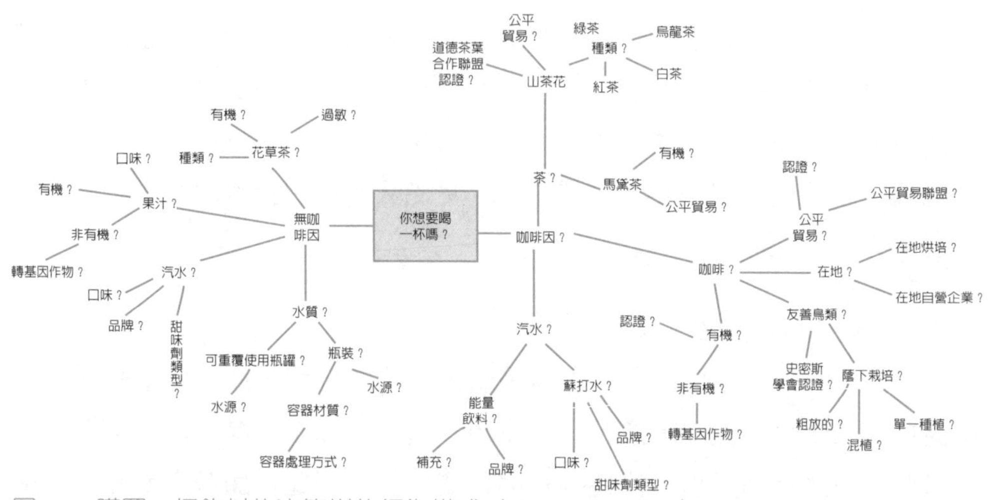


圖8-2　購買一杯飲料的決策樹的行為模式（Nolet, 2015:154）。



## 三、食農教育促進成果模式

我們觀察到人類選擇和決策行爲中，食物選擇的模式非常複雜。通過人類行爲學的分析，我們知道食農教育需要透過經濟影響指標、環境影響指標，以及社會影響指標，進行推動成果之促進。

### ㈠經濟影響指標

以農民的生產方式爲基礎，促進「農業手段」，強化農業經濟。

### ㈡環境影響指標

農業生產方式對於農業系統或環境排放的影響甚鉅，所以需要以「環境爲基礎」的「生態效應」進行檢核。

### ㈢社會影響指標

農業生產最終是以消費者健康爲基礎，這是一種社會集體現象，所以需要「以社會大衆健康」爲基礎的「生態效應」進行檢核。

圖8-3的食農教育促進成果模式，需要基於農業發展的手段的指標及基於效應的指標，推動環保成果、社會成果，以及健康成果。基於農業生產

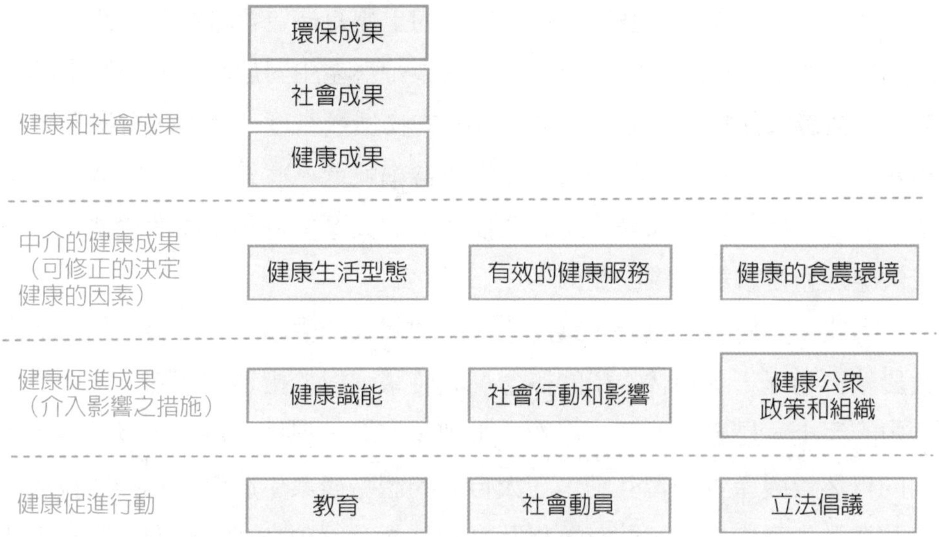

健康和社會成果

環保成果

社會成果

健康成果

中介的健康成果（可修正的決定健康的因素）

健康生活型態 | 有效的健康服務 | 健康的食農環境

健康促進成果（介入影響之措施）

健康識能 | 社會行動和影響 | 健康公衆政策和組織

健康促進行動

教育 | 社會動員 | 立法倡議

圖8-3　食農教育促進成果模式（修改自：Nutbeam, 2000）。

手段評估，主要著眼於農民的做法。此外，效果評估主要是評估農業系統的實際效果，包括生態效果。在健康評估方面，需要和食品衛生、健康保險、健康風險，以及健康職能進行大衆食品安全和衛生健康促進的檢核。

## 第三節　食農教育的行動和障礙

近年來臺灣因爲少子化，薪水凍漲，因爲農業生產收入減少，導致農業用地不斷轉換而侵蝕了原有的生態地景，增加了對於環境的影響。由於全球暖化，造成植物病蟲害大量產生，糧食生產因爲施用了過多了農藥和肥料，對於原有的生物多樣性產生負面影響。從農業生產和環境保護的範疇來看，近年來生態農業（agroecology）已經是一種思考模式的轉換。生態農業將符合生態運作的方式，使用生態學的原則，來處理農業生態系統（agroecosystem）。生態農業包含了有機食農業（organic agriculture and food）、非基因轉殖的作物（non-genetically transplanted crop），或是推廣非基因改良食品（non-genetically modified food），是實踐永續農業的方向。

歐洲有機農業分析發現，有機農場的土壤有機質含量較高。此外，農民可以在較小規模的範圍之內，因爲生產行爲產生對於環境較小的生態影響；有機農業比傳統農業平均高出30%的物種豐富度。然而，有機農業和非基改作物，在單位面積產量方面的收益率較低。此外，人類的飲食、農業，以及環境行爲，都是透過商業模式中的人際關係和生產消費過程，形成供應鏈和需求鏈的鑲嵌關係。

因此，如何透過教育，讓農業生產和學童的生活取得聯繫，如何透過食農教育過程，讓森林小學的概念，激發學童對於土地的情感，讓農業景觀中的泥土、昆蟲、雜草、作物、水圳、埤塘、濕地、森林，以及各種不同的自然景觀產生學習互動，在大自然的體驗農業生產活動和操作技巧，以及農業生產的採收、貯存，以及烹調技術。經由在農事和飲食製作上親手操作而進入學習狀態。此外，強調環境友善式的農耕方式，都是學童成長過程中不可或缺的食農素養。

此外，食物充滿了我們用嗅覺、觸覺、聽覺、視覺，以及味覺感知的屬性。我們生活在個人的感官世界中，我們對於食物感知過程，也是個體察覺的滋味。因此，學童在進食和烹飪過程中積極調查食物來源，鼓勵他們進入飲食文化的世界，以最少化學添加物進行在地食材料理，擴大學童對於自然食物，而不是加工食物的偏好。



## 一、食農教育的障礙

如果食農教育是一種農事和烹飪體驗教育的過程，學習經由食物和農事相關過程中進行互動，認識在地的農業、正確的飲食生活方式，以及農業文化。食農教育那麼好，那麼爲什麼推動過程之中，會遭遇到障礙呢？其中最關鍵問題包括以下主題：「誰應該開展食農教育活動？」以及「誰將從食農教育中受益？」「爲什麼開展食農教育，會受到阻礙？」以下由法規、制度、學習，以及觀念的障礙，進行說明。

### (一)法規的障礙

食農教育專法的部會權責分工、有無專人執行；或是不同部會角色任務都需要採取行動。

### ㈡制度的障礙

在推動食農教育制度方面，缺乏統整性、完整性的政策去執行。此外，人力資源有限，需要各界更大的協助。學校單位教師是採用現有教師；還是另外去聘，都需要討論。

### ㈢學習的障礙

#### 1. 正規教育學習的障礙

正規學校提供給學生的食農教育，例如在全國各地的幼兒園、小學和中學（K-12）課堂內外，以及在社區大學開辦課程。這些計畫讓年輕學生接觸餐飲和農事職業的方式。但是除了農業學校之外，有些教師並沒有將農業融入課程之中，因爲他們並不認爲食農課程適合學生學習。僅有少部分教師將農業納入全國各地的幼兒園、小學和中學（K-12）教學之中，教師依據實際現況，將自然連結（connectedness）農業眞實狀況（authenticity）作爲關鍵主題，並且採用教室花園（classroom garden）或是屋頂農園的方式，進行教學；但是在寒暑假的教學設施維護上面，碰到困難。

#### 2. 非正規教育學習的障礙

近年來，我國已經有許多組織長期辦理食農教育活動，不過有些承辦人員由於過於強調活動的趣味性和對於美食展覽的味覺享受，造成食農教育成爲一種免費的「吃喝玩樂的農村體驗」，違背了食農教育保存農食文化的初衷，以及人類與環境健康共存的宗旨。

### ㈣觀念的障礙

農民採用環境保護的有機耕作，係將原有收穫作物的殘留物，留在土壤之中。然而這種過程需要更昂貴的設備，並且需要長時間才能看到環境保護的效果。推動保護性耕作政策的障礙是農民不願意改變他們的傳統做法，並且抗議比他們習慣的傳統方法更爲昂貴和費時的耕作方法。在臺灣中部農民的個案分析中，我們了解主觀規範、描述規範與環境友善行爲有相關性；依據迴歸分析結果，主觀規範與描述規範都會影響個人規範，個人規範再影響親環境的行爲。因此，如何排除觀念的障礙，非常重要。以下的個案研究目的，在了解社會規範中的主觀規範與描述規範怎麼影響農民環境行爲。

個案分析

## 臺灣中部農民親環境行為與社會規範之間的關係（Fang et al., 2018）（科技部MOST 105-2511-S-003-021-MY3）

這個研究以1960年代綠色革命《創新的擴散》（diffusion of innovation）以及新世代農業典範轉移（paradigm shift）來解釋臺灣農業發展的過程，討論不同世代的農民，對於農業創新（agricultural innovation）行為，擁有環保／不環保的不同詮釋方式。我們在2016年至2018年，在臺灣中部農業地區有效調查了526位農民，並且進行目標小組（target groups）深入的訪談。發現青壯年與中老年農民所秉持的農業典範（agricultural paradigm），可以察覺他們在農業行為的個人規範（personal norms），以及知覺行為控制（perceived behavioral control）有顯著的差異。經由規範到行為的路徑進行分析，環境友善耕作的路徑也不相同。青壯年農民透過社會規範（social norm）內化成的知覺行為控制（perceived behavioral control）、個人規範（personal norms），部分青壯年農民自覺農藥的危害，進而推動友善耕作行為。另一方面，1960年代亞洲綠色革命產生的農業社會規範（social norm），造成中老年農民勤於使用除草劑、殺蟲劑和化學肥料的行為，影響部分中老年農民不採用環境友善耕作模式。研究中除了量化分析，同時進行半結構式訪談，驗證研究結果，顯示青壯年農民不受既有社會規範影響，並且接受新知，較易產生有機農業的行為。但是，中老年農民因為接受1960年代亞洲綠色革命創新的擴散（diffusion of agricultural innovation）影響，長期接受慣行農法（conventional farming）的社會規範（social norm），追求產量和產品外觀，而增加農藥使用量。

### 一、背景說明

在1930-1960年美國推動並且輸出綠色革命（green revolution）之後，農業生產體系開始採用大規模的機械化耕作、採用化學製的農藥和肥料，並且以不間斷的單項農業，以密集且大範圍之栽種模式，來增加農作物的產量。1963年農業社會學者羅傑斯（Everett M. Rogers, 1931-2004）以1954年開始進行研究的博士論文為基礎，出版《創新的擴散》（Diffusion of Innovation），搜集148位愛荷華州（Iowa State）農民接受2,4-D除草劑（herbicide）和化學肥料，說明美國在1950年代基因改造作物的生產模式，並且推動採用農藥和肥料，透過推廣和擴散模式，鼓勵農民進行大規模農業生產（Rogers, 1957）。當時羅傑斯發現農民接受這些想法，認同農業創新的有效性。

《創新的擴散》在1962年出版之後，經過1971年、1983年、1995年、2003年改版之後，羅傑斯坦承他的錯誤（Rogers, 2003）。他描述在1954年的博士論文中，他認為有一位農民拒絕農業化學的創新，因為農藥殺死了田間的蚯蚓和鳥類。但是，當時羅傑斯覺得這一位農民是不理性的，將他列為是創新農業的落後者（laggards）。從1954年到了2003年，經過50年之後，他才承認這一位拒絕噴灑農藥的農民勝過任何一位1950年代農業專家。如果用2003年的標準來看，他可是有機耕作的創新先驅（Rogers, 1962/1971/1983/1995/2003）。因為有機農業中的土壤含有大量可以幫助植物吸取養分，對抗病菌的益菌或昆蟲；但是在使用化學肥料或是農藥之後，反而讓糧食作物產生疾病，甚至造成了生態系統的崩壞（Dordas, 2009）。

卡森（Rachel Carson, 1907-1964）在1962年出版的《寂靜的春天》（Silent spring）一書，反映殺蟲劑的使用、化學肥料的濫用，對於自然界造成了嚴重後果，然而這些後果終將影響到人類本身（Carson,1962）。這樣的對土地資源不當利用的生產模式，對於環境和人類健康造成了許多負面影響。

1962年《創新的擴散》書中出現「永續性」（sustainability）的概念，在1960年的字彙定義中是「永遠繼續」（Rogers, 1962/1971/1983/1995/2003）。近年來，永續性（sustainability）這個詞彙在近年來在我們日常生活中被廣泛利用，包含了永續創新（sustaining innovations）的概念（Sherry, 2003）。在西方國家，永續性（sustainability）這個單字逐漸轉換成另外一種定義：可以持續性，特別是我們糧食生產的方式，不但是要重視糧食的生產力（productivity），還要重視土地的再生能力（regeneration capacity）。永續農業指的是以維持生物多樣性的管理及利用農業系統，最重要的是不破壞生態系統的農業方式。因此，我們探討是那些因素影響農民永續農業的耕作行為？這些永續行為背後存在的原因是什麼？我們透過調查了解行為現象，以及透過訪談，了解這些行為背後的心理因素。

## 二、文獻回顧

自從1930年美國產生綠色革命以來，農業生產原理依據農業創新擴散（diffusion of agricultural innovation）理論進行推廣，1960年代美國援助亞洲各國，運用改良基因、使用農藥肥料，擴大農業生產。臺灣在亞洲是農業的模範生，推動農業擴大生產。1950年美國援助臺灣，1965年停止援助，15年間總共提供臺灣將近15億美元。1950年代臺灣的重點發展的工業在肥料、食品加工、合板、紡織等。1950年開始，臺灣使用美國研發的肥料、農藥技術，進行生產，以及發展遺傳物質的種質資源（germplasm）技術典範（technological paradigm），推動經濟發展（Kao, 1965; Brown, 1969; Parayil, 2003）。

如果美國在綠色革命的輸出，產生了農業生產創新擴散（diffusion of innovation），結果亞洲以臺灣和南韓為首，從1960年到2000年之間，不斷接受創新農業生產，擴大農地範圍、施灑農藥和肥料的觀念，認為是一種提高生產力（productivity gains）的創新。但是，到了2003年，羅傑斯發現了農業的典範產生變化，農民採用有機農法，不願意為了收穫，施灑農藥和肥料（Rogers, 1962/1971/1983/1995/2003）。1960年代創新農法（innovative farming），在50年後，被視為一種慣行農法（conventional farming）（Curtis and Dunlap, 2010）。這些慣行農法因為採用農藥和肥料等不友善環境的農業生產，對環境造成了短時間內無法復原的傷害，對於土地、生態系統，以及人類健康造成負面影響。農業學者在2010年之後，推動親環境典範轉移，例如：與自然和諧共處（harmony with nature）等方式進行。這些農業行為的典範轉移（paradigm shift），從1960年代技術典範和提高生產力的創新，進入到生態規範、信念、覺知、共識、方法、標準、理論、政策的革命性改變（Kuhn, 1962/2012）。我們發現在農業典範轉移中，有些農民會容易接受新的技術、觀念，有些則不易接受。在21世紀友善環境的農業耕作技術也推陳出新。但是那些因素影響農民永續農業的耕作行為？這些永續行為背後的原因是什麼？這兩項農民問題卻少有學者進行農業社會心理學的研究。

心理學者海德（Fritz Heider, 1896-1988）認為，人類的行為的原因，可以區分為內部原因（internal attribution）和外部原因（external attribution）。內部原因是指存在於行為者本身的因素；外部原因是指行為者周圍環境的影響因素（Heider, 1958/2013）。海德在1958年提出社會歸因理論（social attribution theory），他認為人類行為可以通過來自內部心理的因素與外部的社會因素共同形成。

內部的心理因素包含了知覺行為控制（perceived behavioral control）、個人規範（personal norms），而外部的社會因素則為社會規範（social norm）。知覺行為控制是個人對外在環境的控制能力（Ajzen, 1985）；個人規範（personal norms）是指個人對於行為後果所產生的道德意識（Stern et al., 1999）。社會規範是塑造人們行為的重要因素，亦可將其分為主觀規範和描述規範。主觀規範主要來自於社會的壓力（Ajzen, 1991）。描述規範則是人們在同一空間中相互的行為影響，並且有時是無意識的（Cialdini et al., 2006）。這兩種由周遭同儕及社會影響產生的規範，在許多研究中共同列為社會規範（Bamberg and Möser, 2007; Hernández et al., 2010; McKenzie-Mohr, 2011; Stern, 2000; Thøgersen, 2006）。

近年來，臺灣推動有機農業，願意從事永續農業（sustainable agriculture）的人越來越多（Wu and Chiu, 2000），特別是40歲以下的青壯年農民更注重使用友善農業的方式經營其農業生產。有些研究也表明年輕人比年長者更關心環境（Arcury and Christianson, 1993; Honnold, 1984; Klineberg et al., 1998）。因此本研究欲以臺灣農業長期的觀察，企圖回答三個影響友善環境農業行為的問題：

㈠年齡是否為友善環境農業的重要因子？

㈡農民在世代之間是否會因為社會規範和個人規範的差異，產生不同的知覺行為控制，同時這些路徑影響了耕作行為？

㈢我們是否可以採用以上的社會歸因理論，繪出影響友善環境農業行為的路徑？

## 三、研究假設

友善農業行為可以視為一種親環境行為。本研究認為農民的友善農業行為，可以運用社會心理學中的歸因理論來解釋。但是，如何進行年齡層上的劃分，進行兩種年齡層的比較。因為文獻相當缺乏，我們團隊進行下列資料的蒐集，並且分析臺灣社會的年齡文化。

2017年臺灣人口為2300萬人，臺灣人口年齡的中位數為40.50歲。男性為39.64歲；女性為41.35歲（2017年3月統計）。此外，臺灣是東亞儒家文化圈，儒家領袖孔子（551-479 BC）在《論語・為政篇》曾經說：「四十而不惑」。在東亞文化中，四十歲是一個人身體全面加速衰老的時刻，一個人到了四十歲之後，就明白自己人生的基本上是定型了。因此，在研究問題中，我們將40歲以下青壯年農民設為容易接受新知的試驗組，40歲以上之中老年農民設為定型的對照組，我們假設年齡為友善環境農業的重要因子，40歲以下青壯年農民，在接受新知之後，容易產生環境友善行為。

在農業人口方面，2016年從事農業者為55.5萬人，占總人口數2%，農民平均年齡為62歲。40歲以上的農民比例占農業就業人口的90%；40歲以下的農民占農業就業人口的比例為10%。所以，我們需要在農業人口中，抽出90%的40歲以上的農民，以及10%的40歲以下的農民，共同進行測量及比對。我們除了採用差異分析，探討實驗組與對照組的因子差異之外，並且以結構方程式模型進一步探討社會規範、個人規範的結構路徑，研究兩組農民的社會規範和友善環境行為的影響，並且依據前人研究，提出下列六種假設路徑：

Hypothesis 1 (H1)：農民的社會規範（social norm）會直接影響其友善環境行為（Cialdini et al., 1990; Fang et al., 2017a; Ferdinando et al., 2011）。

Hypothesis 2 (H2)：由於社會規範（social norm）是環境行為的影響因子（Cialdini et al., 1990; Fang et al., 2017a; Ferdinando et al., 2011），我們假設農民的社會規範會正向影響知覺行為控制（perceived behavioral control）。

Hypothesis 3 (H3)：由於社會規範（social norm）是環境行為的影響因子（Cialdini et al., 1990; Fang et al., 2017a; Ferdinando et al., 2011），是個人規範的影響因子（Schwartz, 1977），也被認為是規範的啓動因子（Stern et al., 1999）。因此，我們假設農民的社會規範會正向影響他們的個人規範。

Hypothesis 4 (H4)：由於後果覺知會影響行為（Hansla et al., 2008; Schwartz, 1977; Stern et al., 1999），我們假設農民的個人規範會正向影響他們的知覺行為控制（perceived behavioral control）。

Hypothesis 5 (H5)：我們假設農民的個人規範會正向影響他們的環境友善行為（Hansla et al., 2008; Schwartz, 1977; Stern et al., 1999）。

Hypothesis 6 (H6)：我們假設農民的知覺行為控制會正向影響他們的環境友善行為（Bamberg and Möser, 2007; Bortoleto et al., 2012; Han, 2015）。

## 四、研究方法

這項研究是在亞洲重要的農產輸出地區中部臺灣地區進行的。中臺灣地區為臺灣島重要農業生產地區之一，具有丘陵及平原特色，且兼具溫帶及亞熱帶氣候特性，適合於多種農作物，例如蔬菜和水果之栽培，產品特色豐富而多樣化。臺灣中部農業地區從低海拔地區到3,000公尺高海拔山區，栽培了熱帶水果、溫帶蔬菜、水果、茶葉、花卉，為消費者提供豐富的蔬果、茶葉、花卉等民生物資大宗產地。本研究為探究友善農業行為，以目前在中臺灣地區從事農業生產行為的農民為抽樣之對象，這個區域包括了臺中市、苗栗縣、彰化縣、南投縣四個行政區域。

㈠參與者

本研究使用立意抽樣（purposive sampling）為抽樣方法，選擇了臺中市、苗栗縣、彰化縣、南投縣農會產銷班的成員進行抽樣調查，而且參與調查之對象必須有務農耕作之相關經驗。在臺灣，農民參加地方農會是一種義務，農會提供保險、耕作技術，以及銀行借貸的功能，形成了一種基層農業社會規範型的組織。本研究依據過去研究之建議，需要蒐集至少384份樣本數的調查問卷（Krejcie and Morgan, 1970），以達到95%以上的信心水準的調查信度，所以將蒐集的樣本數訂定為384份以上。在研究中，我們在2016年8月到2017年2月進行問卷調查，最後發放了問卷650份，收回615份，回收率為94.61%。不過收回的問卷仍有89份漏答的無效問卷，我們以剩餘的526份有效問卷進行分析，並且進行農民的訪談。

㈡分析（Measures）

本研究依據社會歸因理論，主要有三個關鍵被認為與環境友善行為影響有關的維度：1.社會規範（social norm）；2.個人規範（personal norms）；3.知覺行為控制（perceived behavioral control）。本研究採用問卷調查的方法，參閱國內及國外相關研究文獻後，完成本問卷初稿之設計，為提高本研究問卷之嚴謹度及效度，於2016年8月邀請3位相關領域之專家學者進行問卷構念效度（construct validity）檢測，針對本問卷題目的合適性、語意及文句流暢程度進行檢視，依專家學者的意見進行問卷內容的修正與整理，擬定出本研究問卷，隨後用於實際調查。

研究中採用五點李克特量表（1 = 非常不同意；2 = 不同意；3 = 普通；4 = 同意；5 = 非常同意）進行測量後，問卷整體的Cronbach's $\alpha$值0.735，證明了內部可靠性，因為它們的值大於要求的0.6。此外，Kaiser-Meyer-Olkin值記錄為0.751，屬於大於0.7的中等（middle）等級（Kaiser and Rice, 1974），並且記錄到球形Bartlett測試值1124.249，$p < 0.001$。

本研究利用社會科學統計軟體SPSS 23進行分析。使用頻率分析來確定關鍵維度（社會規範、後果覺知、知覺行為控制，以及親環境行為），並計算人口統計問題和項目的總發生次數、平均值，以及標準差（SD）分數。使用皮爾遜相關技術用來衡量這些關鍵維度之間存在關係的強度和方向。

本研究最後使用SmartPLS2.0統計軟體進行路徑及統計分析，用於預測臺中農民在社會規範、後果覺知、知覺行為控制，對親環境行為的影響。PLS-SEM是探索性的多變量研究方法，可在小樣本的研究中建立結構方程式模型。

㈢質性訪談（Interviews）

在量化研究中，可以了解社會現象。但是如果我們要了解社會現象背後產生的原因，需要進行和農民之間的對話，了解現象，並且詮釋這一種現象。本研究欲加深數據的解釋能力，經過調查之後，看到了農業社會現象。我們藉由半結構式的訪談大綱，在2017年12月到2018年3月深入訪談了8位農民。其中有4位屬於44歲以上農民；4位屬於44歲以下的農民，我們詢問參與者兩個問題：

1. 你認為青壯年或是中老年農民，何者較會進行環境友善行為？
2. 農民之間是否會相互觀摩學習，提升相關農業經營管理管理的技術？

為了確認最終結果的一致性，我們使用三角驗證法（triangulation）來避免固有的潛在偏見。研究最後成功搜集了8人的最終訪談，其人口學資料，請見表8-1。



表8-1　受訪者之人口學資料

| 受訪者代號 | 性別 | 年齡 | 教育程度 | 從事農業時間 |
| --- | --- | --- | --- | --- |
| C | 男性 | 57歲 | 高中畢業 | 34年 |
| H | 男性 | 43歲 | 高中畢業 | 3年 |
| K | 男性 | 30歲 | 大專畢業 | 3年 |
| M | 男性 | 31歲 | 大專畢業 | 4年 |
| O | 男性 | 44歲 | 大專畢業 | 22年 |
| Q | 男性 | 56歲 | 高中畢業 | 26年 |
| X | 男性 | 68歲 | 國小畢業 | 55年 |
| Z | 男性 | 56歲 | 專科畢業 | 32年 |

## 五、結果（Results）

㈠統計分析（Descriptive Statistics）

問卷調查結果顯示，男性（66.7%）和女性（33.3%）在本研究中，均具有代表性，從事農業男性比例比女性高。學歷為國中以下者（42.6%）、高中高職（37.1%）、大專（18.6%）、碩士以上（1.7%）。教育程度在高中職以上者比率約占一半，這結果與農糧署2014年公布之農家戶口抽樣調查結果相符。而這些農民多半已是專業從事農業耕作，而且有超過50%農耕者從事耕作的時間在數十年以上，顯示其在農業耕作上具有豐富經驗與資歷。

由其年齡分為兩組，40歲以下青壯年農民抽樣人數為73人；40歲以上中老年農民抽樣人數為453人，分別佔14%和86%，約符合臺灣農民人口年齡的比例。比較青壯年農民與中老年農民的個人規範（df = 524，雙尾，$t = -2.403 > 1.96$，$p = 0.018$）、知覺行為控制（df = 524，雙尾，$t = -2.753 > 1.96$，$p = 0.011$）均存在顯著差異。下面的表8-2簡要地概述了青壯年與中老年農民社會規範、個人規範、知覺行為控制，以及親環境行為的差異性檢定分析結果。

表8-2 青壯年與中老年農民的差異性檢定分析結果。符號表現如下：社會規範（social norm, SN）、個人規範（personal norms）、知覺行為控制（perceived behavioral control, PBC）、親環境行為（pro-environmental behavior, PEB）。

| | 青壯年($n$ = 73) | | 中老年($n$ = 453) | | | | |
|---|---|---|---|---|---|---|---|
| | Mean | SD | Mean | SD | df | $t$ | $p$ |
| SN | 2.51 | 0.67 | 2.65 | 0.69 | 524 | 1.71 | 0.09 |
| AC | 3.21 | 0.77 | 2.97 | 0.77 | 524 | -2.40 | **0.02*** |
| PBC | 3.53 | 0.82 | 3.25 | 0.90 | 524 | -2.75 | **0.01*** |
| PEB | 3.68 | 0.88 | 3.56 | 0.84 | 524 | -1.07 | 0.28 |

社會規範（social norm, SN）相關項目的調查結果見表8-3。在社會規範中，「我的朋友會推薦我使用農藥和除草劑來解決病蟲害及雜草」的得分最高，第二為「我周圍的朋友都有噴灑農藥和除草劑的習慣」，其次是「有很多的農民都在噴灑農藥和除草劑」。顯示臺灣中部地區中老年農民認為使用農藥和除草劑，是一種社會規範產生的集體氛圍（3.47±1.04）。這三題是以反向題的題型呈現環境不友善行為的初始路徑，顯示臺灣中老年農民比青壯年農民受到使用農藥和除草劑社會影響的感知程度更大。

表8-3　社會規範調查結果

| 社會規範 | 青壯年 | | 中老年 | |
|---|---|---|---|---|
| | Mean | SD | Mean | SD |
| SN1. 有很多的農民都在噴灑農藥和除草劑（R） | 2.04 | 0.84 | 2.21 | 0.92 |
| SN2. 我周圍的朋友都有噴灑農藥和除草劑的習慣（R） | 2.21 | 0.73 | 2.28 | 0.82 |
| SN3. 我的朋友會推薦我使用農藥和除草劑來解決病蟲害及雜草（R） | 3.27 | 1.05 | 3.47 | 1.04 |
| 社會規範總分 | 2.51 | 0.67 | 2.65 | 0.69 |

表8-4調查使用農藥和除草劑之後的個人規範（personal norms, PN）。其中「我知道使用農藥和除草劑會對農作物及土壤造成負面影響」最高，其次為我「知道那些殘留農藥和除草劑的作物會造成人體傷害與病症」及「我知道噴灑農藥和除草劑不是維護農業品質的最好方法」，表8-4列出了各自的平均得分。這三題都是正向題，顯示臺灣青壯年農民比中老年農民了解使用農藥和除草劑之後所產生的後果。





表8-4　個人規範調查結果

| 個人規範 | 青壯年 | | 中老年 | |
|---|---|---|---|---|
| | Mean | SD | Mean | SD |
| PN1. 我知道噴灑農藥和除草劑不是維護農業品質的最好方法 | 2.53 | 1.08 | 2.33 | 0.93 |
| PN2. 我知道使用農藥和除草劑會對農作物及土壤造成負面影響 | 4.14 | 0.99 | 3.68 | 1.16 |
| PN3. 我知道那些殘留農藥和除草劑的作物會造成人體傷害與病症 | 2.95 | 1.21 | 2.91 | 1.25 |
| 後果覺知總分 | 3.21 | 0.77 | 2.97 | 0.76 |

調查結果（請見表8-5）也表明，知覺行為控制（perceived behavioral control, PBC）相關的項目。平均分數最高的為「即使農田很多雜草，我也能控制自己不用農藥及除草劑」、第二為「即使野生動物來損害農作物，我也不會捕殺他們」。這二題都是正向題，顯示臺灣青壯年農民比中老年農民知道控制使用農藥和除草劑，並且願意保護野生動物。

表8-5　知覺行為控制調查結果

| 知覺行為控制 | 青壯年 | | 中老年 | |
| --- | --- | --- | --- | --- |
| | Mean | SD | Mean | SD |
| PBC1. 即使農田很多雜草，我也能控制自己不用農藥及除草劑 | 3.75 | 0.89 | 3.63 | 1.00 |
| PBC2. 即使野生動物來損害農作物，我也不會捕殺他們 | 3.32 | 1.07 | 2.86 | 1.23 |
| 知覺行為控制總分 | 3.53 | 0.82 | 3.25 | 0.90 |

結果（請見表8-6）顯示，關於友善農耕的親環境行為（pro-environmental behavior, PEB）的影響有2項，其中「我採用對環境友善的耕作方式，儘量不噴灑農藥及除草劑」是平均得分最高的項目。接著是「我沒有使用農藥及除草劑來處理農田中的病蟲害或雜草」。這二題都是正向題，顯示臺灣青壯年農民比中老年農民更願意控制使用農藥和除草劑，並且不使用農藥及除草劑來處理農田中的病蟲害或雜草。在調查的過程之中，我們也進行現地觀察和訪談，參觀農田設施，查證經過調查的農民，是否具有友善農耕的親環境行為。經過2016年8月到2017年2月進行問卷調查，實際走訪臺灣中部四縣市農村進行農民行為的觀察，觀察農耕行為和問卷調查的結果一致。

表8-6　友善農耕親環境行為調查結果

| 友善農耕的親環境行為 | 青壯年 | | 中老年 | |
| --- | --- | --- | --- | --- |
| | Mean | SD | Mean | SD |
| PEB1. 我採用對環境友善的耕作方式，儘量不噴灑農藥及除草劑 | 3.88 | 0.96 | 3.82 | 0.92 |
| PEB2. 我沒有使用農藥及除草劑來處理農田中的病蟲害或雜草 | 3.48 | 1.80 | 3.31 | 1.19 |
| 親環境行為總分 | 3.68 | 0.88 | 3.56 | 0.84 |

㈡相關分析（Correlation Analysis）

如表8-7所示，相關分析結果顯示個人規範與友善農耕的親環境行為的相關性是最高的，為中度相關。除了社會規範、知覺行為控制為低度相關，其他各因子之間均為0.3以上的中度相關。

表8-7　各因子相關性矩陣（均值）

| | 社會規範 | 個人規範 | 知覺行為控制 | 親環境行為 |
|---|---|---|---|---|
| 社會規範 | 1.000 | | | |
| 個人規範 | 0.305 | 1.000 | | |
| 知覺行為控制 | 0.204 | 0.416 | 1.000 | |
| 親環境行為 | 0.414 | 0.488 | 0.398 | 1.000 |

全部$p < 0.001$ 雙尾

㈢路徑分析與結構方程式模型

偏最小平方法（Partial Least Squares, PLS）結果揭示了青壯年農民與中老年農民不同的環境行為路徑。青壯年農民有善農耕行為的各構面以SmartPLS2.0進行分析，結果如表8-8所示。青壯年農民除了後果覺知構面之外的平均變異抽取量（Average Variance Extracted, AVE）值均大於0.5，顯示各構面達收斂效度水準，AW之AVE值仍大於0.4屬於可接受之值（Fornell and Larcker, 1981）。各構面潛在變項的組合信度（composite reliability, CR）C均大於0.7，顯示各構面內部一致性符合標準。SN、PBC、PEB之Cronbach's $\alpha$皆達到0.5以上可信標準，AW之Cronbach's $\alpha$則達0.4。而AW的$R^2$為0.112，PBC為0.202，PEB為0.329。



表8-8　40歲以下農民分析指標數據

| | AVE | CR | $R^2$ | Cronbach's $\alpha$ |
|---|---|---|---|---|
| SN | 0.561 | 0.791 | | 0.649 |
| PN | 0.489 | 0.74 | 0.112 | 0.484 |
| PBC | 0.68 | 0.807 | 0.202 | 0.56 |
| PEB | 0.664 | 0.797 | 0.329 | 0.503 |

青壯年農民友善農耕行為的模型結構如圖8-4所示，以自助抽樣（Bootstrapping）方法求得路徑之$t$值，以檢驗其顯著水準。青壯年農民的社會規範對知覺行為控制、後果覺知有直接的預測性影響，而對友善農耕的親環境行為則無直接影響。亦即青壯年農民親環境行為不是受到社會規範的影響。路徑分析發現，在青壯年農民友善農耕行為主要受到其知覺行為控制的影響，他們了解農藥和除草劑的危害，產生自發性的有機農作。

而知覺行為控制又為社會規範、個人規範的中介變項。沒有青壯年農民的自覺，就不會產生有機農業。此外，社會規範影響個人規範，個人規範是親環境行為的中介變項。（請見圖8-4）

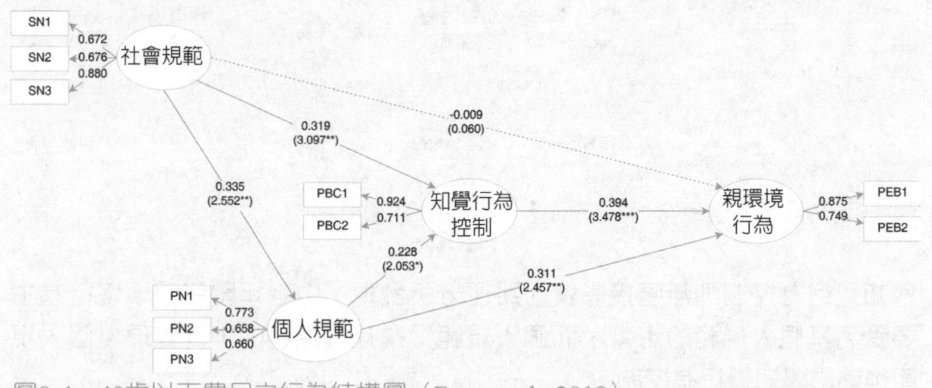


圖8-4　40歲以下農民之行為結構圖（Fang et al., 2018）。

中老年農民有善農耕行為的各構面以SmartPLS2.0進行分析，結果如表8-9所示。除了後果覺知構面外之AVE值均大於0.5，顯示各構面達收斂效度水準，AW之AVE值仍大於0.4，屬於可接受之值（Fornell and Larcker, 1981）。各構面CR均大於0.7，顯示各構面內部一致性符合標準。表8-9中SN之Cronbach's $\alpha$皆達到0.6以上可信標準，AW、PBC之Cronbach's $\alpha$達0.4，PEB之Cronbach's $\alpha$達0.35。而AW的$R^2$為0.190，PBC為0.1513，PEB為0.431。

表8-9　40歲以上的PLS分析指標數據

| | AVE | CR | $R^2$ | Cronbach's $\alpha$ |
|---|---|---|---|---|
| SN | 0.55 | 0.786 | | 0.618 |
| PN | 0.469 | 0.715 | 0.190 | 0.454 |
| PBC | 0.630 | 0.767 | 0.151 | 0.46 |
| PEB | 0.621 | 0.764 | 0.431 | 0.399 |

中老年農民友善農耕的親環境行為的模型結構如圖8-10所示，以自助抽樣（Bootstrapping）方法求得路徑之$t$值，以檢驗其顯著水準。中老年農民的社會規範對個人規範、友善農耕的親環境行為有直接的預測性影響，而

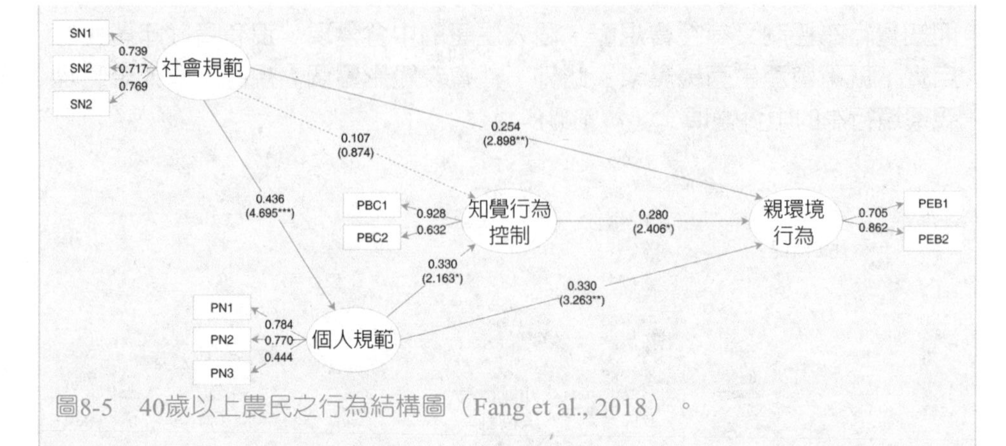

圖8-5　40歲以上農民之行為結構圖（Fang et al., 2018）。

對知覺行為控制則無直接影響。路徑分析發現，中老年農民親環境行為主要受到其個人規範的影響，而個人規範又為社會規範的中介變項。個人規範也會影響知覺行為控制。

在這個模型之中，我們了解臺灣農民平均年齡為62歲，中老年農民最高年齡超過80歲。他們曾經在年輕時，在1950年至1965年受惠於美國農業援助。在1965年美國停止援助之後，在臺灣的國民政府繼續以農業補貼的政策，鼓勵農民擴大農業生產。農民多年來在田間，採用噴灑除草劑、農藥的傳統慣行農法（convention farming），他們工作環境中的農業同儕也是這樣噴灑農藥，防治病蟲害，擴大農業的產量。因此，很難產生自我覺知的抑制，不要噴灑農藥。

(四) 訪談資料分析

1.青壯年農民有較佳的友善農業行為

我們從上述的資料進行觀察，如果農業工作環境中的農業同儕噴灑農藥，防治病蟲害，他們從社會規範之中，可以感受到噴灑農藥、除草劑之後，增加農業產量的誘因。因此，我們走訪臺灣中部的農村，很難看到農民會產生自我知覺的抑制，不要噴灑農藥。經過2017年12月到2018年3月的深入訪談8位農民結果顯示，受訪農民均同意青壯年農民具有較為友善環境的行為，我們節錄了其中幾位受訪者的說法，並指出兩個觀點。

青年農民獲得的資訊來源較新，也較多，因此在個人規範、知覺行為控制，以及友善農業行為之得分，都較中老年農民來得高。

「比較老的農民都以之前老一輩的觀念延續下來，青年農民就從新聞、書本、網路上……那邊擷取很多新的知識。」（20171207受訪者C）

受訪者H也說：

「因為目前青農他的想法會比較新潮，不會像以前那個老一輩的做法，可能有關環境的部分都會比較去注重，比較不會去破壞生態。」（20171207受訪者H）

這兩位受訪者指出青壯年不像中老年農民承襲既有的農業方法，這與本研究之結構相符合。中老年農民會受到外在的社會規範影響，這類社會規範很有可能就是既有的農業典範中的方法與價值，而青壯年之社會規範，因為是噴灑農藥的農村社會氛圍，無法直接影響友善農業的行為。

在時代的變遷上，中老年農民較有根深蒂固的傳統農業行為，因此要改變其農業模式有困難。

「現在因為時代的變遷，整個對環境的規範與法律的規範一直在進步，因為年輕人接受的一些新的資訊會比較多，而年紀比較大的一些農民可能就是一些觀念比較根深蒂固，所以要改變他既有的一些行為比較不容易，所以年輕的農民可能對一些政府環境上的一些新規定，比較能夠或是容易吸收。」（20171207受訪者Z）

另外，學歷可能是影響友善環境農業行為的一個重要因素。因為現在年輕人大多是大學畢業，可能有較好的知識來源。

「我想是因為年輕的農民教育水準比較高吧，現在大學畢業的人一堆，跟過去年紀大的農民就會有差。而且現在什麼都講求綠色環保，現在網路發達，年輕人在新資訊的獲得也比較多比較快，就會有比較好的方法來做（耕作）。」（20171207受訪者K）

從以上訪談結果顯示，青壯年農民在新觀念與新資訊的接受度高於中老年農民，所以也較容易接受友善環境農業的方式。此外，青壯年農民教育程度普遍較中老年農民來的高，可見教育的重要影響。

### 2.中老年農民的農藥用量問題較嚴重

採訪結果顯示，中老年農民的農藥使用問題較嚴重。我們節錄了其中幾位受訪者的說法。

傳統觀念根深蒂固使然，變成是一種標準作業流程。

「因為這是根深蒂固啊，一方面是怕我們所噴的農藥沒有辦法防治這個病蟲害，或者是認為說我多噴一次，效果會好一些，所以會加噴幾次，使用量會多一點。」（20171207受訪者C）

還有一個觀點是擔心農產品產量降低，亦或是農產品品項較差賣得不好。

「老農會擔心影響到整體產量或品質，我們農民基本上都有一個觀念說，我這樣子噴，用量會不會太少？次數會不會太少？深怕說噴得不夠，會影響後面整個品質和產量，所以基本上在自己的自有田，老農在用藥方面，平均會比一般農民還要多。」（20180210受訪者H）

然而他們卻不知這樣過量使用農藥，可能會導致農藥殘留及對周遭生態環境的危害。

當然也有不同觀點，認為青年農民與中老年農民使用農藥的量，並不是絕對的。

「不一定啦，不是說年紀大使用農藥就比較多，農藥也是照農藥行說的在做。有可能是因為農民不放心，就會一直射（噴）。而年輕的農民就認為夠就好了，他不要一直噴，他對外見識的比較多，覺得這樣子可以了足夠了，就不用。……但也不是每個都這樣子，是部分農民，有的老的經驗很豐富，也不會（噴），他就照順（時）序，比如我們每年都射（噴）什麼藥，沒有很準，但大概都會照比例去射（噴）。也就是什麼季節會發生什病？每年都是（嫁）接完後，哪時候會噴什麼？就會接續一直下去，這會跟往年類似，但沒有很準確。」（20171207受訪者X）

從以上受訪者得知，除了根深蒂固的知識外，中老年農民較容易認為噴灑農藥能換取較高的農業品質，並希望能藉由農藥來維護其品質與產量，且當病蟲害增生時可能會採取提升用藥量的作法。而青壯年農民則因為較高的知識，較容易控制自身的用藥量，或是不使用農藥。

3. 農民之間會相互觀摩學習，來提升優化相關管理經營之技術。

採訪結果顯示，農民學習的管道多元，彼此之間的相互模仿、學習或是經驗交流亦會決定是否使用環境友善農法。我們節錄了其中幾位受訪者的看法，並發現兩種觀點。

例如受訪者M，不排斥學習友善環境農法。

「你看別人做得不錯，那你可能就想去學一下。有些人可能都不除草，你可以去看看他的田，他的泥土跟別人有沒有什麼不一樣。或者是他產量為什麼一樣的環境，就是面對一樣惡劣的環境他可以度過那個難關，那你可能就會想去跟他學習。所以如果友善環境，就是造成農友的收益可以增加，就是其他地方的土地可以變得比較好種，那自然而然我們就會去學習啊，去跟他學。」（20180304受訪者M）

然而亦有些農民學習如何增加產量或是農產品的價值，並不在乎是否對環境有害。

「一般我們農友，就是會參加產銷班，或幾個比較要好的農民，都是會互相觀摩學習。比方說噴哪一種藥，對哪一種的蟲害或是病害防治效果比較好，那倍數用多少？然後施用哪種肥料可以增加水果的品質。」（20180303受訪者Z）

由上述2位受訪者之訪談內容可知，農民在學習栽培管理技術時會採取產銷班等產業互助組織的社會學習的模式，此種學習方式對於農民在學習新觀念與技術，其效果更甚於官方正規知學習方式，而農民也能在學習情境中觀察模仿時，接受刺激到表現出反應，進而優化提升其自身之栽培管理技術。除了社會學習管道，社會規範會對農民的農業行為有積極的影響。藉由觀察周遭農民的耕作方式，並從中學習，甚至彼此比較。這樣的結果與本研究結構認為有機農業的社會規範，會影響友善農業行為之結果相符。

## 六、討論（Discussion）

社會科學家認為，科學社會產生週期性的革命，稱為「典範轉移」（paradigm shift）（Nonaka et al., 1996; Chang et al., 2014）。孔恩認為，當科學家面對「常規科學」，不斷地發現了反常的現象，最後會造成科學的危機。最後，當新的典範被接受時，產生了革命性的科學（Kuhn, 1962/2012）。如果農民採用有機農業的模式是一種典範轉移，這種轉移涉及到孔恩所談的團體信念（group commitments）的重建，我們透過社會歸因理論（social attribution theory），探討農民願意實施友善農業行為的原因如下。

### ㈠社會規範的影響

調查結果顯示，在中老年農民的友善農業行為結構中，社會規範是能夠直接影響友善農業行為的因子，且會透過個人規範、知覺行為控制等中介變項影響友善農耕行為。因此可知，社會規範對於中老年農民之行為起著至關重要的作用。周圍農民所及社會氛圍所型塑的社會規範，能夠對中老年農民的行為產生積極的影響。但在青壯年農民的行為中，社會規範並不能直接影響友善農業行為，而必須透過個人規範、知覺行為控制等因子，間接影響友善農業行為。與中老年農民相比，青壯年農民會進一步的思考社會規範所傳遞的訊息，並透過個人規範、知覺行為控制的內化才會影響行為。這顯示了青壯年農民具有較高的自我意識與自主行為，並不會按照周遭農民的指示或是觀察周遭農民的行為行事。

㈡個人規範的影響

調查結果顯示，後果覺知是中老年農民最重要的影響因子，個人規範能夠直接影響中老年農民的友善農業行為，且也會透過知覺行為控制對行為產生影響。因此可知了解行為所帶來的後果，是最容易使中老年農民產生友善農業行為的方式。青壯年的行為結構中，個人規範也相當重要，個人規範對友善農業行為的影響僅次於知覺行為控制。

㈢知覺行為控制的影響

研究結果顯示，無論在青壯年或中老年農民的友善農業行為結構中，知覺行為控制都會對友善農業行為產生影響。不過中老年農民的知覺行為控制只受到個人規範影響，而不直接受社會規範的影響。顯示中老年農民必須要先有個人規範，才會產生知覺行為控制。而青壯年農民的社會規範則能直接影響知覺行為控制，而且青壯年農民的知覺行為控制是最主要影響友善農業行為的因子。

本研究最後顯示，青壯年農民傾向在受到社會規範、個人規範的影響之後，藉由知覺行為控制的主動影響，產生友善農業行為；而中老年農民則是受到社會規範、個人規範的影響，較為被動的產生友善農業行為。

基於前面所述的社會歸因理論框架，本研究調查了青壯年與中老年農民知覺行為控制、個人規範，以及社會規範如何影響他們的友善農業行為。本研究試圖通過外在社會規範與內在個人規範、知覺行為控制的差異檢驗，來填補研究空白，進一步確定農民友善農業行為的具體路徑和影響程度。

研究結果表明，青壯年農民的知覺行為控制是友善農業行為最大的預測變項。具體而言，本研究針對青壯年農民的分析結果表明，社會規範無法直接對其環境行為發生影響。青壯年農民會透過個人規範、知覺行為控制的中介變項，預測其友善農業行為。

此外，個人規範是中老年農民對友善耕作行為影響最大的預測變項。中老年農民的社會規範，通過對於個人規範，影響其友善耕作行為。而與青壯年農民最明顯得不同，則是中老年農民的社會規範，能夠直接影響友善耕作行為。另一項重要的結果顯示，中老年農民的知覺行為控制，不能直接由社會規範產生，而是需要透過個人規範的中介變項才能產生，顯示如果沒有個人規範，社會規範無法直接促成知覺行為控制並影響友善耕作行為。

隨後進行的事後質性訪談也確認了：

1. 青壯年農民更多受到知識與教育的影響，不受既有之社會規範直接影響，而較易產生友善農業行為。
2. 中老年農民較容易認為噴灑農藥能換取較高的農產品質，並會受到注重產量、品質的社會規範所影響。
3. 農民會藉由社會學習管道精進農業技術。除此之外，社會規範會對農民的農業行為有積極的影響。藉由觀察周遭農民的耕作方式，並從中學習，甚至彼此比較。

#### (四)研究意涵、研究侷限，以及未來研究（Implications, Limitations, and Future Research）

1960年代之後，臺灣因為遵循西方世界的綠色革命的農業生產方式，因此產生臺灣農業生產的創新擴散（diffusion of innovation），結果從1970-1990年不斷接受創新農業生產，擴大範圍、施灑農藥和肥料的觀念。但是臺灣因為地狹人稠，農地不會產生分配和規模效應（scale effects），工作者效應的貢獻（contribution of worker effect）影響了農業生產。此外，教育也影響了農業發展（Wu, 1977）。後來，典範轉移（paradigm shift）產生（Kuhn, 1962/2012），新的農民接受有機農法，不願意為了收穫，施灑農藥和肥料。這項研究的發現為農民的友善耕作行為影響的提供了新的見解。此外，結果還會影響政府、農會的管理政策，例如需要從教育與社會規範的角度更多推廣有善農業的方法，才能提高農民的友善農業行為。

本研究調查中臺灣農業重鎮附近農民行為因子對友善農業的影響，從而限制了調查結果對於國家和部門的適用性。未來應該尋找和測試更具代表性的抽樣人群，以總結研究結果。再者，需要進一步的研究來提供其他國家之間的比較，以確定在這種情況下的相似或不同之處。此外，未來的研究還可以深入探討世代差異對環境知識、態度等永續發展因素的影響，這可能會對其環境友善行為產生的影響。

### 七、結論（Conclusions）

臺灣中部因地勢平坦，成為農業生產重鎮，因此本研究針對中臺灣的四個縣市的農民進行研究，本研究主要探討創新擴散和典範轉移兩種理論，了解經過世代農業典範轉移之後，青壯年世代和中老年世代在農業生產思惟中的差異。調查結果顯示，社會規範會直接影響中老年農民的友善耕作行為，並透過個人規範、知覺行為控制產生間接影響。而社會規範透過知覺行為控制（perceived behavioral control）的間接路徑，影響了青壯年農民的友善耕作行為。也能夠透過個人規範影響青壯年農民，但無法產生直接的路徑。而研究結果明顯的區分了青壯年農民與中老年農民的友善耕作行為路徑模型。青壯年農民會僅透過社會規範內化成的知覺行為控制、個人規範促進友善耕作行為。中老年農民的社會規範，則能夠直接的影響友善農業行為，同時藉由個人規範、知覺行為控制發揮全面性的影響。

## 二、食農教育的行動

從以上個案進行分析，食農教育需要從源頭做起。目前政府推的食農教育，是從生產者到消費者的個人環境行爲，進行宣導。行政院農業委員會（農委會）爲協助國民培養良好飲食習慣以增進健康，從了解食物來源、飲食文化、在地農產業特色及環境生態之循環關係，認知到個人與糧食產消、健康飲食及環境永續互生互利的重要性，進而改變行爲模式，支持在地農產業發展，促進食農系統的良性循環，辦理食農教育的計畫。



### ㈠食農教育概念架構

1. 農業生產與環境—與環境共好。
2. 飲食健康與消費—自發實行健康飲食生活。
3. 飲食生活與文化—人際互動與傳承。

### ㈡學習內容研提計畫

1. 教學主題：由食農教育概念架構中選擇農業生產與環境面向，以及「學習內容」設計教材及規劃教學。所連結之農產品，以地方特色作物爲主，或從本計畫提供的農業參考資料，選擇一種品項聚焦發展教學內容。
2. 設計教材與實際教學：申請單位所設計的教材，須規劃實際教學，如以體驗學習活動或課程的方式操作。
3. 重要工作項目：包含「辦理籌備會議」、「設計教材及規劃教學」、「辦理體驗學習活動或課程」。在體驗教學之中，需要納入認識食物的原貌原味，強化品嚐及感官教育，了解營養均衡及多樣性食物攝取的價值，並且培養簡單的飲食調理技能。

## 三、食農教育的重點

在圖8-6中，列出了促進健康飲食的障礙和促進方式，需要從個人、家庭、社區等面向，進行食農教育的推動。

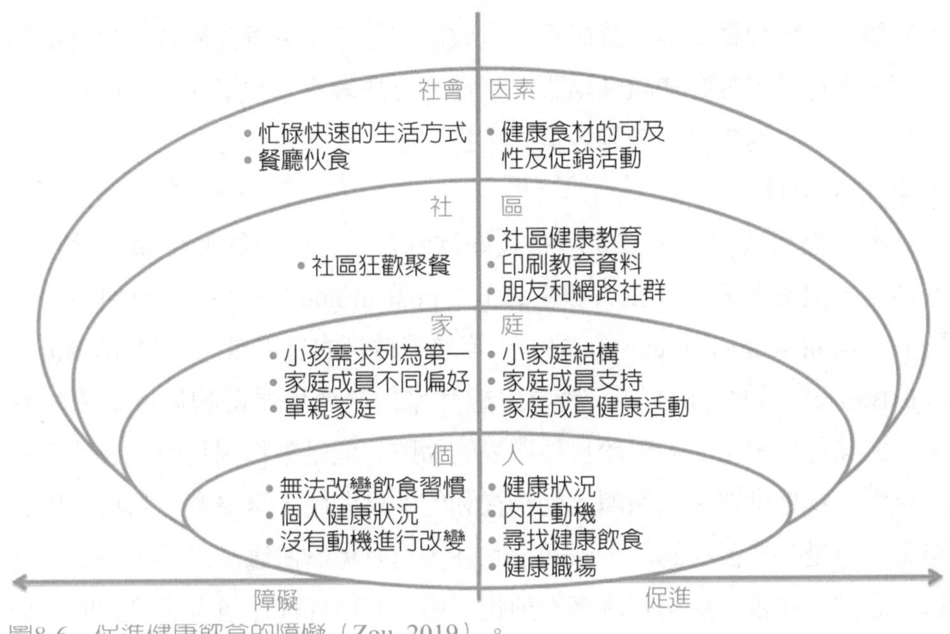


圖8-6　促進健康飲食的障礙（Zou, 2019）。

### (一)生產端教育

過去政府教育對象主要是農民，教導用更安全的方法，生產作物。農業推廣體系對於農民有很多輔導，從科學角度去建立臺灣農產品安全環境。

### (二)消費端教育

《學校衛生法》規定健康飲食教育，需要優先採用在地農產品。因此，各級學校將生態教育、飲食教育概念納入課綱。但是學校以外的消費者，有沒有辦法辨識產品？東亞國家都面臨飲食西化問題，對外國產品依賴高，如何透過食農教育，恢復傳統飲食文化非常迫切。因此，需要加強本地農業認同。如果消費者從食物源頭、土地關係都不甚密切，如果不了解生產過程，當然對於食物不會安心。因此，從教育本位出發，結合生活經驗強化消費端的教育。

### ㈢教育單位的食農教育

各級學校的健康課程、健康飲食，融入了食農教育。在正式課程中，各級學校在課程綱要加入食農教育。政府單位需要舉辦食農教育師資培訓課程，進行種子教師知識性培訓，以提升食農教育之教學能力。但是為了避免增加學生的負擔，鼓勵各級學校採取融入式課程教育。

### ㈣動物福利教育

動物福利教育中，需要培養良好飲食習慣，以及對於生命的尊重。基本上，還需要考慮「後人類主義」（post-humanism）和「重要生命經驗」（significant life experiences）等環境教育的深層概念（Lloro-Bidart and Banschbach, 2019）。農業生態學家對於農場看待的領域是環境影響；尤其是牧業生產，對於自然環境的衝擊；但是動物福利學者看待農場和畜場動物是動物福利問題。動物福利的關鍵問題，需要實現動物行為的自由，這是有機畜牧的基本原則。此外，還有免於飢餓、口渴、不適、傷害、恐懼、痛苦、疾病和疼痛的動物自由。其他條件還包含了足夠的地板面積、飼料比例、奶牛的住房，促進動物的基本健康。



### ㈤有機食物教育

#### 1. 有機牧場

有機牧場食品推動健康、無污染，以及不會導致人類疾病的藥劑。有機鮮奶對於消費者沒有化學藥劑殘留，而且在有機食品生產過程之中，不會驗出抗生素和化學品的使用。雖然在有機乳牛牧場可能暴露於病原體之下，由於抗生素不允許施打，在有機牧場中的抗生素抗性病原體要少得許多。

#### 2. 有機農場

在有機農場中，認識健康的食品，並且了解食品過度加工及化學添加物的風險。

## 第四節　食農教育場域和實施內容

食農教育可以涉及教學活動、課程、計畫、學科，甚至是一種社會運動。在食農教育的教學活動中，需要依據教學目標設計，從環境地景規劃內容中，進行教學教法的推動，達成教學的目的。

### 一、食農教育場域

#### (一)城市農園

城市農園的設計，在於創造可食地景，了解「食物里程」及在地食材的觀念。因此，城市設計需要參考海綿城市的基本概念，通過生態系統服務功能的創造手法，進行城市農園的雨水貯存和強化生物多樣性的設計手法。在作物栽培之中，培養簡單的農產品生產技能，並且體驗農民的辛勞。

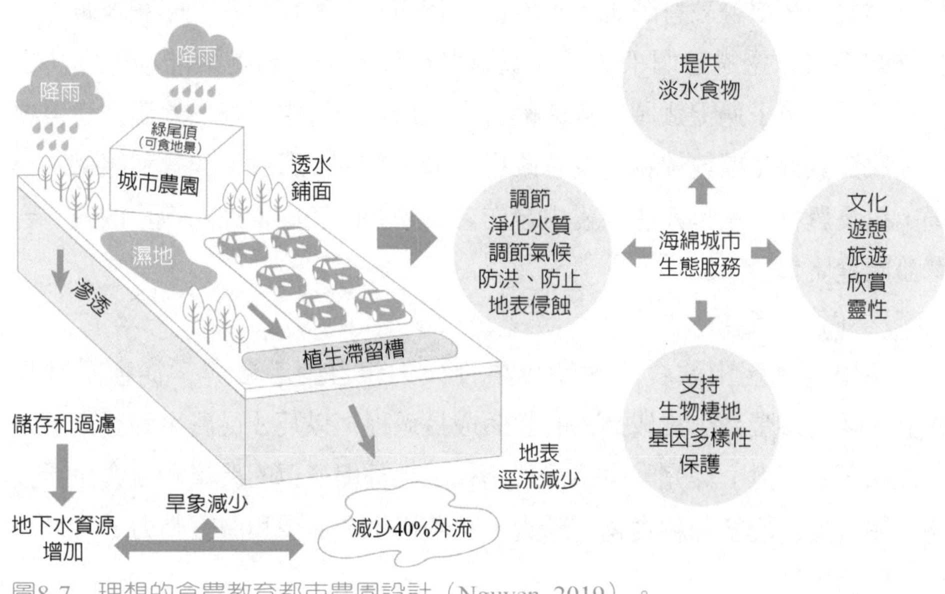


圖8-7　理想的食農教育都市農園設計（Nguyen, 2019）。

#### (二)地方農園

在地方農園的食農教育中，主要是到農場認識作物季節性，以及品種的多樣性。並且需要了解在地農業特有生產技能，以及飲食文化。在非正規的課程中，舉辦農田體驗教育活動，參加活動也必需採鼓勵性質，而不是強制參加性質；否則教師交差了事，學童也沒有學到食農教育。政府應該站在鼓勵角色，協助提出方案、資源投入；不用期待短期之內會有什麼成果。因爲大量應付的計畫之中，會有良莠不齊的成果，政府應該鼓勵想做的單位去做，其他的社團自然會跟進。

## 二、食農教育實施內容

目前的食農教育，包含了農業、飲食，以及環境教育三項內容。過去以上的教育內涵，是各自獨立進行。但是環境教育法通過之後，規定加強國人環境教育、提升環境素養。因此在環境教育行動方案中納入糧食安全等項目。根據《環境教育法》規定，政府機關和高中以下學校，每人每年必須接受4小時環境教育，並且有穩定的環境教育基金支應相關教育課程。因此，在環境教育師資上，經由認證的食農教育師資公開在網路上，各機關都可以透過這個平台尋找教師進行教學。台灣農業推廣學會2016年出版《當筷子遇上鋤頭—食農教育作伙來》一書中建議，食農教育需要納入飲食教育和環境教育，讓各政府機構、學校、農會、非營利組織、農場，以及農牧企業，都能夠經由合作參與來共同完成下列的教學內容（台灣農業推廣學會，2016）。



### ㈠親手做

讓學習者經由飲食調理和農事投入，親自動手參與「從種子到果實」、「從孵蛋到小雞成長」的生命成長過程，以及「從農場到餐桌」、「從採菜到烹煮」等完整生產消費過程，以具備簡單的農事和飲食生活技能，體會農民的辛勞和食物的珍貴，也體悟生命價值和激發動力。

### ㈡農業食物

食農教育在意涵上隱含了盡量吃農業食物（eating agro/agri-food），而非化學工業食物的意義。飲食體驗強調盡量吃從泥土生產出來或自然養殖的食物，鼓勵吃最新鮮、僅初級處理過的農產品，同時減少食用過度加工或加了大量化學添加物的「工業食物」。

### ㈢共耕共食

教學活動設計，盡量以與朋友或家人一起參加爲原則，強調以團體方式從事農產品生產，以及共同開伙，進餐時營造良好飲食氛圍和表現適當的進餐禮儀。

### ㈣綠色產消

不管是生產體驗或飲食活動設計的要求，都強調城鄉資源交流、在地生產、適地適種和當季生產的重要性，鼓勵對環境友善的生產和消費方式，並強調廚餘的再利用，避免食物的浪費。（請見圖8-8）

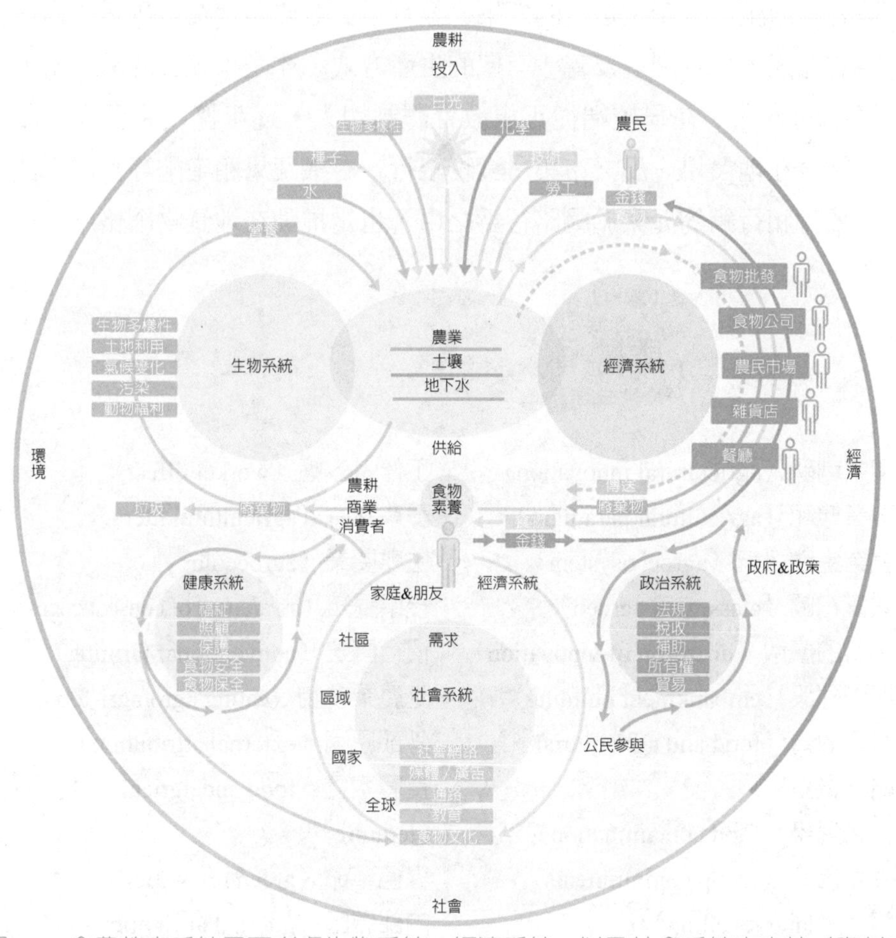


圖8-8　食農教育系統需要考慮生物系統、經濟系統，以及社會系統支支持（資料來源：Nourish initiative, n.d., www.nourishlife.org/teach/food-system-tools/）。

## 小結

農業生態系統包含了生態系統生產力、生態穩定性、農業永續性，以及社會公平性。自然科學了解農業生態系統的元素，例如環境資源的保護、土壤植物，以及生態系統之相互作用。社會科學協助有機農業的實踐，對於農村社區的影響，以及經濟制約生產方法，決定耕作方式的文化因素。因此，從社會科學的角度進行分析，目前臺灣食農教育，還停留在營養午餐，或是更換食材的階段，我們應該傳承飲食文化、協助教師連結食農資源，增加學生農事體驗。此外，食農教育需要從生活角度切入，讓消費者對於生產者產生信任的效果。教育手法需要結合在地農業食物網絡連結的方式，配合環境友善、有機的生產方式，才是未來農產品行銷上應該發展的方向。在學校端從正規教育體制切入，逐步擴及到青少年和成人，結合在地農場、農夫市集、食物銀行、有機蔬果箱宅配等網購方法，整合教育和行銷的元素於網路行爲之中，也是推動在地食物網絡中可行之機會。



## 關鍵字詞

農業創新（agricultural innovation）
農業典範（agricultural paradigm）
農業生態系統（agroecosystem）
教室花園（classroom garden）
創新的擴散（diffusion of innovation）
堤防建設（embankment building）
食農教育（food and agricultural education）
食物污染（food contamination）
團體信念（group commitments）
整地（land levelling）
工作者效應（worker effect）
農業素養（agricultural literacy）
生態農業（agroecology）
後果覺知（awareness of consequences）
慣行農法（conventional farming）
吃農業食物（eating agro/agri-food）
外部原因（external attribution）
食農素養（food and agricultural literature）
綠色革命（green revolution）
內部原因（internal attribution）

非基因轉殖的作物（non-genetically transplanted crop）
典範轉移（paradigm shift）
後人類主義（post-humanism）
親環境行為（pro-environmental behavior, PEB）
反覆耕作（repeated ploughing）
重要生命經驗（significant life experiences）
社會歸因理論（social attribution theory）
永續性世界觀（sustainability worldview）
永續發展目標（Sustainable Development Goals, SDGs）
非基因改良食品（non-genetically modified food）
非點源（non-point source）
知覺行為控制（perceived behavioral control）
提高生產力（productivity gains）
再生能力（regeneration capacity）
規模效應（scale effects）
慢食（slow food）
社會規範（social norm）
永續農業（sustainable agriculture）
永續創新（sustaining innovations）

# 第九章 休閒教育

Perhaps no single phenomenon reflects the positive potential of human nature as much as intrinsic motivation, the inherent tendency to seek out novelty and challenges, to extend and exercise one's capacities, to explore, and to learn (Ryan and Deci, 2000).

也許沒有任何一種現象，可以反映人性內在動機的積極潛力。在尋求新奇和挑戰之時，內在動機是一種與生俱來的傾向，擴展和鍛鍊個人探索和學習的能力。

——萊恩（Richard M. Ryan, 1953-）；迪西（Edward L. Deci, 1942-）。

## 學習焦點

1999年古德比（Geoffrey Godbey, 1942-）在《您的休閒生活》（Leisure in your Life）中定義休閒爲：「休閒是人類在文化和自然環境等外在環境下生活的一部分，這兩種環境能驅動人類樂於依照自己喜好的享樂方式進行活動，這些享樂方式成爲人們信仰或價值的部分基礎。」（Godbey, 1999）。如果我們建構好休閒教育內涵，休閒遊憩的動機和抉擇，在於依據心流理論，建立休閒遊憩的方法，以奠定幸福快樂的詮釋。休閒爲個體在活動參與中，獲得身心的滿足、放鬆和愉悅的效果。參與休閒體驗時是自己選擇的，而不是被強迫的。因此，選擇參與休閒活動，純粹是爲了內在動機，而不是達到某種成就上的目的。這種選擇的自由（free to choose）的休閒，是一種主觀體驗到休閒所帶來內心實質的感受，本章探討休閒觀是將休閒視爲一種素養，藉以達到生命整體性的超越價值。

## 第一節　休閒教育內涵

休閒觀念可以追溯到西方希臘哲學家柏拉圖和亞里斯多德（Aristotle, 384-322 BC）的作品之中。亞里斯多德曾說：「戰爭是爲了和平，工作是爲了休閒。」亞里斯多德認爲，倫理生活包含了休閒（schole; scholia）的重要組成元素。在亞里斯多德的論點中，他提出不同層次的休閒概念。休閒係立基於基本道德和公民教育（希臘原文paideia）的觀點上，他認爲人類應該採取行動的方式，將幸福立基於的美好生活之上。

在東方，休閒也是儒家思想的一種早期思想。本書於第一章中曾經討論《論語．先進篇》。孔子的學生曾點說：「莫春者，春服既成，冠者五六人，冠者五六人，童子六七人，浴乎沂，風乎舞雩，詠而歸。」夫子喟然歎曰：「吾與點也！」《論語．子罕篇》子在川上曰：「逝者如斯夫！不舍晝夜。」紀俊吉討論〈王邦雄先生休閒觀之詮釋：儒家面向的觀點〉一文，認爲孔子強調環境休閒之樂。因此，儒家的休閒觀是將休閒視爲一種素養，藉以達到生命整體性的超越，更希望藉由休閒活動的參與，會通內聖外王的修爲功夫（紀俊吉，2017）。

休閒被視爲個人成長和社會進步的一種方式。雖然這種觀點在16世紀中受到影響，在西方國家，隨著基督教新教徒（Protestant）的工作道德（work ethic）的引入，其中休閒被視爲有罪的（sinful）。之後，我們也看到休閒參與活動被視爲平衡生活方式的重要成分。除了休閒的歷史根源之外，考慮休閒促進健康和經濟效益也很重要。休閒強化心理健康，有助於減輕壓力。這些健康效益的具體的成果，包括改善情緒、增強自尊、提高生活滿意度，或是減少抑鬱、焦慮，以及孤獨。通過休閒參與活動，可以獲得以上的好處。

休閒教育（leisure education）對於希望提高整體生活品質的人類來說，都是一種具有價值之工具。所謂的休閒教育，是指針對休閒和運動活動的指導和教學。在大專校院觀光學院課程之中，學生接受休閒教育，以便在畢業之後可以從事娛樂、育樂，以及休閒管理相關職業。在制式教育之中，參加夏令營的學童參加以教育爲目的的環境教育活動。成年人和銀髮族同時需要參加休閒爲主的活動。由於休閒教育適用於幼兒園、小學、中學到大學各階段的正規教育，以及成人教育類型的休閒計畫，以下說明休閒教育定義。

休閒教育主要有兩種方式。第一種爲通過舉辦活動所需要知識和技能的教學過程；第二種是通過提供參與機會，教育人們休閒重要性的一種過程。休閒教育是教導別人如何最好地運用自我的空閒時間。那麼，休閒教育應該從過程（process）來觀察，而不是從內容（content）來觀察。休閒教育被教育者視爲：「一種理解個人發展對於休閒、自我與休閒關係，休閒自身的關係的生活方式和社會關係的過程。」（Mundy, 1998:5）。休閒教育的主要目標，是讓個人通過休閒來提高他們的生活品質。

在西方國家，休閒教育應納入大專學院的課程，已經擁有著悠久的歷史。在1890年，美國大學校院的董事會，即將休閒教育納入課餘計畫。這些努力得到了美國國家教育協會（National Education Association）的支持，建議將公共建築用於社區娛樂和社會教育使用。到了1918年，美國國家教育協會頒布了中等教育基本原則，提出了七項教育目標，包括值得運用休閒時間。因爲美國是清教徒立國的國家，休閒通常被視爲生活中最不值得重視的一環。然而，到了1966年，布萊比爾特（Charles K. Brightbill, 1910-1966）認爲，教育最重要的責任是確保身體健康，其目的係爲提供充足的休閒娛樂，以及爲了學習者的心理發展和強化社會利益。

到了1975年，美國佛羅里達州塔拉哈西（Tallahassee）舉行第一屆休閒教育會議。透過國家遊憩與公園協會（National Recreation and Park Association, NRPA），以及公園與遊憩教育者學會（Society of Park and Recreation Educators, SPRE）的支持，在現有大學校院的課程中開展休閒教育，推動休閒教育促進項目（Leisure Education Advancement Project, LEAP）。由於休閒教育在學校課程中的重要性，到了2002年美國休閒觀光領域學者推動戶外、學校，以及醫院臨床環境的休閒教育。

## 一、教育受衆

在研究休閒教育時，有兩個相關的問題：「誰提供休閒教育機會？」；「誰在休閒教育中受益？」首先，大專校院提供正規和非正規的休閒教育，在觀光、旅遊、休閒、育樂、運動課程之中，提供了培訓機會。此外，觀光旅運服務相關科系師生，以及接受教育培訓者獲得利益。如前所述，休閒專業人士需要具備教育他人休閒活動之技能，因此從休閒教育和訓練活動之中受益。有鑑於休閒教育的好處，從事於休閒的兒童、少年、青年、老年人、退休人員，以及其他領域從業人士，都因爲從事休閒活動而在精神和身體中獲得健康、滿足，以及愉悅的心理利益，甚至產生社會利益，以及經濟利益。

## 二、教育時間

休閒教育是一個發展和服務的過程，因此在教育的期程之中，應該在整個生命週期中持續進行。對於休閒服務專業人士而言，休閒教育應該是他們工作的重要元素之一。因此，正規教育可以提升專業形象，建立專業組織在教育單位中取得服務認證。休閒教育者學習正規課程的形式，同時也必須在自己的生活中保持專業的形象。對於從事休閒行業以外的人士來說，休閒教育包括提高生活技能、強化生活資源，以及運用休閒機會提升自我教育。雖然在休閒相關領域科系畢業之後，可能不會繼續再接受休閒正規教育，但是應該定期針對自己曾經參與過的休閒活動，進行某種形式的反思和評估。

## 三、教育內容

休閒教育有兩種形式進行呈現，一種是「爲了休閒的教育」（education for leisure）；另外一種是「從休閒中進行教育」（education through leisure）。當人們談論休閒教育時，他們更具體地談論休閒專業人士教育社會大衆休閒參與的過程。作爲一位教育工作者，休閒專業人員提供專業資訊，以便人們可以參與休閒機會。因爲個人需要有關休閒技能、計畫，以及資源的知識，才能參與休閒活動。除了具體的知識之外，個人必須有機會提高休閒相關的「自我覺知」（self-awareness）。自我覺知讓個人能夠更深入地了解自己與休閒之間的關係，以及休閒運用和社會之間的關係。休閒教育者必須協助人們清楚地確定休閒對於他們的意義。

此外，通過休閒來檢視教育內容也很重要。休閒提供良好的教育媒介，包括休閒主題。同樣的，休閒教育者的作用是爲個人提供機會服務，利用他們從過去的教育之中獲得的技能和知識。休閒教育者鼓勵個人獲得休閒活動的經驗，以提高技能和知識。此外，這些機會讓個人能夠學習可以轉移到其他生命領域的技能。例如，考慮與和同伴共同參加障礙賽課程（obstacle course）的青少年。雖然這可能是一項有趣的活動，但是青少年從參與中可以學到寶貴的經驗教訓，包括如何在小組中工作，如何共同制定決策，以及如何解決問題。通過參與這項活動，青少年可以開始學習如何在這個休閒機會之外，將這些專業技能轉化爲生活技能。在此情況之下，青少年透過使用休閒作爲媒介，接受休閒教育。

此外，休閒教育相關的特定地點確實有一些挑戰。然而，休閒教育方案已經開發了許多地方，以滿足休閒教育的要求，包括醫院、學校、冒險營地（adventure-based camps）、社區中心，以及大學校園等。休閒教育往往是治療遊憩（therapeutic recreation）的關鍵因素。事實上，休閒教育是最常用的治療遊憩相關服務提供模式的主要成分之一。

## 四、教育領域

雖然休閒教育有許多模式，但在這些模式要解決問題之間，存在一些共同領域。休閒教育模式將包括休閒覺知（leisure awareness）、自我覺知（self-awareness）、社交技能（social skills）、休閒技能（leisure skills），以及休閒資源（leisure resources）。

### ㈠休閒覺知

休閒覺知的重點是幫助個人理解休閒的概念。解決這個問題的一種方法是將個人暴露（exposing）於各種休閒活動中。自我覺知有助於個人理解自我對於休閒活動的理解，也就是自我覺知（self-awareness）。該要素的主要目標，是幫助個人鑑別最喜歡的休閒活動及機會。

### ㈡社交技能

社交技能是與其他人互動所需的技能。這些技能通常對於包含在休閒機會之中，因爲許多技巧的追求，往往涉及與其他人的互動。

### ㈢休閒技能

休閒技能包括兩種技能，即參加運用等特定機會所需要的直接技能，以及進行個人決策、規劃，以及解決問題等間接技能。個人需要以上的兩種技能，有時稱爲傳統技能和非傳統技能，以能參與各種休閒活動。

### ㈣休閒資源

最後，個人必須了解自身可以取得的休閒資源。這些可能包括人員、地點，以及設備。但是除非個人可以進入休閒場域，否則將無法親臨參與。在休閒資源中，具備大衆旅遊，以及替代旅遊的休閒場域。替代旅遊包含了社會文化旅遊、冒險旅遊，以及生態旅遊等內涵。（請見圖9-1）



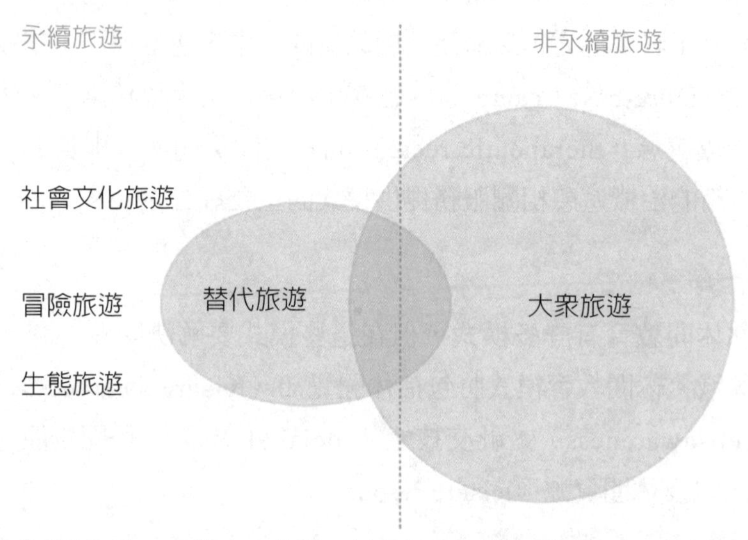


圖9-1　在休閒資源中，具備大衆旅遊，以及替代旅遊的休閒場域。替代旅遊包含了社會文化旅遊、冒險旅遊，以及生態旅遊等內涵（Eriksson, 2003）。

## 第二節 休閒遊憩的動機和抉擇

有多少人參加休閒活動，是爲了獲得教育？在休閒的動機中，眞正學習休閒，或是體驗休閒的動機有多少？我們知道，在休閒活動中，爲什麼人們會選擇連續幾個小時看電視、手機，以及打網路遊戲？有的人會選擇參加體育競技活動？或者是冒著生命危險，參加超級馬拉松，或是征服聖母峰-珠穆朗瑪峰（Mount Everes）？參加休閒活動的原因，是因爲享受戶外活動驚險刺激的樂趣，還是貪圖一時的口腹之慾，品嘗各地的美食？其實，休閒活動和人類一樣，具有多重和豐富多樣的天性。遊憩的愛好者從他們的活動中，獲得不同的享受和滿足。這些活動的品質是他們參與休閒體驗的最大動力。我們稱呼這些人類活動的驅動因素爲激勵因素（motivators）。在此，休閒動機（motivation）可以定義爲將人類施展行爲的內部因素或是外部因素。與遊憩休閒活動相關的激勵因素之中，可能是發展體育中肢體動作的卓越技能，或是體驗視覺、味覺、聽覺、觸覺、嗅覺，以及內心深處悸動的那一種對於藝術的渴望。

在心理理論研究討論內心的動機時，羅徹斯特大學社會心理教授迪西（Edward L. Deci, 1942-）和澳洲天主教大學（Australian Catholic University）正向心理及教育中心教授萊恩（Richard M. Ryan, 1953-）的「自我決定理論」（Self-Determination Theory, SDT），成爲人類動機發展的一種普遍的心理學理論。「自我決定理論」係爲假設「當人類了解從事活動的意義和價值之時，人類天生就有動力推動自我成長，以及進行自我實現，並且完全承諾並參與，甚至相當無趣的工作。」

因此，「自我決定理論」重點關注於人類參與活動的內在動機，而不是外在的動機。迪西和萊恩描述了六種不同類型的動機，這些動機源於一種自我決定的連續（continuum）概念（Ryan and Deci, 2000）。

### 一、自我決定的連續（continuum）概念

#### ㈠無動機（Amotivation）

人類在完成表現（performance）之後，卻無意這樣做。例如，當父

母帶著孩子去看一場棒球比賽時，當孩子沒有興趣看球賽。該場活動孩子一起參加，因為他別無選擇，這是他無法控制的一種休閒活動之參與。

### ㈡外在動機（Extrinsic motivation）

由於外力或獎勵而表現的活動。例如，職業運動員因為自己的球隊參加比賽而獲得一種金錢補償（compensation）。這種補償是一種外部獎勵（external reward），很可能是運動員參與運動的驅動因素之一。另外一種激勵因素的例子是對於網路線上遊戲獲得獎勵的活動，因為想要賺取獎勵，而邀集線上的網友參加。如果涉及金錢而參與比賽，那麼這就是外在的激勵因素。

### ㈢內向動機（Introjected motivation）

內向性的動機，係為人類表現一種減輕內疚和焦慮或增強自我（enhance ego）的活動。這一種心情屬於心不甘情不願，但是非得參與的活動。例如，參加一項活動，因為其他人都希望你能上場，如果沒有上場，你能感受到他人失望的眼神，這會導致你的內疚或是焦慮感。在增強自我方面，有些人參加活動，是因為可以向他人展示自己的運動技能。例如，職業運動員和職業演員在娛樂他人的時候，可以上場耍寶，獲得球迷和觀眾的欽佩，而實際上運動員、演員，以及專業的表演者，並不喜歡這一類年復一年的重複活動，對他們來說，這只是工作。

### ㈣確定動機（Identified motivation）

有些人完成活動的表現，是因為個人看到了活動中的價值，並獲得了活動的滿足感。這些活動可能是建立運動技能，或是強化身體健康，保持健美。例如，如果一位大學女生，是為了減重，提高健康水準而參加路跑，而不是為了純粹跑步的興趣，她是一種因為跑步體驗而展現的確定動機。

### ㈤綜合動機（Integrated motivation）

有些人活動的表現，符合個人自身的價值觀和期望，但是這一種期望，有某一部分屬於外在的原因。例如，為了健身和減肥，而進行路跑的人相當理解這一種動機。因為他們想要身體健康，選擇跑步做為實現身體健康的活動。

### ㈥內在動機（Intrinsic motivation）

內在動機屬於行爲表現本身產生的感受，完全來自於活動。例如，第一次完成21公里半程馬拉松，可能會產生一種達成目標的自我成就感和自豪感。這一種感受，屬於內在的動力。參加半程馬拉松，是因爲參與持續運動之後的爽快感，而不是因爲外部獎勵。

在休閒服務的教育領域中，我們鼓勵休閒教育者訓練出來的學生，最需要是一種內在動機（intrinsic motivation）。因爲這是眞心喜歡這一種產業，在服務他人，擔任休閒服務、解說、規劃、設計，以及自我進修的過程之中，能夠自得其樂，獲得學習的滿足感。迪西和萊恩總結了內在動機的重要性：也許沒有任何一種現象，可以反映人性（human nature）內在動機的積極潛力。在尋求新奇和挑戰之時，內在動機是一種與生俱來的傾向（inherent tendency），擴展和鍛鍊個人探索和學習的能力。

當人類在內在動機獲得強化之後，更有可能產生自主意識、自主能力，以及自我的覺知。自主意識是決定自我行爲的自由，也是指導人類自我行動，並且掌控局勢的一種內心狀態。當個人感受到自我之時，就會展現能力影響自身的行爲。因此，在休閒教育中，如果要教導親環境行爲。如果這一種因爲自身行爲表現得好，獲得了獎勵，是屬於人類的內在自我啓發，不假外來。所有願意參加環境保護和旅遊休閒的活動，是因爲強化了自身的利益而去做。這些利益，包括了遊憩活動的滿意度和恬適度。

## 二、遊憩活動的滿意概念

我們從上述「自我決定理論」（Self-Determination Theory, SDT）理論中了解，人類具有能力、技能，可以達到一種行爲表現的水準。這些水準需要進行在行爲之後，獲得內心的激賞，或是外部的積極反饋。最後，休閒遊憩之滿意度，屬於內心深處一種歸屬感（belonging）、安全感（security），以及和他人產生聯結（connection）的感覺。以上的社會歸屬感（belonging）、安全感（security），以及連結感（connection），增強了內在動機的可能性。

如果我們考慮和休閒偏好相關的激勵因素。我們以休閒心理學領域討論了人類發展、行爲科學，以及環境心理的概念，包含了認知（cognitive）（指的是心理發展或是智力發展）、情意（affective）（情意和情緒或是情感狀態有關），以及運動技能（psychomotor）（指的是運動方面的技術領域）。在休閒競技相關領域之中，從體能、社交、心理，以及情緒之中，在體驗的過程上獲得滿意度。在休閒參與的激勵因素之中，可以獲得上述的體驗滿足感。圖9-2談到休閒遊憩在旅遊中的滿意度，包含了參加休閒遊憩的觀光客的滿意度和恬適度，同時包括了經濟層面、社會文化層面、生態層面，以及當地居民組織面向的動機。

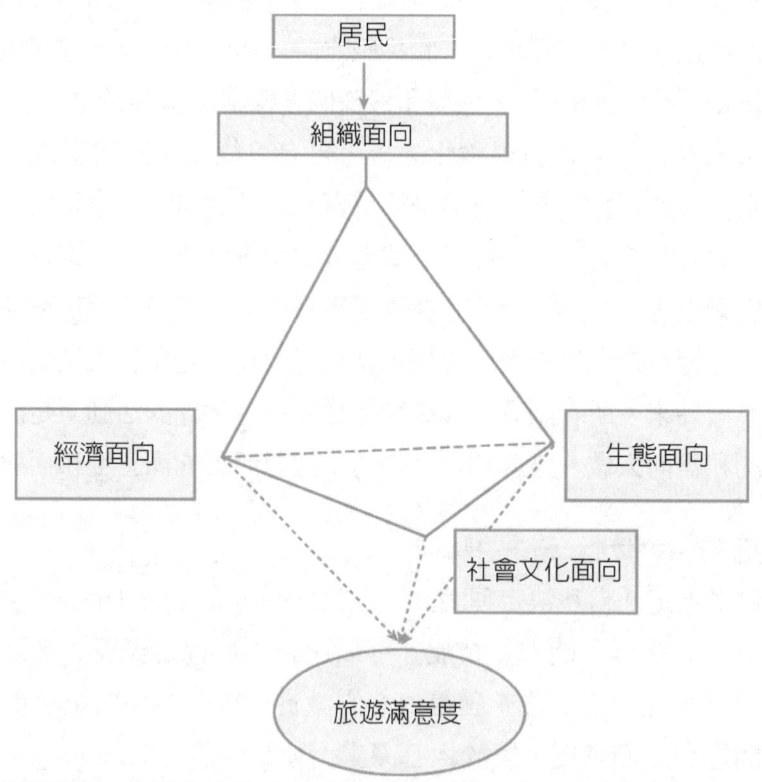


圖9-2 休閒遊憩在旅遊中的滿意度，包含了永續發展指標中的經濟層面、社會文化層面、生態層面，以及當地居民組織層面（Spangenberg and Bonniot, 1998; Spangenberg and Valentin, 1999）。

### ㈠組織面向動機

如果我們從參加活動所能獲得滿意的程度，首先需到談到組織面向。以服務的積極態度爲建立休閒服務業的最高標準，取決於休閒活動與參與者之間的關係。也就是說，休閒活動的參與者，如果對於休閒產品和服務滿意程度越大，需要考慮到經濟層面、社會文化層面、生態層面等面向。如果參與者滿意程度越高，休閒活動產業的競爭力越強，也就是說，在活動市場的占有率就越大，產業效益就越好。所以，透過組織能力，強化休閒活動的經營組織和居民依存於休閒產業活動的參與者，成爲休閒產業界的共識。

### ㈡經濟面向動機

在休閒產業，包含觀光、旅運、遊憩、傳播、餐飲，以及環境教育，都需要進行收費，以確保教育、交通、保險、導覽、住宿，以及餐飲的活動品質。因此，參與者滿意度是一種評價活動主辦單位以及管理體系績效的重要手段。也就是說，收費是爲了確保環境教育在休閒領域的品質。在收費之後，需要針對價格需求：包括價位、價質比、價格彈性等，進行深入的評估。通過顧客滿意度和回客率的指標，進行顧客滿意度分析，才能夠進一步改善休閒活動的經濟管理體系。

### ㈢生態面向動機

我們從環境教育休閒活動之中，了解到其實環境教育和休閒領域的活動，如果能夠兼籌並顧，需要考慮生態旅遊的範疇（方偉達，2010；李文明、鐘永德，2010）。也就是顧客滿意度，不能以建築在侵犯生態和設施的基礎上進行。也就是說，我們需要建立人類的基本需求，在山林中行走，需要建立「無痕山林」的環境友善行爲；在球場上看球，或是在演場會中欣賞明星的歌唱，需要減少環境資源的浪費，不要產生隨地丟棄的垃圾，如仙女棒（sparkler）、傳單、裝飲料的杯子，以及裝熱狗的保麗龍盒；在都市中漫步，不要丟棄菸灰和菸蒂在街道上。這是人類在從事休閒活動之中，最基本的人類需要的環境道德。人類在環境中進行休閒活動，需要的基本結構分爲下面的生態需求：

1. 環境品質需求：包括休閒環境的寧適性、實用性、外觀性、設施可靠性、設施安全性，以及環境美學等。
2. 生態服務功能需求：包括環境生態服務功能的主導性、輔助性，以及兼容性。

### ㈣社會文化面向動機

休閒遊憩的體驗，具有高度參與化、需求個人化，以及深受社會文化影響之特性。所以從社會文化的供需面進行調查，以質性研究和量化研究解釋參與者在休閒體驗參與行爲對其「放鬆程度」的滿意度，以及休閒場所忠誠度的影響；同時建立參與休閒活動消費滿意度調查的影響分析模式。可以知道滿意度高低，除了經濟面向、生態面向之外，事實上分析休閒遊憩氛圍的滿意度評分，通常也需要驗證社會文化因素，例如社交行爲、時間面向、文化脈絡、參與深度、體能因素、生理狀況、人際關係、學歷程度、職業收入、社會支持，以及跨文化適應等人口、社會，以及文化統計變量，對於休閒遊憩滿意度有顯著的影響。對於休閒遊憩活動氛圍的整體滿意度的影響是否成立，需要關注社會文化面向的需求和供給。



## 三、社會與環境的抉擇

在休閒遊憩的生活課程之中，需要以個人層次到社會團體層次，進行以上個人面向（經濟層面、社會文化層面、生態層面，以及當地居民組織面向）的影響評估和抉擇。圖9-3爲健康素養和公共衛生系統整合模型。在個人實質發展上，需要注意是否強化了個人的衛生保健、健康促進等個人行爲發展，並且提供環境知識、培養正確環境態度，並以環境行動減少休閒衝擊的教育型遊憩方式。因此，擴大健康服務、產生健康行爲、擴大行動參與，以強調社會公平（請見圖9-3）。

所以，從社會與環境決定因素策劃休閒教育，是一種在醫療保健機構中的服務項目。休閒教育是一種專注於教育的廣泛服務類別發展，並且獲得各種休閒技能、提高環境態度，以及強化環境知識（Peterson and Gunn, 1984）。因此，從社會與環境決定因素進行抉擇，強調休閒教育的團體目的是「通過休閒活動，提高人類的生活品質」。

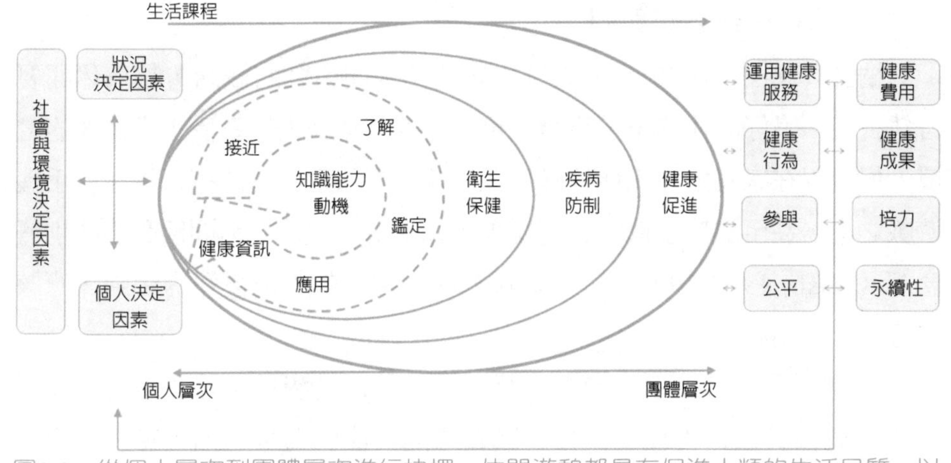


圖9-3　從個人層次到團體層次進行抉擇，休閒遊憩都是在促進人類的生活品質，以強化健康的行為（Sørensen et al., 2012）。

## 第三節　休閒遊憩的類別和心流理論

近年來，因爲2008年金融海嘯，到了2019年美國和中國因爲貿易障礙，導致貿易壁壘，全球金融景氣情況不佳。爲了維持中等的生活品質，人們被迫必須超時工作或是兼職上班，平均每週工作時數增加，休閒時間減少。並且，在今日有許多人週末假日及夜間，仍然必須超時工作。

此外，因爲服務業部門勞動人口比例不斷地增加，這些改變促使消費者的價值觀改變，新興勞動階層在辦公室使用傳真機、電話機，以及網路工具上班，在下班時間之後也需要以手機、簡訊、電子通訊、郵件信箱，以及社交媒體隨時待命，等待上級長官的差遣。網際網路、資訊看板、手機上網、手機簡訊、電子通訊，以及電子郵件信箱在旅遊資訊、休閒資訊服務上，扮演了革命性的角色及功能。然而，手機上網遊戲，花點數給網紅買禮物，眞的是休閒活動嗎？媒體資訊和新聞如排山倒海而來，網路即時通訊、網路直播影片隨時通過手機，進入到人類的視線之中；網路手機的遊戲，以資訊淹沒的模式，隨時可以下載，滿足人類對於線上遊戲的渴求，但是這些龐大到讓人喘不過氣的遊樂情境，眞的可以達到休閒遊憩的效果嗎？以下我們談到休閒遊憩的類別（方偉達，2009a）。

## 一、休閒遊憩的類別

納許（Nash, 1960:89）談到人類使用休閒活動的概念，認爲休閒要自幼養成，良好的休閒學習環境，可以引導孩童長大後享受正當休閒的習慣。但是現在家長因爲工作忙碌，以手機餵養孩童，造成孩童沉迷於手機遊戲之中，甚至造成手機成癮的現象，以下爲人類使用休閒活動的類別概念圖（Nash, 1960:89），可以知道有些休閒活動不是很好的活動，應該要避免，說明如下。

㈠反社會行爲：納許稱爲極端的行爲，這種行爲觸犯了社會道德，違反者需要擔負法律責任。例如：吸食毒品、注射嗎啡、抽大痲煙、酒後飆車，甚至於以縱火爲樂等公共危險行爲，都算是列爲極端的反社會行爲。

㈡自我傷害行爲：這種越軌的行爲，遠自古羅馬時期龐貝古城就有這種遺跡，例如：飲酒過量、徹夜不歸，以及縱慾行爲等。例如強尼戴普（Johnny Depp, 1963-）在2019年影片《人生消極掰》（Richard Says Goodbye）飾演只有六個月生命瘋狂教授的冒險行徑。自我傷害行爲雖然不像是反社會行爲那麼引人矚目，但是會造成身心困窘，造成自我矛盾和放逐，衍生種種家庭、學校和社會的後遺症。

㈢娛樂／消遣／殺時間：係屬解決無聊的方式。這些方式，包括呆坐在家中看電視，無聊到要沒有目的地逛街，或是和三五好友打屁，甚至一般喝茶、看報紙、聊天，以及當宅男宅女玩手機、看網紅（internet celebrity）、上網聊天、隨便亂寫酸文（troll）當酸民（hater）；看網路直播的行爲，都列爲「殺時間」式的娛樂。在參與層次上屬於被動式跟隨活動或消極地參與，較爲缺乏建設性。

㈣情感式參與：是積極從事休閒活動，以觸動內在心靈，或聯繫到感觸經驗（touching experience），進而產生了情感共鳴。例如：親身體驗到紐約洋基隊主場觀看球賽，並分享比賽得勝的樂趣；親自到波士頓觀賞馬拉松比賽，並且投入路跑活動。情感式投入需要親身體驗，並且可以清楚地詮釋休閒所經歷的過程。

(五)行動式參與：是以複製模式或是部分參與的方式，進行休閒主題的詮釋，又稱爲「典範模仿」或「角色扮演」。在中國傳統琴棋書畫中，屬於琴、棋演繹部分。例如：演奏家閒暇時照琴譜練琴，棋藝家閒暇時按照棋譜擺棋。這不屬於原創的行爲，而是屬於複製的典範模仿形式。在部分參與方面，清晨在公園領導土風舞編舞的舞蹈老師，或是清晨在公園演繹外丹功、太極拳、香功、元極舞等精髓的師傅。他們在舞臺或是公園所詮釋的領導者角色，他們雖然也不是屬於原創者，但是經過舞蹈的不斷複製過程，增加了舞步拳法新意，在參與的過程中，藉由休閒過程獲得滿足感。

(六)創造式參與：這是休閒活動的頂極參與者，稱爲原創者的休閒行爲。在中國傳統琴棋書畫中，屬於書、畫創作部分。例如在休閒的過程中，以業餘的創作、發明、製作爲休閒過程，從個人的經驗或印象中獲得創作的靈感，進而發展出藝術雕塑、金石書畫、劇本小說、科學發明、理論創造等作品。以上創造式參與者稱爲作家、教授、研究員、藝術家、文學家、科學家、哲學家、發明家。

## 二、休閒的心流理論

如果我們以圖9-4的說明來看納許的學說，這是一種心流理論（flow theory）可以解釋的休閒原則（Csikszentmihalyi, 1975/2000）。契克斯森米海（Mihaly Csikszentmihalyi, 1934-）曾經以創造、遊玩，以及智慧屬性，來詮釋休閒在不同層級的屬性，認爲休閒活動除了鬆弛、娛樂自己以外，其實在行動機會和行動能力挑戰之中，充滿了創造式參與的心流特性。

事實上，在休閒活動參與的需求、功能和種類上，由於人類在工作範疇之中，如果工作挑戰和尺度過大，人類不能承受壓力，在工作中充滿了焦慮、擔心，以及迷惘。如果工作上要超過人類得能力範圍，則會產生另外一種挫折和焦慮現象。因此，如果在一種自由選擇學習（free choice learning）的創造、遊玩，以及智慧屬性的學習範疇之中，應該具備高層次的創造性、服務性和自我實現價值，這部分的架構和馬斯洛（Abraham

Harold Maslow, 1908-1970）的層級理論有相符之處。因此，智慧屬性的學習範疇處於自我實現之處，更會產生了心流，圖9-5說明這一種學習狀態。

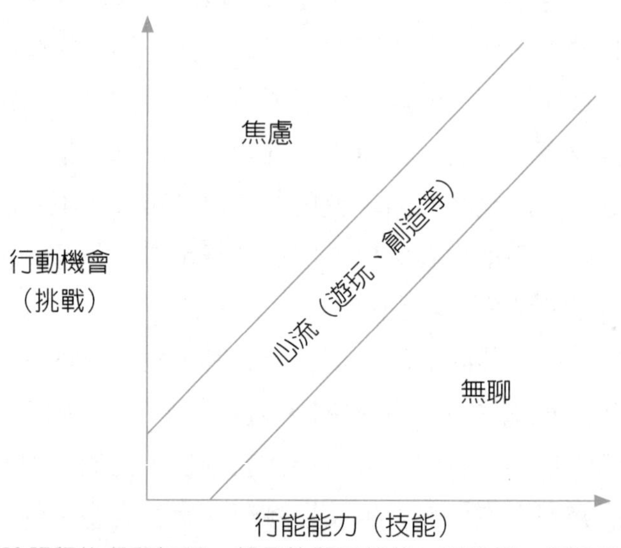


圖9-4　心流理論解釋焦慮和無聊，都是休閒可能的一種動機。但是是否能夠除去焦慮和無聊，端看你從事的是什麼活動（Csikszentmihalyi, 1975/2000）。

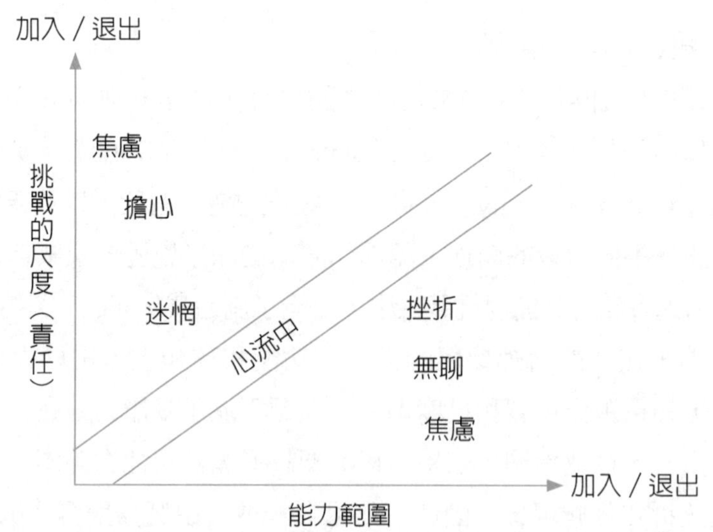


圖9-5　在心流理論產生的時候，必須要克服學習過程中的迷惘和挫折，以達成物我兩忘的學習狀態（Csikszentmihalyi, 1988）。

個案分析

## 1987年的心流

心流產生的時間，一定擁有一種氛圍。

我翻查日記，看到一段文字。

《春雷蟄伏》

欲證心之康泰，法道之常規，必通易而後覺，以效古之仁人。雖力有不逮，勉力而矣已。憶及文山之正氣歌，乃覺學古通今，逝者斯時也。心契神會，慨然悠遊如上古之櫱。春雷蟄伏、跫音初動；春風駘蕩，冬氣幽幽。余正襟危坐，神清氣閒，高誦：「風簷展書讀、古道照顏色」。

1987.2.2 方偉達 寫於丁卯正月初五 幻非居（時年22歲）

從以上的案例分析，心流產生的時間，一定擁有一種氛圍。從圖9-6的挑戰和技能的圖說，我們可以看到一種突破挑戰和技能，產生最高層次的心流。我們可以看到以覺醒（arousal）突破挑戰，以放鬆（relaxation）、控制（control）突破技能的限制。

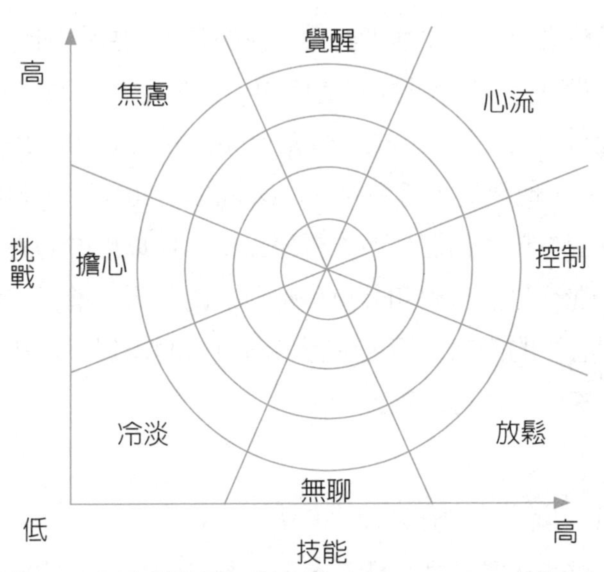


圖9-6　以覺醒（arousal）突破挑戰；以放鬆（relaxation）、控制（control）突破技能限制的心流理論（Csikszentmihalyi, 1988）。

如果在渾渾噩噩中，如何以覺醒（arousal）突破挑戰，以放鬆（relaxation）、控制（control）突破技能的限制，達到沉浸於心流的境界。我還是大力推崇四本書，《無知的力量：勇敢面對一無所知，創意由此發生》（2016）（Nonsense: The Power of Not Knowing）（Holmes, 2015）；《閒散的藝術與科學：從腦神經科學的角度看放空爲什麼會讓我們更有創意》（2016）（Autopilot: The Art and Science of Doing Nothing）（Smart, 2013）；《用科學打開腦中的頓悟密碼：搞懂創意從哪來，讓它變成你的》（2015）（The Eureka Factor）（Kounios and Beeman, 2015）；《跟著大腦去旅行——分心時，大腦到底恍神去哪裡》（2015）（The Wandering Mind）（Corballis, 2015）給環境教育的學習者閱讀。我們看到無知、閒散、分心、恍神，以及放空的休閒力量。如果我們的腦袋都塞了太多沒有用和死記的東西，到了需要覺醒到控制的階段，結果因爲挑戰壓力和技能限制，導致於學習徹底崩解。因此，多一些閒散，少一些壓力，才會多一些心流，也才會有更多的環境教育論文和研究的產出（方偉達，2017）。

在心流理論之中，所要強調的爲心流學習。如果休閒是爲了學習的昇華。那麼，休閒是手段，學習才是目的。葛詹尼加撰寫《切開左右腦：葛詹尼加的腦科學人生》（Tales from Both Sides of the Brain: A Life in Neuroscience），他建議進行整合（Gazzaniga, 2016）。因此，我們在心流理論之中以西方哲學爲體、西方哲學爲用，佐以東方的思想，探討以東方的融合觀，進行自然科學和社會科學典故的分析，進行左右腦的學習活動。藉由學習心流的訓練，深入進行環境科學的學習，以及進行環境教育觀念的釐清和探討，進行改善。

## 第四節　21世紀幸福快樂的詮釋

當未來人類的休閒活動和機會，越來越多的時候。機器已經協助人類進行運算，人類可以進行更高維度的心靈思考，產生更多的心流活動。如果，人工智慧是人類的未來，環境教育已經被虛擬的環境所教育，那麼，人類如何以休閒遊憩的方式，運用人工智慧產生的休閒遊憩機會，協助解決人類心智（mind）疲憊和活化幸福快樂的問題，那是一種未來學者的最大挑戰，這個挑戰，從來都沒有學者解決過。

## 一、人類大命運的快樂

哈拉瑞（Yuval Noah Harari, 1976-）於2015年出版《人類大命運：從智人到神人》（Homo Deus: A Brief History of Tomorrow），2017年天下文化發行了中文版。哈拉瑞談到21世紀的人本主義（humanism），討論了「長生不死」、「幸福快樂」，「化身爲神」的21世紀主流人本思想。哈拉瑞以唯物主義的大腦科學談「長生不死」、「幸福快樂」，「化身爲神」的想法（Harari, 2015）。上述的想法，是一種人類高度仰賴科技，自我膨脹的一種說法。這些想法，和道家思惟很像，都是渴望靠著藥物和修練昇天，只是道家講求精氣神的修練方式，和唯物論的大腦科學主義者「置換器官、喝藥自嗨，運用科技」，所換取的「長生不死」、「幸福快樂」，「化身爲神」方式不同，但是其實最終的目的是相同的。其實，在理論我們並不陌生，在中國傳統來說，這種自私自利的利己思惟，已經流傳甚久。

上述這些見解比他在《人類大歷史：從野獸到扮演上帝》（Sapiens: A Brief History of Humankind）（Harari, 2011）的大開大闔中的大知識（gland knowledge），可以說是相得益彰。哈拉瑞在2017年天下文化中文版第314頁，運用了一個單字post-humanist。我將這一個單字post-humanism稱呼爲「後人類主義」，因爲，人本主義和人類主義，都是過去的產物，該是「後人類主義」（post-humanism）上場的階段了。我在2016年刊登的國際期刊中，採用了post-humanism這個單字（Fang et al., 2016；方偉達，2017），當時我就有一種感受，「以人爲本，自爽自嗨」的時代，是不是該淘汰了。

衛報記者解釋他的書名Homo Deus: A Brief History of Tomorrow。Deus這個字緣起於拉丁語片語Deus ex machina，意思是在困局中，突然從冒出一個大神，以大能力解救一切危難。但是，這是不可能的。但是，哈拉瑞隱喻，即使部分人類因爲醫藥科技的發展，轉變成神人（Homo Deus），還是有大多數的人處於智人（Homo Sapiens）的階段，當人工智慧又凌駕了智人（Homo Sapiens）的智慧，世界的不公平性又大幅度展開。

所以，哈拉瑞覺得當人工智慧席捲未來世紀，未來人類接受教育，這些教育的效能（efficacy），很快就會失效了。21世紀現代生活，確實存在許多令人擔憂的原因，例如：恐怖主義、氣候變遷、人工智慧的興起，對我們隱私產生侵犯，甚至國際社會產生關稅壁壘，世界各國中充滿了敵對勢力，不願意相互合作（Harari, 2018）。如果亞里斯多德認爲休閒教育，應該要建立於基本道德和公民教育的觀點上，那麼到了21世紀之後，人類應該要採取什麼樣的行動的模式，將幸福立基於的美好生活之上？在21世紀中，這是一種殘酷的演化過程嗎？

哈佛大學人類演化生物學系主任李柏曼（Daniel E. Lieberman, 1964-）認爲，現代人類在15萬年前出現（Lieberman, 2014）。哈拉瑞在《人類大歷史：從野獸到扮演上帝》中，說明10萬年前，地球上至少有6種人種（Harari, 2011）；但是，目前只剩下我們這一種人種，智人（Homo Sapiens）將其他人種都消滅了。那麼，這一種能力是怎麼來的呢？主要是現代人類產生了心智，這些心智功能，凌駕了其他人種。耶魯大學考古博士泰德薩（Ian Tattersall, 1945-）在《人種源始：追尋人類起源的漫漫長路》（Masters of the Planet: The Search for Our Human Origins）中說：「現今人類的祖先智人極有可能是因爲8萬年前的一場突變，突然擁有了處理抽象及語文的能力。」泰德薩在認爲，在認知方面，符合現代人類首次出現在歐亞大陸，應該在6萬年前（Tattersall, 2013）。可是，這一種理論，依然會遭到駁斥。因爲，6萬年前沒有所謂現代人種心智的人類爸爸和媽媽，一夕之間，怎麼會誕生出有了心智（mind）的孩子？不合理（方偉達，2016）！

雖然我看了哈拉瑞的書《人類大命運：從智人到神人》，對於人類最終命運，還是一頭霧水。但是我很喜歡他的推導過程，像是欣賞一部電影的運鏡，相當氣勢磅礡。我最喜歡的結論是，後人類主義（post-humanism）的說法，推翻了人類主義或是人本主義的專擅，開始考慮到，其他智慧生命的物種，這是一種進步。也是回應到我發表過的期刊（Fang et al., 2016；方偉達，2017），考慮「超越人類之外」（後人類主義）思考的倫理，認爲人類應該與自然共存，享有互惠互利的關係。

## 二、人類精神昇華的休閒意義

如果依據哈拉瑞於2016年出版《人類大命運：從智人到神人》的論述，智人像是螞蟻辛勤工作，未來世紀很難可以自由選擇運用的時間與經費，甚至是很難在「免付費」的自由選擇學習的原則下，從事於健康愉悅的體驗活動。我們從圖9-7觀察，21世紀的生態創新系統，就是一種從服務到產品的供應系統，也就是有旅遊、餐飲，以及食農服務的需求，就會有從企業到企業的供給，同時連結企業到顧客的供給，這一切都是運用到人類知識和技術的種種資源。因此，使用了資源，就需要付費。

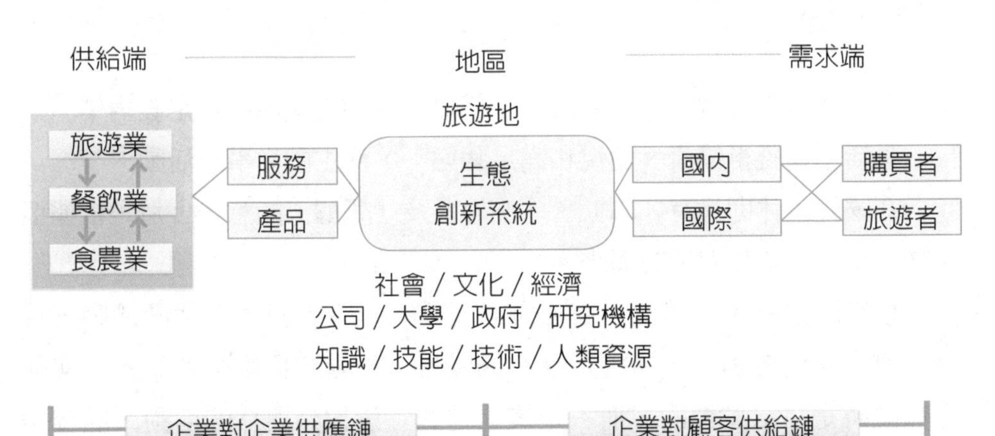

圖9-7　生態創新系統，就是一種從服務到產品的供應系統，提供旅遊、餐飲，以及食農的需求（Liu et al., 2017）。

然而，是否依據上述的系統，我們就可以從人類精神昇華的意義，進行探討幸福快樂的詮釋？答案是否定的。人類因爲享有旅遊、餐飲，以及食農產業的服務，感到快樂的時候，是因爲可以自由的選擇，以及自由的學習。也就是說，這是一種主觀的自由意志的抉擇。

但是，人類運用時間，享有旅遊、餐飲，以及食農產業所帶來的檔次活動，僅能說明客觀狀態；無法體現休閒所帶來的歡愉價值。因此，定義休閒時，除以時間或活動定義以上的休閒活動之外，需要更進一步考慮第二種層次的進階定義，包括參與者的心靈狀態（state of mind）、態度傾向，以及領悟體驗（experience）情形（請見表9-1）。

表9-1　享有旅遊、餐飲，以及食農產業在休閒活動中，應有不同層次的定義類型（方偉達，2009a）。

| | 學門演進 | 層次涵構 | 代表學者 |
|---|---|---|---|
| 成就型（第三型定義） | 休閒時代功能 | 信仰、文化、環境 | 古德比 |
| 進階型（第二型定義） | | 情境、體驗、狀態 | 亞里斯多德、派柏、紐林格 |
| 基礎型（第一型定義） | 休閒基本結構 | 時間、活動 | |





第二個層次強調的是心靈層次，係以廣義的定義則可以定義爲：

生活中爲獲得健康、愉悅和滿足狀態下，而主動從事的活動。

在國外，休閒又有「禪」、「沈思」及「覺醒」的意味，這是依據亞里斯多德的古典休閒理論而來。

以體驗觀點定義休閒，將旅遊、餐飲，以及食農產業休閒活動，視爲個體在活動參與中，所獲得身心的滿足、放鬆和愉悅的效果。參與休閒體驗時是自己選擇的，而不是被強迫的；選擇參與休閒活動，純粹是爲了內在動機，而不是達到某種成就上的目的。這種選擇的自由（free to choose）的休閒，是一種主觀體驗到休閒所帶來內心實質的感受。例如派柏（Josef Pieper, 1904-1997）是以宗教體驗來說明休閒的哲學觀；紐林格（John Neulinger, 1924-1991）以心理狀態說明休閒目的（Pieper, 1963;

Neulinger, 1974）。

1963年派柏（Josef Pieper）在《休閒：文化的基礎》（Leisure: The Basics of Culture）定義休閒爲：

1. 是人類保持平和、寧靜的生活態度。
2. 是沈浸於整體創造過程中的情境。
3. 是上帝賦予人類恩賜的禮物。

1974年紐林格（John Neulinger）在《休閒心理學》（Psychology of Leisure）定義休閒爲：

1. 心理狀態的經驗。
2. 必須是自願的。
3. 必須是內在激勵而達到本身愉悅之目的。

上述兩個層次，屬於休閒的個人體驗小乘層次，尙未發抒到人類文明締構的大乘層次，也不能將休閒帶入到人類文明關係的詮釋架構中。哈波（William Harper）在1981年撰寫休閒的體驗（The Experience of Leisure），就認爲休閒是生活上的經歷，而不是心智上的狀態（Harper, 1981）。因此，如能由人類文化、社會、環境等擴大觀點加以彌補，必能更完整呈現休閒的本質。

任教美國賓州州立大學健康與人類發展學院教授古德比（Geoffrey Godbey, 1942-）認爲，休閒應該依據人類文化和自然環境的差異性，定義休閒在個人享樂和價值基礎上的不同。他強調休閒不應該僅從個人生命出發，應該進一步將焦點延伸至全人類。

所以本章最後，我們說明休閒的定義，應該建立起休閒的歷史文化整體價值觀，第三型類別屬於休閒成就型的定義，定義如下（方偉達，2009a）：

休閒是時間、活動、體驗、心理自由及感受愉悅等綜合體，休閒不但是個人脈絡的延續，還具備促進價值信仰、社會參與及實踐創造能力的功能。

1999年古德比（Geoffrey Godbey）在《您的休閒生活》（Leisure in

your Life）中定義休閒爲（Godbey, 1999）：

1. 休閒是人類在文化和自然環境等外在環境下生活的一部分。
2. 這兩種環境能驅動人類樂於依照自己喜好的享樂方式進行活動。
3. 這些享樂方式成爲人們信仰或價值的部分基礎。

歸納上述學者的研究，休閒提供了逃離日常慣性與壓力來源的減壓效益。在生理方面，恢復體力及生命活力。在心理效益方面，提供壓抑心理的自然紓解。在社交效益方面，增加和朋友、知交、故舊交流的機會，以促進人際關係，強化自我實現和信仰認同的機會（Kelly and Godbey, 1992）。在教育效益方面，藉由增廣見聞、啓發心智、體驗特色，並增強對於在地文化風格及環境美學的鑑賞能力。

面對21世紀現代生活的壓力，例如：恐怖主義、氣候變遷，以及人工智慧的興起（Harari, 2018），人類依舊擁有幸福快樂的美學詮釋，那就是提高生產力的好處，因此將導向更多的閒暇時間，而不是增加國內生產總值（Victor, 2010）。以加拿大爲例，假定勞動生產率繼續溫和上升，到2035年時，工作時數減少約15%左右（到每年1500小時），將可確保充分就業。更多的休閒機會，將進行更多的藝術體驗，例如從事下列豐富的休閒教育活動。





1. 音樂欣賞：聆聽各種音樂類型以及歌手和音樂家的音樂。
2. 藝術鑑賞：鑑賞各種藝術家創作的繪畫、雕塑，討論風格和技巧。
3. 歷史研究：選擇娛樂、歷史、政治方面的名人，討論他們的生活和對社會的貢獻。
4. 歷史閱讀：閱讀重要書籍中的事件，如戰爭、技術、空間，以及發明等歷史小說或是文獻。
5. 欣賞紀錄片電影：到圖書館裡觀賞歷史事件的電影和視頻教育主題。
6. 參加圖書俱樂部：每週進行讀書會，見面討論某本書或某篇文章。
7. 居民健康委員會：由社區委員會提供營養、健康，以及休閒遊憩相關主題的講座和教育機會。
8. 戶外活動的體驗：到森林和瀑布區吸收芬多精，降低煩躁和浮動的情緒，活化身體機能。

9. 運動競技的體驗：到球場上打球，在室內打壁球，到直排輪專業場地溜直排輪、進行路跑活動，活化身體機能。

10. 海洋／海岸活動的體驗：進行沙灘體驗、海洋浮潛、海洋水肺潛水，觀察海洋珊瑚礁生態。

個案分析

## 休閒體驗的海洋筆記

哪裡是大陸最美的海灘？有時候，為了尋找那最美的海灘，沙要很白，海要很藍，藍到碧藍蔚藍清脆的可以如鑲在大地上的翡翠，而波光粼粼就像是大地上的寶石，閃爍出夏天悠閒的跳躍。

我知道夏天最美的海灘，最白的沙灘不在夏威夷，那是我倦怠於遊客熙熙攘攘如火蟻般鑽動的旅遊勝地。如果可能，寧可找到可以獨自到沒有人打擾的大海。那楊過曾經練劍的深海，讓海滔在身旁鑽動，巨浪在身旁翻擾，直到已疲倦和海浪搏鬥，綣藏在海水的韻律中，載浮載沈，才能細細品味水中光影的細微，然後躺在海床上，忍住海水鑽進肺部，從海底深處仰望白天星辰從雲邊鑲銀透露出璀璨光芒，直到藍色的波光隱約浮現，驚擾眼睛的虹膜，我才覺得氧氣已經不夠，從海底猛然躍起，想法子奔向海面探頭呼吸。然後，今夜倦於和海力搏鬥，突然內力與海力混同，才誤以為黯然銷魂掌已經練成。一股掌力，就可以如摩西一樣，切割整座海洋，讓海水向旁邊告退，等著深海中，水晶宮從海流中湧現，然後人魚公主向我招手。

我找到第一座練劍場，原來是墨西哥灣，藍色的深海訴說白色的沙灘。海洋向沙灘吞吐浪漫，我則是奮力的擁向海洋，踢踏出湧身流的漩渦。我以為沈靜的海水，已經不會訴說白色沙灘的祕密。這兒的那娃里海濱，擁有最白沙灘的祕密，白得像鹽，整座海灘，像是冬季降雪，整個從雪野剷平，一到夏天移植到這裡。

雖然沙灘太白，已經可以貧養得無法存活底棲生物，連貝殼都找不到。我想到低緯度海域，藍天碧海，卻是海洋墓場，完全沒有生物能夠存活。生物認為是可以避開的沙漠，沒有海草，沒有悠游的小魚，但是卻是人類最喜歡的海水浴場。

原來，人類不喜歡與生物為伍。只喜歡到邁阿密海灘，全身抹油，讓癌細胞在老化的皮膚慢慢滋長。我從佛羅里達南部游到東部海岸，才知道哪裡的沙灘最白。在邁阿密，洶湧的人潮，已經將海濤驚退，也許這裡的沙灘也曾經是白色的，可是我從大西洋撿起失落的水筆仔，還有貝殼沙，知道群集如工蟻般的人潮，早已驅離這裡的海洋生物，於是流浪的水筆仔，飄落在孤零的大西洋岸，任憑海浪驅打和腳丫子的踐踏，但是再白的沙灘，也有一天，會被蜂擁雲集的人類的腳丫子踩髒，直到揮灑如雨，整片滴落下的汗珠，將沙灘染黃，直到繡蝕。

於是我離開滔滔的大西洋，帶回水筆仔和貝殼沙，水筆仔和我一般的離群索居，返回不了歸鄉的路，但是流浪是我的另外一個名字，從大西洋到墨西哥灣，這個夏天，我將要繼續我追尋真理浪跡天涯的路，到達如聖樂歌手恩雅（Enya Patricia Brennan, 1961-）所唱的加勒比海之藍，雖然我已不知道加勒比海是否依舊，如恩雅所唱的，蔚藍。

（方偉達，2002年作於美國德克薩斯州）

## 小結

休閒是一種主觀的自由意志的選擇。可以自由選擇休閒的時間和活動，僅能說明客觀狀態；無法體現休閒所帶來的歡愉價值。所以，我們定義休閒時，包括參與者的心靈狀態（state of mind）、態度傾向，以及領悟體驗（experience）情形。如果休閒提供了逃離日常慣性與壓力來源的減壓效益。在生理方面、心理效益、社交效益，以及在教育效益方面，藉由休閒教育增廣見聞、啓發心智、體驗特色，並增強對於在地文化風格及環境美學的鑑賞能力。從休閒教育和環境教育中的結合。當未來人類的休閒活動和機會，越來越多的時候。機器已經協助人類進行運算，人類可以進行更高維度的心靈思考，產生更多的心流活動。如果，人工智慧是人類的未來，環境教育已經被虛擬的環境所教育；那麼，人類如何以休閒遊憩的方式，運用人工智慧產生的休閒遊憩機會，協助解決人類心智疲憊，以及如何活化大腦，產生幸福快樂的問題，那是一種未來學者的最大的挑戰。

## 關鍵字詞

冒險營地（adventure-based camps）
為了休閒的教育（education for leisure）
增強自我（enhance ego）
外在動機（extrinsic motivation）
自由選擇學習（free choice learning）
神人（Homo Deus）
綜合動機（integrated motivation）
內向動機（introjected motivation）
休閒教育（leisure education）
障礙賽課程（obstacle course）
自我覺知（self-awareness）
社交技能（social skills）
治療遊憩（therapeutic recreation）
工作道德（work ethic）
無動機（amotivation）
從休閒中進行教育（education through leisure）
外部獎勵（external reward）
心流理論（flow theory）
選擇的自由（free to choose）
確定動機（identified motivation）
內在動機（intrinsic motivation）
休閒覺知（leisure awareness）
休閒資源（leisure resources）
後人類主義（post-humanism）
自我決定理論（Self-Determination Theory, SDT）
心靈狀態（state of mind）
感觸經驗（touching experience）

# 第十章
# 永續發展

"They are only cogs in an ecological mechanism such that, if they will work with that mechanism, their mental wealth and material wealth can expand indefinitely (and) if they refuse to work with it, it will ultimately grind them to dust." Leopold asked: "If education does not teach us these things, then what is education for?" (Leopold, 1949).

「一般大眾只是生態機制中的齒輪，如果可以利用這一種機制，了解人類的精神財富和物質財富可以無限地擴大。但是，如果他們拒絕與之合作，自然界最終會將人類磨成灰塵。」李奧波最後問：「如果教育沒有教會我們這些東西，那麼教育是爲了什麼？」

——李奧波（Aldo Leopold, 1887-1948）。





## 第一節 人類的危機

人類社會的生活環境，正面臨到根本性的問題，並且在我們周遭的生態系統中產生了前所未有的衝擊，這些人類與環境之間的激烈衝突，形成一種新的世代說明，稱爲人類世（Anthropocene）。人類世係指由18世紀末人類活動對於氣候及生態系統造成全球性影響。隨著全球化、科技化的腳步，人類在過度追求經濟成長的同時，對於環境的破壞造成了生態系統無法彌補的傷害。所有人類帶來的危機，例如：酸雨、臭氧層破洞、全球暖化、森林濫伐、物種滅絕、海岸侵蝕、水質污染、固體廢棄物濫置、有毒氣體排放、森林、濕地、珊瑚礁等自然環境遭到破壞和影響。

此外，由於全球人類人口增加的因素，導致城市向鄉村擴張，在產業工業化的條件下，開始形成了經濟一元體系。然而，這與生態多樣性的原理是背道而馳的。在人類活動影響大氣循環系統、生態系統以及土地使用系統的狀態下，造成了氣候變化，污染物增加，以及土地利用系統崩壞。以土地利用系統體系而言，環境崩壞的問題包括資源耗竭、物種減少、人類生活疏離、交通、經濟困難，最後造成人類痛苦指標增加（方偉達，2009b）。

以上這些痛苦指標增加相關分析，可以包含天然與人為交互影響，所造成生產、生活、生態和生命的痛苦。然而，這類與環境、自然生態攸關的問題，具有相當的社會爭議性，社會大衆為了要追求安適繁榮的生活，對於以上的問題，並沒有一致的看法。一般來說，從環境保護到經濟發展，需要涉及到處理人類社會、環境與經濟的兼籌並顧問題，請見圖10-1。



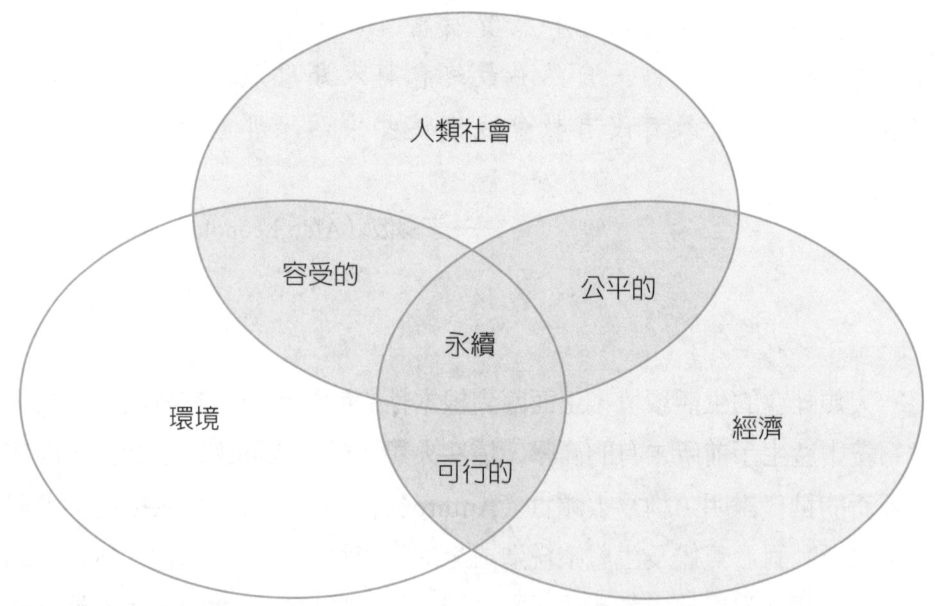


圖10-1　說明永續發展的人類社會，涉及到環境與經濟的兼籌並顧（Adams, 2006；葉欣誠，2017）。

## 一、複合式的災害

從上面產生的經濟、環境，以及社會問題，涉及複雜的背景和知識，稱之爲環境議題（environmental issue）。所以，環境議題涉及的，不是只有環境保護的問題，而是我們要處理複合式的經濟和社會問題。所以，如何發展可以容受的社會環境，通過具體可行方案，推動更爲公平的經濟社會，成爲環境科學家和社會科學家目前攜手努力的工作。

舉例來說，如果在以上的環境問題之中，我們談到人類需要面對許多災變，這些災變是前所未有的。以溫室氣體排放來說，我們人類產生的大氣問題，是工業社會造成大氣中二氧化碳（$CO_2$）含量增加。在過去一百萬年的冰期和間冰期中，自然過程造成二氧化碳產生100 ppm（從180 ppm到280 ppm）的變化。 但是，因爲工業發展和交通運具造成二氧化碳的人爲淨排放量，造成大氣中二氧化碳濃度從工業化前280 ppm增加到400 ppm。2019年5月，二氧化碳監測數據顯示已經超過了415 ppm。

在地球氣候系統不斷發出求救的信號，環境改變的速度，比以前的地表變化要快得許多，而且變更幅度更大。這種增加的幅度是由於煤、石油，以及天然氣等化石燃料的燃燒，或是因爲水泥生產和土地利用變化（例如砍伐森林）所造成的結果。圖10-2顯示，全球暖化造成了許多複合式的災難。例如海岸溢淹、增加風災，產生了洪泛。例如，2017年大西洋颶風季節中，人爲因素造成氣候變化與熱帶氣旋影響之間聯繫。圖10-2雖然沒有量化每個因子的相對強度，但是可以看出其中的趨勢。

## 二、全球氣候變遷的預測不易

如果以上的災害問題，是由於全球氣候變遷造成地球生態系統，在自然和人爲作用的交互作用下，所產生的相互影響過程。那麼，全球氣候變化的趨勢，形成了氣候極端波動。我們看圖10-3，由於人爲活動改變景觀利用方式，造成地表吸收太陽輻射的力道增強，對於生態水文產生了強化的反饋（positive feedback）。這些地表景觀和土地利用的改變，會造成全球氣候變遷，然後依據氣候影響水文循環，形成了兩項環境的不確定因

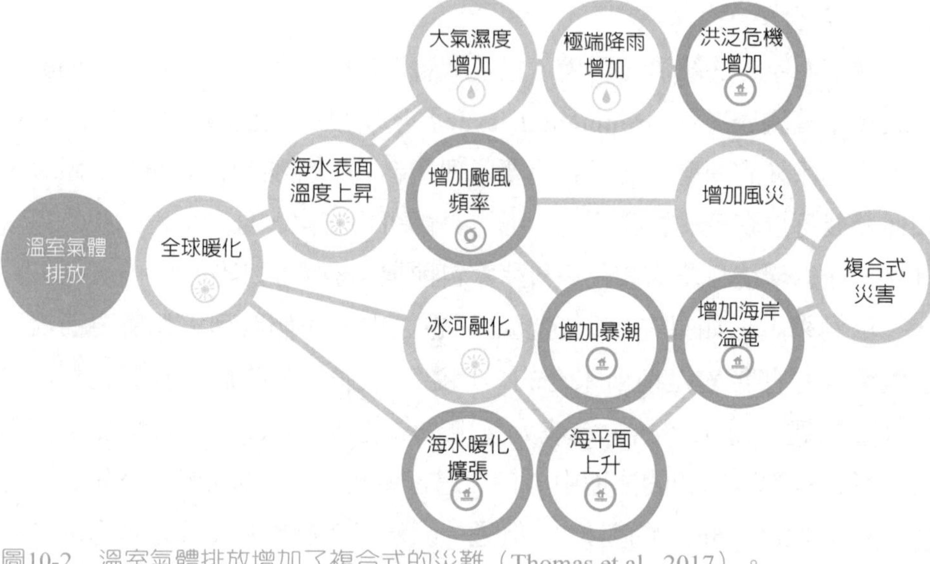


圖10-2　溫室氣體排放增加了複合式的災難（Thomas et al., 2017）。

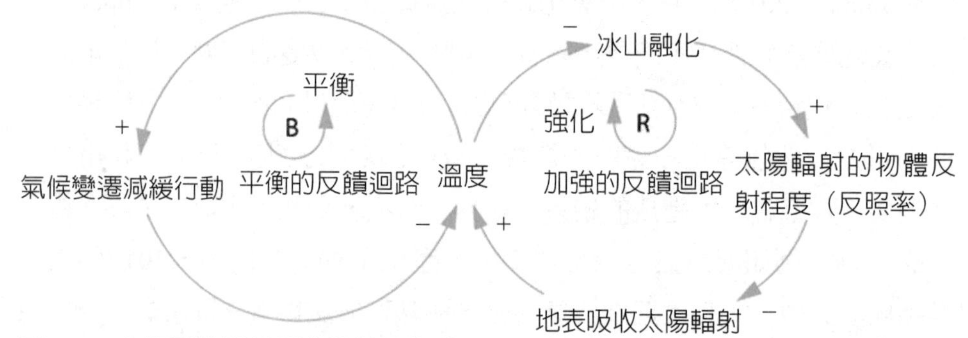


圖10-3　人類要學習如何進行氣候變遷減緩的行動，以減緩氣候變遷，形成平衡的反饋迴路（Laurenti et al., 2016）。





子，影響未來的預測，其中包含了環境不連續性；以及環境「協同作用」（synergism）。根據由於土地利用改變，水文循環的變化會造成環境不連續性。

當自然與人爲衝擊影響，造成地區性氣候變化，使得水文循環變得難以預估。這種現象造成植被及土壤穩定的不連續性。此外，兩個或數個環境因子共同造成的多重影響稱爲「環境協同作用」。環境協同作用爲數個環境因子的共同影響，比單一影響總和還大。由於這些環境因子之間的因果關係難以了解，在生態水文研究中，較少人將焦點放在「環境協同作用」。然而，「協同作用」對水文循環的影響與傷害非常普遍，環境不連續性與環境協同作用，都應該視爲造成環境衰竭的因素。因此，我們從圖10-3中，應該要學習如何進行氣候變遷減緩的行動，以減緩氣候變遷，形成平衡的反饋迴路。

## 第二節 環境經濟與人類行爲

從以上的地球環境分析，地球無法維持全球經濟持續增長的觀點。即使以經濟增長之研究獲得諾貝爾經濟獎的梭羅（Robert Solow, 1924-），都在2008年的研究中表示，美國和歐洲可能很快就會發現了「持續經濟成長對環境破壞太大，太依賴稀有自然資源，或者寧可緩慢提高生產力」。2018年諾貝爾經濟學獎爲美國耶魯大學經濟學講座教授諾德豪斯（William Dawbney Nordhaus, 1941-）和紐約大學教授羅默（Paul Michael Romer, 1955-）共獲殊榮，他們將氣候變遷與科技創新融入長期總體經濟分析（long-run macroeconomic analysis）。諾德豪斯認爲：「要解決溫室氣體造成的問題，最有效率的方法就是在全球統一徵收碳稅」（Nordhaus, 2015）。因此，在已開發國家，這種「均衡經濟」（steady-state economies）、健康經濟學、經濟「去成長」（degrowth），或是長期總體經濟分析的想法，產生了永續發展的經濟觀。

### 一、再生資源經濟

目前生態經濟學家達利（Herman Edward Daly, 1938-）提倡均衡經濟模式，他建議限制材料的使用，推動再生資源。因此，他建立了下列的原則，例如原料從生產過程到了成品階段，所耗費的資源，不應超過其可以再生的速率；此外，不可再生資源的產生速率，不應該超過可以再生替代品產生的速率。廢物排放量不應超過環境的吸收能力。因此，我們應該加強保護土地和水資源，以減少人類和其它物種之間的競爭。這些原則的成功應用，包括了建立保護區與綠化帶（Victor, 2010）。因此，圖10-4所示，再生資源可以運用廢棄物產生能源，從生物處理到高溫處理，都可以進行資源回收。

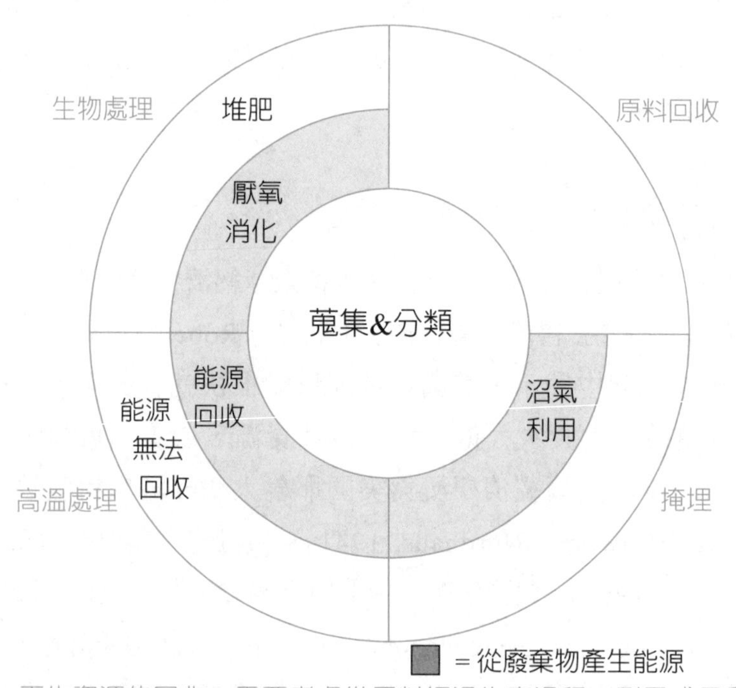


圖10-4 再生資源的回收，需要考慮從原料經過生產過程，到了成品所耗費的資源，不應該超過其再生速率（McDougall, 2001）。

## 二、產品生命週期

人類經濟社會中，對於產品生命週期（product life cycle），指考慮產品的市場壽命，也就是指考慮一種人類製造的產品，從開始生產，到進入市場銷售，直到被市場淘汰爲止的整個過程。但是，傳統經濟學者考慮的產品生命，是指營銷生命，經歷形成、成長、成熟、衰退這樣的週期。但是對於環境經濟學者而言，就產品而言，經歷了如圖10-5所示的開發、引進、製造、運輸、安裝、使用，等到產品自行成長、成熟發展後，進入到衰退的階段，需要維護、拋棄，進行到再生利用的階段。上述的週期，在不同的技術水準的國家中，發生的再利用過程是不一樣的。

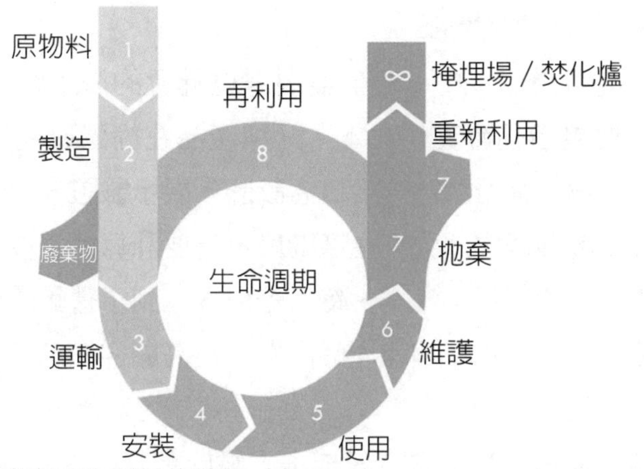


圖10-5　生命週期要考慮再生利用的階段（Waldmann, 2009; Martinez-Sanchez et al., 2015）。

在環境污染經濟學研究之中，發展出許多經濟工具，將環境污染造成的外部成本，加以內部化。例如，圖10-6的塑膠製品，需要考慮的範疇，也許是能源回收（energy recovery），也許是資源回收（recycling）。如果塑膠製品進到生態系統之中，造成了環境污染成本，塑膠污染造成生態環境的損失。例如，塑膠微粒造成海洋魚類和島嶼海鳥大量死亡的損失。因此，塑膠業者在處理成本之中，需要進行污染整治和塑膠微粒回收再利用。

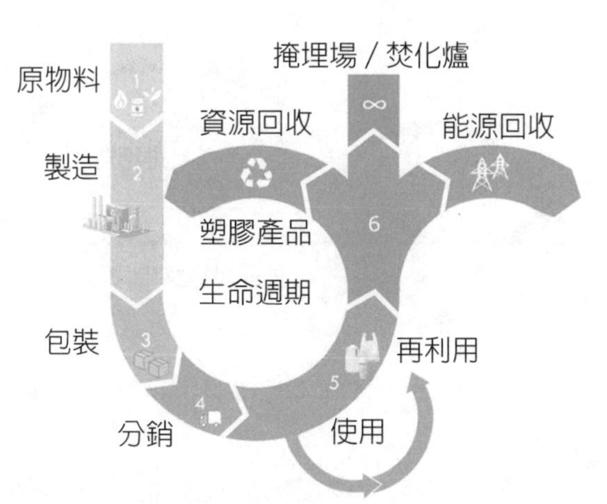


圖10-6　塑膠製品，需要考慮環境保護再利用的範疇，也許是能源回收（energy recovery），也許是資源回收（recycling）（Waldmann, 2009; Martinez-Sanchez et al., 2015）。

## 三、產品社會責任

在環境污染成本中，我們需要考慮社會的公平性，也就是生產者成本，應該要包括社會責任成本。一種產品在經過研究發展之後，由企業研究開發成爲一種新產品，從概念設計、展示驗證、工程製造階段，需要考慮研究及發展成本。到了生產階段，需要計算製造成本，這是產品在製造過程中發生的原料、工本、費用等成本。到了營銷階段，需要計算維護和操作成本，這是爲了確保產品品質，提高顧客滿意度，而產生的操作成本。

但是，最重要的社會責任成本，屬於棄置成本（disposal cost），這是一種社會責任成本，包含了棄置、能源回收（energy recovery），或是資源回收（recycling）成本。在產品生命週期終了，需要考慮廢棄物的處理成本。以保證產品在使用期滿之後，得到適當支處置。例如，圖10-7德國要求廠商在德國境內銷售產品的公司，應該回收產品的包裝物。這種做法是將處置產品和元件的棄置成本（disposal cost）轉移到生產商身上，而不是轉嫁到無辜的自然環境身上。這一種成本考量，屬於有良心的企業



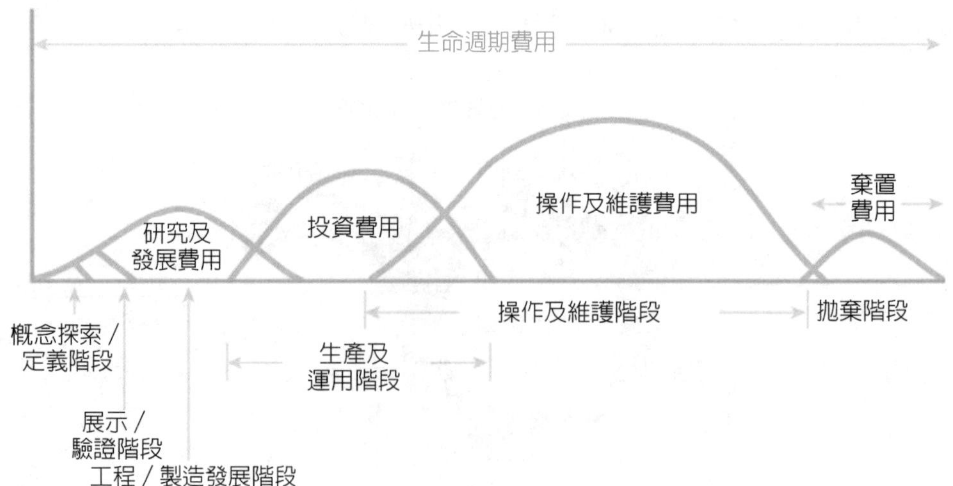


圖10-7 銷售產品的公司，應該回收產品的包裝物。這種做法是將拋棄階段（disposal phase）處置產品和元件的棄置成本（disposal cost），轉移到生產商身上（Waldmann, 2009; Martinez-Sanchez et al., 2015）。

社會責任，擴大了成本會計的環境保護範疇，對於實現社會整體發展，具有重要的意義。

## 四、污染成本不能外部化

我們觀察國內的環境污染的問題，通常是因私人獲取私有財的過程中，產生對於不當公共財的挪用，造成外部性的存在。圖10-8說明了環境污染成本外部化的問題。

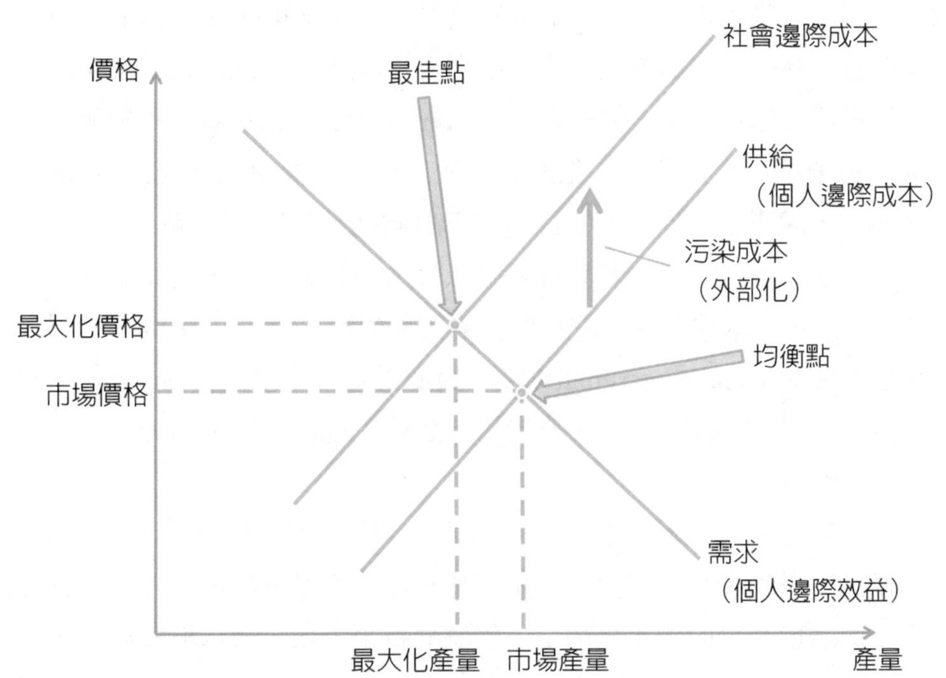


圖10-8　我們要討論出產品生產的最佳點（optimum point），增加產品的售價，減少產品的總產量，以減少社會的損失（Zeder, 2019）。

如果從環境行為經濟學進行考量，我們發現環境行為和標準經濟理論之間的扞格。例如，標準經濟理論考率均衡，從來都不重視環境污染的外部化問題。所有的污染，都是由全民所吸收，導致污染成本要讓全體國民的健康所承受。在經濟發展的時候，因為重視競爭，造成了生產者為了追求經濟的利潤，形成損失規避（loss aversion）的傾向。這些損失規避，形成環境成本的增加，例如造成公共財，如風景、空氣、水、公共設施的大衆損失，由全體國民承擔。這一種承擔，屬於經濟學上所說的外部化（externality）。

成本外部化指的經濟上的行爲，有一部分的應享的利益，無法由自身享用，或是某些應負擔的成本，自身卻未負擔。污染成本的外部化，屬於外部的不經濟行爲。外部化經濟產生社會成本，如圖10-8所示。

一般來說，污染者最高「願付價格」（willingness-to-pay），以及民衆對於環境污染可以接受的「最低報償要求」（willingness-to-accept）之間的差距甚大。因爲環境造成污染之後，非點源（non-point source）的污染者已經逃之夭夭，但是點源（point source）污染者則不知所措，造成的污染卻由全民買單。生產者原先進行的承諾機制（commitment devices），無法達到要求，產生了參考架構的依賴與折現問題。

當一座工廠生產時，若直接將廢氣排放到大氣之中，則此時所造成的空氣污染和全球暖化效應，需要社會額外負擔成本。由圖10-8上看出，社會邊際成本（social marginal cost）與個人邊際效益（private marginal benefit）兩曲線所相交點所對應出的均衡點（equilibrium point），爲市場價格及市場生產數量。



表示當工廠不用負擔空氣污染成本時，可以以較低的價格，生產出較多的產品，得到較大的利益。但是這種利益，卻是犧牲環境得來的有害生產，而環境污染的成本，卻是由整個社會來負擔，所以稱爲污染成本（cost of pollution）外部化（externality）。

在這個例子當中，社會需額外負擔的生態破壞和空氣品質污染的損失，所以稱爲外部成本。當外部化產生時，受益者爲生產者，或是購買產品的消費者，可以用較低的價格獲得較多的數量，但是受害者則爲整個社會大衆。所以，我們要討論出最佳點（optimum point），在均衡的態勢之下，增加產品的售價，減少產品的總產量，以減少社會的環境損失。在此，所謂最大化產量，或是最大化價格，這是需要進行污染的估算的最適化（optimum）產量（quantity）和價格（price）。包含棄置成本

（disposal cost）也需要內部化，當作產品成本的一部分；不能用太低的市場價格，以及太高的市場生產數量來計算低廉的成本。

從環境經濟學的角度來看以減緩發展的「經濟與環境兼籌並顧」，降低污染排放量，反應污染者所造成外部成本，需要提供污染者適當的誘因，改善污染排放的製程。目前的經濟工具包括押金、碳稅、排放費、排放權交易許可，以及總量管制、環境保護補貼，以及環保標章等。

## 第三節　人類行爲與社會文化

人類行爲與社會文化環境影響了人類行爲，同時工業化社會造成生態環境改變，也帶來空氣污染、水污染，以及全球氣候變遷等問題（張宏哲等（譯），2018）。從馬斯洛（Abraham Harold Maslow, 1908-1970）的基本需求層級來看，人類社會的發展，從物質需求面，到精神生活面，都需要提高「生活環境質量和素養」。但是，因爲人類精神面的需求很難估量，通常人類都是以提升物質面的生活品質爲人生目標。由於科技發展帶來物質文明快速進步，同時也產生了環境污染、資源匱乏，以及人類信心的危機。

### 一、人類行爲產生的驅動能力

法蘭克福學派的哈伯瑪斯（Jurgen Habermas, 1929-）在社會批判中，明確指出在當代晚期資本主義中，科學技術已經成爲第一種生產力。他認爲社會問題是因爲資本主義重商意識形態，對於人類的本性產生的一種奴役和壓制（Habermas, 1989）。此外，人性的貪婪因爲重商主義，而迷失了人生方向。從環境、文化、道德，以及倫理的發展中，圖10-9展現的人類行爲產生的驅動力（driving forces）和緩衝力（mitigating forces），成爲環境變遷的一種原因。

如果從聯合國千禧年生態系統評估中觀察生態系統服務功能的概念，我們將以人口、技術、社會文化組織，進行環境正向的改變；也就是說，我們必須強調一種氣候變遷減緩和調適的生活方式，減少環境的影響。

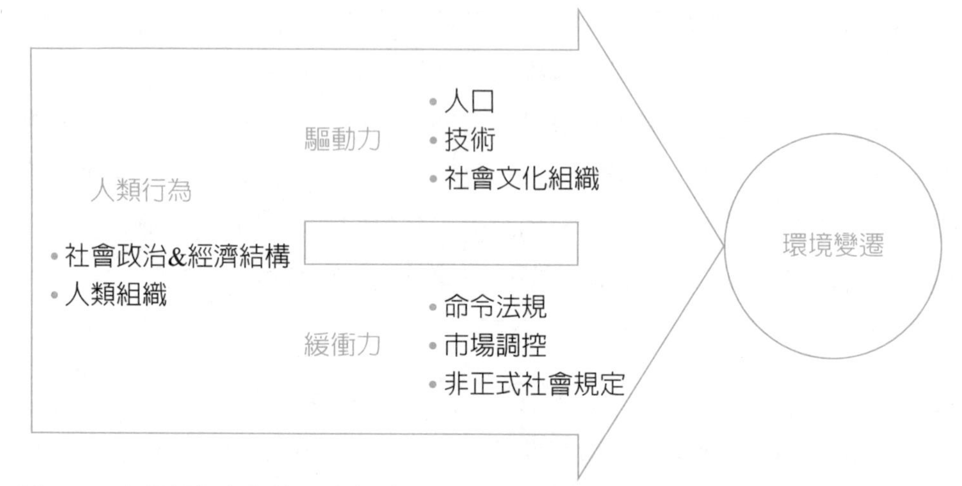


圖10-9 人類行為產生的驅動力（driving forces）和緩衝力（mitigating forces），成為環境變遷的一種原因（Kates et al., 1990）。

人類從生態系統中獲得四種效益，包括供給功能（如糧食與水的供給）、調節功能（如調節洪澇、乾旱、土地退化，以及疾病等）、支持功能（土壤形成、養分循環等），以及文化功能（如娛樂、精神、宗教，以及其它非物質方面的效益）。依據環境保護法規的限制，以及進行市場調控（market adjustment），以強化人類在環境中的安全、維持高品質生活的基本物質需求、強化健康、社會文化關係，以追求人類永續的福祉。

## 二、人類行為產生的社會氛圍

人類行爲組成要素，和人類的自由權與選擇權之間產生了相互影響。其中，我們關切環境文化以及環境社會面向的項目很多。其中生態系統評估指出人類福祉，包括維持高品質的生活所需的基本物質條件，以及強化人類在環境之中的自由權和選擇權，以建構健康和永續的社會。任孟淵、王順美（2009）認爲，環境教育需要提出「永續消費主義」（sustainable consumerism）的教育觀點。我們需要反省當代「大量消費、大量生產」重商主義的經濟意識，喚醒消費者的環境公民意識，培養民主對話與行動能力，促使消費者連結夥伴關係，產生集體綠色消費環境認知、態度與行爲，以創造超越經濟數字的社會價值（social values）（簡茉秝、黃琴扉，2018）。

因此，環境教育的貢獻在於提供更寬闊的永續消費定義與行動策略，使個人由消費者轉化爲環境公民集體意識之轉變（任孟淵、王順美，2009）。個人行爲在公平意識和社會偏好中需要進行規範價值（norms values）的界定：例如，圖10-10顯示利他行爲、信賴與互惠、社會文化規範，以及由家庭、學校、政府形成的社會氛圍，提供了解決永續問題的實證結果，以及環境教育的政策實踐意義。

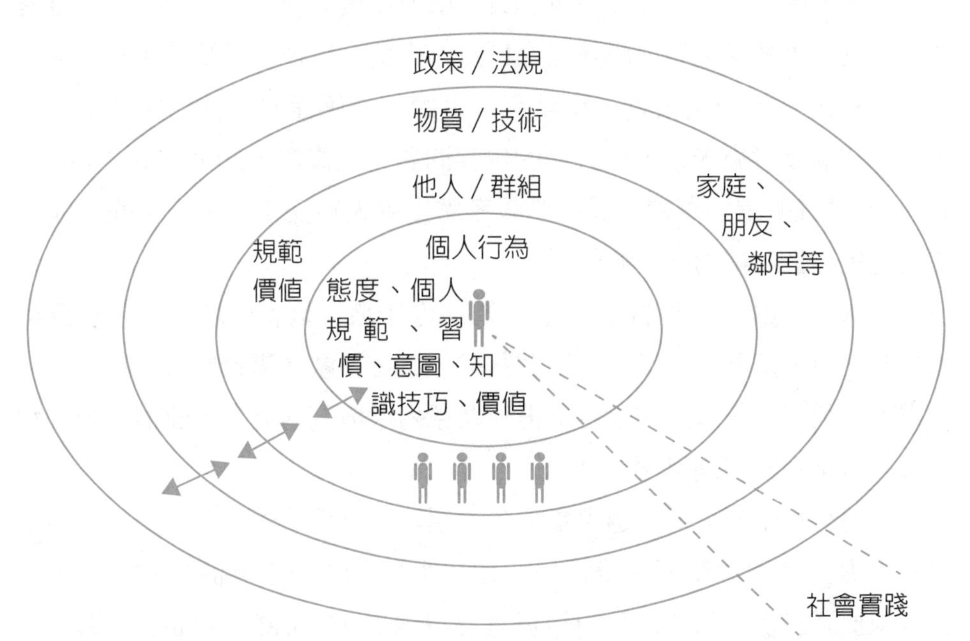


圖10-10　人類行為產生的社會氛圍，具備個人行為在公平意識和社會偏好中規範價值（norms values）：例如，利他行為、信賴與互惠、社會文化規範，影響態度、個人規範、習慣、意圖、知識技巧，以及價值等內涵（Arnesen, 2013:27）。

## 第四節　邁向永續發展

聯合國教科文組織於2005年開始推動聯合國永續發展教育十年計畫，許多國家參與、擬定政策，推動社會學習與學校教育，以培養永續發展教育人才（王順美，2016）。柴慈瑾、田青（2009）認爲，全球環境教育的進展與趨勢，從環境科學知識體系教育，轉向爲基於現實問題的教育，也就是說，強調實踐的重要性。此外，環境教育與其所推動的面向「可持續發展的教育」（Education for Sustainable Development, ESD），逐漸改變人類的思惟模式，進而使人類社會、文化在未來產生變化。根據聯合國2015發布的全球「永續發展目標」（Sustainable Development Goals, SDGs），提出了所有國家應該積極實踐平等與人權，作爲2030 年以前，所有聯合國成員國跨國合作的指導原則。「全球永續發展目標」兼顧了「經濟成長」、「社會進步」與「環境保護」等三大面向。依據整體性的考量，永續環境發展應該包含自然、人造、科技，以及社會的環境。此外，推動永續發展教育，應具有宇宙觀，不應僅侷限於地球的生態環境，同時應該考慮未來世代人類的生存問題（王俊秀，2005; 2012）。因此，圖10-11所謂的永續發展，應該考慮提供人類安全公平的空間，還需要促進包容且永續的經濟發展。

環保署自2014年至2019年成立及運作了環境教育區域中心，在五年的時間之中，臺灣在六區建立學習社群，結合了產官學界的保育夥伴，共同推動臺灣環境教育工作平台，提升區域內環境調適能力，建構資源保育素養，強化永續發展目標。

環境教育學習社群，透過舉辦各項環境教育增能學習工作坊，以專業學者引導民眾環境學習，帶領民眾和學生參與資源創意活動。例如，以水資源保護爲例，每年2月2日舉辦世界濕地日（World Wetlands Day）、3月22日舉辦世界水資源日（World Water Day），彰顯水資源經營問題的重要與迫切性，提升民眾對於水資源的重視，進而了解水與濕地環境的重要關聯性。在推動臺灣資源教育網絡中，加入了許多屬於臺灣在地的資源保育、復育，以及教育的課程和案例，讓本土性的教育模式更加深入於實際的活動操作之中。在國際合作之中，中華民國環保署與美國環保署（US EPA）自1993年起簽定《臺美環境保護技術合作協定》，經過五次續約，以建立國際環境教育策略；並且自2014年啟動與北美環境教育協會（NAAEE）合作推動全球環境教育夥伴（Global Environmental

圖10-11　永續發展，應該考慮提供人類安全公平的空間，還需要促進包容且永續的經濟發展（Raworth, 2012）。

Education Partnership, GEEP）專案計畫，以創建充滿活力和包容性的學習網絡，強化全球環境教育，創造永續的未來（許毅璿，2017）。

希望在分享資源經營合作成功案例之餘，了解如何藉由環境資源的整合管理與環境教育，因應氣候變遷，發展社區教案及學校教案，強化參與行為，提供政府未來規劃及執行環境保護施政與經營管理的重要依據（林明瑞、林姵辰；2016；林明瑞、張惠玲，2017；陳維立，2018）。透過本書的教學和實驗活動，可以讓學生進行環境教育和科學教育之間的對話，根基於健全科學（sound science）和生活建構的論點，以強化聯合國推動永續發展目標（SDGs），確保所有人都能享有資源，藉由改善生活品質、減少污染，確保永續資源的供應與回收，以全面實施一體化的環境、生態，以及資源管理，保護及復育生態系統，包括城市、山脈、農田、圳路、埤塘、森林、濕地、河流、湖泊、地下水層、海岸、離島，以及海洋環境，以邁向永續發展之路。

## 小結

「永續發展」的定義，在於「能滿足當代的需求，同時不損及後代子孫滿足其本身需求的發展」。永續發展目標是建構在「環境保護、經濟發展，以及社會公義」三大基礎之上（李永展，2012）。環境教育與永續發展教育的發展有密切的關聯，但各有其特性（葉欣誠，2017）。聯合國於2015年發布「2030永續發展議程」與「永續發展目標」（Sustainable Development Goals, SDGs）（附錄四），在聯合國積極推動永續發展教育的今天，我們應該以更務實的角度看待環境教育與永續發展教育的議題。永續發展教育的範圍廣泛，包含了土地資源、水資源、能源、農業、海洋資源、環境保護、健康風險、教育、社會福祉、城鄉發展、經濟發展、科技研發，以及國際合作等，均爲國家教育和生活情境學習之範疇。推動永續發展教育的原因，是由於人類生存發展取自於大地，用之於大地；但是因爲人類的貪婪、愚昧，以及「便宜行事」的心態，將廢棄物和毒性化學物質排放至自然環境。因爲大自然涵容能力有限，環境承受的負荷量過度飽和，導致地球環境污染問題與日俱增。因此，環境教育課程規劃推動，規劃全民環境保護的行動方案，乃爲當務之急。本書強化環境教育的社會心理層面，建議課程規劃以認識地球環境、環境污染與涵容能力、全球環境議題，以及永續臺灣環境展望進行討論，以地方環境、經濟，以及社會議題特徵及國際發展趨勢，進行深入的討論，推動永續發展課程內容的具體實踐。

## 關鍵字詞

人類世（Anthropocene）
污染成本（cost of pollution）
棄置成本（disposal cost）
可持續發展教育（Education for Sustainable Development, ESD）
環境議題（environmental issue）
外部化（externality）
損失規避（loss aversion）
緩衝力（mitigating forces）
規範價值（norms values）
最佳點（optimum point）
點源（point source）
個人邊際效益（private marginal benefit）
資源回收（recycling）
均衡經濟（steady-state economies）
永續發展目標（Sustainable Development Goals, SDGs）
願付價格（willingness-to-pay）
承諾機制（commitment devices）
去成長（degrowth）
驅動力（driving forces）
能源回收（energy recovery）
均衡點（equilibrium point）
素養導向教學（literacy-based pedagogy）
市場調控（market adjustment）
非點源（non-point source）
最適化（optimum）
教學素養（pedagogical literacy）
強化的反饋（positive feedback）
產品生命週期（product life cycle）
社會邊際成本（social marginal cost）
永續消費主義（sustainable consumerism）
協同作用（synergism）

# 跋

凌之河、嘯之山，雁渡寒潭雲留影。

江自漲，水自流，吟罷歸去風滿懷。

——方偉達（1994）

自1994年，我從美國返國，在行政院環境保護署綜合計畫處擔任環境教育科高等考試及格的科員，到了2019年，我擔任國立臺灣師範大學環境教育研究所優聘教授兼所長，在這四分之一個世紀之中，不管職位高低，從未忘記我在大學時代就開始關切環境保護的初衷。

環境教育是我一輩子念茲在茲的志業，同時《環境教育》也是我一直想要撰寫的教科書題材。我們通常說，十年磨一劍，如果一把「環教之劍」磨了二十五年，我也自嘲「鐵杵也能磨成繡花針」了。這一本書中，有許多回顧，更多的是對於未來世界的環境憂慮。宋朝學者張載（1020-1078）對於未來世界的傳世名言曾說：「爲天地立心，爲生民立命，爲往聖繼絕學，爲萬世開太平」。在現實主義中，求取淑世的名望地位，以爲太平盛世奠基，成爲繼往開來的學者使命，這是永續發展最高的理想。儒家學者多半寄望聖王降生，創造太平盛世和大同世界。

佛教的環境觀，希望未來娑婆世界降生彌勒佛（Metteyya）發展人間淨土，所謂「地平如鏡，雨澤隨時」，山河石壁自然消滅，四大海水各減一萬。我看到古人對於高山和大海的厭惡，對於風調雨順的渴望；或是往生之後，接引至西方極樂世界（Sukhavati）的喜愛。極樂世界有七寶池，八功德水，池底純以金沙布陳在地。四邊階道，金、銀、瑠璃、玻瓈合成。池中蓮華，大如車輪。又有阿彌陀佛幻化的奇妙雜色之鳥—白鶴、孔雀、鸚鵡、舍利、迦陵頻伽、共命之鳥，晝夜六時出和雅音。我看到了人類對於「生而不爲王公貴族」的遺憾，但是死後希望享有王族樂擁「超越金銀珠寶」橫天蓋地的視覺震撼，以及享受稀有珍禽「和樂雅音」的渴望。

基督教《聖經》是上帝之書。救主彌賽亞耶穌基督和蒙上帝揀選的人類會統治地球一千年。那時，死去的人會復活，有機會得到永生。有病的人會被治好，疾病和死亡也會消失。《聖經：以賽亞書》65:25記載：「豺狼必與羊羔同食，獅子必吃草與牛一樣，塵土必做蛇的食物。在我聖山的遍處，這一切都不傷人，不害物。」基督徒渴望環境無害，生命永存，生態系統食物鏈關係完全不復存在，我看到了舊約聖經中上帝的仁慈。

伊斯蘭教認爲眞正的上帝，是穆斯林的眞主阿拉（Allah）。穆罕默德不考慮改造現世環境，而是設計《古蘭經》中穆斯林死後的天堂花園（al-Jannah）。天堂中有高聳的花園、林蔭的山谷、巨大的樹木、麝香的山巒，有水河、乳河、蜜河，以及酒河，也有樟腦或生薑味的甘泉；天堂有四季美味的水果；有金銀、珍珠，以及宮殿，還有「雪白眩目」的白馬與駱駝等生物，還有以珍珠與紅寶石砌成的谷地。我看到穆斯林因爲中亞環境惡劣，生存不易。對於珠寶、美食佳餚、以及肥沃豐腴生態環境和永恆處女（houri, eternal virgin）服侍的渴望，融合成一種視覺、味覺、嗅覺、觸覺的環境饗宴。這是居住於中亞居民對於理想居住環境和富裕生活資源的想像。

從西元前六世紀到西元六世紀，地球資源和生活享受越來越貧乏，到了《古蘭經》描寫的天堂花園（al-Jannah），人類對於天堂的想像，越來越像是人類現實富裕世界融合自然的改造，而不是一種「莫名未知」的奇幻世界。從宗教的經典來看，天堂除了需要金銀珠寶，到了西元六世紀，現實生活連享有美味豐盛的食物都屬於一種苛求。

到了21世紀，除了宗教道德家對於世界道德墮壞的憂慮，末世論者亦表示對於現實社會的悲哀，認爲末世即將降臨，人類需要悔改。因爲人類造成環境的破壞，以及在20世紀二次世界大戰發生之後，人類困居集中營，轉轉溝壑痛不欲生的時候，彌賽亞並未降臨；人類轉而求諸宗教中對於「天堂」（伊甸園）的冀望。如果地球不美好，所以要在人類思惟之中，創造一個生命長存、物種永續、金銀珠寶滿地、亭臺樓閣高聳入雲的天堂世界。

在宗教理論的「生命永續觀」，到了達爾文主義的「生態競爭觀」，《環境教育》從未以「蓋婭假說」欺騙世人，而是兼採了「美狄亞假說」的殘酷現實，希望世人透過努力，改造我們安身立命的世界。我們採用了：「爲天地立心，爲生民立命，爲往聖繼絕學，爲萬世開太平」的永續觀點，依據荀子《天論》：「天行（大自然的運行）有常，不爲堯存，不爲桀亡。應之以治則吉，應之以亂則凶。彊本（增加農業生產）而節用，則天不能貧。」「不可以怨天，其道然也。」我們透過「親親而仁民、仁民而愛物」的愛有等差的做法，同時了解從西元前六世紀釋迦牟尼佛（Gautama Sakyamuni Buddha）「法相覺悟」，西元初年耶穌基督（Yahushua）「博愛汎衆」，到了西元六世紀穆罕默德（Mu ammad）「歸依眞主」的時代背景。在人類主要宗教奠基長達1,200年間，創造了宗教的實質內涵，在於實現現世和平，創造來生實境。

到了21世紀，我想到虛擬實境（Virtual Reality, VR）和擴增實境（Augmented Reality, AR）的幻視和幻聽，「如癡如醉，如夢幻泡影」。我想到了《駭客任務》（The Matrix）的諾斯底主義（Gnosticism）中的機器上帝，讓人類選擇在虛擬的母體（The Matrix）中生存，透過內建的各種程式，藉由大腦神經聯結的連接器，使視覺、聽覺、嗅覺、味覺、觸覺、心理等訊號傳遞到人類大腦時，都彷彿是眞實的夢境世界，而且是一種違反現實物理現象的超科技世界。我一直在想像科技和宗教，都是要帶領人類走向美好世界。表面上科技和宗教都是衝突了，但是其基本的原則，都是基於人類不滿足現實空間和生態環境，希望藉由宗教「天堂觀」的概念，進行現實地球的改造，包含佛教人間淨土、基督教彌賽亞降生，以及伊斯蘭教天堂花園（al-Jannah）。

如果現世宗教標榜炫目奪人的天堂、淨土、伊甸園式的環境觀，影響了人類對於全球「環境營造」的態度。我在電影中設法尋找「環境營造」的答案。依據1999年哆啦A夢《大雄的宇宙漂流記》漫畫版電影，由於環境污染公害，造成原有星球「拉格那母星」沒有植物，也無法生存。倖存下來的宇宙人組成的艦隊，為了要找尋綠色植物的居住星球。2009年的科幻電影《阿凡達》（Avatar）中地球因為人類的貪婪，被形容為「沒有綠色植物」的科技世界。在2018年漫威電影宇宙（Marvel Cinematic Universe, MCU）《復仇者聯盟：無限之戰》（Avengers: Infinity War），反派角色薩諾斯（Thanos），一彈指間，消滅了宇宙裡半數的生物，包含了一半的漫威英雄。我彷彿看到了《深層生態學》理論的濫用，薩諾斯（Thanos）誤認為宇宙生命發展，超過宇宙成長的界限，需要依據《深層生態學》消滅一半的生命，這是完全錯解的宇宙生態理論。

然而，21世紀的環境教育，我常常開玩笑說，環境教育形成了一種宗教觀，簡稱「環教」。環境教育的宗旨在於「興滅國、繼絕世」，在推動「宇宙大愛、世界和平」，在為「宇宙繼起之生命」創造永續發展的生存空間。然而，人類生存的空間有限，人類對於環境的想像，本來就是美好多過於現實。

我在2010年出版過一本《生態瞬間》，從生態保育、復育和教育的手法，進行生態調查、紀錄和重建的故事。我透過攝影鏡頭「瞬間捕捉」凍結當時的畫面，以文字意象進行敘事旁白，談到臺灣民族的動盪不安。我們過去民族歷史可以說原住民來了之後，後來是平埔族，再來的話是閩粵漢人、荷蘭人、西班牙人、日本人、國民政府帶來的漢人軍民，再來我們現在有了新住民。我們的生存條件並不好，有颱風、有洪水，也有地震，各種物質條件是非常動盪不安，但是事實上臺灣民族還能生活得恬淡自適，代表說臺灣文化都是「客氣的文化」；我們不小心妨礙了陌生人，或是要借過一條路，都會說「對不起」。目前為止，中國大陸人民還沒有培養這種「恬淡自適、溫良恭儉讓」的謙抑道德。

依歷史的波瀾壯闊來說，臺灣歷經中日甲午戰爭，清朝將臺灣割讓給日本，歷經中國抗日戰爭，後來到了228事變，後來又到臺灣民主事件，再到政黨不斷地輪替，事實上整個臺灣歷史的波瀾壯闊，反而激盪產生了「狹域空間」中的人性美好價值。「臺灣最美的風景是人」，這是在全球激盪的宗教和民族衝突之中，是少見的實例。

到了2019年，我撰寫完稿了《環境教育》，這是五南出版社出版我的第十本書。希望在小心翼翼的情況之下，我寫出這些文字，讓它有自己的生命。蘇東坡在《赤壁賦》中曾說：「天地間曾不能以一瞬」，人間倏忽，一晃即逝。我希望環境教育繼往開來，通過文化、宗教，以及社會的多元分析，努力創造子孫後代在島嶼安身立命的環境願望，演繹出臺灣生態拼貼的馬賽克豐富的圖像。透過學習東西方學者經典的「土地之愛」理論，營造出臺灣族群在寶島土地上為環境打拼的辛勤回憶，以建構充滿知識、熱情，以及環境行動的集體能量。

這些都不是人工智慧（AI）產生的「虛擬」，而都是活生生的「實境」。

2019年仲夏 於臺北市興安華城

附錄一

# 《環境教育法》介紹

## 一、健全環境教育執行體系

明定各級機關應指定環境教育單位或人員；擬訂國家環境教育綱領、國家環境教育行動方案及直轄市、縣（市）環境教育行動方案，並成立環境教育審議會，進行審議、協調及諮詢等事項。（本法第五條至第七條、第十一條、第十二條）

## 二、穩定充實環境教育基金

設置環境教育基金，其來源包括：

自環境保護基金每年至少提撥5%支出預算金額。

自廢棄物回收工作變賣所得款項，每年提撥10%之金額撥入。

自收取違反環境保護法律或自治條例之罰鍰收入，每年提撥5%撥入。（本法第八條）

## 三、建立環境教育專業制度

對環境教育人員、環境教育機構及環境教育設施、場所辦理認證，以提高其品質並加強管理。高翠霞等（2014）認爲，環境教育人員專業職能（competency）評估模式，共分基礎職能、產業職能，以及專業職能。（本法第十條、第十四條）

## 四、擴大全民參與環境教育

全國各機關、公營事業機構、高級中等以下學校及政府捐助基金累計超過百分之五十之財團法人每一年都要安排所有員工、教師、學生均參加四小時以上環境教育；另鼓勵國民加入環境教育志工。使得有更多民衆能藉由本法之推動，接觸環境教育。（本法第十九、二十條）

前項環境教育，得以環境保護相關之課程、演講、討論、網路學習、體驗、實驗（習）、戶外學習、影片觀賞、實作及其他活動爲之。

## 五、違法須接受環境講習

對於違反環保法律，處以停工、停業及罰鍰新台幣五千元以上之案件，除原有之處分外將令其接受一至八小時之環境講習，使其充分了解環境問題，體認環境倫理及責任，減少未來違反環境保護法律之行爲發生。（本法第二十三條、二十四條）

附錄二

# 環境教育設施場所介紹

環境教育法第14條規定，各級主管機關及中央目的事業主管機關應整合規劃具有特色之環境教育設施及資源，並優先運用閒置空間、建築物或輔導民間設置環境教育設施、場所，建立及提供完整環境教育專業服務、資訊與資源。環境教育設施、場所例如動物園、植物園、鳥園、國家森林遊樂區、自然教育中心、博物館、國家公園及自然保育區、生態農場、市民農園及展示館等。吳鈴筑、張子超（2017）認爲，到通過認證之設施場所的戶外學習人數，從2011年9千人次到2015年約37萬人次，有逐年增加的趨勢。通過認證之後，對於環境經營管理和環境教育產業發展，具有積極性的意義。截至2019年7月，環保署已經通過全國188處環境教育設施、場所（https://eecs.epa.gov.tw/）。環境教育設施、場所需要包含下列四大要素：

一、設施或場所的本身條件

二、課程方案

三、解說人員的素質

四、營運管理

附錄三

# 政府單位環境教育課程查詢地點

| 地區 | 名稱 | 管轄單位 |
|---|---|---|
| 北部 | 陽明山國家公園 | 營建署 |
| | 翡翠水庫環境教育學習中心 | 水利署 |
| | 石門水庫 | 水利署 |
| | 野柳地質公園 | 觀光局 |
| | 東眼山自然教育中心 | 林務局 |
| | 紅樹林生態教育館 | 林務局 |
| | 羅東自然教育中心 | 林務局 |
| | 拉拉山生態教育館 | 林務局 |
| | 南澳生態教育館 | 林務局 |
| | 員山生態教育館 | 林務局 |
| | 關渡自然公園 | 臺北市政府 |
| | 內雙溪自然中心 | 臺北市政府 |
| | 鹿角溪人工濕地 | 新北市政府 |
| | 武荖坑風景區 | 宜蘭縣政府 |
| | 雙連埤生態教室 | 宜蘭縣政府 |
| | 深溝水源生態園區 | 台灣自來水公司 |
| | 老街溪河川教育中心 | 桃園市政府 |
| | 新竹縣竹東頭前溪水質生態治理區1、2期 | 新竹縣政府 |
| 中部 | 玉山國家公園 | 營建署 |
| | 雪霸國家公園 | 營建署 |
| | 奧萬大自然教育中心 | 林務局 |
| | 八仙山自然教育中心 | 林務局 |
| | 二水臺灣獼猴生態教育館 | 林務局 |
| | 火炎山生態教育館 | 林務局 |
| | 日月潭特色遊學中心 | 觀光局 |

| 地區 | 名稱 | 管轄單位 |
| --- | --- | --- |
| 南部 | 台江國家公園管理處 | 營建署 |
|  | 曾文水庫 | 水利署 |
|  | 阿里山生態教育館 | 林務局 |
|  | 觸口自然教育中心 | 林務局 |
|  | 雙流自然教育中心 | 林務局 |
|  | 墾丁國家公園 | 營建署 |
|  | 壽山國家自然公園遊客中心 | 營建署 |
|  | 雲嘉南鹽田及濕地環境教育中心 | 觀光局 |
|  | 大鵬灣國家風景區濕地公園 | 觀光局 |
|  | 茂林環境教育中心 | 觀光局 |
|  | 大樹舊鐵橋人工濕地園區 | 水利署 |
|  | 洲仔濕地公園 | 高雄市政府 |
|  | 尖山埤環境學習中心 | 台灣糖業公司 |
| 東部 | 太魯閣國家公園 | 營建署 |
|  | 池南自然教育中心 | 林務局 |
|  | 大武山生態教育館 | 林務局 |
|  | 知本自然教育中心 | 林務局 |
|  | 瑞穗生態教育館 | 林務局 |
|  | 鯉魚潭環境教育中心 | 觀光局 |
| 離島 | 金門國家公園 | 營建署 |
|  | 東沙環礁國家公園 | 營建署 |
|  | 澎湖南方四島國家公園 | 營建署 |
|  | 澎湖海洋環境教育資源中心 | 澎湖科技大學 |

附錄四

# 永續發展目標（Sustainable Development Goals, SDGs）

永續發展目標是聯合國國際發展的一系列目標，共有17項主要目標，169項具體目標。這些目標於2015年底延續千禧年發展目標，這些目標將從2016年開始推動，一直持續到2030年。

1. 無貧窮：消除各地一切形式的貧窮。
2. 零飢餓：達成糧食安全，改善營養及促進永續農業。
3. 健康福祉：確保健康及促進各年齡層的福祉。
4. 優質教育：確保有教無類、公平以及高品質的教育，及提倡終身學習。
5. 性別平等：實現性別平等，並賦予婦女權力。
6. 清潔飲水和衛生設施：確保所有人都能享有水及衛生及其永續管理。
7. 清潔能源：確保所有的人都可取得負擔得起、可靠的、永續的，及現代的能源。
8. 尊嚴勞動：永續經濟促進包容且永續的經濟成長，達到全面且有生產力的就業，讓每一個人都有一份好工作。
9. 永續工業：建立具有韌性的基礎建設，促進包容且永續的工業，並加速創新。
10. 消弭不平等：減少國內及國家間不平等。
11. 永續城鄉：促使城市與人類居住具包容、安全、韌性及永續性。
12. 責任生產與消費：確保永續消費及生產模式。
13. 氣候變遷對策：採取緊急措施以因應氣候變遷及其影響。
14. 海洋生態：保育及永續利用海洋與海洋資源，以確保永續發展。
15. 陸域生態：保護、維護及促進陸域生態系統的永續使用，永續的管理森林，對抗沙漠化，終止及逆轉土地劣化，並遏止生物多樣性的喪失。

16. 公平社會：促進和平且包容的社會，以落實永續發展；提供司法管道給所有人；在所有階層建立有效的、負責的且包容的制度。

17. 全球夥伴關係：強化永續發展執行方法及活化永續發展全球夥伴關係。

# 參考文獻

## 一、中文書目


1. 王俊秀（2012），〈台灣永續發展評量系統〉，《永續環境管理策略》，曉園。
2. 王俊秀（2005），〈永續台灣評量系統的社會論述：理念與實務〉，《都市與計畫》，(32)2:179-202。
3. 王書貞、王喜青、許美惠、陳湘寧、邱韻璇等（2017），《課程設計力：環境教育職人完全攻略》，華都。
4. 王順美（2016），〈臺灣永續發展教育現況探討及行動策略之芻議〉，《環境教育研究》，12(1):111-139。
5. 王順美，（2009），〈綠色學校指標及其評量工具發展歷程之研究〉，《環境教育研究》，6(1):119-160。
6. 王順美，（2004），〈社會變遷下的環境教育——綠色學校計畫〉，《師大學報》，49(1):159-170。
7. 王鑫（2014），〈概說户外教育的要點〉，《學校體育》，140(2):84-92。
8. 王鑫（2003），關懷鄉土大地：生態維護與資源保育的永續發展，幼獅。
9. 方偉達（2018），《人文社科研究方法》，五南。
10. 方偉達（2017），《期刊論文寫作與發表》，五南。
11. 方偉達（2016），《節慶觀光與民俗》，五南。
12. 方偉達（2010），《生態旅遊》，五南。
13. 方偉達（2009a），《休閒設施管理》，五南。
14. 方偉達（2009b），《城鄉生態規劃、設計與批判》，六合。
15. 方偉達（1998），〈規劃校園生態教材園〉，《研習資訊》15(3):27-30。
16. 台灣農業推廣學會（2016），《當筷子遇上鋤頭—食農教育作伙來》，台灣農業推廣學會。
17. 冉聖宏、王宏為、田良（1999），《環境教育》，教育科學。
18. 行政院環境保護署（1998）《「環保小種子」：86年度全國績優環保小署長實錄》，環保署。
19. 行政院環境保護署，（1997）《全國小小環境規劃師研究報告》，環保署。
20. 行政院農業委員會林務局（2017），《「學・森林」：森林環境教育課程彙編》，林務局。
21. 任孟淵、王順美（2009），〈推動永續消費之環境教育觀點〉，《環境教育研究》，7(1):1-26。

22. 汪靜明（1995），〈社會環境教育之推動與落實推動〉，《教育資料集刊》，20(6):213-235。
23. 呂澂（1985），《中國佛學源流略講》，里仁。
24. 何昕家（2018），《打開人與環境潘朵拉之盒》，白象文化。
25. 何昕家、林慧年、張子超（2019），〈學校與社區的合作經驗之探討——以偏鄉國民中小學特色遊學為例〉，《台灣社區工作與社區研究學刊》9(1):127-164。
26. 李文明、鐘永德（2010），《生態旅遊環境教育》，中國林業。
27. 李光中，（2016），〈地景尺度著眼的里山倡議與生態農業〉，《地景保育通訊》42:12-18。
28. 李永展（2012），《永續國土‧區域治理‧社區營造：理論與實踐》，詹氏。
29. 李永展（1991），〈環境態度與保育行為之研究：美國文獻回顧與概念模式之發展〉，《國立台灣大學建築與城鄉研究學報》6:73-90。
30. 李聰明（1987），《環境教育》，聯經。
31. 吳豪人（2019），《「野蠻」的復權：臺灣原住民族的轉型正義與現代法秩序的自我救贖》，春山。
32. 吳鈴筑、張子超（2017），〈探討公私部門環境教育設施場所認證之發展概況：以100至104年間資料為例〉，《環境教育研究》，13(1):99-136。
33. 吳穎惠、李芒、侯蘭（2017），《基於互聯網教育環境的深度學習》，人民郵電。
34. 邱文彥（2017），《海洋與海岸管理》，五南。
35. 林采薇、靳知勤（2018），〈國小學生在社會性科學議題教學中的認知與立場改變——以全球暖化議題為例〉，《科學教育學刊》，26(4):283-303。
36. 林明瑞、張惠玲（2017），〈「因應氣候變遷」教案發展及社區民眾學習成效之研究〉，《環境教育研究》，15:51-76。
37. 林明瑞、林姵辰（2016），〈居民成為社區型環境學習中心解說志工所需的參與行為模式及影響解說滿意度因素之探討〉，《環境教育研究》，12(1):79-109。
38. 林素華（2013），〈臺灣環境教育的發展與現況〉，《生態臺灣》，41:6-13。
39. 林憲生（2004），〈文化與環境教育〉，《湖南師範大學教育科學學報》，3(5):57-61。
40. 紀俊吉（2017），〈王邦雄先生休閒觀之詮釋：儒家面向的觀點〉，《臺中教育大學學報：人文藝術類》，3(1):59-78。
41. 周健、霍秉坤（2012），〈教學內容知識的定義和內涵〉，《香港教師中心學報》，11:145-163。
42. 周儒（2011），《實踐環境教育——環境學習中心》，五南。

43. 周儒、張子超、黃淑芬（譯）（2003），《環境教育課程規劃》，原著：Engleson, D. C. and D. H. Yockers, *A Guide To Curriculum Planning in Environmental Education*, Wisconsin Dept. of Public Instruction (1994)，五南。
44. 周儒、潘淑蘭、吳忠宏（2013），〈大學生面對全球暖化議題採取行動之影響因子研究〉，《環境教育研究》10(1):1-34。
45. 徐輝、祝懷新（1998），《國際環境教育的理論與實踐》，人民教育。
46. 柴慈瑾、田青（2009），〈全球環境教育的進展與趨勢〉，《環境教育研究》6(2):1-19。
47. 梁世武、劉湘瑤、蔡慧敏、方偉達、曾麗宜（2013），《環境教育能力指標暨全民環境素養調查專案工作計畫」成果報告書》（EPA -100-EA11-03-A264），環保署。
48. 高翠霞、高慧芬、楊嵐智（2018），〈十二年國教議題課程的挑戰——以環境教育為例〉，《臺灣教育評論月刊》7(10):68 - 75。
49. 高翠霞、高慧芬、范靜芬（2014），〈「環境教育人員」之專業職能初探〉，《環境教育研究》10(2):51-72。
50. 許毅璿（2017），〈突破外交困境的環境教育策略：全球環境教育夥伴（GEEP）專案計畫〉，《環境教育研究》13(2):1-10。
51. 馬桂新（2007），《環境教育學》（第二版），科學。
52. 陳仕泓（2008），〈臺北市關渡自然公園濕地環境教育活動方案執行現況分析〉，《第一屆亞洲濕地大會論文集》，營建署。
53. 陳向明（2002），《社會科學質的研究》，五南。
54. 陳惠美、汪靜明（1992），〈博物館的環境教育推展與電腦應用〉，《博物館學季刊》6(3):87-97。
55. 陳維立（2018），〈環境未來通識課程對於大學生氣候變遷素養之成效分析〉，《環境教育研究》14(2):1-56。
56. 許世璋、任孟淵（2015），〈大學環境通識課群之教學內涵與成效分析〉，《環境教育研究》11(2)：107-146。
57. 許世璋、任孟淵（2014），〈培養環境公民行動的大學環境教育課程——整合理性、情感、與終極關懷的學習模式〉，《科學教育學刊》22(2)：211-236。
58. 許世璋、徐家凡（2012），〈池南自然教育中心一日型方案「天空之翼」對於六年級生環境素養之成效分析〉，《科學教育學刊》20(1)：69-94。
59. 許嘉軒、劉奇璋（2018），〈國家公園是否能成為議題教育的夥伴？以美國大峽谷國家公園的設施、課程方案與營運方式為初探〉，《臺灣教育評論月刊》7(10)：46-59。
60. 張子超（1995），〈環保教師對新環境典範態度分析〉，《環境教育季刊》26：37-45。

61. 張子超（2013），〈環境倫理與典範轉移的通識內涵〉，《通識在線》，46:14 -16。
62. 張宏哲、林昱宏、吳家慧、徐國強、陳心詠、鄭淑方（2018），《人類行為與社會環境》（四版），原著：J. B. Ashford, C. W. LeCroy, and L. R. Williams, *Human Behavior in the Social Environment: A Multidimensional Perspective* (2009)，雙葉。
63. 張明洵、林玥秀（2015），《導覽解說與環境教育》（二版），華立
64. 張春興（1986），《心理學》，東華書局。
65. 國家教育研究院（2016），《「教育部戶外教育研究室」計畫》，國家教育研究院。
66. 教育部（2014），《中華民國戶外教育宣言》，教育部。
67. 教育部（2014），《十二年國民基本教育課程綱要總綱》，教育部。
68. 黃文雄、黃芳銘、游森期、田育芬、吳忠宏（2009），〈新環境典範量表之驗證與應用〉，《環境教育研究》6(2):49-76。
69. 黃宇、田青、郭玉峰（2003），《學校中的環境教育：計畫與實施》，化學工業出版社。
70. 黃茂在（2017），《放眼國際：戶外教育的多元演替與發展趨勢》，國家教育研究院。
71. 黃茂在、曾鈺琪（2015），〈戶外教育的意涵與價值〉，黃茂在、曾鈺琪（主編）《戶外教育實施指引》，8-25。
72. 黃秀軍、祝真旭（2018），《環境教育教學法主題》，中國環境。
73. 曾鈺琪、王順美（2013），〈都市青少年自然經驗發展特質之多個案研究〉，《環境教育研究》9:65-98。
74. 賈峰（2016），《環境教育基地指導手冊》，氣象。
75. 楊平世、李惠宇（1998），《悠遊自然——校園生態教材園操作手冊》，環保署。
76. 楊平世、蔡惠卿、許毅璿（2016），《自然保育環境教育訓練教材》，環保署。
77. 楊冠政（2011），《環境倫理學概論》，大開資訊。
78. 楊冠政（1997），《環境教育》，明文。
79. 楊冠政（1992），〈環境教育發展簡史〉專題：博物館與環境教育，《博物館學季刊》，3-9。
80. 楊懿如（2007），〈守護三崁店的環境教育啓示〉，《生態臺灣》，17:30-31。
81. 靳知勤、胡芳禎（2018），〈國小土石流模組教學之行動研究——學生立場選擇、所持理由與認識觀的改變〉，《科學教育學刊》，26(1):51-70。
82. 詹允文，（2016），〈將審議式民主運用於環境議題討論：SAC教學模式〉，《綠芽教師》，9:43-46。
83. 葉欣誠（2017），〈探討環境教育與永續發展教育的發展脈絡〉，

《環境教育研究》13(2): 67-109。
84. 葉欣誠、于蕙清、邱士倢、張心齡、朱曉萱（2019），〈永續發展教育脈絡下我國食農教育之架構與核心議題分析〉，《環境教育研究》15(1):87-140。
85. 潘淑蘭、周儒、吳景達（2017），〈探究環境素養與影響環境行動之因子：以臺灣大學生為例〉，《環境教育研究》13(1):35-65。
86. 蔡慧敏（1992），〈國家公園中的博物館及其教育功能〉，《博物館季刊》6(3): 47-54。
87. 簡茉秝、黃琴扉（2018），〈屏東地區民眾綠色消費認知、態度與行為之調查研究〉，《觀光與休閒管理期刊》6(2): 212-226。
88. 蕭人瑄、王喜青、張菁砡、方偉達（2013），〈論述美國環境教育經驗：《環境教育的失敗——我們能夠如何補救它〉，《看守台灣》15(1): 35-44。
89. 蕭戎（2015），〈論環境倫理教育作為環境教育的本質與挑戰〉，《環境教育研究》，11(2):33-64。
90. 謝智謀（2015），《登峰：一堂改變生命、探索世界的行動領導課》，格子外面。
91. 薛怡珍、賴明洲、林孟龍（2010），〈應用生態博物館理念規劃七股地區生態旅遊遊程〉，《臺灣觀光學報》7: 39-54。
92. 鍾福生、王必斗（2010），《網絡環境教育的理論與實踐》，中國環境科學。



## 二、英文書目

1. Abdelrahim, L. 2014. *Wild Children - Domesticated Dreams: Civilization and the Birth of Education*. Fernwood Books.
2. Abdu-Raheem, K. A. I., and S. H. Worth II. 2013. Food security and biodiversity conservation in the context of sustainable agriculture: the role of agricultural extension. *South African Journal of Agricultural Extension* 41:1-15.
3. Adams, W. M. 2006. *The Future of Sustainability: Re-thinking Environment and Development in the Twenty-first Century*. Report of the IUCN Renowned Thinkers Meeting, 29-31 January 2006.
4. Ajzen, I. 1985. From intentions to actions: a theory of planned behavior. In J. Kuhl, and J. Beckmann (Eds.), *Action Control: From Cognition to Behavior* (pp. 11-39). Springer Berlin Heidelberg.
5. Ajzen, I. 1991. The theory of planned behavior. *Organizational Behavior and Human Decision Processes* 50(2), 179-211.
6. Ajzen, I., and M. Fishbein. 1977. Attitude-behavior relations: A theoretical analysis and review of empirical. *Research Psychological Bulletin* 84(5):888-918.

7. Allan, G. 2003. A critique of using grounded theory as a research method. *Electronic Journal of Business Research Methods* 2(1), 1-10.
8. American Forest, 2007. *Pre K-8 Environmental Education Activity Guide* (Project Learning Tree), 9th. Project Learning Tree.
9. Anderson, L. W., and D. R. Krathwohl, et al. (Eds.). 2001. *A Taxonomy for Learning, Teaching, and Assessing: A Revision of Bloom's Taxonomy of Educational Objectives* (abridged edition). Allyn & Bacon.
10. Arcury, T. A., and E. H. Christianson. 1993. Rural-urban differences in environmental knowledge and actions. *The Journal of Environmental Education* 25(1):19-25.
11. Ardoin, N. M., J. Schuh, and K. Khalil. 2016. Environmental behavior of visitors to an informal science museum. Visitor Studies 19(1): 77-95.
12. Arlinghaus, R., S. J. Cooke, J. Lyman, D. Policansky, A. Schwab et al. 2007. Understanding the complexity of catch-and-release in recreational fishing: An integrative synthesis of global knowledge from historical, ethical, social, and biological perspectives. *Reviews in Fisheries Science* 15(1):75-167.
13. Arnesen, M. 2013. *Saving Energy through Culture: A Multidisciplinary Model for Analyzing Energy Culture Applied to Norwegian Empirical Evidence*, Master Thesis. Norwegian University of Science and Technology.
14. Baggini, J., and P. S. Fosl. 2003. *The Philosopher's Toolkit: A Compendium of Philosophical Concepts and Methods*. Wiley-Blackwell.
15. Bakhtin, M. M. 1994. Pam Morris (Ed.). *The Bakhtin Reader*. Oxford University Press.
16. Bakhtin, M. M. 1981. Michael Holquist (Ed.). *The Dialogic Imagination: Four Essays*. University of Texas Press.
17. Bamberg, S. 2013. Applying the stage model of self-regulated behavioral change in a car use reduction intervention. *Journal of Environmental Psychology* 33 (2013):68-75.
18. Bamberg, S. 2003. How does environmental concern influence specific environmentally related behaviors? A new answer to an old question. *Journal of Environmental Psychology* 23(1):21-32.
19. Bamberg, S., M. Hunecke, and A. Blöbaum. 2007. Social context, personal norms and the use of public transportation: Two field studies. *Journal of Environmental Psychology* 27(3):190-203.
20. Bamberg, S., and G. Möser. 2007. Twenty years after Hines, Hungerford, and Tomera: A new meta-analysis of psycho-social determinants of pro-environmental behaviour. *Journal of Environmental Psychology* 27(1):14-25.
21. Bandura, A. 1986. *Social Foundations of Thought and Action: A Social*

Cognitive Theory*. Prentice Hall.

22. Bandura, A. 1977. *Social Learning Theory*. Prentice Hall.
23. Beute, F., and Y. A. W de Kort. 2013. Let the sun shine! Measuring explicit and implicit preference for environments differing in naturalness, weather type and brightness. *Journal of Environmental Psychology* 36: 162-178.
24. Black, A.W. 2000. Extension theory and practice: a review. *Australian Journal of Experimental Agriculture* 40(4):493-502.
25. Blaikie, W. H. 1992. The nature and origins of ecological world views: An Australian study. *Social Science Quarterly* 73(1):144-165.
26. Bloom, B. S., M. D. Engelhart, E. J. Furst, W. H. Hill, and D. R. Krathwohl. 1956. *Taxonomy of Educational Objectives: The Classification of Educational Goals. Handbook I: Cognitive Domain*. David McKay Company.
27. Borden, R. J., and A. R. Schettino. 1979. Determinants of Environmentally Responsible Behavior. *The Journal of Environmental Education* 10(4):35-39.
28. Bortoleto, A. P., K. H. Kurisu, and K. Hanaki. 2012. Model development for household waste prevention behaviour. Waste Management 32(12):2195-2207.
29. Boyden, S. V. 1970. Environmental change: Perspectives and responsibilities. In J. Evans, and S. Boyden (Eds.), *Education and the Environmental Crisis* (pp. 9-22). Australian Academy of Science.
30. Braus, A., and D. Wood. 1993. *Environmental Education in the Schools-Creating a Program that Works*. NAAEE.
31. Brick, C., and G. J. Lewis. 2014. Unearthing the "Green" Personality. *Environment and Behavior* 48(5):635-658.
32. Broadwell, M. M. 1969. Teaching for learning (XVI). *The Gospel Guardian*. wordsfitlyspoken.org.
33. Brown, L. R. 1969. *Seeds of change. The Green Revolution and development in the 1970's*. Pall Mall Press.
34. Campbell, T. 1981. *Seven Theories of Human Society*. Clarendon Press.
35. Capra, F. 1975. *The Tao of Physics*. Shambhala.
36. Capra, F., and P. L. Luisi. 2016. *The Systems View of Life: A Unifying Vision*. Cambridge University Press.
37. Carson, R. 1962. *Silent Spring*. Fawcett.
38. Cassidy, J., and P. R. Shaver. 2018. *Handbook of Attachment (3rd ed.): Theory, Research, and Clinical Applications*. The Guilford Press.
39. Chan, Y.-W., N. E. Mathews, and F. Li. 2018. *Environmental education in nature reserve areas in southwestern China: What do we learn from Cao-*

*hai*? Applied Environmental Education & Communication 17(2):174-185.
40. Chang, R. M., R. J. Kauffman, and Y. O. Kwon. 2014. Understanding the paradigm shift to computational social science in the presence of big data. *Decision Support Systems* 63:67-80.
41. Chawla, L. 1998. Significant life experiences revisited: A review of research on sources of environmental sensitivity. *The Journal of Environmental Education* 29(3):11-21
42. Chen, A., 2015. Here's how much plastic enters the ocean each year. *Science Shots* doi:10.1126/science.aaa7848
43. Cheng, J. C.-H., and M. C. Monroe. 2012. Connection to nature: Children's affective attitude toward nature. *Environment and Behavior* 44(1):31-49.
44. Chiang, Y.-T., W.-T. Fang, U. Kaplan, and E. Ng. 2019. Locus of Control: The mediation effect between emotional stability and pro-Environmental behavior. *Sustainability* 11(3): 820; https://doi.org/10.3390/su11030820
45. Cialdini, R. B., R. R. Reno and C. A. Kallgren. 1990. A focus theory of normative conduct: Recycling the concept of norms to reduce littering in public places. *Journal of Personality and Social Psychology* 58(6):1015-1026.
46. Cialdini, R. B., L . J. Demaine, B. J. Sagarin, D. W. Barrett, K. Rhoads, and P. L. Winter. 2006. Managing social norms for persuasive impact. *Social Influence* 1(1), 3-15.
47. Comstock, A. B. 1986. *Handbook of Nature Study* (First with a Foreword by Verne N. Rockcastle ed.). Comstock Associates/Cornell University Press.
48. Corballis, 2015. *The Wandering Mind: What the Brain Does When You're Not Looking*. University of Chicago Press.
49. Cornell, J. 1998. *Sharing Nature with Children, Revised and Expanded*. Dawn.
50. Cotgrove, S. F. 1982. *Catastrophe or Cornucopia: The Environment, Politics, and the Future*. Wiley, p.166.
51. Cox, J. R. 2010. *Environmental Communication and the Public Sphere* (2nd ed.). Sage.
52. Crowther, T., and C. M. Cumhaill. 2018. *Perceptual Ephemera*. Oxford University Press.
53. Crutzen, P. J., and E. F. Stoermer. 2000. The Anthropocene. *IGBP Global Change Newsletter* 41:17-18.
54. Csikszentmihalyi, M. 1975/2000. *Beyond Boredom and Anxiety*. Jossey-Bass.
55. Csikszentmihalyi, M. 1997. *Finding Flow: The Psychology of Engage-*

*ment with Everyday Life*. HarperCollins.
56. Csikszentmihalyi, M. 1988. The flow experience and its significance for human psychology. In M. Csikszentmihalyi, and I. S. Csikszentmihalyi (Eds.), *Optimal Experience: Psychological Studies of Flow in Consciousness* (pp. 15-35). Cambridge University Press.
57. Curtis, B., and R. Dunlap. 2010. Conventional versus alternative agriculture: The paradigmatic roots of the debate. *Rural Sociology* 55(4):590-616.
58. Curtiss, P. R., and P. W. Warren. 1973. *The Dynamics of Life Skills Coaching*. Life Skills Series. Training Research and Development Station, Dept. of Manpower and Immigration.
59. Cutter-Mackenzie, A., S. Edwards, D. Moore, and W. Boyd. 2014. *Young Children's Play and Environmental Education in Early Childhood Education*. Springer.
60. Darnton, A., B. Verplanken, P. White, and L. Whitmarsh. 2011. *Habits, Routines and Sustainable Lifestyles*: A Summary Report to the Department for Environment, Food and Rural Affairs. Report number:1. AD Research & Analysis.
61. Dave, R. H. 1970. *Psychomotor levels in Developing and Writing Behavioral Objectives* (pp.20-21). In R. J. Armstrong (Ed.). Educational Innovators.
62. De Groot, J. I. M., and L. Steg. 2009. Morality and prosocial behavior: The role of awareness, responsibility and norms in the norm activation model. *Journal of Social Psychology* 149:425-449.
63. Denscombe, M. 2010. *The Good Research Guide: for Small Social Research Projects*. McGraw-Hill House.
64. Devall, B., and G. Sessions, 1985. *Deep Ecology: Living as if Nature Mattered*. Gibbs Smith.
65. Digman, J. M. 1990. Personality Structure: Emergence of the Five-Factor Model. *Annual Review of Psychology* 41:417-440
66. Dillion, J., and A. E. J. Wals. 2006. On the danger of blurring methods, methodologies and ideologies in environmental education research. *Environmental Education Research* 12(3-4):549-558.
67. Dordas, C. 2009. Role of nutrients in controlling plant diseases in sustainable agriculture: A review. In E. Lichtfouse (Ed.), *Sustainable Agriculture* (pp. 443-460). Springer.
68. Dunlap, R. E. 1975. The impact of political orientation on environmental attitude and action. *Environment and Behavior* 7(4):428-454.
69. Dunlap, R. E., J. K. Grieneeks, and M. Rokeach, M. 1983. Human values and pro-environmental behavior. In W. D. Conn (Ed.), *Energy and Mate-*

*rial Resources: Attitudes, Values, and Public Policy* (pp. 145-168). Boulder.

70. Dunlap, R. E., and K. D. Van Liere. 1984. Commitment to the dominant social paradigm and concern for environmental quality. *Social Science Quarterly* 65: 1013-1028.
71. Dunlap, R.E., and K. D. Van Liere. 1978. The "new environmental paradigm". *The Journal of Environmental Education* 9(4):10-19.
72. Dunlap, R.E., K. D. Van Liere, A. G. Mertig, and R. E. Jones. 2000. Measuring endorsement of the new ecological paradigm: A revised NEP Scale. *Journal of Social Issues* 56(3):425-442.
73. Ellis, A. 2000. Can rational emotive behavior therapy (REBT) be effectively used with people who have devout beliefs in god and religion? *Professional Psychology-Research and Practice* 31(1):29-33.
74. Ellis, A. 1962. *Reason and Emotion in Psychotherapy*. Stuart.
75. Ellis, A. 1957. Rational psychotherapy and individual psychology. *Journal of Individual Psychology* 13:38-44.
76. Emerson, R. W. (1979). *Centenary Edition, the Complete Works of Ralph Waldo Emerson* (2nd ed.). AMS Press.
77. Engleson, D. C., and D. H. Yockers. 1994. *A Guide to Curriculum Planning in Environmental Education*. Wisconsin Dept. of Public Instruction.
78. Eriksson, H. 2003. *Rhetoric and Marketing Device or Potential and Perfect Partnership? - A Case Study of Kenyan Ecotourism*. Umea University, pp 1-8.
79. Estabrooks, C.A. 2001. Research utilization and qualitative research. In J. M. Morse, J.M. Swanson, and A. J. Kuzel (eds). *The Nature of Qualitative Evidence*. Sage.
80. Fabinyi, M. 2012. Fishing for fairness: poverty, morality and marine resource regulation in the Philippines. *Asia-Pacific Environment Monograph* 7. Griffin Press.
81. Fabinyi, M., M. Knudsen, and S. Segi. 2010. Social complexity, ethnography and coastal resource management in the Philippines. *Coastal Management* 38(6): 617-632.
82. Falk, J. H., and L. D. Dierking. 2018. *Learning from Museums* (2nd Ed.). Rowman & Littlefield.
83. Falk, J. H. 2017. *Born to Choose: Evolution, Self and Well-Being*. Routledge.
84. Falk, J. H. and L. D. Dierking. 2014. *The Museum Experience Revisited*. Left Coast Press.
85. Falk, J. H. 2009. *Identity and the Museum Visitor Experience*. Left Coast Press.

86. Falk, J. H., J. E. Heimlich, and S. Foutz (eds.) 2009. *Free-Choice Learning and the Environment*. AltaMira.
87. Fang, W.-T., Y.-T. Chiang, E. Ng, and J.-C. Lo. 2019. Using the Norm Activation Model to predict the pro-environmental behaviors of public servants at the central and local governments in Taiwan. *Sustainability* 2019, 11:3712; doi:10.3390/su11133712.
88. Fang, W.-T., E. Ng, and Y.-S. Zhan. 2018. Determinants of pro-environmental behavior among young and older farmers in Taiwan. *Sustainability* 2018, 10: 2186; doi:10.3390/su10072186.
89. Fang, W.-T., E. Ng, C.-M. Wang, and M.-L. Hsu. 2017(a). Normative beliefs, attitudes, and social norms: People reduce waste as an index of social relationships when spending leisure time. *Sustainability* 2017, 9:1696; doi:10.3390/su9101696
90. Fang, W.-T., E. Ng, and M.-C. Chang. 2017(b). Physical outdoor activity versus indoor activity: Their influence on environmental behaviors. *International Journal of Environmental Research and Public Health* 14(7): 797; doi:10.3390/ijerph14070797
91. Fang, W.-T., H.-W. Hu, and C.-S. Lee. 2016. Atayal's identification of sustainability: Traditional ecological knowledge and indigenous science of a hunting culture. *Sustainability Science* 11(1):33-43.
92. Ferdinando, F., C. Giuseppe, P. Paola, and B. Mirilia. 2011. Distinguishing the sources of normative influence on proenvironmental behaviors: The role of local norms in household waste recycling. *Group Processes & Intergroup Relations* 14(5):623-635.
93. Fielding, K.S., and B. W. Head. 2012. Determinants of young Australians' environmental actions: The role of responsibility attributions, locus of control, knowledge and attitudes. *Environmental Education Research* 18:171-186.
94. Fisk, S. 2019. Clean out your 'jargon' closet: Simplify your science communications for greater impact. *CSA News Magazine*. January 2019.
95. Flor, A. G. 2004. *Environmental Communication: Principles, Approaches and Strategies of Communication Applied to Environmental Management*. University of the Philippines-Open University.
96. Fornell, C., and D. F. Larcker. 1981. Evaluating structural equation models with unobservable variables and measurement error. *Journal of Marketing Research* 18:39-50.
97. Fraj, E., and E. Martinez. 2006. Influence of personality on ecological consumer behaviour. *Journal of Consumer Behaviour* 5(3):167-181.
98. Frey, N., D. Fisher, and D. Smith. 2019. *All Learning is Social and Emotional: Helping Students Develop Essential Skills for the Classroom and*

*Beyond.* ASCD.

99. Gärling, T., and R. G. Golledge. 1989. Environmental perception and cognition. In E. H. Zube and G. T. Moore, *Advances in Environment, Behavior and Design*: Volume 2. Springer.
100. Gazzaniga, M. S. 2016. *Tales from Both Sides of the Brain: A Life in Neuroscience*. Ecco.
101. Geller, E. S. 1987. Applied behavior analysis and environmental psychology: From strange bedfel-lows to a productive marriage. In D. Stokols, and I. Altman (Eds.), *Handbook of Environmental Psychology* (pp. 361-388). Wiley.
102. Gifford, R., and A. Nilsson. 2014. Personal and social factors that influence pro-environmental concern and behaviour: A review. *International Journal of Psychology* 49(3):141-157.
103. Glaser, B. G. 1978. *Theorethical Sensitivity*. Sociology.
104. Godbey, G. 1999. *Leisure in Your Life: An Exploration* (5th ed.). Venture.
105. Goldstein, N. J., R. B. Cialdini, and V. Griskevicius. 2008. A room with a viewpoint: Using social norms to motivate environmental conservation in hotels. *Journal of consumer Research* 35(3):472-482.
106. Goodman, P., and P. Goodman. 1947. *Communitas: Means of Livelihood and Ways of Life*. Vintage Books.
107. Gossling, S. 2006. Ecotourism as experience-tourism. In S. Gossling, and J. Hultman (Eds.), *Ecotourism in Scandinavia: Lessons in Theory and Practice*. CABI.
108. Gottlieb, R. 1995. Beyond NEPA and Earth Day: Reconstructing the past and envisioning a future for environmentalism. *Environmental History Review* 19(4): 1-14.
109. Gough, A. 2012. The emergence of environmental education research: A 'history' of the field. In R. B. Stevenson, M. Brody, J. Dillon, and A. E. J. Wals (Eds), *International Handbook of Research on Environmental Education*. Routledge.
110. Gough, H. G., H. McClosky, and P. E. Meehl. 1952. A personality scale for social responsibility. *The Journal of Abnormal and Social Psychology* 47(1):73-80.
111. Guez, J. M. 2010. *Heteroglossia*, In *Western Humanities Review* (pp. 51-55). University of Utah.
112. Habermas, J. 1989. *Jurgen Habermas on Society and Politics: A Reader*. Beacon.
113. Habermas, J. 1971. *Knowledge and Human Interests*. Beacon.
114. Han, H. 2015. Travelers' pro-environmental behavior in a green lodging context: Converging value-belief-norm theory and the theory of planned

behavior. *Tournament Management* 47:164-177.

115. Hansla, A., A. Gamble, A. Juliusson, and T. Gärling. 2008. The relationships between awareness of consequences, environmental concern, and value orientations. *Journal of Environmental Psychology* 28(1):1-9.
116. Harper, W. 1981. Freedom in the experience of leisure. *Leisure Science* 8: 115-130.
117. Harari, Y. N. 2018. *21 Lessons for the 21st Century*. Spiegel & Grau.
118. Harari, Y. N. 2015. *Homo Deus: A Brief History of Tomorrow*. Harper.
119. Harari, Y. N. 2011. *Sapiens: A Brief History of Humankind*. Vintage.
120. Heberlein, T. A. 2012. *Navigating Environmental Attitudes*. Oxford University Press.
121. Heberlein, T. A. 1972. The land ethic realized. *Journal of Social Issues* 4:79-87.
122. Herberlein, T. A., and B. Shelby. 1977.Carrying capacity, values, and the satisfaction model. *Journal of Leisure Research* 9:142-148.
123. Heider, F. 1958/2013. *The Psychology of Interpersonal Relations*. Psychology.
124. Hernández, B., A. M. Martín, C. Ruiz and M. d. C. Hidalgo. 2010. The role of place identity and place attachment in breaking environmental protection laws. *Journal of Environmental Psychology* 30(3):281-288.
125. Higgins, P., and A. Lugg. 2006. The pedagogy of people, place and activity: Outdoor education at moray house school of education, the University of Edinburgh. In B. Humberstone and H. Brown (Eds.), *Shaping the Outdoor Profession through Higher Education: Creative Diversity in Outdoor Studies Courses in Higher Education in the UK* (pp. 103-114). Institute for Outdoor Learning, the University of Edinburgh.
126. Hines, J. M., H. R. Hungerford, and A. N. Tomera. 1986/87. Analysis and synthesis of research on responsible environmental behavior: A meta-analysis. *Journal of Environmental Education* 18(2):1-8.
127. Hirsh, J. B. 2010. Personality and environmental concern. *Journal of Environmental Psychology* 30(2):245-248.
128. Hirsh, J. B. 2014. Environmental sustainability and national personality. *Journal of Environmental Psychology*. 38:233-240.
129. Holmes, J. 2015. *Nonsense: The Power of Not Knowing*. Crown.
130. Honnold, J. A. 1984. Age and Environmental Concern some specification of effects. *The Journal of Environmental Education* 16(1):4-9.
131. Hsu, C.-H., T.-E. Lin, W.-T. Fang, and C.-C. Liu. 2018. Taiwan Roadkill Observation Network: An example of a community of practice contributing to Taiwanese environmental literacy for sustainability. Sustainability 2018, 10(10):3610; doi: 10.3390/su10103610.

132. Hudson, S. J. 2001. Challenges for environmental education: Issues and ideas for the 21st Century. *BioScience* 51(4):283-288.
133. Hudspeth, T. R. 1983. Citizen Participation in environmental and natural resource planning, decision making and policy formulation. *Environmental Education and Environmental Studies* 1(8):23-36.
134. Hug, J. 1977. Two hats. In H. R. Hungerford, W. J. Bluhm, T. L. Volk, and J. M. Ramsey (Eds.), Essential Readings in Environmental Education (pp. 47). Stipes.
135. Hungerford, H. R. 1985. *Investigating and Evaluating Environmental Issues and Actions: Skill Development Modules. A Curriculum Development Project Designed to Teach Students How to Investigate and Evaluate Science-Related Social Issues*. Modules I-VI: ERIC.
136. Hungerford, H. R., R. A. Litherland, R. B. Peyton, J. M. Ramsey, and T. L. Volk. 1990. *Investigating and Evaluating Environmental Issues and Actions: Skill Development Program*. Stipes.
137. Hungerford, H. R., and R. B. Peyton. 1977. *A Paradigm of Environmental Action*. ERIC Document Reproduction Services (No. ED137116).
138. Hungerford, H. R., and R. B. Peyton. 1976. *Teaching Environmental Education*. J. Weston Walch.
139. Hungerford, H. R., and A. Tomera. 1985. *Science Methods for the Elementary School*. Stipes.
140. Hungerford, H. R., and Volk, T. L. 1990. Changing Learner Behavior through Environmental Education. *Journal of Environmental Education* 21:8-22.
141. IUCN. 1976. *Handbook of Environmental Education with International Case Studies*. IUCN.
142. Jacques, P. 2013. *Environmental Skepticism: Ecology, Power and Public Life*. Ashgate.
143. Jensen, B. B. 2002. Knowledge, action and pro-environmental behaviour. *Environmental Education Research* 8(3):325-334.
144. Joe, V. C. 1971. Review of the internal-external control construct as a personality variable. *Psychological Reports* 28(2):619-640.
145. Johnson, S. M. 2019. *Attachment Theory in Practice: Emotionally Focused Therapy (EFT) with Individuals, Couples, and Families*. Guilford.
146. Jöreskog, K. G., and D. Sörbom. 2015. *LISREL 9.20 for Windows* [Computer software]. Skokie.
147. Judge, T. A., A. Erez, J. E. Bono, and C. J. Thoresen. 2002. Are measures of self-esteem, neuroticism, locus of control, and generalized self-efficacy indicators of a common core construct? *Journal of Personality and Social Psychology* 83(3):693-710.

148. Kahn, P. and S. Kellert. 2004. Children and nature: psychological, sociocultural and evolutionary investigations. *Environmental Values* 13 (3):409-412.
149. Kaiser, F. G., S. Wolfing, and U. Fuhrer. 1999. Environmental attitude and ecological behaviour. *Journal of Environmental Psychology* 19:1-19.
150. Kaiser, H.F., and J. Rice. 1974. Little Jiffy, Mark IV. *Educational and Psychological Measurement* 34:111-117.
151. Kao, C. H. C. 1965. The factor contribution of agriculture to economic development: A study of Taiwan. *Asian Survey* 5(11):558-565.
152. Kaplan, M. S., S.-T. Liu, and S. Steinig. 2005. Intergenerational approaches for environmental education and action. *Sustainable Communities Review* 8(1):54-74.
153. Kates, R. W., B. L. Turner, and W. C. Clark. 1990. The great transformation. In B. L. Turnery, W. C. Clark, R. W. Kates, J. F. Richards, J. T. Mathews, and W. B. Meyer (Eds.), *The Earth as Transformed by Human Action* (pp. 1-17). Cambridge University.
154. Kellert, S. R. 1996. *The Value of Life: Biological Diversity and Human Society*. Island Press.
155. Kelly, J. R., and G. Godbey. *The Sociology of Leisure*. Sagamore.
156. Kemmis, S., and R. McTaggart. 1982. *The Action Research Planner*. Deakin University Press.
157. Klineberg, S. L., McKeever, M., & Rothenbach, B. 1998. Demographic predictors of environmental concern: It does make a difference how it's measured. *Social Science Quarterly* 79(4):734-753.
158. Klöckner, C. A., and A. Blöbaum. 2010. A comprehensive action determination model: Toward a broader understanding of ecological behaviour using the example of travel mode choice. *Journal of Environmental Psychology* 30(4):574-586.
159. Klöckner, C. A., and I. O. Oppedal. 2011. General vs. domain specific recycling behaviour-Applying a multilevel comprehensive action determination model to recycling in Norwegian student homes. *Resources, Conservation and Recycling* 55(4):463-471.
160. Knapp, D. 1995. Twenty years after Tbilisi: UNESCO inter-regional workshop on re-orienting environmental education for sustainable development. *Environmental Communicator* 25(6):9.
161. Koerten, H. 2007. Blazing the trail or follow the Yellow brick Road? On geoinformation and organizing theory. In F. Probst, and C. Keßler (Eds.), *GI-Days 2007 - Young Researchers Forum* (pp.85-104). 5th Geographic Information Days 10-12 September 2007, Münster, Germany
162. Kolb, D. A. 1984. *Experiential Learning: Experience as the Source of*

*Learning and Development* (Vol. 1). Prentice-Hall.

163. Kollmuss, A., and J. Agyeman. 2002. Mind the Gap: Why do people act environmentally and what are the barriers to pro-environmental behavior? *Environmental Education Research* 8(3):239-260.
164. Komarraju, M., S. J. Karau, R. R. Schmeck, and A. Avdic. 2011. The Big Five personality traits, learning styles, and academic achievement. *Personality and Individual Differences* 51(4):472-477.
165. Kounios, J., and M. Beeman. 2015. *The Eureka Factor: Aha Moments, Creative Insight, and the Brain*. Random House.
166. Krathwohl, D. R., B. S. Bloom, and B. B. Masia. 1964. *Taxonomy of Educational Objectives: The Classification of Educational Goals. Handbook II: Affective Domain*. Allyn and Bacon.
167. Krejcie, R. V., and D. W. Morgan. 1970. Determining sample size for research activities. *Educational and Psychological Measurement* 30:607-610.
168. Kuhn, T. S. 1962/2012. *The Structure of Scientific Revolutions*. University of Chicago.
169. Kvasova, O. 2015. The Big Five personality traits as antecedents of eco-friendly tourist behavior. *Personality and Individual Differences* 83:111-116.
170. Lafraire J., C. Rioux, A. Giboreau, and D. Picard. 2016. Food rejections in children: Cognitive and social/environmental factors involved in food neophobia and picky/fussy eating behavior. *Appetite* 96:347-357.
171. Lalley, J., and R. Miller. 2007. The learning pyramid: Does it point teachers in the right direction? *Education* 128 (1):64-79.
172. Lane, H. C., and S. K. D'Mello. 2018. Uses of physiological monitoring in intelligent learning environments: A review of research, evidence, and technologies. In T. Parsons, L. Lin, and D. Cockerham (Eds.), *Mind, Brain and Technology* (pp. 67-86). Springer
173. Laurenti, R. 2016. *The Karma of Products: Exploring the Causality of Environmental Pressure with Causal Loop Diagram and Environmental Footprint*, PhD Thesis. KTH Royal Institute of Technology.
174. Leather, M., and S. Porter. 2006. An outdoor evolution: Changing names, changing contexts, constant values. In B. Humberstone, and H. Brown (Eds.), *Shaping the Outdoor Profession Through Higher Education: Creative Diversity in Outdoor Studies Courses in Higher Education in the UK*. Institute for Outdoor Learning.
175. Lee, Y.-J., C.-M Tung, and S.-C. Lin. 2017. Carrying capacity and ecological footprint of Taiwan. In B. Achour, and Q. Wu (Eds.), *Advances in Energy and Environment Research* (pp.207-218). CRC Press

176. Leopold, A. 1949. *A Sand County Almanac*. Oxford University Press.
177. Leopold, A. 1933. *Game Management*. Charles Scribner's Sons.
178. Liang, S.-W., W.-T. Fang, S.-C. Yeh, S.-Y. Liu, H.-M. Tsai, J.-Y. Chou, and E. Ng. 2018. A nationwide survey evaluating the environmental literacy of undergraduate students in Taiwan. *Sustainability* 10:1730; doi:10.3390/su10061730.
179. Lieberman, D. E. 2014. *The Story of the Human Body: Evolution, Health, and Disease*. Vintage.
180. Liem, G. A. D., and A. J. Martin. 2015. Young people's responses to environmental issues: Exploring the roles of adaptability and personality. *Personality and Individual Differences* 79:91-97.
181. Lindstrom, M., and P. E. R. Johnsson. 2003. Environmental concern, self-concept and defence style: A study of the Agenda 21 process in a Swedish municipality. *Environmental Education Research* 9(1):51-66.
182. Lipsey, M. W. 1977.Personal antecedents and consequences of ecologically responsible behavior. A review. *Catalog of Selected Documents in Psychology* 7: 70.
183. Liu S.-C., and H.-S. Lin. 2018. Envisioning preferred environmental futures: exploring relationships between future-related views and environmental attitudes. *Environmental Education Research* 24(1):80-96.
184. Liu, S.-T., and M. S. Kaplan. 2006. An intergenerational approach for enriching children's environmental attitude and knowledge. *Applied Environmental Education and Communication* 5(1):9-20.
185. Liu, S.-Y., S.-C. Yeh, S.-W. Liang, W.-T. Fang, and H.-M. Tsai. 2015. A national investigation of teachers' environmental literacy as a reference for promoting environmental education in Taiwan. *The Journal of Environmental Education* 46(2):114-132.
186. Liu, S.-Y., C.-Y. Yen, K.-N. Tsai, and W.-S. Lo, 2017. A conceptual framework for agri-food tourism as an eco-innovation strategy in small farms. *Sustainability* 2017, 9(10):1683; https://doi.org/10.3390/su9101683
187. Lloro-Bidart, T., and V. S. Banschbach. 2019. *Animals in Environmental Education: Interdisciplinary Approaches to Curriculum and Pedagogy*. Palgrave Macmillan.
188. Lloyd, A and T. Gray, 2014. Place-based outdoor learning and environmental sustainability within Australian Primary Schools. *Journal of Sustainability Education* 29(2):22-29.
189. Loh, K.Y. 2010. New media in education fiesta (20100906, Day 1). In *Learning Journey* [Blog spot]. Retrieved from http://lohky.blogspot.ca/2010/09/new-media-in-education-fiesta-20100906_07.html

190. Lopez, B. 1990. Losing our sense of place. *Education Week Teacher* 1(5):38-44.
191. Louv, R. 2005. *Last Child in the Woods: Saving Our Children from Nature Deficit Disorder*. Workman.
192. Lovelock, J. E. 1972. Gaia as seen through the atmosphere. *Atmospheric Environment* 6(8):579-580.
193. Maloney, M. P., and M. P. Ward. 1973. Ecology: Let's hear from the people: An objective scale for the measurement of ecological attitudes and knowledge. *American Psychologist* 28(7):583-586.
194. Maloney, M. P., M. P. Ward, and G. N. Ž Braucht. 1975. Psychology in action: a revised scale for the measurement of ecological attitudes and knowledge. *American Psychologist* 30:787-790.
195. Marsden, W. E. 1997. Environmental education: Historical roots, comparative perspectives, and current issues in Britain and the United States. *Journal of Curriculum and Supervision* 13(1): 6-29.
196. Martin, P. Y., and B. A. Turner. 1986. Grounded theory and organizational research. *The Journal of Applied Behavioral Science* 22(2):141-157.
197. Martinez-Sanchez, V., M. A. Kromann, and T. F. Astrup. 2015. Life cycle costing of waste management systems: Overview, calculation principles and case studies *Waste Management* 36:343-355
198. Mayer, F. S., and C. M. Frantz. 2004. The connectedness to nature scale: A measure of individuals' feeling in community with nature. *Journal of Environmental Psychology* 24(4):503-515.
199. McCrae, R. R., and P. T. Costa. 1987. Validation of the five-factor model of personality across instruments and observers. *Journal of Personality and Social Psychology* 52(1):81-90.
200. McDougall, F. R. 2001. Life cycle inventory tools: Supporting the development of sustainable solid waste management systems. *Corporate Environmental Strategy* 8(2):142-147.
201. McGuire, W. J. 1968. Personality and attitude change: an information processing theory. In A. Greenwald, T. Ostrom, and T. Brock (Eds.), *Psychological Foundations of Attitude*. Academic Press.
202. McKenzie-Mohr, D. 2011. *Fostering Sustainable Behavior: An Introduction to Community-Based Social Marketing*. New Society Publishers.
203. McLeod, S. A. 2009. *Attachment Theory*. Retrieved from http://www.simplypsychology.org/attachment.html
204. Meffe, G. K., and C. R. Carroll. 1994. *Principles of Conservation Biology*. Sinauer Associates.
205. Milfont, T. L., and C. G. Sibley. 2012. The big five personality traits and environmental engagement: Associations at the individual and societal

level. *Journal of Environmental Psychology* 32(2):187-195.
206. Morgan, P. 2009. Towards a developmental theory of place attachment. *Journal of Environmental Psychology* 30 (2010):11-22.
207. Moritz C, and R. Agudo. 2013. The future of species under climate change: resilience or decline? *Science* 2;341(6145):504-8. doi: 10.1126/science.1237190.
208. Mundy, J. 1998. *Leisure Education: Theory and Practice* (2d Ed.). Sagamore.
209. Nash, J. B. 1960. *Philosophy of Recreation and Leisure*. William C. Brown, p.89.
210. Neulinger, J. 1974. *The Psychology of Leisure: Research Approaches to the Study of Leisure*. Charles C. Thomas.
211. Newhouse, N. 1990. Implications of attitude and behavior research for environmental conservation. *The Journal of Environmental Education* 22(1):26-32.
212. Nguyen, T. T., H. H. Ngo, W. Guo, X. C. Wang, N. Ren, et al. 2019. Implementation of a specific urban water management - Sponge City. *Science of The Total Environment* 652:147-162
213. Nonaka, I., K. Umemoto, and D. Senoo. 1996. From information processing to knowledge creation: A Paradigm shift in business management. *Technology in Society* 18(2):203-218.
214. Nordhaus, W. D. 2015. *The Climate Casino: Risk, Uncertainty, and Economics for a Warming World*. Yale University.
215. Norizan, E. 2010. Environmental knowledge, attitude and practice of student teachers. *Journal of Environmental Education* 19:39-50.
216. Nourish Initiative, n.d. *Nourish Food System Map.* www.nourishlife.org/teach/food-system-tools/
217. Nutbeam, D. 2000. Health literacy as a public health goal: A challenge for contemporary health education and communication strategies into the 21st century. *Health Promotion International* 15:259-267.
218. Nyrud, A. Q., A. Roos, and J. B. Sande. 2008. Residential bioenergy heating: A study of consumer perceptions of improved woodstoves. *Energy Policy* 36(8): 3169-3176.
219. Næss, A. 1973. The shallow and the deep, long range ecology movement. A summary. *Inquiry* 16 (1-4): 95-100. ◦
220. Næss, A. 1989. *Ecology, Community and Lifestyle*. Cambridge University Press.
221. Ofstad, S. P., M. Tobolova, A. Nayum, and C. A. Klöckner. 2017. Understanding the mechanisms behind changing people's recycling behavior at work by applying a comprehensive action determination model. *Sustain-*

*ability*, 9(2):204; doi:10.3390/su9020204

222. Ölander, F and J. Thøgersen. 1995. Understanding of consumer behavior as a prerequisite for environmental protection. *Journal of Consumer Policy* 18(4):345-385.
223. Orr, D. 1991. What Is education for? Six myths about the foundations of modern education, and six new principles to replace them. *The Learning Revolution* Winter, 52-57.
224. Palmer, J. 1998. *Environmental Education in The 21st Century: Theory, Practice, Progress and Promise*. Routledge.
225. Parayil, G. 2003. Mapping technological trajectories of the Green Revolution and the Gene Revolution from modernization to globalization. *Research Policy* 32(6):971-990.
226. Penn, D. J. 2003. The evolutionary roots of our environmental problems: toward a Darwinian Ecology· *The Quarterly Review of Biology* 78(3):275-301
227. Peterson, C. A., and S. L. Gunn. 1984. *Therapeutic Recreation Program and Design: Principles and Procedures* (2nd ed.). Prentice-Hall.
228. Pettus, A. M., and M. B. Giles. 1987. Personality characteristics and environmental attitudes. *Population and Environment* 9(3):127-137.
229. Pinchot, G. 1903. *A Primer of Forestry*. U. S. Government Printing Office.
230. Pieper, J. 1963. *Leisure: The Basics of Culture*. New American Library.
231. Polanyi, M. 1966. *The Tacit Dimension*. University of Chicago Press.
232. Polanyi, M, 1958. *Personal Knowledge: Towards a Post-Critical Philosophy.* University of Chicago Press.
233. Purvis, B., Y. Mao, and D. Robinson. 2019. Three pillars of sustainability: in search of conceptual origins. *Sustainability Science* 14(3):681-695.
234. Raffles, H. 2010. *Insectopedia*. Vintage.
235. Raworth, K. 2012. *A Safe and Just Space For Humanity. Can We Live within The Doughnut*? Oxfam Discussion Papers. Oxfam International.
236. Regan, T. 1983. *The Case for Animal Rights*. University of California Press.
237. Richmond, J. M. and N. Baumgart, 1981. A hierarchical analysis of environmental attitudes. *Journal of Environmental Education* 13:31-7.
238. Robine, J.-M., S. L. K. Cheung, S. Le Roy; H. Van Oyen, C. Griffiths, J.-P. Michel, and F. R. Herrmann. 2008. "Solongo". *Comptes Rendus Biologies* 331(2):171-178.
239. Rockström, J., W. Steffen, K. Noone, Å. Persson, F. S. Chapin III, et al. 2009. A safe operating space for humanity. *Nature* 461:472-475.
240. Rogers, E.M. 1957. *A Conceptual Variable Analysis of Technological*

*Change*, Doctoral Dissertation. Iowa University.
241. Rogers, E. M. 1962/1971/1983/1995/2003. *Diffusion of Innovations*. Free Press.
242. Rolston III, H. 1975. Is there an ecological ethic? *Ethics* 85(2):93-109
243. Roth, C. E. 1978. Off the merry-go-round and on to the escalator. In W. B. Stapp (Ed.). *From Ought to Action in Environmental Education*. SMEAC/IRC.
244. Roth, C. E. 1968. *On the Road to Conservation. Massachusetts Audubon* LII (4):38-41.
245. Rotter, J. B. 1966. Generalized expectancies for internal versus external control of reinforcement. *Psychological Monographs: General and Applied* 80(1):1-28.
246. Rowe, S. 1994(a). Ecocentrism: The chord that harmonizes humans and earth. *The Trumpeter* 11(2):106-107.
247. Rowe, S. 1994(b). *Ecocentrism and Traditional Ecological Knowledge.* http://www.ecospherics.net/pages/Ro993tek_1.html
248. Rowlands, M. 2008. *The Philosopher and the Wolf*. Granta.
249. Ryan, R. M., and E. L. Deci, 2000. Self-Determination Theory and the Facilitation of intrinsic motivation, social development, and well-being. *American Psychologist* 55(1):68-78.
250. Sapolsky, R. M. 2017. *Behave: The Biology of Humans at Our Best and Worst*. Penguin.
251. Sauvé, L. 2005. Currents in environmental education: mapping a complex and evolving pedagogical field. *Canadian Journal of Environmental Education* 10:11-37.
252. Schoel, J., D. Prouty, and P. Radcliffe. 1988. *Islands of Healing: A Guide to Adventure Based Counseling*. Project Adventure.
253. Schoenfeld, A. C., R. F. Meier, and R. J. Griffin. 1979. Constructing a social problem: The press and the environment. *Social Problems* 27(1): 38-61.
254. Schwartz, S. H. 1977. Normative influences on altruism. In B. Leonard (Ed.), *Advances in Experimental Social Psychology* (Vol. 10, pp. 221-279). Academic Press.
255. Sherry, L. 2003. Sustainability of innovations. *Journal of Interactive Learning Research* 13(3):209-236.
256. Shulman, L. S. 1987(a). Knowledge and teaching: Foundations of the new reform. *Harvard Educational Review* 57:1-22.
257. Shulman, L. S. 1987(b). Learning to teach. *American Association of Higher Education Bulletin* 5-9.
258. Shulman, L. S. 1986(a). Paradigms and research programs in the study

of teaching: A contemporary perspective. In M. C. Wittrock (Ed.), *Handbook of Research on Teaching* (3rd ed.) (pp. 3-36). Macmillan.
259. Shulman, L. S. 1986(b). Those who understand: Knowledge growth in teaching. *Educational Researcher* 15(2):4-14.
260. Simmons, D. 1989. More infusion confusion: A look at environmental education curriculum materials. *The Journal of Environmental Education* 20(4):15-18.
261. Simpson, E. J. 1972. *The Classification of Educational Objectives in the Psychomotor Domain*. Gryphon House.
262. Singer, P. 1975. *Animal Liberation*. HarperCollins.
263. Singh, S.K., J. M. Mishra, and Y. V. Rao. 2018. A study on the application of system approach in tourism education with respect to quality and excellence. *International Research Journal of Business and Management* XI 12:7-17.
264. Smart, A. 2013. *Autopilot: The Art and Science of Doing Nothing*. OR Books.
265. Smith, G. A. 2001. Defusing environmental education: An evaluation of the critique of the environmental education movement. *Clearing: Environmental Education Resources for Teachers* 108 (winter):22-28.
266. Snow, C. P. 1959/2001. *The Two Cultures*. Cambridge University.
267. Sørensen, K., S. Van den Broucke, J. Fullam, G. Doyle, J. Pelikan, Z. Slonska, H. Brand, and HLS-EU (Consortium Health Literacy Project European). 2012. Health literacy and public health: A systematic review and integration of definitions and models. *BMC Public Health* 12:80. https://doi.org/10.1186/1471-2458-12-80
268. Spangenberg, J. H., and O. Bonniot. 1998. Sustainability indicators - A compass on the road towards sustainability. *Wuppertal Paper* No. 81. OECD.
269. Spangenberg, J. H., and A. Valentin. 1999. *Indicators for Sustainable Communities*. http://www.foeeurope.org/sustainability/sustain/t-content-prism.htm
270. Stapp, W. et al. 1969. The concept of environmental education. *Environmental Education* 1(1):30-31.
271. Stern, P. C. 1978. The limits to growth and the limits of psychology. *American Psychologist* 33(7):701-703.
272. Stern, P. 2000. Toward a coherent theory of environmentally significant behavior. *Journal of Social Issues* 56(3):407-424.
273. Stern, P. C., T. Dietz, T. D. Abel, G. A. Guagnano, and L. Kalof. 1999. A value-belief-norm theory of support for social movements: The case of environmentalism. *Human Ecology Review* 6(2):81-97.

274. Strauss, A. L. 1987. *Qualitative Analysis for Social Scientists*. Cambridge University Press.

275. Strife, S. 2010. Reflecting on environmental education: Where is our place in the green movement? *The Journal of Environmental Education* 41(3):179-191.

276. Stringer, E. T. 2013. *Action Research*. Sage.

277. Sullivan, A.-M. *Leisure Education*. Encyclopedia of Recreation and Leisure in America. Retrieved June 29, 2019 from Encyclopedia.com: https://www.encyclopedia.com/humanities/encyclopedias-almanacs-transcripts-and-maps/leisure-education

278. Sussarellu, R., M. Suquet, Y. Thomas, C. Lambert, C. Fabioux, et al., 2016. Oyster reproduction is affected by exposure to polystyrene microplastics. *PNAS* 113 (9): 2430-2435.

279. Swami, V., T. Chamorro-Premuzic, R. Snelgar, and A. Furnham. 2011. Personality, individual differences, and demographic antecedents of self-reported household waste management behaviours. *Journal of Environmental Psychology* 31(1):21-26.

280. Swan, J. A. 1969. The challenge of environmental education. *Phi Delta Kappan* 51:26-28.

281. Tagore, R. 2010. *Stray Birds*. Textstream.

282. Tattersall, I. 2013. *Masters of the Planet: The Search for Our Human Origins*. St. Martin's Griffin

283. Thøgersen, J. 2009. Promoting public transport as a subscription service: Effects of a free month travel card. *Transport Policy* 16(6):335-343.

284. Thøgersen, J. 2006. Norms for environmentally responsible behaviour: An extended taxonomy. *Journal of Environmental Psychology* 26(4):247-261.

285. Thomas, A., P. Pringle, P. Pfleiderer, and C. Schleussner. 2017. *Tropical Cyclones: Impacts, the link to Climate Change and Adaptation*. https://climateanalytics.org/media/tropical_cyclones_impacts_cc_adaptation.pdf

286. Thompson S. C. G., and M. Barton, 1994. Ecocentric and anthropocentric attitudes toward the environment. *Journal of Environmental Psychology* 14:149-157.

287. Thoreau, H. D. 1990. *A Week on the Concord and Merrimack Rivers*. University of California Libraries.

288. Thoreau, H. D. 1927. *Walden, or, Life in the Woods*. Dutton.

289. Tilbury, D. 1995. Environmental education for sustainability: defining the new focus of environmental education in the 1990s. *Environmental Education Research* 1(2): 195-212.

290. Tong, E. M. W. 2010. Personality influences in appraisal-emotion rela-

tionships: the role of neuroticism. *Journal of Personality* 78(2):393-417.
291. Tsing, A. L. 2015. *The Mushroom at the End of the World: On the Possibility of Life in Capitalist Ruins*. Princeton University Press.
292. Tyrrell, T. 2013. *On Gaia: A Critical Investigation of the Relationship between Life and Earth*. Princeton University Press, p. 208.
293. UN, 1992. *Agenda 21*. United Nations.
294. UNEP. 1977. *Intergovernmental Conference on Environmental Education* (ED/MD/49). UNESCO and UNEP.
295. UNEP. 1975. *The Belgrade Charter*. Final Report, International Workshop on Environmental Education (ED-76/WS/95). UNESCO and UNEP.
296. UNESCO, 1970. *International Working Meeting on Environmental Education in the School Curriculum*, Final Report, at Foresta Institute, Carson City, Nevada. IUCN and UNESCO.
297. Van Liere, K. D., and R. E. Dunlap. 1980. The social bases of environmental concern: A review of hypotheses, explanations and empirical evidence. *Public Opinion Quarterly* 44:181-197.
298. Vela, M.R and L. Ortegon-Cortazar. 2019. Sensory motivations within children's concrete operations stage. *British Food Journal* 121(4):910-925.
299. Victor, P. 2010. Questioning economic growth. *Nature* 2010 18;468(7322):370-371.
300. Waldmann, T. 2009. Life cycle cost - Higher profits by anticipating overall costs. *China Textile Leader* 2009:8, p.26.
301. Wals, A. E. J.; M. Brody, J. Dillon, and R. B. Stevenson. 2014. Convergence between science and environmental education. *Science* 344 (6184): 583-584.
302. Ward, P. 2009. *The Medea Hypothesis: Is Life on Earth Ultimately Self-Destructive*? Princeton University.
303. Watson, D., and L. A. Clark. 1984. Negative affectivity: The disposition to experience aversive emotional states. *Psychological Bulletin* 96(3):465-490.
304. Weigel, R. H., and J. Weigel. 1978. Environmental concern: The development of a measure. *Environment and Behavior* 10(1):3-15.
305. Westbury, I. 1990. Textbooks, textbook publishers, and the quality of schooling. In D. L. Elliott, and A. Woodward. (Eds.), *Textbooks and Schooling in The United States* (pp.1-22). NSSE.
306. White, L. 1967. The historical roots of our ecological crisis. *Science* 155:1203-1207.
307. Winther, A. A., K. C. Sadler, and G. W. Saunders. 2010. Approaches to environmental education. In A. Bodzin, S. Klein, and S. Weaver (Eds.)

*The Inclusion of Environmental Education in Science Teacher Education*. Springer.

308. Wiseman, M., and F. X. Bogner. 2003. A higher-order model of ecological values and its relationship to personality. *Personality and Individual Differences* 34:783-794.
309. Wu, C. C. 1977. Education in farm production: The case of Taiwan. *American Journal of Agricultural Economics* 59(4):699-709.
310. Wu, T. C. and W. T. F. Chiu. 2000. Development of sustainable agriculture in Taiwan. *Journal of the Agricultural Association of China* 1(2):218-228.
311. Young, J., E. McGown, and E. Haas. 2010. *Coyote's Guide to Connecting with Nature*. Owlink Media.
312. Zeder, R. 2019. *Positive Externalities vs Negative Externalities*. Quickonomics. https://quickonomics.com/positive-externalities-vs-negative-externalities/
313. Zou, P. 2019. Facilitators and barriers to healthy eating in aged Chinese Canadians with hypertension: A qualitative exploration. *Nutrients* 2019(11):111; doi:10.3390/nu11010111

國家圖書館出版品預行編目資料

環境教育／方偉達著. ——初版. ——臺北市：五南, 2019.09
面；　公分
ISBN 978-957-763-558-7（平裝）

1.環境教育　2.文集

445.907　　108012462

1LAR 觀光系列

# 環境教育 Environmental Educction
## 理論、實務與案例

作　　者 — 方偉達
發 行 人 — 楊榮川
總 經 理 — 楊士清
總 編 輯 — 楊秀麗
副總編輯 — 黃惠娟
責任編輯 — 高雅婷
插　　畫 — 劉美珠、楊涵婷
封面設計 — 王麗娟
出 版 者 — 五南圖書出版股份有限公司
地　　址：106台北市大安區和平東路二段339號4樓
電　　話：(02)2705-5066　　傳　　真：(02)2706-6100
網　　址：http://www.wunan.com.tw
電子郵件：wunan@wunan.com.tw
劃撥帳號：19628053
戶　　名：五南圖書出版股份有限公司
法律顧問　林勝安律師事務所 林勝安律師
出版日期　2019年9月初版一刷
定　　價　新臺幣550元